高等职业院校精品教材系列

项目式51单片机技术实践教程（C语言版）

冯 博 王丽娜 主 编
程俊红 陈 斌 副主编
李 辉 主 审

電子工業出版社
Publishing House of Electronics Industry
北京·BEIJING

内 容 简 介

本教材是以“项目为载体，任务为驱动”的设计思路编写的，全书从实践工程应用入手，以实验过程和实验现象为主导，共 11 个项目，21 个任务。本书由浅入深、循序渐进地介绍了 51 内核单片机的硬件系统、单片机的开发软件和下载软件、单片机的 C 语言编程等基本内容；通过具体的实验，讲述了单片机与外围设备的设计实现，包括单片机与键盘接口的设计、单片机与 LED 数码管、LED 点阵和 LCD 液晶显示器的设计、单片机与串行通信接口、单片机与 A/D 和 D/A 转换接口的设计等内容；通过 3 个具体的实战项目，介绍了单片机应用系统的综合设计与开发，使读者可以更进一步掌握和吸收所学的知识，做到学以致用。

本书本着快速入门、通俗易懂、学以致用的教学理念，以理论与实践相结合、寓学于工为主线，使初学者轻松地掌握 MCS-51 系列单片机的基础知识、产品设计过程及其常用软件工具的使用。

本书是高职高专院校单片机技术课程的教材，也可作为应用型本科、成人教育、自学考试、开放大学、中职学校和培训班的教材，以及电子工程技术人员的参考书。

本书配有免费的电子教学课件、练习题参考答案，详见前言。

图书在版编目（CIP）数据

项目式 51 单片机技术实践教程：C 语言版 / 冯博，王丽娜主编. —北京：电子工业出版社，2014.3（2024. 1 重印）
高等职业院校精品教材系列
ISBN 978-7-121-22376-1

Ⅰ. ①项… Ⅱ. ①冯… ②王… Ⅲ. ①单片微型计算机－C 语言－程序设计－高等职业教育－教材
Ⅳ.①TP368.1②TP312

中国版本图书馆 CIP 数据核字（2014）第 010988 号

策划编辑：陈健德（E-mail：chenjd@phei.com.cn）
责任编辑：李　蕊
印　　刷：北京七彩京通数码快印有限公司
装　　订：北京七彩京通数码快印有限公司
出版发行：电子工业出版社
　　　　　北京市海淀区万寿路 173 信箱　邮编 100036
开　　本：787×1 092　1/16　印张：20.75　字数：544 千字
版　　次：2014 年 3 月第 1 版
印　　次：2024 年 1 月第 14 次印刷
定　　价：55.00 元

凡所购买电子工业出版社图书有缺损问题，请向购买书店调换。若书店售缺，请与本社发行部联系，联系及邮购电话：（010）88254888，88258888。

质量投诉请发邮件至 zlts@phei.com.cn，盗版侵权举报请发邮件至 dbqq@phei.com.cn。

本书咨询联系方式：chenjd@phei.com.cn。

职业教育　继往开来（序）

自我国经济在 21 世纪快速发展以来，各行各业都取得了前所未有的进步。随着我国工业生产规模的扩大和经济发展水平的提高，教育行业受到了各方面的重视。尤其对高等职业教育来说，近几年在教育部和财政部实施的国家示范性院校建设政策鼓舞下，高职院校以服务为宗旨、以就业为导向，开展工学结合与校企合作，进行了较大范围的专业建设和课程改革，涌现出一批示范专业和精品课程。高职教育在为区域经济建设服务的前提下，逐步加大校内生产性实训比例，引入企业参与教学过程和质量评价。在这种开放式人才培养模式下，教学以育人为目标，以掌握知识和技能为根本，克服了以学科体系进行教学的缺点和不足，为学生的顶岗实习和顺利就业创造了条件。

中国电子教育学会立足于电子行业企事业单位，为行业教育事业的改革和发展，为实施“科教兴国”战略做了许多工作。电子工业出版社作为职业教育教材出版大社，具有优秀的编辑人才队伍和丰富的职业教育教材出版经验，有义务和能力与广大的高职院校密切合作，参与创新职业教育的新方法，出版反映最新教学改革成果的新教材。中国电子教育学会经常与电子工业出版社开展交流与合作，在职业教育新的教学模式下，将共同为培养符合当今社会需要的、合格的职业技能人才而提供优质服务。

近期由电子工业出版社组织策划和编辑出版的“全国高职高专院校规划教材·精品与示范系列”，具有以下几个突出特点，特向全国的职业教育院校进行推荐。

（1）本系列教材的课程研究专家和作者主要来自于教育部和各省市评审通过的多所示范院校。他们对教育部倡导的职业教育教学改革精神理解得透彻准确，并且具有多年的职业教育教学经验及工学结合、校企合作经验，能够准确地对职业教育相关专业的知识点和技能点进行横向与纵向设计，能够把握创新型教材的出版方向。

（2）本系列教材的编写以多所示范院校的课程改革成果为基础，体现重点突出、实用为主、够用为度的原则，采用项目驱动的教学方式。学习任务主要以本行业工作岗位群中的典型实例提炼后进行设置，项目实例较多，应用范围较广，图片数量较大，还引入了一些经验性的公式、表格等，文字叙述浅显易懂。增强了教学过程的互动性与趣味性，对全国许多职业教育院校具有较大的适用性，同时对企业技术人员具有可参考性。

（3）根据职业教育的特点，本系列教材在全国独创性地提出“职业导航、教学导航、知识分布网络、知识梳理与总结”及“封面重点知识”等内容，有利于老师选择合适的教材并有重点地开展教学过程，也有利于学生了解该教材相关的职业特点和对教材内容进行高效率的学习与总结。

（4）根据每门课程的内容特点，为方便教学过程对教材配备相应的电子教学课件、习题答案与指导、教学素材资源、程序源代码、教学网站支持等立体化教学资源。

职业教育要不断进行改革，创新型教材建设是一项长期而艰巨的任务。为了使职业教育能够更好地为区域经济和企业服务，殷切希望高职高专院校的各位职教专家和老师提出建议和撰写精品教材（联系邮箱:chenjd@phei.com.cn，电话:010-88254585），共同为我国的职业教育发展尽自己的责任与义务！

中国电子教育学会

作为微型计算机技术的一个重要分支，单片机在现代社会生产和生活中的应用越来越广泛，功能也越来越完善。我们生活的各个领域，几乎都能找到单片机的踪迹。小到遥控玩具、家电产品，大到导弹装置、飞机仪表等，可以说，单片机正在改变着人类的生活，它的出现给现代工业控制领域带来了一次新的技术革命。单片机不仅应用范围广泛，还从根本上改变了传统的控制系统设计思路和方法，它可以通过软件来实现硬件电路的大部分功能，简化了硬件电路结构，实现了智能化控制。

可见，单片机的应用能力已经成为高职高专院校多个专业的学生必须要掌握的专业技能之一，全国许多高等工科院校已普遍开设了单片机及相关课程。然而，传统的单片机教学先理论后实践，按照单片机的结构体系来授课，使初学者很难入门，对单片机学习失去了兴趣。本教材针对高职高专院校培养高技能应用型人才的教育目标，在教学方法上进行改革，打破传统的单一教学模式，在内容的选取上以够用为原则，简化了单片机理论的难度和深度，加强了实践教学的内容，强调了单片机技术的应用能力，引入项目教学法、任务驱动教学法、实物演示教学法等，通过对具体任务的学习串联起单片机教学的主要内容，在实现工作任务的同时完成了理论教学与实践技能的培养，体现了高职教材的特色。

综上，本教材的特点包含以下几个方面。

1．以项目为载体，采用任务驱动方式

通过 11 个项目，21 个任务，对单片机的每个功能模块进行学习，即完成一个任务或项目，就可以掌握单片机的相应功能。同时，学习者可以在此任务或项目的基础上进一步发挥，增加学习的深度，从而提高自己的思维和创新能力。

2．理实结合，以实验过程和实验现象为主导

本书分为基础篇与实践篇。其中，基础篇多以实验过程和实验现象为主导，基本上把所有的知识点都融入到具体的实验任务中，使学生在具体的实验过程中学习相关的基础理论知识，并结合大量的实际图片进行演示。课堂效果活泼、生动。另外，实践篇通过具体的实战项目，使读者对单片机应用系统的综合设计与开发有更深刻的认识，对所学的知识有更进一步的掌握和吸收，做到学以致用。

3．按照职业岗位工作需求，采用 C 语言编程

针对高职学生今后在单片机应用方面的就业需求，采用 C 语言对单片机进行编程，由 C 语言程序来分析单片机的工作原理，使读者不但知其然，又能知其所以然，从而帮助读者从实际应用中彻底理解和掌握单片机。教材中的许多 C 语言代码可以直接应用到工程项目中，拉近了单片机教学与职业岗位需求的距离。

4．取材适中，学习内容资源丰富，方便教学

作者以目前最适合初学者学习的入门级 MCS-51 单片机为典型机型来组织教材，以保持授课内容与应用市场的一致性。为反映新产品和新技术，本教材采用目前单片机学习领域中最广泛的、具有 51 单片机内核的 STC 系列单片机为核心芯片，通过实验现象的视频、图片等形式，使初学者能够从直观上对学习的内容产生兴趣，对教师的教学起到了推动作用。

此外，在原理性内容的叙述中，以“简约、够用”为原则，并适时穿插小提示、小技巧等内容，表现形式丰富，可读性强。而且，在项目中的每个任务完成之后，还增加了在此任务中用到的理论知识的知识链接，读者在任务的实现过程中如果遇到与此任务相关的理论性问题，则可以直接从知识链接中查找，提高任务的学习效率。最后，在基础篇每个项目的结尾有项目知识脉络分布，便于学生对本项目中学习的内容进行提炼与归纳。

参加本书编写的所有人员都是在教学一线从事单片机 C 语言及应用技术课程教学的教师，不仅教学经验丰富，而且对高职教育有深入的研究和独特的见解。本书由冯博、王丽娜担任主编，程俊红、陈斌担任副主编，李伟、杨要恩、张淑敏参编，全书由李辉主审。其中，冯博对本书的编写思路与大纲进行了总体策划，指导全书的编写，对全书进行了统稿，并编写了项目 1～5。王丽娜协同完成统稿工作并协助程俊红编写了项目 9～11。陈斌编写项目 6～8。此外，在本书的编写过程中参考了许多文献资料，在此向各位文献资料的作者表示感谢。

由于时间仓促、作者的水平有限，错误和疏漏之处在所难免，恳请广大技术专家和读者指正。

为了方便教师教学，本书还配有免费的电子教学课件、练习题参考答案等资料，请有此需要的教师登录华信教育资源网（http://www.hxedu.com.cn）免费注册后再进行下载，有问题时请在网站留言或与电子工业出版社联系（E-mail：hxedu@phei.com.cn）。

作者还可提供与本书配套的单片机实验板，帮助读者边学边练，达到学以致用的目的。读者在学习的过程中可以将教材与实验板配合使用，并用单片机实验板进行实践，从而可以更快、更好地掌握单片机应用知识和技能。

编　者

目 录

基 础 篇

实 践 篇

基 础 篇

项目 1 单片机基础及硬件系统

教学导航

教学内容	1. 单片机概念及其内部结构；2. MCS-51 系列单片机外部引脚及功能；3.电平特性及其进制数之间的转换；4. 单片机最小系统和存储器结构；5. 单片机应用系统
知识目标	1. 了解单片机的概念、类型及其应用领域；2. 掌握单片机标号信息及其封装类型；3. 掌握 51 单片机外部引脚及最小系统；4. 熟练掌握进制数之间的相互转换
能力目标	1. 认识 STC89C52 型号单片机的标号识别；2. 学会搭建单片机最小系统电路；3. 了解单片机应用系统的开发过程

知识分布网络

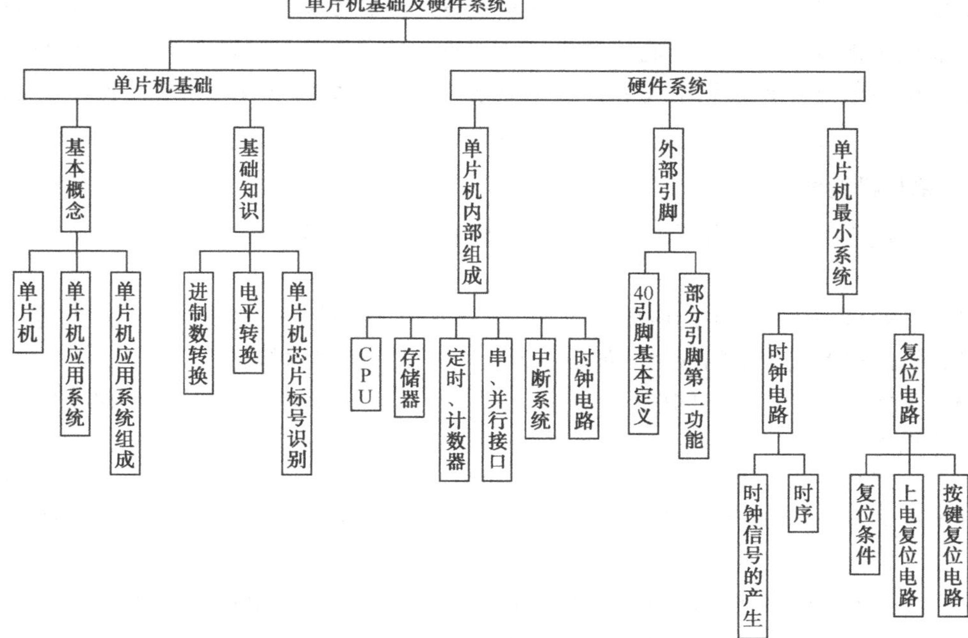

任务1.1 初识单片机

当今社会，单片机的发展可谓是日新月异，其性能不断提高，功能不断完善，技术逐渐成熟，应用领域也越来越广。从飞机上的仪器仪表控制、导弹的导航装置、自动控制领域的机器人，到各类家电、玩具、医疗器械等，都离不开单片机，单片机已经渗透到人们生活的各个领域。因此，认识、学习和掌握单片机的开发与应用是电子、自动控制等工程技术人员必须掌握的技术之一。

1.1.1 任务要求

本任务从单片机的概念出发，介绍了什么是单片机、单片机能做什么、单片机的种类及怎样学习单片机等内容，使大家对单片机有一个整体的认识，为今后的学习打下一个坚实的基础。

1.1.2 任务实现

1. 什么是单片机

这是困扰了很多初学者很久的问题。其实，用专业术语来讲，单片机即单片微型计算机（Single Chip Microcomputer），是指集成在一个芯片上的微型计算机。换句话讲，这样一块芯片具有了计算机的属性，因而被称为单片微型计算机，简称单片机。它的各种功能部件，包括CPU（Central Processing Unit）、存储器（memory）、基本输入/输出（Input/Output，简称I/O）接口电路、定时/计数器和中断系统等，都制作在一块集成芯片上，构成一个完整的微型计算机。由于它的结构与指令功能都是按照工业控制要求设计的，故又称为微控制器（Micro-Controller Unit，简称MCU）。

小提示： 通俗地讲，单片机就是一块集成芯片，但这块芯片具有一些特殊的功能，这些功能要靠使用者自己编程来实现。因此，编程的目的就是控制这块芯片的各个引脚在不同时间输出不同的电平（高电平或低电平），进而控制与单片机各个引脚相连接的外围电路的电气特性。

2. 单片机能做什么

单片机属于控制类智能芯片，已经应用到人们生活的各个领域，大致可以分为以下几个范畴：

（1）工业自动化控制中的应用。如工厂流水线自动化管理、电梯智能化控制等。

（2）智能仪器仪表中的应用。如数字万用表、数字示波器等。

（3）消费类电子产品中的应用。如洗衣机、电冰箱、空调、电视机、微波炉、IC卡、汽车类电子设备等。

（4）计算机网络及通信领域的应用。如手机、对讲机、程控交换机、调制解调器等。

（5）医疗设备领域中的应用。如医用呼吸机、各种分析仪、监护仪、超声波诊断设备等。

（6）国防武器装备等领域中的应用。如导弹、军用雷达、军舰、鱼雷制导等。

此外，单片机在金融、工商、科研、教育、航空航天等领域都发挥着十分重要的作用。

可以说，凡是与控制或简单计算有关的电子设备都可以用单片机来实现。

3. 单片机的种类

由于单片机应用领域广泛，需求量巨大，因此单片机的生产厂商也众多，世界上各大芯片制造公司都推出了自己的单片机，种类也十分丰富。从最早期的 51 系列单片机，到 PIC 单片机、AVR 单片机，再到现在较为流行的 ARM、DSP 等。这些单片机中，从 8 位、16 位到 32 位，数不胜数，应有尽有，各具特色，但仍是以 80C51 为核心的单片机占主流。鉴于此，本书中讲解的便是目前国内外广泛使用的 51 内核扩展出的单片机，即通常所说的 51 单片机（包括 80C51、89C51 等）。下面列举几种国内外芯片生产厂商生产的 51 系列单片机型号，如表 1.1 所示。

表 1.1 常用 51 系列单片机芯片列表

生产厂商	芯片型号
Intel（英特尔）	i87C54、i87C58、i87L54、i87L58、i87C51FB、i87C51FC 等
Atmel 公司（AT）	AT89C51、AT89C52、AT89C53、AT89C55、AT89LV52、AT89S51、AT89C52、AT89LS53 等
Philips（飞利浦）	P80C54、P80C58、P87C54、P87C58、P87C524、P87C528 等
Siemens（西门子）	C501-1R、C501-1E、C503-1R、C504-2R、C513A-H 等
Winbond（华邦）	W78C54、W78C58、W78E54、W78E58 等
美国 SST 公司	SST89E/V52RD2、SST89E/V54RD2、SST89E/V58RD2、SST89E/V554RC、SST89E/V564RD 等
STC 公司	STC89C51RC、STC89C52RC、STC89C53RC、STC89LE51RC、STC89LE52RC、STC12C5412AD 等

因为生产厂商及芯片型号过多，这里不一一列举，以上提到的都是 51 内核扩展出来的单片机，因此，只要学会了 51 单片机，这些单片机便都会操作了。

4. 如何开始学习单片机

（1）选择结构简单、易于初学者学习的单片机型号。虽然市场上单片机种类繁多，但是目前使用比较多的是 8051 单片机。它的资料比较全，使用者也比较多，市场很大。由于 51 单片机内部结构简单，非常适合初学者学习，所以建议初学者将 51 单片机作为入门级芯片。

（2）熟悉和了解单片机的内部资源和指令系统。单片机属于硬件资源，因此必须对其内部结构有清楚的认识。例如，51 系列单片机的引脚数、各个引脚的名称及功能等。简单地说，其实使用单片机，就是用自己编写的软件程序去控制单片机的各个功能寄存器。换句话说，就是控制单片机的哪些引脚什么时候输出高电平、什么时候输出低电平，由这些高、低电平的变化来控制外围电路，实现人们需要的各种功能。所以，只有掌握了单片机的内部资源，才能更好地操作它。

（3）熟练掌握常用软件的使用方法。目前，使用最多的单片机编程软件就是 Keil C51。因此，熟练掌握该软件的使用方法，对于初学者来说是十分必要的。另外，还需要掌握单片机下载软件的使用方法。具体内容在项目 2 中详细介绍。

（4）多动手实践，采用手、脑并用的方法。初学者在学习单片机的过程中，应该把重点放到实践中，在实践过程中如有不懂之处再去查阅相关理论，做到勤动手。要多做、多看、多想，先看懂别人写的程序，然后再学习修改别人的程序，最后自己设计、编写程序。

（5）学好相关硬件电路知识，将软件与硬件设计结合，理论与实践结合。学会利用网上资源，通过单片机学习网站查阅相关资料。

（6）亲自动手设计一个完整的课题并总结经验，在实践中掌握单片机应用技术。

小提示：对于初学者来说学习单片机只要具备以下条件，便可轻松上手。

① 单片机学习实验板一块：无特殊要求，只要单片机基本的外围设备（如 LED、数码管、按键、蜂鸣器等）具备即可。

② PC 一台：主要用于单片机程序的编写、调试，以及与单片机实验板的连接下载程序等。经济型计算机即可，最好能上网。

③ ISP 下载线一条：一般学习实验板上都会自带，主要用于单片机下载程序。

④ 相关软件：主要指单片机开发软件、ISP 下载软件等。学习单片机之前应该在计算机上安装。

⑤ 工具书：1～2 本教材。

⑥ 其他资料：器件（如U盘，用于保存资料）、程序开发实例等，主要从网络收集。

具备了以上条件，只要有信心，对初学者来说，学习单片机一定会非常容易。

5．学习单片机应该掌握的主要内容

对于单片机的初学者而言，在单片机的学习中只要掌握以下几点内容，便可轻松入门。

（1）掌握单片机最小系统能够运行的必要条件，包括以下三点：

① 电源；

② 时钟电路（晶振的选择）；

③ 复位电路。

（2）掌握对单片机任意 I/O 接口（P0～P3 口）的操作，包括以下两点：

① 输出控制电平高低；

② 输入检测电平高低。

（3）定时器：重点掌握最常用的工作方式 2。

（4）中断系统：掌握定时器中断、外部中断和串行接口中断。

（5）串行接口通信：重点掌握单片机与单片机之间、单片机与计算机之间的串行接口通信。

只要掌握了以上几点知识，可以说大家对单片机已经基本掌握了，而其他的知识大都是在此基础之上扩展出来的，只要大家积极尝试，能够举一反三，很快便可将其他相关知识轻松掌握。

知识链接：常用单片机类型介绍

1）51 系列单片机

51 系列单片机最早由 Intel 公司推出，主要有 8031 系列、8051 系列。后来 Atmel 公司以 8051 的内核为基础推出了 AT89 系列单片机，其中 AT89C51、AT89C52、AT89S51、AT89S52、AT89S8252 等单片机完全兼容 8051 系列单片机，所有的指令功能也是一样的，只是功能上做了一系列的扩展，如 AT89S 系列都支持 ISP 功能，AT89S52 增加了内部 WDT（看门狗）功能，增加了一个定时器功能等。为了学习简单，Atmel 公司还推出了与 8051 指令完全一样的 AT89C2051、AT89C4051 等单片机，这些单片机可以看成精简型的 8051 单片机，比较适合初学者。

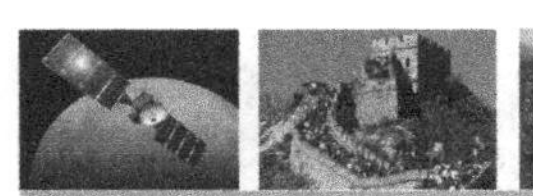

2）AVR 单片机

AVR 单片机也是 Atmel 公司的产品，最早的就是 AT90 系列单片机，现在很多 AT90 单片机都转型为 Atmega 系列和 Attiny 系列。AVR 单片机最大的特点是精简指令型单片机，据说其执行速度是 8 位 MCU 中最快的一种（在相同的振荡频率下）。读者可以直接学习 AVR 单片机，但还是建议从 51 系列单片机学起。

3）PIC 单片机

PIC 单片机是 Microchip 公司的产品，它也是一种精简指令型单片机，指令数量比较少，中档的 PIC 系列仅有 35 条指令，低档的仅有 33 条指令。但是，如果使用汇编语言编写 PIC 单片机的程序会有一个致命的弱点，就是 PIC 中、低档单片机里有一个翻页的概念，编写程序比较麻烦。但是，个人认为 PIC 是一个不错的 8 位 MCU。

4）其他常见的单片机如下

Freescal 公司的 MC 系列、Motorola 公司的 6800 系列、义隆公司的 EM 系列、麦肯公司的 MDT 系列、合泰公司的 HT 系列、现代公司的 ABOV 系列、意法半导体公司的 ST 系列单片机，以及 ARM 系列 32 位的单片机。另外，NEC、LG、三星、Philips 等公司也都生产单片机。

任务小结

通过本次任务的学习，使大家对单片机有一个宏观的认识，对单片机学习的要求、方法有了进一步了解，为今后的学习打下坚实的基础。

本任务重点内容如下:

（1）单片机的概念及应用;

（2）如何学习单片机;

（3）学习单片机应具备的条件。

任务 1.2　单片机必备基础知识

学习单片机其实就是对单片机的内部硬件结构有清楚地认识，然后通过编程软件编写源程序代码来操作单片机，使其控制外围电路进行工作。因此，对于初学者来说，要想学好单片机，必须掌握扎实的电子技术、汇编语言、C 语言等方面的知识。本任务就是对学习单片机过程中必须掌握的基础知识及单片机硬件方面的知识进行讲解。

1.2.1　任务要求

通过本任务的学习，使大家熟练掌握数字电路中的进制数转换、电平转换等内容，熟悉 51 系列单片机的基本组成、信号引脚的功能及单片机标号信息和封装类型等知识，为今后单片机硬件资源的学习打下良好的基础。

1.2.2　任务实现

1．进制数转换

单片机中常用的数制有 3 种：二进制、十进制和十六进制。其中只有二进制数是计算机能够直接处理的，但是二进制数表达过于烦琐，所以引入十六进制数。十进制数是人们最熟悉的。这 3 种数制在单片机中都是经常使用的。

1）十进制（Hexadecimal，用D表示）

十进制数用0～9这10个数字来表示。十进制数的基数是10，当计数时，从1计到10后就往上计一位，也就是“逢十进一”；或者说上一位的数是下一位的10倍。十进制是人们习惯的数制，这里不再过多介绍。但是，十进制并不是唯一的数制，还有二进制、八进制、十二进制和十六进制等。

2）二进制（Binary，用B表示）

数字电路中的信息是以二进制“0”和“1”来传递的，即只有两种电平特性——高电平和低电平。和大家熟悉的十进制数中的“逢十进一，借一当十”相似，二进制数具有“逢二进一，借一当二”的特点。

例如，十进制数1转换为二进制数是1B；十进制数2转换为二进制数为10B（即“逢二进一”）；十进制数3转换为二进制数即为10B+1B=11B；十进制数4即为11B+1B=100B。以此类推，当十进制数为255时，对应的二进制数即为11111111B。

可以找出一般规律，当二进制数转换成十进制数时，从二进制数的最后一位往前数，每一位代表的数是2的n次幂。例如，一个二进制数101101可表示十进制数为$101101B=1\times2^5+0\times2^4+1\times2^3+1\times2^2+0\times2^1+1\times2^0=32+8+4+1=45$。其中，$2^n$称为第$n$位的“权”数。

3）十六进制（Hexadecimal，用H表示）

除了二进制数、十进制数之外，在单片机的学习中，十六进制数也是经常使用的。与二进制数相似，十六进制数是“逢十六进一，借一当十六”。十进制数中的0～15表示成十六进制数为0～9、A、B、C、D、E、F，即十进制数的10～15对应的十六进制数是A～F。此外，十六进制数是以H为后缀的，如FH、8EH等，都表示十六进制数。需要特别注意的是，C语言编程时，在书写十六进制数之前应加上“0x”，表示该数是十六进制数。十进制数与二进制数、十六进制数的转换如表1.2所示。

表1.2　十进制数与二进制数、十六进制数的转换

十进制	二进制	十六进制	十进制	二进制	十六进制
0	0	0	8	1000	8
1	1	1	9	1001	9
2	10	2	10	1010	A
3	11	3	11	1011	B
4	100	4	12	1100	C
5	101	5	13	1101	D
6	110	6	14	1110	E
7	111	7	15	1111	F

小提示：在单片机的C语言编程当中，进制数之间一般的转换规律是：先将二进制数转换为十进制数，然后再将十进制数转换为十六进制数。其实，在进行单片机编程时常常会用到其他较大的数，这时可以利用Windows系统自带的计算器来进行二进制数、八进制数、十进制数和十六进制数之间的任意转换，可以明显提高工作效率。

2. 电平转换特性

如前面所述，单片机是一种数字集成芯片，只有高、低两种电平，而且其输出与输入为TTL电平，采用如下的正逻辑。

逻辑“1”：表示高电平为+5 V。

逻辑“0”：表示低电平为0 V。

但是，计算机中的串行接口采用的是RS-232C标准接口，它的电气标准采用如下的负逻辑。

逻辑“1”：−15～−5 V。

逻辑“0”：+5～+15 V。

因此，RS-232C不能和TTL电平直接相连，否则将使TTL电路烧坏，在实际使用时必须注意。所以，在计算机与单片机之间通信时，必须进行电平转换。可以采用德州仪器公司（TI）推出的电平转换集成电路MAX232，如ZXDP-1实验板上采用的电平转换芯片就是该芯片（实验板的左下角），如图1-1所示。单片机与MAX232的连接电路将在后面的章节中讲解。

图1-1　ZXDP-1实验板上的MAX232实物

知识链接：常用逻辑电平介绍

在单片机硬件电路设计中，常用到的逻辑电平有TTL、CMOS、LVTTL、LVCMOS、ECL、PECL、GTL、RS-232、RS-422、RS-485等。

TTL：Transistor-Transistor Logic（晶体管-晶体管逻辑电平）。

CMOS：Complementary Metal Oxide Semicondutor（互补金属氧化物半导体）。

LVTTL：Low Voltage TTL（低压TTL）。

LVCMOS：Low Voltage CMOS（低压CMOS）。

ECL：Emitter Coupled Logic（发射极耦合逻辑）。

PECL：Pseudo/Positive Emitter Coupled Logic（正射极耦合逻辑）。

GTL：Gunning Transceiver Logic（射极收发器逻辑）。

其中，TTL和CMOS的逻辑电平按典型电压可分为四类：5 V系列（5 V TTL和5 V CMOS）、3.3 V系列、2.5 V系列和1.8 V系列。5 V TTL和5 V CMOS逻辑电平是通用的逻辑电平。3.3 V及以下的逻辑电平被称为低电压逻辑电平，常用的为LVTTL电平。低电压的逻辑电平还有2.5 V和1.8 V两种。ECL/PECL是差分输入/输出。RS-422、RS-485和RS-232是串行接口的接口标准，RS-422与RS-485是差分输入/输出，RS-232是单端输入/输出。

要了解逻辑电平的内容，首先要知道以下几个概念的含义。

（1）VOH：逻辑电平“1”的输出电压。

（2）VOL：逻辑电平“0”的输出电压。

（3）VIH：逻辑电平“1”的输入电压。

（4）VIL：逻辑电平“0”的输入电压。

下面对单片机中使用较多的TTL和CMOS逻辑电平进行简要说明。

1）TTL 电平

在使用 TTL 电平时，数据通常采用二进制数表示，即逻辑“1”表示高电平，为+5 V；逻辑“0”表示低电平，为 0 V，这叫做 TTL 信号系统。另外，TTL 电平信号直接与集成电路连接，不需要外加电路驱动器和接收器电路。而且，对于 TTL 型通信大多数情况下采用并行通信方式，因此传输距离不能太远。

TTL 电平的临界值：

$$VOH_{min}=2.4\ V，VOL_{max}=0.4\ V，VIH_{min}=2.0\ V，VIL_{max}=0.8\ V$$

2）CMOS 电平

CMOS 电平的 VCC 可达 12 V，其电路的输出高电平约为 0.9VCC，输出低电平约为 0.1VCC。而且，CMOS 电路不使用的输入端不能悬空。但是，其电源要求不像 TTL 电平那样严格。

CMOS 电平的临界值（电源电压为+5 V）：

$$VOH_{min}=4.99\ V，VOL_{max}=0.01\ V，VIH_{min}=3.5\ V，VIL_{max}=1.5\ V$$

3）TTL 与 CMOS 电平的转换

CMOS 电平能够驱动 TTL 电平，但是 TTL 电平不能驱动 CMOS 电平，需要外接上拉电阻实现。常用逻辑芯片如表 1.3 所示。

表 1.3　TTL/CMOS 常用逻辑芯片

名　称	类　型	输　入	输　出
74LS 系列	TTL	TTL	TTL
74HC 系列	CMOS	CMOS	CMOS
CD4000 系列	CMOS	CMOS	CMOS
74HCT 系列	CMOS	TTL	CMOS

3. 8051 单片机的基本组成

Intel 8051 是 51 系列单片机的典型芯片，其他厂商的不同型号的 51 内核系列单片机都是基于标准的 8051 进行设计的，除存储器容量大小、中断源个数、定时器个数、是否有看门狗、串行接口等功能不同外，其内部硬件资源（如 PDIP40 封装引脚等）与传统的 8051 完全相同，而且完全兼容 8051 指令。因此，这里以 8051 为例，介绍 51 系列单片机的内部组成。8051 单片机的内部组成如图 1-2 所示。

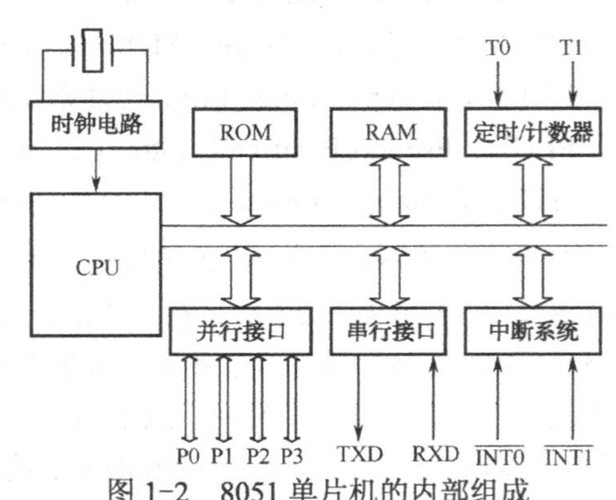

图 1-2　8051 单片机的内部组成

1）中央处理器（CPU）

中央处理器是单片机的控制核心，完成运算和控制功能。CPU 由运算器和控制器组成。运算器包括一个 8 位的算术逻辑单元（Arithmetic Logical Unit，简称 ALU）、8 位累加器（Accumulator，简称 ACC）、8 位暂存器、寄存器 B 和程序状态寄存器（Program Status Word，简称 PSW）等。控制器包括程序计数器（Program Counter，简称 PC）、指令寄存器（Instruction Register，简称 IR）、指令译码器（Instruction Decoder，简称 ID）及控制电路等。

2）内部数据存储器 RAM（Random Access Memory）

8051 芯片中共有 256 个 RAM 单元，但其中高 128 单元被专用寄存器占用，能作为寄存器供用户使用的只是低 128 单元，用于存放可读写的数据，掉电后数据会丢失。因此，通常所说的内部数据存储器就是指低 128 单元，简称内部 RAM。

3）内部程序存储器 ROM（Read-only Memory）

8051 共有 4 KB 掩膜 ROM，只能读不能写，掉电后数据不会丢失，用于存放程序、原始数据或表格，因此称为程序存储器，简称内部 ROM。

4）定时/计数器

8051 单片机有两个 16 位定时/计数器，以实现定时或计数功能，并以其定时或计数结果对计算机进行控制。

5）并行 I/O 接口

8051 单片机内部共有 4 个 8 位并行的 I/O 接口（P0、P1、P2、P3），以实现数据的并行输入/输出。

6）串行接口

8051 单片机有一个全双工的异步串行接口，以实现单片机和其他设备之间的串行数据传送。该串行接口功能较强，既可作为全双工异步通信收发器使用，也可作为同步移位器使用，扩展外部 I/O 接口。

7）中断控制系统

8051 单片机的中断功能较强，以满足控制应用的需要。8051 共有 5 个中断源，即两个外中断、两个定时/计数中断及一个串行中断。全部中断分为高级和低级共两个优先级别。

8）时钟电路

8051 芯片的内部有时钟电路，但石英晶体和微调电容需外接。时钟电路为单片机产生时钟脉冲序列。系统允许的晶振频率一般为 6 MHz、12 MHz 或 11.059 2 MHz。

小提示：由上可知，8051 单片机包括了微型计算机应具备的基本组成部件，因此前面说它本身就是一个简单的微型计算机的原因就在于此。

4．51 系列单片机的封装类型及标号识别

对于不同厂商生产的单片机，其芯片上的标号信息大同小异。在此以 STC 公司的单片机为例，给大家详细说明。如图 1-3 所示，芯片的全部标号如下：

STC　89C52RC　40C-PDIP　0823CX8190.00D

图 1-3　STC89C52RC DIP 封装芯片

其标号表示的含义如下。

STC：前缀，表示该芯片的生产公司为 STC 公司。其他的前缀还有 AT、SST 等。

8：表示该芯片是以 8051 单片机为内核的芯片。

9：表示该芯片内部的程序存储器为 Flash 型 ROM。同理，80C51 中的“0”表示内部 ROM 为掩膜型存储器；87C51 中的“7”表示内部 ROM 为 EPROM（紫外线可擦除型存储器）。

C：系列。表示该芯片是 CMOS 型芯片。CMOS（Complementary Metal Oxide Semiconductor，互补金属氧化物半导体）是电压控制的一种放大器件，是组成 CMOS 数字集成电路的基本单元。同理，89LV52、89LE51 中的“LV”和“LE”表示该芯片通常为 3.3V 低压供电；而另外一种比较常见的型号，如 89S52 中的“S”表示 S 系列的单片机。该类型的芯片能够用下载线进行在线编程，即具有 ISP 功能。当然，STC 公司的 89 系列单片机都是具有 ISP 功能的。

5：固定不变的常数。就是指 51、52 系列的单片机，因此没有特定的含义。

2：表示该芯片内部 ROM 的大小。其中，“1”代表内部 ROM 大小为 4 KB，“2”代表 8 KB，“3”代表 12 KB，以此类推，即为 4 的倍数。内部 ROM 决定了一个芯片所能载入的程序代码的大小。一般来说，内部 ROM 越大，芯片价格越高。因此，在选购时应根据自己的需求选择合适的芯片。同类芯片的不同型号的功能大体上是相同的。

RC：表示 STC 公司单片机的内部 RAM 为 512B。同理，RD+表示内部 RAM 为 1280B。

40：表示该芯片的外部晶振的最大值为 40 MHz。对于 AT 单片机而言，该值一般为 24MHz。

C：产品的级别，表示该芯片使用的温度范围。C 表示商业级，使用的温度范围为 0～+70℃。

PDIP：产品封装类型。PDIP 表示塑料双列直插式封装。

0823：表示该芯片的生产日期为 2008 年第 23 周。

CX8190.00D：无特殊含义。

因此，单片机 STC 89C52RC 40C-PDIP 0823CX8190.00D 芯片上的标号信息代表的含义是：STC 公司生产的 51 内核单片机、内部 ROM 为 Flash 型、内部 ROM 大小为 8 KB、内部 RAM 为 512B、COMS 工艺、外部时钟的最高频率为 40 MHz、该芯片为商业用产品、封装形式为 PDIP 封装、出厂时间为 2008 年第 23 周。

小提示：芯片上的产品等级标号对应的温度范围如下。

C：商业级产品，所对应的温度范围为 0～+70℃。

I：工业级产品，所对应的温度范围为-40～+85℃。

A：车用产品，所对应的温度范围为-40～+125℃。

M：军用产品，所对应的温度范围为-55～+150℃。

5. 51 单片机的外部信号引脚

51 单片机具有 PDIP、PQFP 和 PLCC 等 3 种封装形式，以适应不同产品的需求，如图 1-4 所示。3 种封装的实物芯片外形如图 1-5 所示。

小提示：区分芯片引脚序号的方法是，无论哪种芯片，当观察它的表面时，都会看到一个凹进去的小圆坑，或是用颜色标志的小标记（圆点或三角形），该小标记所对应的引脚就是这个芯片的第 1 引脚，然后向逆时针方向数，即单片机的第 1 至最后一个引脚。

基于 8051 内核的单片机，若引脚数相同或封装相同，则它们的引脚功能就是相通的。其中使用较多的是 40 引脚的 DIP 封装的 51 单片机，此外也有 20、28、32、44 等不同引脚数的 51 单片机。接下来以图 1-4（c）PDIP 引脚图为例介绍单片机各个引脚的功能。引脚功能如表 1.4 所示。

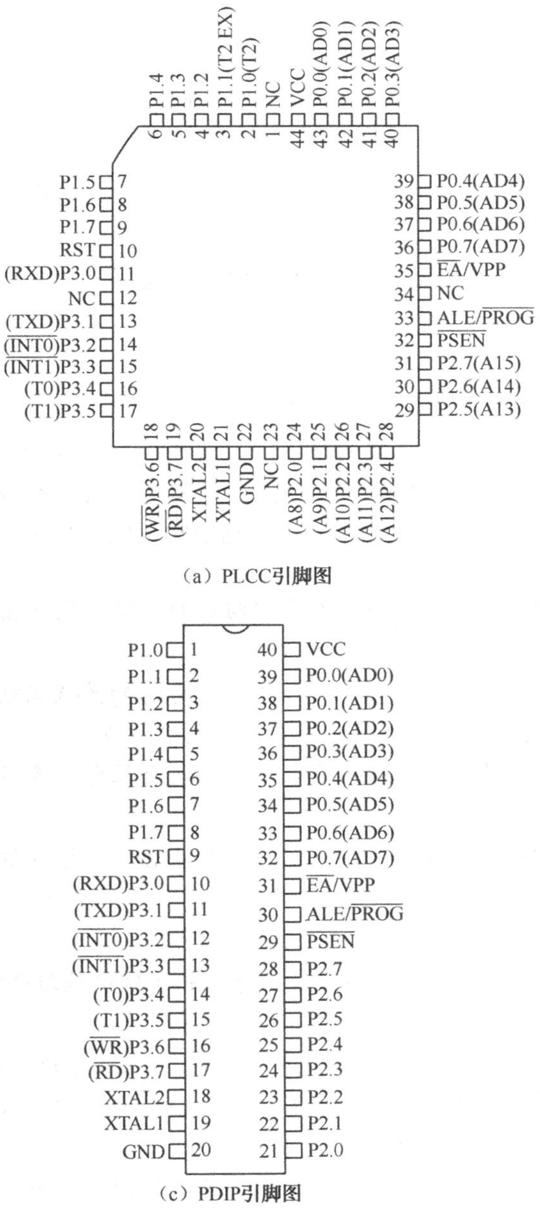

（a）PLCC引脚图

（b）PQFP引脚图

（c）PDIP引脚图

图 1-4　51 单片机 3 种封装形式

（a）PLCC实物图

（b）PQFP实物图

（c）PDIP实物图

图 1-5　实物芯片外形图

如表 1.4 所示，40 个引脚按其功能可分为以下三类。

第一类：I/O 接口引脚。共包括 4 组 8 位 I/O 接口，即 P0 口、P1 口、P2 口、P3 口。每个 I/O 接口既可以按位操作使用单个引脚，也可以按字节操作使用 8 个引脚。

（1）P0 口（32～39 脚）：双向 8 位三态 I/O 接口。逻辑电路如图 1-6 所示。

表 1.4　引脚功能表

引脚名称	引脚功能
P0.0～P0.7	P0 口，双向 8 位三态 I/O 接口
P1.0～P1.7	P1 口，准双向 8 位 I/O 接口
P2.0～P2.7	P2 口，准双向 8 位 I/O 接口
P3.0～P3.7	P3 口，双向 8 位 I/O 接口
VCC	+5 V 电源
GND	接地
XTAL1 和 XTAL2	外接时钟引脚
$\overline{EA}$	访问程序存储控制信号
$\overline{PSEN}$	外部 ROM 读选通信号
RST	复位信号
ALE	地址锁存控制信号

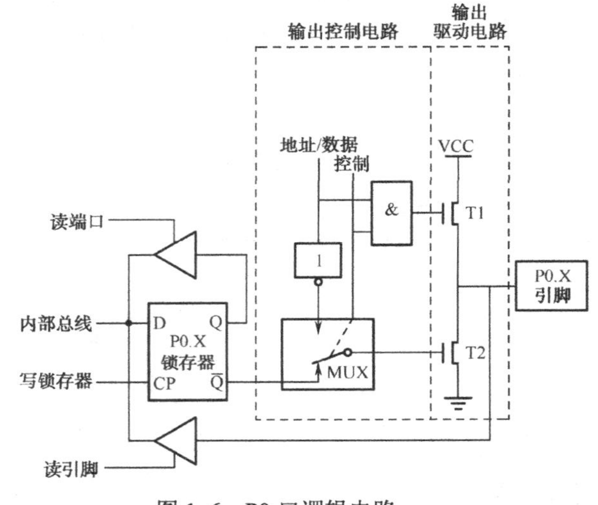

图 1-6　P0 口逻辑电路

电路中包括一个数据输出 D 锁存器、两个三态数据输入缓冲器、一个输出控制电路和一个数据输出驱动电路。输出控制电路由一个与门、一个非门和一个 2 选 1 多路开关 MUX 构成；输出驱动电路由场效应管 T1 和 T2 组成，受输出控制电路控制，当栅极输入低电平时，T1、T2 截止；当栅极输入高电平时，T1、T2 导通。

小提示：（1）P0 口作为输出接口时，由于 T1 截止，输出电路是漏极开路电路，因此需外接 10kΩ上拉电阻。关于上拉电阻有如下介绍。

① 当 TTL 电路驱动 CMOS 电路时，如果电路输出的高电平低于 CMOS 电路的最低高电平（一般为 3.5V），这时就需要在 TTL 的输出端接上拉电阻，以提高输出高电平的值。

② 在 CMOS 芯片上，为防止静电造成损坏，不用的引脚不能悬空，应接上拉电阻降低输入阻抗。

③ 芯片的引脚加上拉电阻来提高输出电平，从而提高芯片输入信号的噪声容限，增强抗干扰能力。

④ OC 门电路必须加上拉电阻，以提高输出的高电平值。

（2）除了 I/O 功能外，在进行单片机系统扩展时，P0 口也经常作为单片机系统的地址/数据线使用，一般称它为地址/数据分时复用引脚。

（2）P1 口（1～8 脚）：准双向 8 位 I/O 接口。逻辑电路如图 1-7 所示。P1 口电路与 P0 口最大的不同之处在于，P1 口内置上拉电阻，这种接口输出没有高阻态，输入也不能锁存，故不是真正的双向 I/O 接口。

因为该接口在作为输入使用前，要先向该接口进行写“1”操作，然后单片机内部才可以正确读出外部信号，也就是使其先有个“准”备的过程，所以才称为“准双向”。

（3）P2 口（21～28 脚）：准双向 8 位 I/O 接口。逻辑电路如图 1-8 所示。

P2 口电路内置上拉电阻，与 P1 口相似。此外，在单片机系统扩展时，P2 口还可以用来作为高 8 位地址线使用，与 P0 口的低 8 位地址线共同组成 16 位地址总线。

（4）P3 口（10～17 脚）：准双向 8 位 I/O 接口。逻辑电路如图 1-9 所示。

P3 口内置上拉电阻与 P1 口相同，不同的是增加了第二功能控制逻辑。因此，P3 口不仅可作为普通 I/O 接口使用，还被赋予了第二功能，各引脚具体含义如表 1.5 所示。

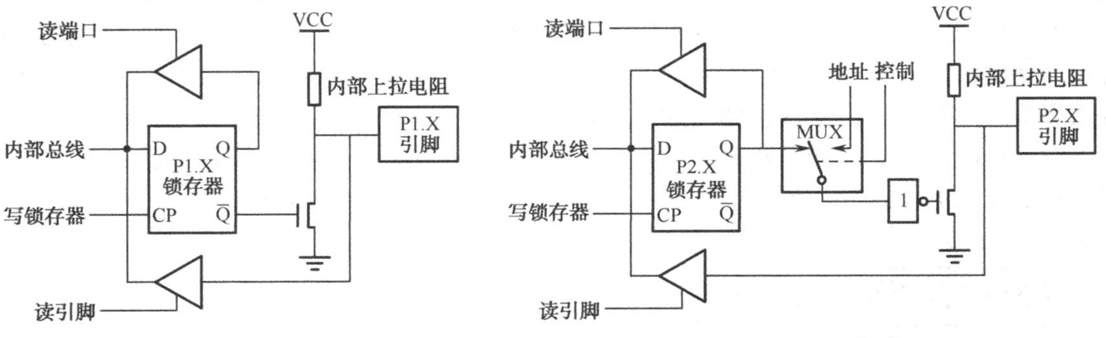

图 1-7　P1 口逻辑电路

图 1-8　P2 口逻辑电路

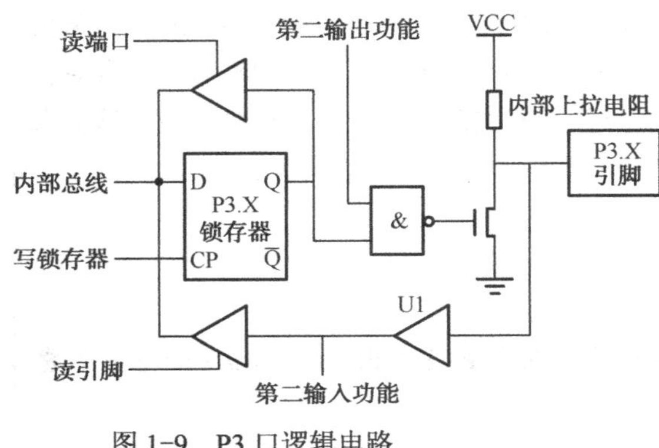

图 1-9　P3 口逻辑电路

表 1.5　P3 口各引脚第二功能表

引脚名称	第二功能	第二功能说明
P3.0	RXD	串行接口数据接收
P3.1	TXD	串行接口数据发送
P3.2	$\overline{\text{INT0}}$	外部中断 0 申请
P3.3	$\overline{\text{INT1}}$	外部中断 1 申请
P3.4	T0	定时/计数器 0 外部输入
P3.5	T1	定时/计数器 1 外部输入
P3.6	$\overline{\text{WR}}$	外部 RAM 写选通
P3.7	$\overline{\text{RD}}$	外部 RAM 读选通

小提示：（1）P3 口是准双向接口，可以作为通用 I/O 接口使用，还可以作为第二功能使用。作为第二功能使用的接口，不能同时当成通用 I/O 接口使用，但其他未被使用的接口仍可作为通用 I/O 接口使用。

（2）P3 口作为通用 I/O 的输出接口使用时，不用外接上拉电阻。

第二类：电源和时钟引脚，VCC、GND、XTAL1 和 XTAL2。

（1）VCC（40 脚）：电源端，接+5 V。

（2）GND（20 脚）：接地端。

（3）XTAL1（19 脚）和 XTAL2（18 脚）：外接时钟引脚。XTAL1 为片内振荡电路的输入端，XTAL2 为片内振荡电路的输出端。当使用芯片内部时钟时，两引脚用于外接石英晶体和振荡电容，振荡电容的取值一般为 10～30 pF；当使用外部时钟时，用于连接外部时钟脉冲信号，其中 XTAL1 接地，XTAL2 接输入信号。

第三类：编程控制引脚，RST、$\overline{\text{PSEN}}$、$\overline{\text{EA}}$/VPP、ALE/$\overline{\text{PROG}}$。

（1）$\overline{\text{EA}}$/VPP（31 脚）：访问程序存储控制信号。当 $\overline{\text{EA}}$ 信号接高电平时，对 ROM 的读操作是从内部 ROM 开始的，若外部扩展了 ROM，则可延至外部 ROM；当 $\overline{\text{EA}}$ 信号接低电平时，对 ROM 的读操作限定在外部 ROM。因为现在用的单片机都有内部 ROM，所以该引脚始终接高电平+5 V。

（2）$\overline{\text{PSEN}}$（29 脚）：外部 ROM 读选通信号。可实现对外部 ROM 单元的读操作，低电平有效。

（3）ALE/$\overline{\text{PROG}}$（30 脚）：系统扩展时，P0 口是 8 位数据线和低 8 位地址线复用引脚，ALE 用于把 P0 口输出的低 8 位地址锁存起来，以实现低 8 位地址和数据的复用。另外，当系

统没有扩展时，ALE 会以 1/6 振荡周期的固定频率输出，因此可作为外部时钟或外部定时脉冲使用。$\overline{PROG}$ 为编程脉冲输入端，用来将用户写好的程序存入单片机的内部 ROM 中。由于现在很多单片机都不需要通过该引脚往单片机内部写程序了，因此该引脚已经不经常使用了。

（4）RST（9 脚）：单片机复位引脚。当输入的复位信号持续两个机器周期以上的高电平时，用于完成单片机的复位初始化操作，复位后程序计数器 PC=0000H，即复位后从程序的第一条指令开始执行程序。

知识链接：常用的芯片封装

1）DIP（Dual In-line Package）双列直插式封装

DIP 是指采用双列直插式封装的集成电路芯片，绝大多数中小规模集成电路（IC）均采用这种封装形式，其引脚数一般不超过 100 个。采用 DIP 封装的 CPU 芯片有两排引脚，需要插入到具有 DIP 结构的芯片插座上。当然，也可以直接插在有相同焊孔数和几何排列的电路板上进行焊接。DIP 封装的芯片在从芯片插座上插拔时应特别小心，以免损坏引脚。

DIP 封装具有以下特点：

（1）适合在 PCB（印制电路板）上穿孔焊接，操作方便。

（2）芯片面积与封装面积之间的比值较大，故体积也较大。

2）QFP（Quad Flat Package）塑料方形扁平式封装和 PFP（Plastic Flat Package）塑料扁平组件式封装

QFP 与 PFP 可统一为 PQFP（Plastic Quad Flat Package）。其中，QFP 封装的芯片引脚之间距离很小，引脚很细，一般大规模或超大型集成电路都采用这种封装形式，其引脚数一般为 100 个以上。用这种形式封装的芯片必须采用 SMD（表面安装设备技术）将芯片与主板焊接起来。采用 SMD 安装的芯片不必在主板上打孔，一般在主板表面上有设计好的相应引脚的焊点。将芯片各引脚对准相应的焊点，即可实现与主板的焊接。用这种方法焊上去的芯片，如果不用专用工具是很难拆卸下来的。PFP 封装的芯片与 QFP 基本相同，唯一的区别是 QFP 一般为正方形，而 PFP 既可以是正方形，也可以是长方形。

QFP/PFP 封装具有以下特点：

（1）适用于 SMD 在 PCB 电路板上安装布线。

（2）适合高频使用。

（3）操作方便，可靠性高。

（4）芯片面积与封装面积之间的比值较小。

3）PLCC（Plastic Leaded Chip Carrier）带引线的塑料芯片载体封装

PLCC 为特殊引脚芯片封装，它是贴片封装的一种，属于表面贴片型封装之一，外形呈正方形，32 脚封装，引脚从封装的 4 个侧面引出，呈丁字形，是塑料制品，外形尺寸比 DIP 封装小得多。这种封装的引脚在芯片底部向内弯曲，因此在芯片的俯视图中是看不见芯片引脚的。PLCC 封装适合用 SMD 在 PCB 上安装布线。由于这种芯片的焊接采用回流焊工艺，需要专用的焊接设备，在调试时要取下芯片也很麻烦，所以现在已经很少用了。

PLCC 封装具有以下特点：

（1）外形尺寸小。

（2）可靠性高。

4）PGA（Pin Grid Array Package）插针网格阵列封装

PGA 芯片封装形式在芯片的内外有多个方阵形的插针，每个方阵形插针沿芯片的四周间隔一定距离排列。根据引脚数目的多少，可以围成 2～5 圈。安装时，将芯片插入专门的 PGA 插座。为使 CPU 能够更方便地安装和拆卸，从 486 芯片开始，出现一种名为 ZIF（Zero Insertion Force Socket）——零插拔力的插座，专门用来满足 PGA 封装的 CPU 在安装和拆卸上的要求。这种插座使用时把扳手轻轻抬起，CPU 就可以很容易、轻松地插入插座中。然后将扳手压回原处，利用插座本身的特殊结构生成的挤压力，将 CPU 的引脚与插座牢牢接触，绝对不存在接触不良的问题。而拆卸 CPU 时只需将插座的扳手轻轻抬起，则压力解除，CPU 即可轻松取出。

PGA 封装具有以下特点：

（1）插拔操作更方便，可靠性高。

（2）可适应更高的频率。

任务小结

本次任务从学习单片机必须具备的基本数字电路知识入手，介绍了单片机的内部组成和基本硬件结构，建立了从外部到内部、从直观到抽象的认识过程。本任务重点内容如下：

（1）数字电路中进制数、电平之间的转换；

（2）51 单片机的内部结构；

（3）51 单片机的信号引脚；

（4）单片机的封装类型及标号识别。

任务 1.3　单片机最小系统电路组成

单片机的工作其实就是执行用户编写的程序，使各部分硬件完成既有的任务。显而易见，如果一个单片机芯片没有下载用户的程序，它肯定不能工作。那么，是不是只要给单片机下载了用户程序，然后给它上电就能工作呢？答案是不能。原因是除了单片机外，单片机能够工作的最小电路还包括时钟电路和复位电路。本任务就是对单片机最小系统电路的组成进行讲解。

1.3.1　任务要求

通过本任务的学习，使大家熟练掌握单片机最小系统的概念及其组成；熟悉单片机时钟电路、复位电路的原理；掌握节拍与状态、机器周期、指令周期等概念；熟悉单片机常用寄存器复位后的状态值等。

1.3.2　任务实现

1. 什么是单片机最小系统

所谓单片机最小系统，是指用最少的元器件能够使单片机工作起来的最基本的组成电路。对 51 系列单片机而言，最小系统一般包括单片机、时钟电路和复位电路。同时，要让单片机正常运行，还必须具备电源正常、时钟正常、复位正常 3 个基本条件。实验板上具有 51

内核的 STC 单片机组成最小系统电路，如图 1-10 所示。

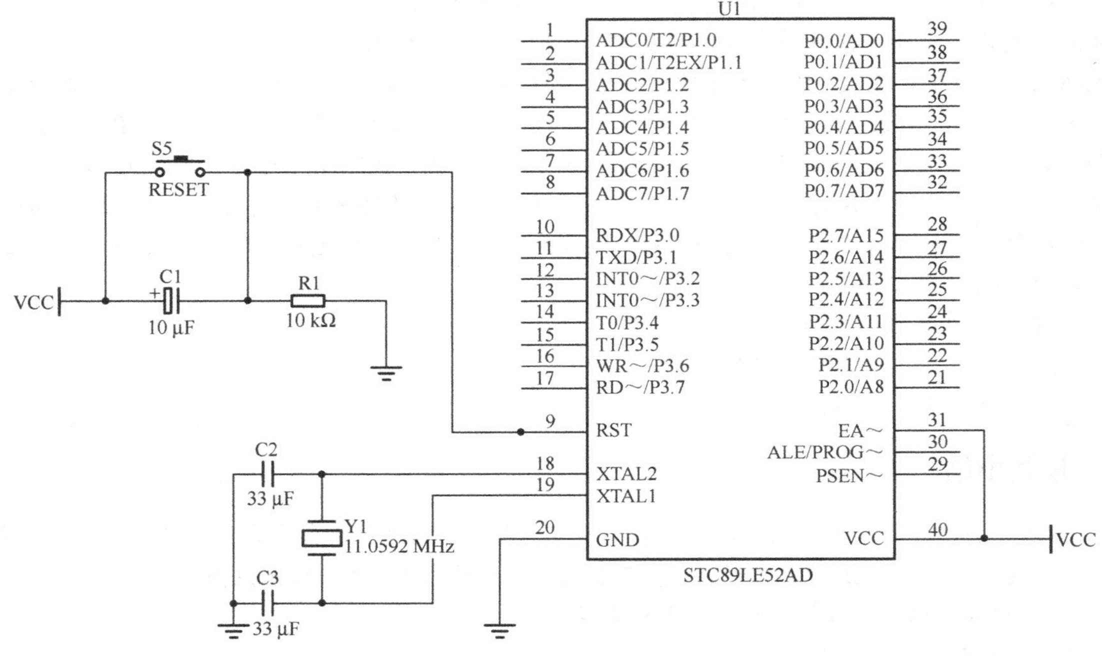

图 1-10　单片机最小系统电路

电路以 STC 单片机为核心，单片机的 18、19 引脚外接由电容 C2、C3 和晶振 Y1 构成的时钟电路；9 引脚外接由电容 C1、电阻 R1 和按键 S5 构成的复位电路；20 引脚接地；31 引脚、40 引脚接电源 VCC（+5V），这样就构成了单片机的最小系统。上电以后，单片机进入准备工作状态，只要用户把编写的程序下载进来，单片机就可以工作了。

2. 单片机时钟电路

时钟电路用于产生单片机工作所需要的时钟信号，单片机所有运算与控制过程都是在统一的时钟脉冲驱动下进行的。时钟电路就好比人的心脏，如果单片机的时钟停止工作，那么单片机也就停止运行了。

由于单片机本身相当于一个复杂的同步时序电路，因此，为了保证同步工作方式的实现，电路应在唯一的时钟信号控制下严格地按时序进行工作。

1）时钟信号的产生

MCS-51 系列单片机内部有一个高增益反相放大器，其输入端引脚为 XTAL1，输出端为引脚 XTAL2。只要在 XTAL1 和 XTAL2 之间接入晶体振荡器和微调电容，就可以构成一个稳定的自激振荡器，这就是单片机的时钟电路，如图 1-11 所示。

小提示：在实际应用中，电容 C1、C2 取 30 pF 左右；晶体振荡器（简称晶振）的频率范围为 1.2～12 MHz。晶振频率越高，系统的时钟频率就越高，单片机的运行速度也越快。通常情况下，51 系列单片机使用的振荡频率为 6 MHz 和 12 MHz。另外，如果系统中使用了单片机的串行接口通信，则振荡频率一般为 11.05 92 MHz（如实验板上振荡电路中的晶振）。

2）外部脉冲信号的引入

在由多片单片机组成的系统中，为了使各单片机之间的时钟信号保持同步，应当引入唯一的公用外部脉冲信号作为各单片机的振荡脉冲。这时外部脉冲信号是经 XTAL2 引脚引入的，其连接如图 1-12 所示。

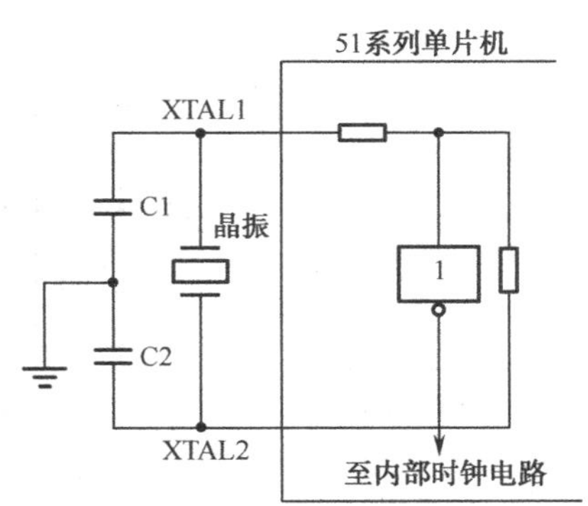

图 1-11　时钟振荡电路

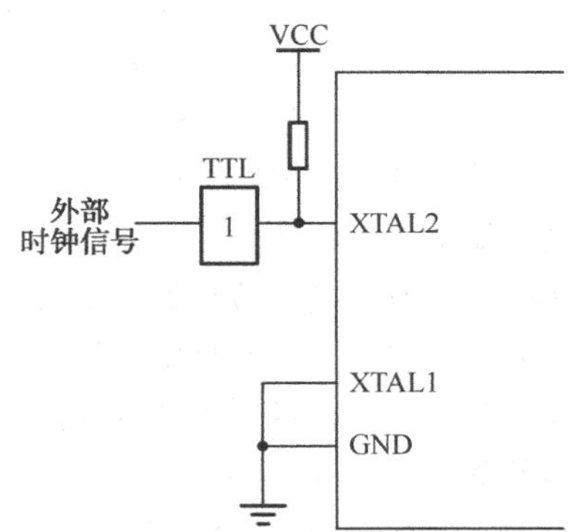

图 1-12　外部时钟接法

3）时序

时序是用定时单位来说明的。在 MCS-51 系列单片机中共有 4 个时序定时单位，从小到大依次为节拍、状态、机器周期和指令周期。下面分别加以说明。

（1）节拍。把振荡脉冲的周期定义为节拍，用 P 表示，也就是晶振的振荡频率 f_{osc}。

（2）状态。振荡脉冲 f_{osc} 经过二分频后，就是单片机时钟信号的周期，定义为状态，用 S 表示。一个状态包含两个节拍，其前半周期对应的节拍叫 P1，后半周期对应的节拍叫 P2。

（3）机器周期。完成一个基本操作所需要的时间。MCS-51 系列单片机采用定时控制方式，有固定的机器周期。规定一个机器周期的宽度为 6 个状态，依次表示为 S1～S6。由于一个状态包括两个节拍，因此一个机器周期共有 12 个节拍，分别记为 $S_1P_1S_1P_2\cdots S_6P_2$，如图 1-13 所示。所以，一个机器周期共有 12 个振荡脉冲周期，即机器周期就是振荡脉冲的十二分频。

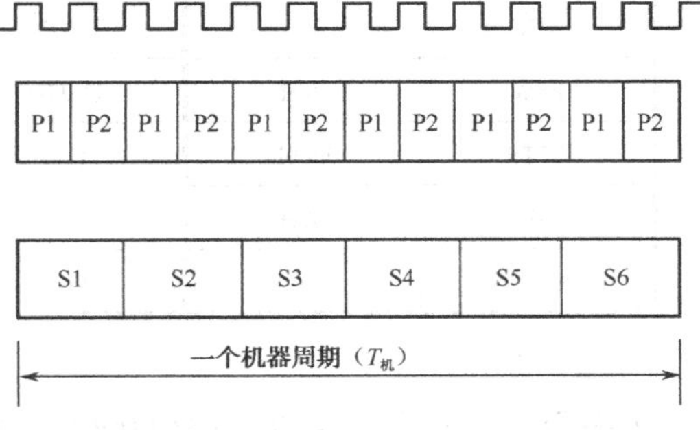

图 1-13　节拍、状态、机器周期关系图

小提示： 当振荡脉冲频率为 12 MHz 时，一个机器周期为 1 μs；当振荡脉冲频率为 6 MHz 时，一个机器周期为 2 μs。

（4）指令周期。指令周期是最大的时序定时单位，将执行一条指令所需要的时间叫做指令周期。它一般由若干个机器周期组成。不同的指令，所需要的机器周期数也不同。通常，将包含一个机器周期的指令称为单指令周期；将包含两个机器周期的指令称为双指令周期，以此类推。MCS-51 系列单片机通常可以分为单周期、双周期和四周期指令。

3. 单片机复位电路

单片机的复位是指使 CPU 和系统中的其他功能部件都处在一个确定的初始状态，并从这

个状态开始工作。无论是单片机刚开始接上电源，还是断电后或发生故障后都要复位。因此，必须对单片机的复位条件、复位电路和复位后的状态有清楚的认识。

单片机的复位条件是：必须使 RST（第 9 引脚）加上持续两个机器周期（即 24 个振荡周期）以上的高电平。例如，若时钟频率为 12 MHz，每个机器周期为 1 μs，则需要加上持续 2 μs 以上时间的高电平。在 RST 引脚出现高电平后的第二个机器周期执行复位。单片机常见的复位电路如图 1-14 所示。

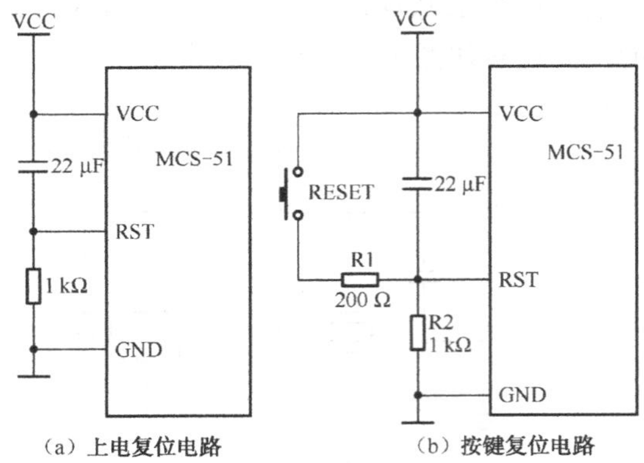

图 1-14　单片机常见的复位电路

图 1-14（a）为上电复位电路，它是利用电容充电来实现复位的。在接通电源瞬间，RST 端的电位与 VCC 相同，随着充电电流的减小，RST 的电位逐渐下降。只要保证 RST 为高电平的时间大于两个机器周期，便能正常复位。

图 1-14（b）为按键复位电路。该电路除具有上电复位的功能外，如要复位，只需按下图 1-14（b）中的 RESET 键，此时电源 VCC 经电阻 R1、R2 分压，便在 RST 端产生一个复位高电平。

复位后，单片机内部各专用寄存器状态如表 1.6 所示。

表 1.6　单片机复位后内部寄存器状态

专用寄存器	复位状态	专用寄存器	复位状态	专用寄存器	复位状态
PC	0000H	B	00H	TL1	00H
ACC	00H	TCON	00H	IP	***00000B
PSW	00H	TMOD	00H	IE	0**00000B
DPTR	0000H	TH0	00H	SCON	00H
SP	07H	TL0	00H	SBUF	不确定
P0～P3	FFH	TH1	00H	PCON	0***0000B

说明：*表示无关位。

小提示：（1）复位后 PC 值为 0000H，表明复位后程序从 0000H 开始执行。

（2）P0～P3 口值为 FFH。P0～P3 口作为输入接口时，必须先写“1”，而单片机在复位后已使 P0～P3 口每一个引脚为“1”，为这些接口作为输入接口做好了准备。

知识链接：单片机的存储器

存储器是单片机用来存放数据、程序信息的地方，可以分为数据存储器 RAM 和程序存储器 ROM。对 MCS-51 系列内核的单片机而言，都是采用程序存储器和数据存储器空间分开的结构，均具有 64 KB 外部程序和数据的寻址空间。以 8051 为代表，其主要有 4 个物理存储空间，即片内部数据存储器（IDATA 区）、片外部数据存储器（XDATA 区）、片内程序存储器和片外程序存储器（程序存储器合称为 CODE 区），其结构如图 1-15 所示。

1）内部数据存储器

8051 内部 RAM 共有 256 个单元，分为低 128 单元（单元地址为 00H～7FH）和高 128 单元（单元地址为 80H～FFH），如图 1-16（a）所示。

（1）工作寄存器区。在 8051 中共有 4 组，用来存放操作数和中间结果等，称为通用寄存器或工作寄存器。由于单片机的 C 语言编程中一般不会直接使用，所以这里不做过多说明。

（2）位寻址区。既可作为一般 RAM 单元使用，进行字节操作，也可以对单元中的每一位进行位操作，因此把该区称为位寻址区（BDATA 区）。

（3）数据缓冲区（堆栈区）。供用户使用的 RAM 区，一般应用中常把堆栈开辟在此区中。

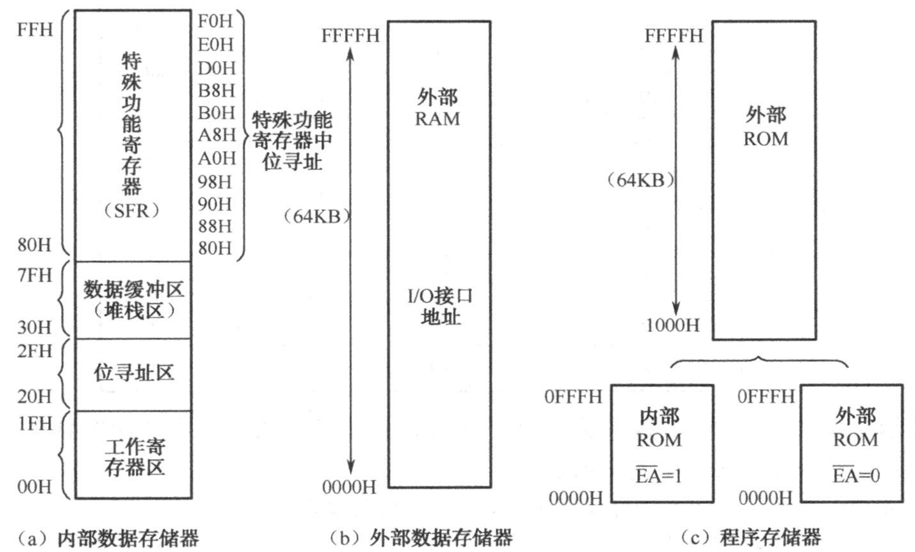

图 1-15　MCS-51 单片机存储器结构

以上为内部数据存储器低 128 单元（DATA 区）。而内部数据存储器高 128 单元则是供给特殊功能寄存器 SFR（Special Function Register）使用的。单片机共有 21 个可寻址的特殊功能寄存器，用户不能使用。另外，还有一个不可寻址的特殊功能寄存器，即程序计数器 PC，它不占据 RAM 单元，在物理上是独立的。

在可寻址的 21 个特殊功能寄存器中，有 11 个寄存器不仅能字节寻址，还能位寻址。MCS-51 中能够进行位寻址的特殊功能寄存器地址如表 1.7 所示。可以看出，凡是十六进制字节的地址末位为 0 或 8 的寄存器都是可以进行位寻址的。

表 1.7　MCS-51 可以位寻址的特殊功能寄存器地址

SFR	位地址/位名称								字节地址
P0	87	86	85	84	83	82	81	80	80H
	P0.7	P0.6	P0.5	P0.4	P0.3	P0.2	P0.1	P0.0	
TCON	8F	8E	8D	8C	8B	8A	89	88	88H
	TF1	TR1	TF0	TR0	IE1	IT1	IE0	IT0	
P1	97	96	95	94	93	92	91	90	90H
	P1.7	P1.6	P1.5	P1.4	P1.3	P1.2	P1.1	P1.0	

续表

SFR	位地址/位名称								字节地址
SCON	9F	9E	9D	9C	9B	9A	99	98	98H
	SM0	SM1	SM2	REN	TB8	RB8	TI	RI	
P2	A7	A6	A5	A4	A3	A2	A1	A0	A0H
	P2.7	P2.6	P2.5	P2.4	P2.3	P2.2	P2.1	P2.0	
IE	AF	AE	AD	AC	AB	AA	A9	A8	A8H
	EA	—	—	ES	ET1	EX1	ET0	EX0	
P3	B7	B6	B5	B4	B3	B2	B1	B0	B0H
	P3.7	P3.6	P3.5	P3.4	P3.3	P3.2	P3.1	P3.0	
IP	BF	BE	BD	BC	BB	BA	B9	B8	B8H
	—	—	—	PS	PT1	PX1	PT0	PX0	
PSW	D7	D6	D5	D4	D3	D2	D1	D0	D0H
	CY	AC	F0	RS1	RS0	OV	—	P	
ACC	E7	E6	E5	E4	E3	E2	E1	E0	E0H
B	F7	F6	F5	F4	F3	F2	F1	F0	F0H

小提示：在单片机的C语言编程中，常通过关键字“sfr”来定义所有特殊功能寄存器，从而在程序中直接访问它们。例如：

```
sfr  P0=0x80;            //定义特殊功能寄存器P0的地址为80H
```

因此，在程序中就可以直接使用P0这个特殊功能寄存器了。例如：

```
P0=0x00;                 //将P0口的8位全部清0
```

该语句就是合法的，编译时不会出错。

除此之外，在C语言中还可以通过关键字“sbit”来定义特殊功能寄存器中的可寻址位。例如：

```
sbit  P1_0=P1^0;         //定义P1口的第0位名称为“P1_0”
sbit  P1_0=0x90;         //用 P1口的第0位的位地址定义
```

一般情况下，这些特殊功能寄存器已经在头文件“reg52.h”中定义了，因此，用户在编程时，只要把该头文件包含在程序中，就可以直接使用已定义的特殊功能寄存器。关于头文件的使用在后续课程中将详细讲解。

下面对几个常用的专用寄存器功能做简单说明。

（1）程序计数器PC（Program Counter）。PC是一个16位的计数器，其内容为下一条将要执行指令的地址，寻址范围为64 KB。PC有自动加1的功能，从而控制程序的执行顺序。PC本身没有地址，是不可寻址的，因此用户无法对它进行读写，但可以通过转移、调用、返回等指令改变其内容，以实现程序的转移。

（2）累加器ACC（Accumulator）。累加器为8位寄存器，用于存放操作数和运算的中间结果。

（3）程序状态字PSW（Program Status Word）。程序状态字是一个8位寄存器，用来存放运算结果的一些特征，如有无进位、借位等。使用汇编语言编程时，PSW寄存器很有

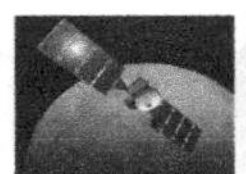

用，但在利用 C 语言编程时，编译器会自动控制该寄存器，很少人为操作它，大家只需简单了解即可。PSW 的各位定义如表 1.8 所示。

表 1.8 PSW 寄存器位定义

位 地 址	D7H	D6H	D5H	D4H	D3H	D2H	D1H	D0H
位 名 称	CY	AC	F0	RS1	RS0	OV	/	P

① CY：进位标志位，表示运算是否有进位或借位。如果操作结果在最高位有进位（加法）或借位（减法），则 CY 由硬件置“1”，否则被置“0”。

② AC：辅助进位标志，又称半进位标志，它指两个 8 位数运算时低 4 位是否有半进位，即低 4 位相加（或相减）是否进位（或借位），如有，则 AC 由硬件置“1”，否则被置“0”。

③ F0：用户标志位，由用户自行定义，可由软件来使它置“1”或清“0”；也可由软件来测试它，以控制程序流向。

④ RS1 和 RS0：工作寄存器区选择位，汇编语言中这两位用来选择 4 组工作寄存器区中哪一组为当前工作寄存器。

⑤ OV：溢出标志位，反映带符号数的加减运算结果是否有溢出。当 OV 为“1”时，表示运算超出了累加器 ACC 所能表示的带符号数的有效范围（−128～+127），即产生了溢出，因此运算结果是错误的；当 OV 为“0”时，表示运算正确，即无溢出产生。

⑥ P：奇偶标志位，表示累加器 ACC 中内容的奇偶性，若 ACC 中有奇数个“1”，则 P 置“1”，否则置“0”。

以上介绍了 3 个特殊功能寄存器，其余的特殊功能寄存器（如 TCON、TMOD、IE、IP、SCON、PCON、SBUF 等）将在后面章节中介绍。

2）外部数据存储器

8051 单片机最多可扩展 64 KB 片外 RAM，称为 XDATA 区。在扩展存储器时，低 8 位地址 A7～A0 和 8 位数据 D7～D0 由 P0 口传递，高 8 位地址 A15～A8 由 P2 口传递。

3）程序存储器

程序存储器是用来存放编好的程序和程序执行过程中不会改变的原始数据的。它分为内部程序存储器和外部程序存储器。

8031 片内无程序存储器；8051 片内有 4 KB 的 ROM；8751 片内有 4 KB 的 EPROM；89C51 片内有 4 KB 的 E^2PROM。

MCS-51 系列单片机片外最多能扩展 64KB 程序存储器，片内、片外 ROM 统一编址。单片机访问 ROM 的顺序由引脚 $\overline{EA}$ 控制。若 $\overline{EA}$=1，对 ROM 的读操作是从内部 ROM 开始的，若外部扩展了 ROM，则可延至外部 ROM；若 $\overline{EA}$=0，对 ROM 的读操作限定在外部 ROM。

任务小结

本任务介绍了构成单片机最小系统的时钟电路和复位电路，以及单片机的存储器结构、复位后特殊功能寄存器的状态等内容，使读者对单片机的硬件基础有更进一步的认识。

本任务重点内容如下：

（1）单片机最小系统电路组成；

（2）单片机存储器的结构。

任务1.4 单片机应用系统的设计

单片机应用系统是以单片机为核心，在单片机最小系统的基础之上配以输入、输出、显示、控制等外围电路和软件，能够实现一种或多种功能的实用系统。换句话说，单片机应用系统其实就是基于单片机的应用系统，是在单片机的外围加一些应用电路，构造出的一个应用系统。本任务是以单片机应用系统的组成为出发点，介绍了单片机应用系统设计的一般步骤，以及设计中的一些要求及原则等内容。

1.4.1 任务要求

通过本任务的学习，使大家了解单片机应用系统的概念及其组成，以及单片机应用系统设计的一般步骤，使初学者对单片机的工作过程有更深刻的认识。

1.4.2 任务实现

1. 单片机应用系统的组成

单片机应用系统由硬件和软件两部分组成，二者相互依赖，缺一不可。硬件是应用系统的基础，软件在硬件的基础上对其资源进行合理调配和使用，控制其按照一定顺序完成各种时序、运算或动作，从而实现应用系统所要求的任务。单片机应用系统的组成如图1-16所示。

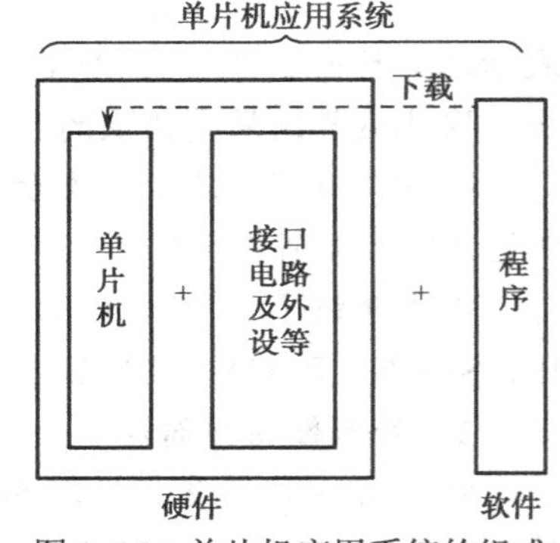

图1-16 单片机应用系统的组成

由此可见，单片机应用系统的设计人员必须从硬件和软件两个方面来深入了解计算机，并可以将二者有机结合起来，这样才能开发出具有特定功能的应用系统或整机产品。

2. 如何进行单片机应用系统的开发

单片机应用系统的设计是一个十分复杂的工程，在系统的设计中，要考虑软件和硬件的相互配合；要考虑系统的抗干扰能力和可靠性；还要考虑系统的供电、各个元器件之间逻辑电平的接口等诸多问题。因此，在设计单片机应用系统时，必须对系统的设计原则和要求有一个整体的规划，这是系统设计的依据和出发点，整个设计过程都必须围绕这个规划来工作。在设计过程中应对所设计的系统的可行性进行分析，对系统的性能、成本、可靠性、可操作性、经济效益进行综合考虑，确定一个合理的技术规范，提高所设计的应用系统的性能和经济效益，使所设计的系统有较好的竞争力。一般的设计流程如图1-17所示。

1）总体设计

（1）明确设计要求。认真进行目标分析，根据应用场合、工作环境、具体用途，考虑系统的可靠性、通用性、成本等，提出合理、详尽的功能技术指标。

（2）器件的选择。

① 单片机的选择：主要从性能指标，如字节、主频、存储器容量、有无A/D或D/A通道、功耗、性价比等方面进行选择。对于一般的测控系统，选择8位机即可满足要求。

② 外围元器件的选择：外围器件应符合系统的精度、速度、可靠性、功耗和抗干扰等方面的要求。应考虑功耗、电压、温度、价格、封装形式等其他方面的指标，应尽可能选择标准化、模块化、功能强、集成度高的典型电路。

（3）总体设计内容。总体设计就是根据设计任务、指标要求和给定条件，设计出符合现场条件的软、硬件方案并进行方案优化。应划分软、硬件任务，画出系统结构框图，合理分配系统内部的软、硬件资源。

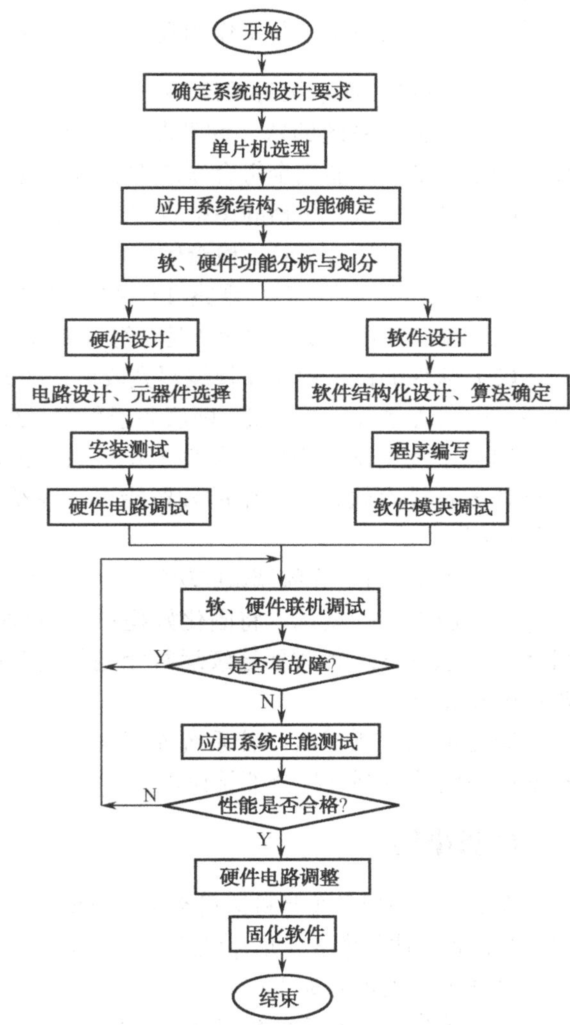

图1-17　单片机应用系统设计流程图

2）硬件设计

由总体设计所给出的硬件框图规定硬件的功能，在确定单片机类型的基础上进行硬件设计、实验。进行必要的工艺结构设计，制作出印制电路板，组装后就完成了硬件设计。

一个单片机应用系统的硬件设计包含系统扩展和系统配置（按照系统功能要求配置外围设备）两部分。

硬件电路设计的一般原则：

（1）采用新技术，注意通用性，优先选择典型电路。

（2）注重标准化、模块化。

（3）向片上系统（SOC）方向发展，扩展接口尽可能采用位置敏感器件（PSD）。

（4）工艺设计时要考虑安装、调试、维修的方便。

（5）满足应用系统的功能要求，并留有一定的扩展空间，方便进行二次开发。

3）软件设计

软件设计是单片机应用系统设计中最关键的工作。在进行软件设计时，必须把软件应承担的任务明确表达出来，用文字或图表的形式，对软件设计的任务进行细化。具体分为以下几方面：

（1）结合硬件结构，明确软件任务，确定具体实施的方法，合理分配资源。

（2）软件结构实现结构化，各功能程序实行模块化、子程序化。

（3）建立数学模型、绘制程序流程图，编写程序。

（4）采用软件装配，即各程序模块编写之后，需进行编译、调试，当满足设计要求后，将各程序模块按照软件结构设计的要求连接起来。

4）可靠性设计

可靠性是指产品在规定条件下和规定时间内完成规定功能的能力。其中，规定条件是指

系统工作时所处的环境条件（温度、湿度、振动、电磁干扰等）、维护条件、使用条件等；规定时间是指考察系统正常工作的起止时间；规定功能则是系统应当实现的功能。

5）单片机应用系统的调试

单片机应用系统的软、硬件制作完成后，必须反复进行调试、修改，直至完全能正常工作，经过测试，功能完全符合系统性能指标要求，应用系统设计才算完成。

（1）硬件调试。包括静态检查和通电检查。静态检查是指根据硬件电路图核对元器件的型号、极性、安装是否正确，检查硬件电路连线是否与电路图一致，有无短路、虚焊等现象；通电检查是指电路板通电时，观察 I/O 接口的动作情况，查看电路板上有无元器件过热、冒烟、异味等现象，各相关设备的动作是否符合要求，整个系统的功能是否符合要求。

（2）软件调试。程序模块编写完成后，在开发板上进行调试。调试时先分别调试各模块子程序；调试通过后，再调试中断服务子程序；最后调试主程序，并将各部分进行联调。

（3）系统调试。当软、硬件调试完成之后，便可进行全系统软、硬件调试，系统调试的主要任务是排除软、硬件中的残留错误，使整个系统能够完成预定的工作任务，达到要求的性能指标。

（4）程序固化。系统调试成功后，便可将程序通过专用程序固化器固化到单片机的 ROM 中。

（5）脱机运行调试。将固化好程序的 ROM 插回到应用系统电路板的相应位置，即可脱机运行。系统试运行时要连续运行相当长的时间（也称为考机）以考验其稳定性，以便进一步修改和完善。

经过调试、测试后，若系统能正常工作，且功能完全符合系统性能指标的要求，则单片机应用系统的研制过程全部结束。

任务小结

本次任务介绍了单片机应用系统的概念、组成，以及单片机应用系统设计的一般步骤及注意事项等知识，使初学者对单片机的工作过程有更清楚的了解，对单片机的学习有更深刻的认识。

本任务重点内容如下：

（1）单片机应用系统的概念及组成；

（2）单片机应用系统研发的一般步骤。

习题 1

1-1　什么是单片机？它由哪几部分组成？

1-2　什么是单片机最小系统？画出 MCS-51 单片机时钟电路，并指出石英晶体和电容的取值范围。常用的复位方法有几种？画出电路，说明其原理。

1-3　MCS-51 单片机有多少个引脚？简述各引脚的功能。

1-4　什么是机器周期？机器周期和晶振频率的关系如何？当晶振频率为 6 MHz 时，机器周期是多少？

1-5　什么是单片机应用系统？它由哪几部分组成？单片机应用系统的开发步骤是什么？

项目2 单片机系统开发软件和下载软件

教学导航

教学内容	1. 单片机系统开发软件 Keil；2. 单片机下载软件 STC-ISP
知识目标	1. 了解 Keil 软件的界面及其使用方法；2. 单片机简单 C 语言程序的编译方法；3. 了解 STC-ISP 软件的界面及单片机程序的下载步骤
能力目标	1. 会利用 Keil C51 软件编写简单的单片机程序并进行编译和调试；2. 会利用 STC-ISP 软件下载单片机程序

知识分布网络

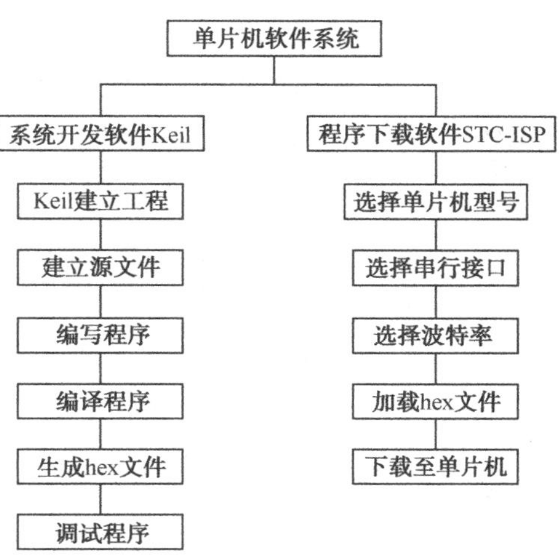

任务 2.1　Keil C51 软件的使用

Keil C51 软件是目前最流行的单片机应用开发软件，它集编辑、编译、仿真于一体，支持汇编、PLM 语言和 C 语言的程序设计，界面友好，易学易用。在 51 系列单片机的学习与开发过程中，Keil C51 软件的使用为程序设计开发提供了一个高效率的平台。对于 MCS-51 系列单片机的初学者和开发人员来说，掌握这款软件是十分必要的。本书中讲解的 Keil 软件版本是 Keil μVision3 版，这对于 51 单片机的初学者来说是十分容易上手的。由于现在有很多汉化版本的软件，但是汉化软件有时会出现一些意想不到的错误，因此作者建议安装英文软件。本任务通过一个简单的 C 语言程序的实现，来学习 Keil C51 软件的基本使用方法和调试技巧。

2.1.1　任务要求

使用 Keil C51 软件编写一段 C 语言程序，要求点亮 ZXDP-1 实验板上的第二个发光二极管。由于这是本书的第一个程序，大家一定要有耐心，认真地弄明白它，跨过了这第一道门槛，以后的学习会变得更加容易。

2.1.2　任务实现

1．硬件电路分析

从附录 A 中 ZXDP-1 实验板的简介及原理了解到只需用单片机的最小系统外接一个 LED 便可实现上述任务的要求，因此利用单片机的 P1.2 口来控制实验板上的第二个 LED 的点亮。具体硬件电路如图 2-1 所示。

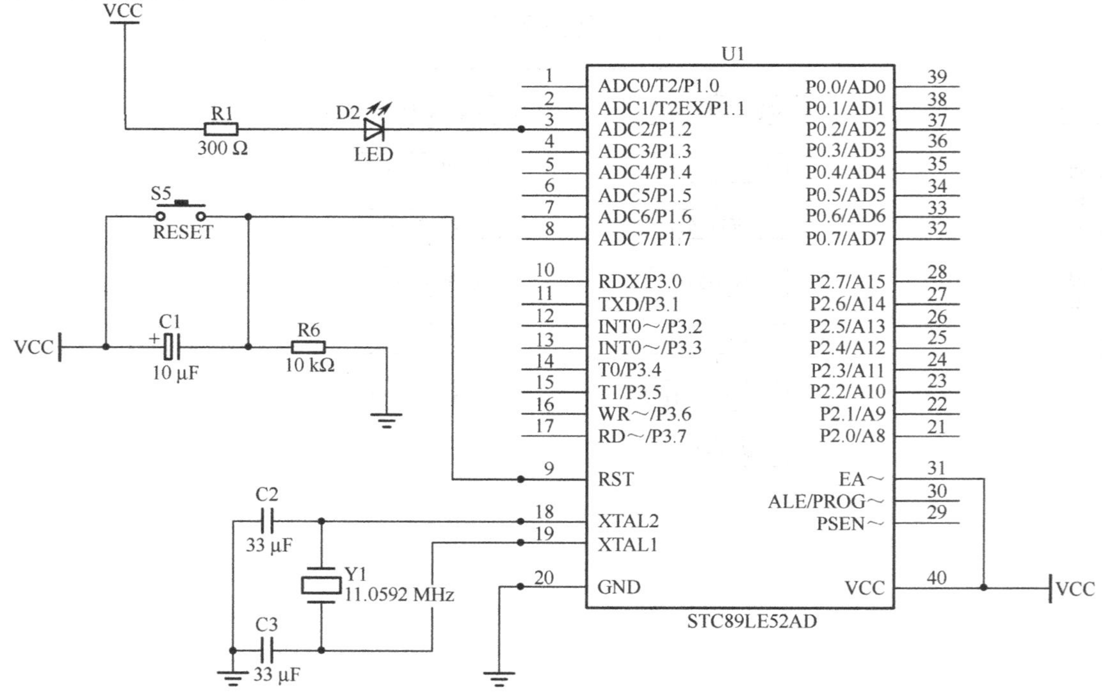

图 2-1　点亮一个 LED 硬件电路图

2．源程序的编写

实例 2-1　点亮 ZXDP-1 实验板上的一个 LED 发光二极管。

程序代码如下：

```
#include<reg52.h>              // 52 系列单片机头文件
sbit D2 = P1^2;                // sbit 用于进行位定义，如定义 P1 口的第 3 位
void main()                    //主函数
{
    D2 = 0;                    //小灯亮
}
```

2.1.3　Keil 工程建立及程序编译调试

待 Keil μVision3 软件安装好后，在桌面上会产生快捷图标，如图 2-2 所示。

图 2-2　Keil 软件图标

运行 Keil μVision 3 软件，软件界面如图 2-3 所示。

（a）

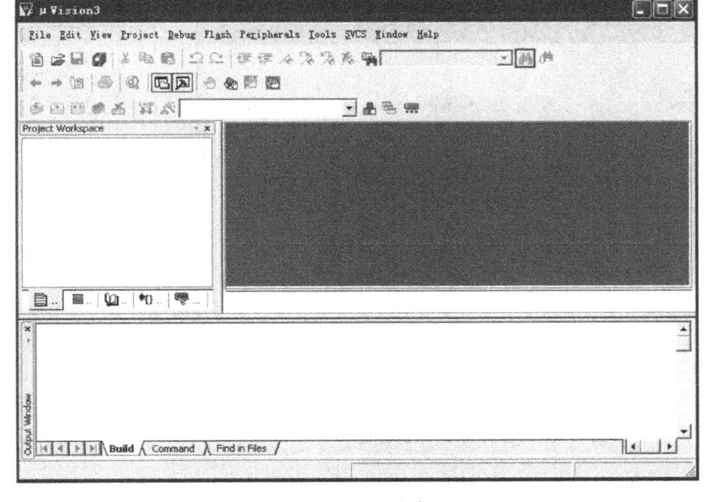

（b）

图 2-3　Keil μVision 软件界面

1．建立一个新的工程项目

单击“Project”菜单，在其下拉菜单中选中“New μVision Project”选项，如图 2-4 所示。

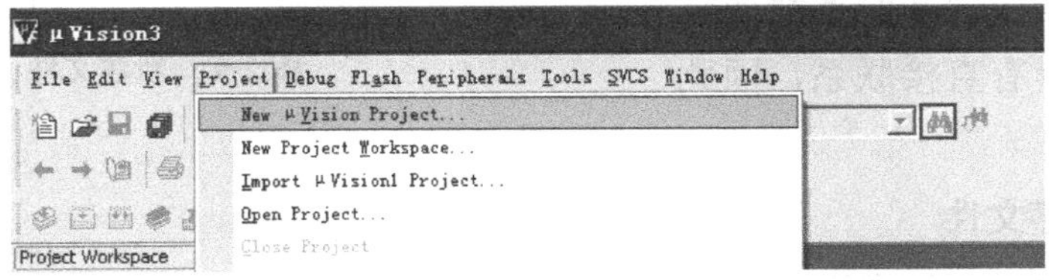

图 2-4　建立新工程项目

2．保存工程项目

选择要保存的文件路径，输入工程项目文件的名称。由于 Keil 的一个工程中包括很多琐碎的文件，因此为了方便管理，通常将一个工程放在一个独立的文件夹里。如果保存在

“1LED”文件夹，则将工程的项目名称命名为“1LED”，如图 2-5 所示，然后单击“保存”按钮。工程建立后，此工程名变为 1 LED.uv2。

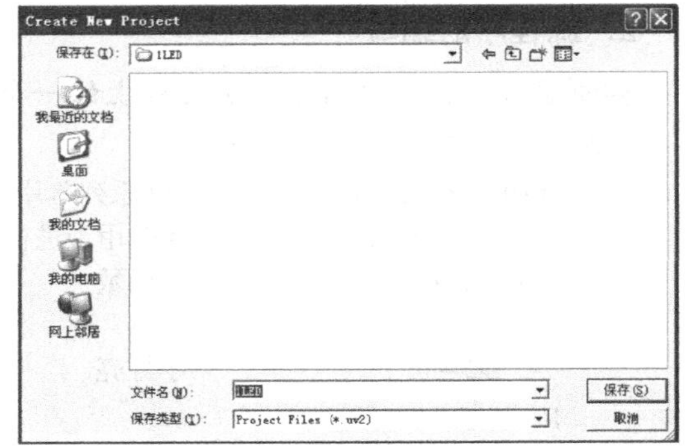

图 2-5 “产生新工程”对话框

3．为工程项目选择单片机型号

在弹出的对话框中选择需要的单片机型号，可以根据用户自己使用的单片机型号来选择。Keil C51 几乎支持所有 51 内核的单片机，ZXDP-1 实验板上选用的是 STC89C52 单片机，在对话框中找不到该型号单片机。但是，由于 51 内核的单片机具有通用性，因此可以选择任意一款 89C52。如图 2-6 所示，这里选择 51 单片机中使用较多的 Atmel 公司的 AT89C52。选定型号后，右边的“Description”栏里便显示出对该型号单片机的说明，可以浏览一下其特点，然后单击“确定”按钮，出现如图 2-7 所示的开发平台界面。

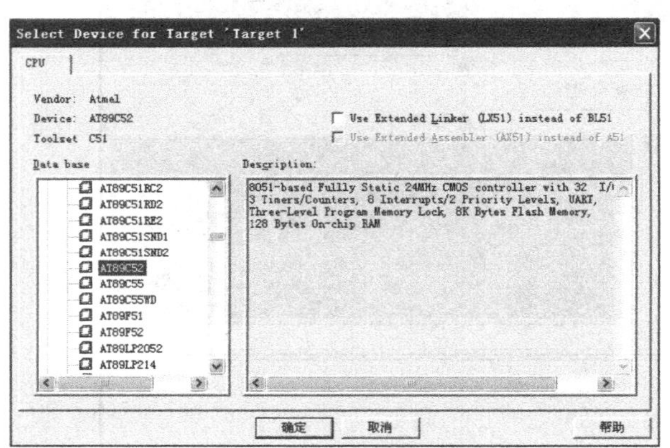

图 2-6 选择单片机型号

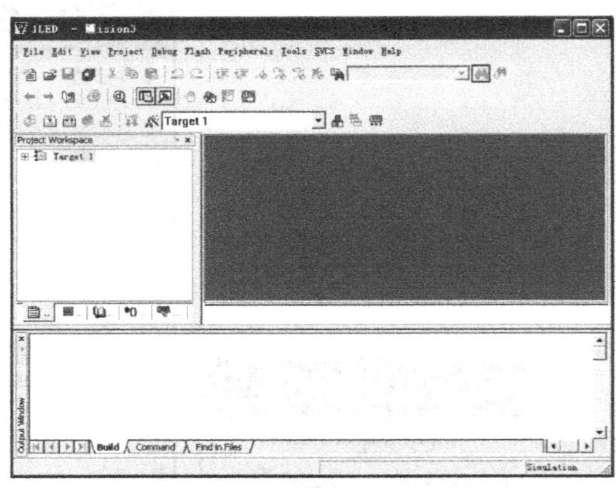

图 2-7 新工程项目开发平台界面

4．创建源程序文件

如图 2-8 所示，单击“File”菜单，选择下拉菜单中的“New”选项，新建文件后得到如图 2-9 所示的界面。此时光标在编辑窗口闪烁，用户可以输入应用程序，但此时新建的文件与建立的工程没有直接联系，因此需要执行第 5 步。

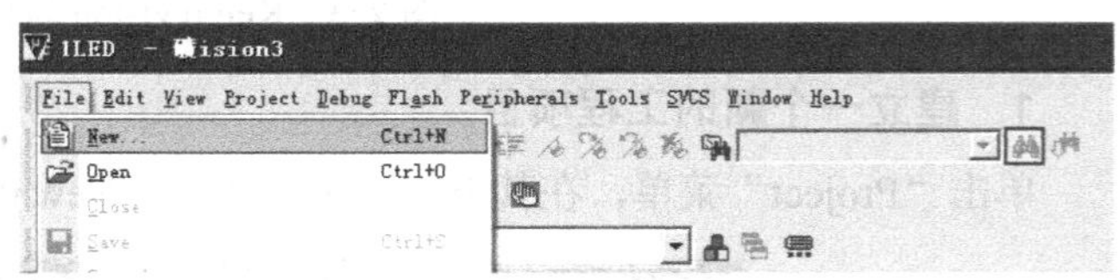

图 2-8 新建文件

5．保存源程序文件

单击“File”菜单，选择下拉菜单中的“save”选项，在弹出的对话框中选择保存的路径及源程序的名称。名称在“文件名”文本框中一定要写全，如图 2-10 所示，然后单击“保存”按钮。

小提示：保存文件时，其文件名最好与前面建立的工程名相同。如果用 C 语言编写程序，则其扩展名必须为“.c”；如果用汇编语言编写程序，则其扩展名必须为“.asm”。

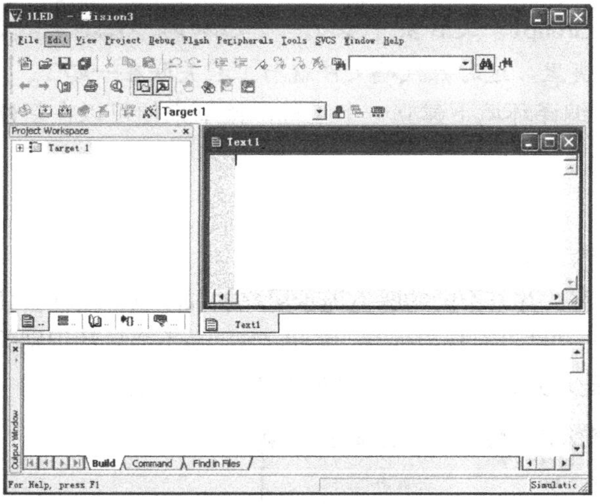

图 2-9　新建文件后的界面

图 2-10　保存源程序文件

6．为工程项目添加源程序文件

在编辑界面中，单击“Target1”前面的“+”号，再在“Source Group1”选项上右击，弹出如图 2-11 所示的对话框，选择“Add Files to Group ‘Source Group1’”选项，弹出如图 2-12 所示的对话框。选中要添加的源程序文件“Test1.c”，单击“Add”按钮，再单击“Close”按钮，然后再单击左侧的“Source Group1”前面的“+”号，便得到如图 2-13 所示的界面。

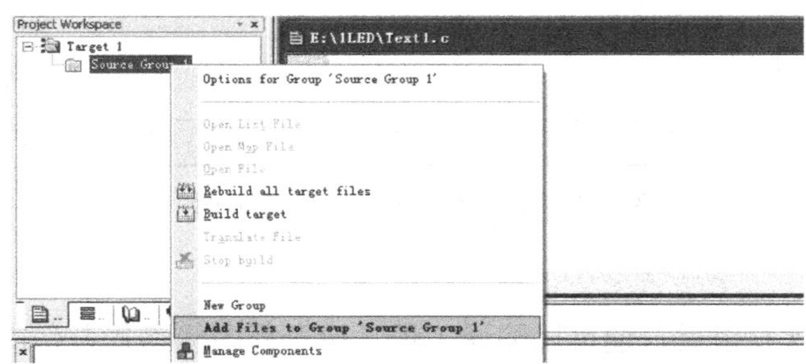

图 2-11　为工程项目添加源程序文件的命令选项

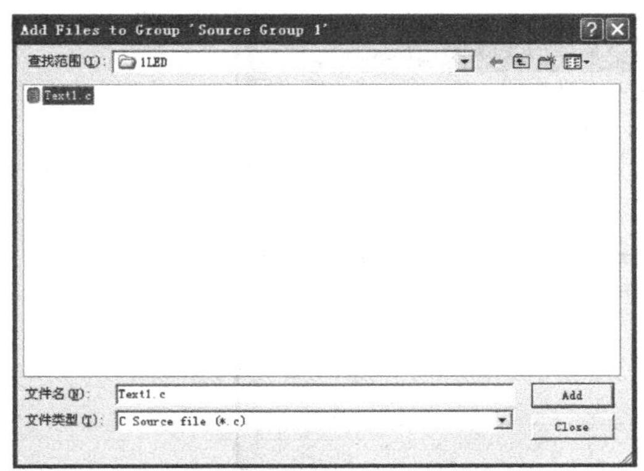

图 2-12　为工程项目添加源程序文件对话框

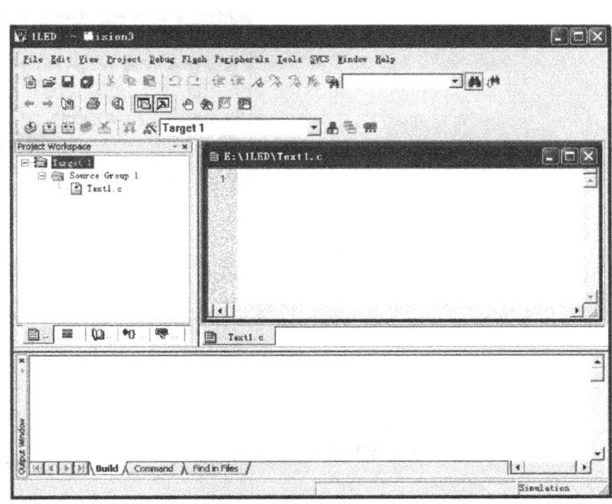

图 2-13　输入源程序文件界面

小提示： 这时可以注意到，在“Source Group1”文件夹中多了一个添加的“Test1.c”文件。当有多个代码文件时，都要加到这个文件夹里，这时源代码文件就与工程关联在一起了。

通过以上6个步骤就了解了如何在Keil编译环境下建立一个工程，接下来便可以在新建的工程里编写任务1中的源程序了。

7．输入源程序

在如图2-13所示的界面的文件编辑栏中输入实例2-1程序代码。

在程序输入时，Keil C51会自动识别关键字，并以不同的颜色提示用户加以注意，这样会使用户少犯错误，有利于提高编程效率。若新建的文件没有提前保存，Keil C51是不会自动识别关键字的，而且也会有不同的颜色出现。源程序输入完成后保存，得到如图2-14所示的界面。

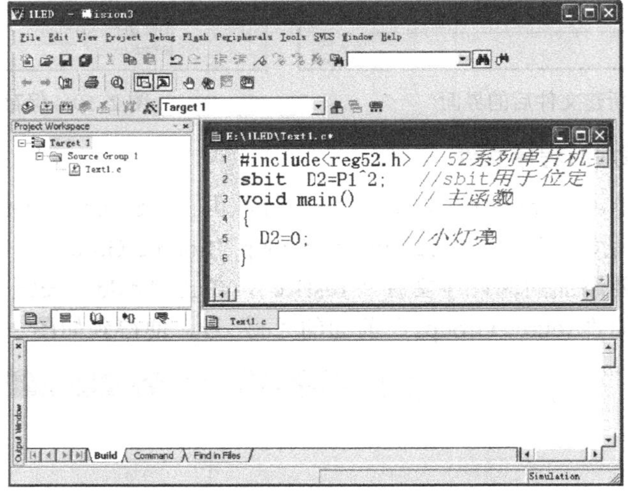

图2-14　输入源程序后的编辑界面

8．编译源程序

程序输入完成并保存以后，便可以编译工程，检查程序代码是否有错误。在图2-14中，单击“全部编译”快捷图标“”。编译后的界面如图2-15所示。

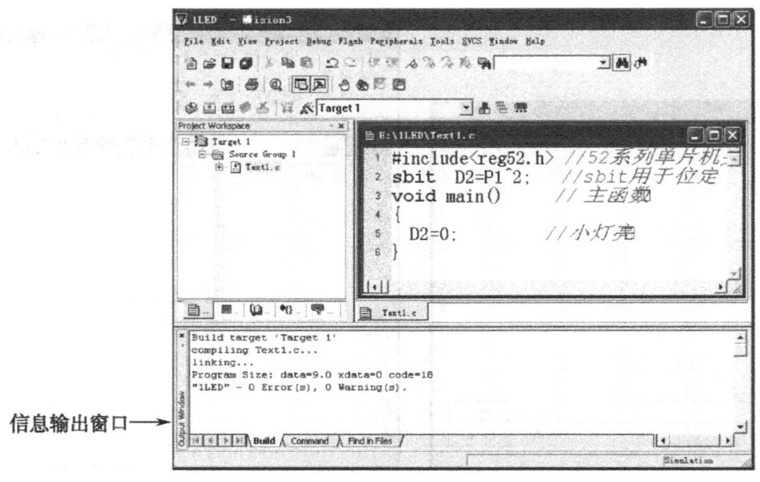

图2-15　编译后的界面

小提示：建议大家在每次执行编译之前先保存一次文件，因为进行编译时，Keil 软件有时会导致计算机死机，如果在编写一个较大的工程文件时没有及时保存，那么计算机死机重启后，只能重写程序，会极大降低工作效率。

重点观察信息输出窗口。图 2-15 中信息输出窗口显示的编译过程及编译结果含义如下：

Build target 'Target 1'——创建目标。

compiling Text1.c...——编译文件。

linking...——链接。

Program Size:data=9.0　xdata=0　code=18——程序中的内部 RAM 占用 9 字节，外部 RAM 占用 0 字节，程序储存器 ROM 占用 18 字节。

"1LED"-0 Error(s), 0 Warning(s)——工程编译结果- 0 个错误，0 个警告。

以上信息表示此工程编译成功。

小提示：如果在编译过程中程序有错误，同样可以根据信息输出窗口查找错误所在的位置。例如，对上述程序中第二行“sbit D2=P1^2;”和第五行“D2=0;”同时删除“;”，然后保存并编译，如图 2-16 所示。从图中可以看到出现了两处错误信息。如果在一个较大的程序中，编译后可能出现多处错误，其实这些错误并非真正的错误，而是当编译器发现有一个错误时，编译器本身无法完成后续代码的编译而导致的错误。解决方法是，在诸多错误信息中找到第一条错误信息，用鼠标左键双击，Keil 软件便会自动将错误信息定位，并且在代码行前出现一个光标，如图 2-17 所示，用户可根据这个位置和错误信息自行修改。

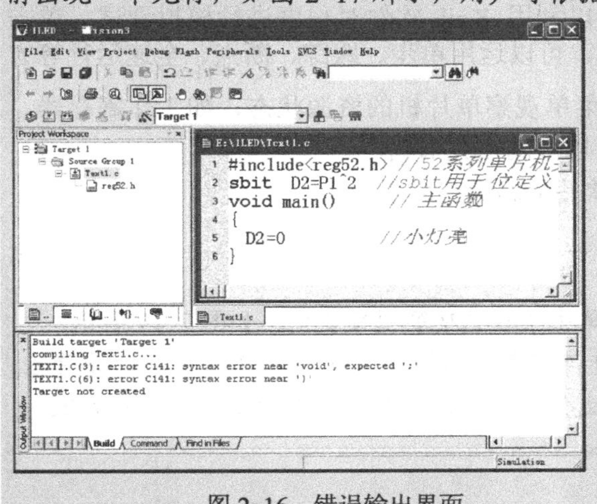

图 2-16　错误输出界面

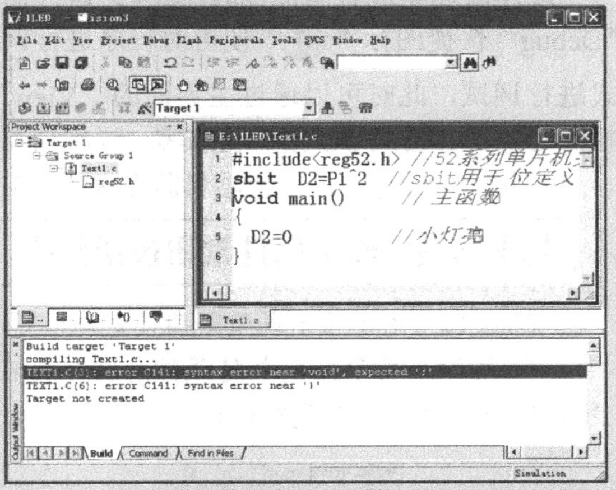

图 2-17　错误定位界面

9. 生成 hex 代码文件

将编译成功的源程序生成可供单片机加载的 hex 代码文件，单击“Project”菜单，在弹出的下拉菜单中选择“Options for Target ‘Target 1’”选项，或者直接单击“目标选项配置”快捷图标“ ”，在弹出的对话框中单击“Output”选项卡，选中其中的“Creat HEX File”复选框，如图 2-18 所示。

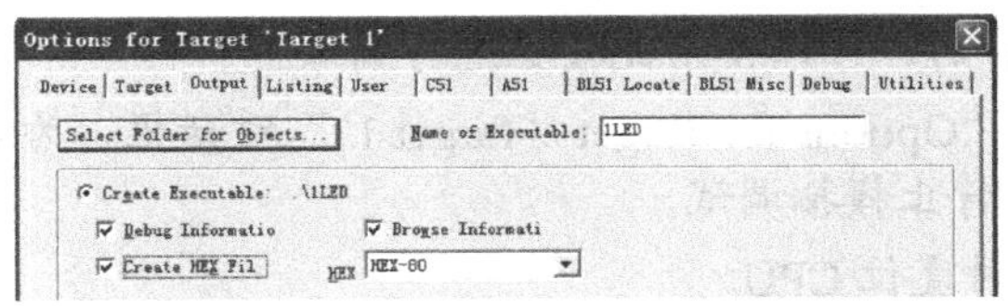

图 2-18　设置生成 HEX 代码文件操作框

小提示：单片机中能够加载的文件有两种，即 hex 文件或 bin 文件。其中，hex 文件是十六进制文件，英文全称是 hexadecimal；bin 文件是二进制文件，英文全称是 binary。这两种文件可以通过软件相互转换，其内容是一样的。

下面来简要说明该对话框中其他选项卡的功能。如需详细信息，可以参阅具体书籍。

“Device”选项卡：用于选择所用的 51 设备。

“Target”选项卡：用于定义硬件的配置。

“Output”选项卡：用于定义 Keil 工具的输出文件，在编译完成后运行用户程序。

“User”选项卡：用于定义程序编译之前、之后等的相关用户程序设置。

“Listing”选项卡：用于定义 Keil 工具输出的所有列表文件。

“C51”选项卡：用于设置 C51 编译器的特别的工具选项，如代码优化或变量分配。

“A51”选项卡：用于设置汇编器的特别工具选项，如宏处理等。

“BL51 Locate”选项卡：用于定义不同类型的存储器和存储器的不同段的位置。

“BL51 Misc”选项卡：用于定义其他与连接器相关的设置，如告警或存储器指示。

“Debug”选项卡：用于配置µVision3 Debugger 的设置。

“Utilities”选项卡：用于配置文件和文件组的文件信息和特别选项。

10．程序调试

程序编译完成且生成 hex 文件之后，还可以利用 Keil 软件对程序进行模拟调试。单击“Debug”快捷图标“ ”便可对程序进行调试，可以运用单步、跟踪、断点、全速运行等方式进行调试，此时可以通过主界面的“View”菜单观察单片机的资源状态，如工作寄存器、特殊功能寄存器及 I/O 接口状态等。详细信息可以参阅相关书籍。

到此，一个完整的工程项目就在 Keil C51 软件上编译完成了。

知识链接：Keil 软件常用按钮介绍

按钮：用于显示或隐藏项目窗口，可以单击该按钮观察项目窗口，如图 2-19 所示。

按钮：用于显示或隐藏信息窗口，在进行程序编译时可以通过信息输出窗口查看程序代码是编译成功还是有错误，是否生成 hex 文件等信息，信息输出窗口如图 2-20 所示。

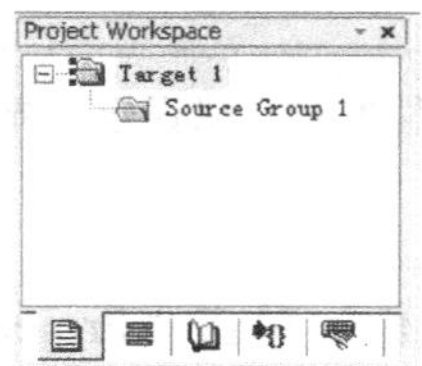

图 2-19　项目窗口

图 2-20　信息输出窗口

按钮：用于构建修改过的文件，并生成应用程序供单片机直接下载。

按钮：用于重新构建当前工程中的所有文件，并生成应用程序供单片机直接下载。当工程中不止有一个文件时，可以使用此按钮进行编译。

按钮：用于打开“Options for Target ‘Target 1’”对话框，为当前工程设置选项。

按钮：用于开始/停止模拟调试。

RST 按钮：用于调试时复位 CPU。

按钮：用于全速运行程序，直到一个中断产生。

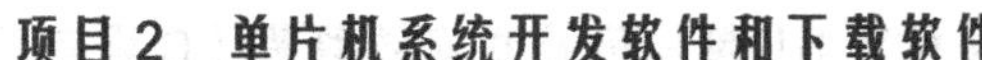

步入按钮：用于单步执行程序。

步越按钮：用于单步执行程序跳过子程序。

以上是在用 Keil 软件进行编程时使用频率最多的几个按钮的功能，如需详细信息可以参阅相关书籍。

任务小结

本任务通过编写控制实验板上一个 LED 发光的程序入手，介绍了 Keil 软件的功能和使用方法。从如何建立一个工程到编译调试源程序，通过实例和大量图片详细介绍了 Keil 软件编程的步骤，使初学者能够迅速掌握利用 Keil 软件编写 C 语言程序的方法。

使用 Keil 编译调试源程序分为以下几步：

（1）建立一个新的工程项目；

（2）建立源文件，输入程序并保存；

（3）将源文件添加到工程项目中；

（4）编译、调试源程序，生成 hex 文件代码。

任务 2.2　STC-ISP 下载软件的使用

在任务 1 中已经学会了使用 Keil C51 软件对单片机进行 C 语言源程序的编写，并生成单片机可以直接读取的 hex 程序代码。本任务将学习如何使用程序下载软件 STC-ISP 来对单片机程序进行下载。

2.2.1　任务要求

使用 STC-ISP 软件下载任务 1 中生成的 hex 文件至 ZXDP-1 实验板上的单片机中，并在实验板上实现第二个 LED 的点亮功能。

2.2.2　任务实现

1. STC-ISP 软件简介

STC-ISP 是宏晶科技开发的用于 STC 单片机下载的软件。可下载 STC89 系列、12C2052 系列和 12C5410 系列等的 STC 单片机，使用简单、方便，现已被广泛使用。由于 ZXDP-1 实验板上使用的是 STC89C52RC 型单片机，因此这也是本书选择 STC-ISP 作为程序下载软件的原因之一。

2. ISP 在线编译功能

ISP（In—System Programming）——在线系统编程，是一种很方便的编程方法。它的优势在于无须编程器就可以改写单片机存储器内部的程序，方便系统调试，尤其对于实验环境有限的学生而言，只要一台计算机就可以随意改写单片机内的程序，极大地方便了课后开展学习和创新。而且，现在一些主流增强型 51 单片机都支持 ISP 下载功能。

3. 程序下载步骤

第一步，从深圳宏晶科技网站（www.MCU-Memory.com）下载该软件的安装程序（如 STC_ISP_V3.5 版本），安装完成后的图标如图 2-21 所示。

STC ISP V3.5

图 2-21　STC-ISP 软件图标

小提示：安装完成后先不要运行该软件。应先将 51 单片机开发板的 USB 供电线接上，然后再将串行接口线接上（如果笔记本电脑上无串行接口，则可以选用 USB 转串行接口线，将 USB 线接上），这样就完成了硬件的准备工作。

然后，运行该软件，弹出如图 2-22 所示的程序界面。

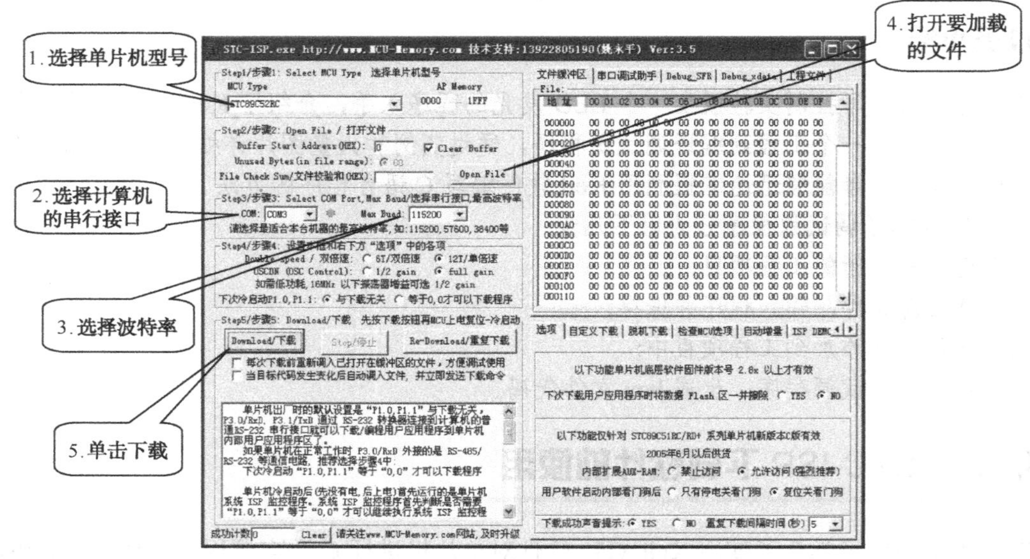

图 2-22　STC-ISP 软件界面

第二步，对该软件的一些参数进行设置。如图 2-22 所示，设置 1 为器件的选择，此处可以选择单片机的型号，由于 ZXDP-1 实验板上使用的芯片是 STC89C52RC，因此该处设置为 STC89C52RC；设置 2 为下载串行接口的选择（可以通过计算机中的“设备管理器”查找该串行接口），此处选择 COM3 口；设置 3 为下载波特率的选择，也就是选择串行接口的下载速度，一般用默认的最高速率即可。在完成以上 3 步的设置之后，接下来要做的便是打开要下载的文件并进行加载。如图 2-22 设置 4 所示，单击按钮“Open File”按钮，在弹出的对话框里选择要加载的 hex 文件，本任务选择上面已经生成的“1LED.hex”文件，然后单击“打开”按钮，如图 2-23 所示。

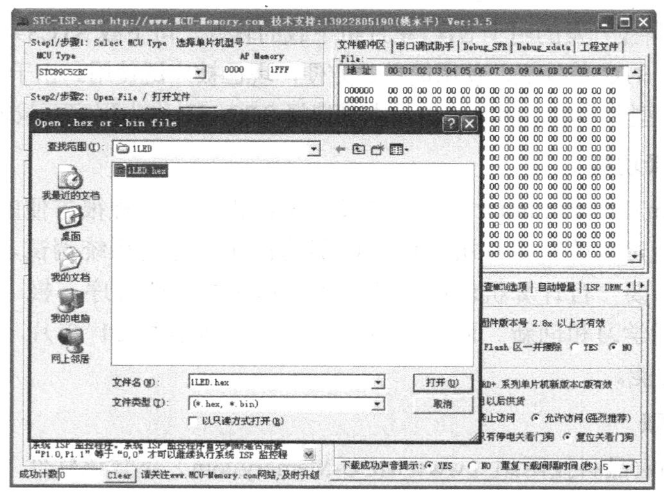

图 2-23　加载 hex 文件界面

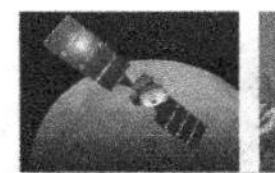

第三步，将程序下载到单片机中。如图 2-22 设置 5 所示，单击“Download/下载”按钮，可以发现该按钮变为灰色，稍等片刻，当在下载的界面中看到“仍在连接中，请给 MCU 上电…”的提示时，如图 2-24 所示，便可以将单片机开发板上的总电源开关按钮按下，可以看到电源指示灯点亮，表明已经给 MCU 上电。然后注意观察软件上的下载提示框的变化，给出下载进程的提示。当下载进程完毕后，STC-ISP 软件也会有下载成功的显示，如图 2-25 所示。

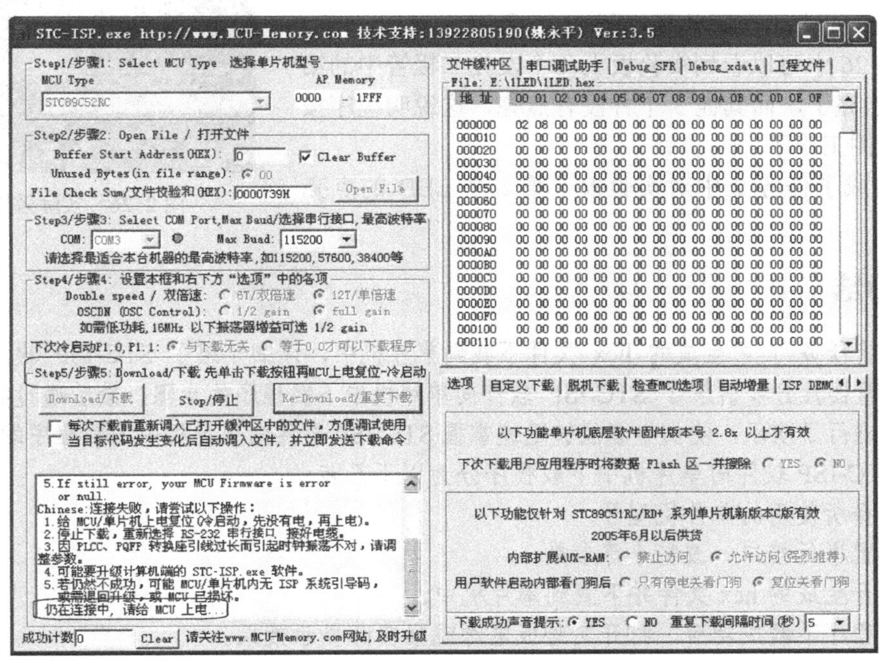

图 2-24　程序下载界面

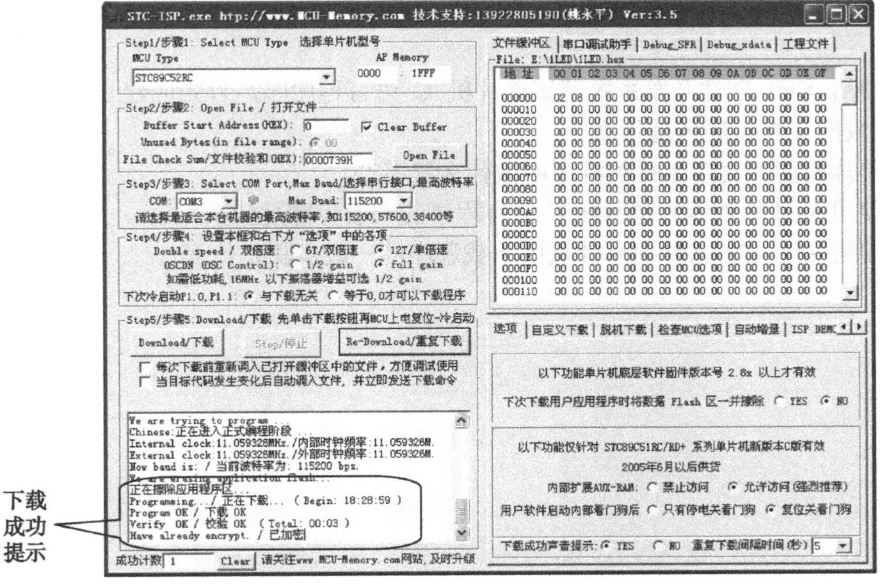

图 2-25　程序下载成功界面

至此，用 Keil C51 软件编译生成的 hex 二进制文件就已经下载到单片机中了，接下来要做的便是通过实验板观察程序的显示效果。

2.2.3 任务演示效果

通过任务实现中介绍的 STC-ISP 软件下载程序的方法，已经将任务 1 中生成的 hex 文件下载到了 ZXDP-1 实验板上的单片机中，实际效果如图 2-26 所示。

图 2-26　实际效果图

在图 2-26 中可以看到实验板上 4 个发光二极管中的第二个 LED 点亮了，而其他 3 个并没有点亮，这说明程序按照编写的意图工作了。

至此完成了任务 2 中对实验板上第二个 LED 的点亮功能。

任务小结

本任务将任务 1 中生成的 hex 文件下载到单片机中，详细介绍了 STC-ISP 软件的使用方法，通过大量图片分步讲解了 STC-ISP 软件向单片机中下载程序的步骤，最后通过实际效果图对任务结果进行了演示，使初学者能够迅速掌握 STC-ISP 软件向单片机中下载程序的方法。

使用 STC-ISP 软件向单片机中下载程序分为以下几步：

（1）选择所使用的单片机型号；

（2）设置串行接口、波特率等参数；

（3）打开生成的 hex 文件并下载到单片机中；

（4）待程序下载成功后，打开实验板电源观察实际显示效果。

习题 2

2-1　使用 Keil 软件开发系统调试单片机 C 语言程序时，首先应建立的文件扩展名是什么？最后生成的文件扩展名是什么？

2-2　单片机能够直接运行的程序叫做什么程序？

2-3　使用 Keil 软件编写单片机 C 语言程序的一般步骤是什么？

2-4　使用 STC-ISP 软件向单片机中下载程序的一般步骤是什么？

项目3 单片机C51编程基础

教学导航

教学内容	1. C51的基本数据类型；2. C51中常用的变量和常量；3. C51中常用的头文件；4. C51的运算符和表达式；5. C51中常用的函数、数组；6. C51程序结构和流程控制语句
知识目标	1. 掌握单片机C语言的数据类型、标识符和关键字、头文件、函数结构、数组等内容；2. 掌握单片机C语言的运算符和表达式、顺序、选择、循环等流程控制语句；3. 能够使用单片机的C语言进行程序设计
能力目标	1. 掌握C语言的基本语法、程序设计基本概念和基本方法；2. 能够运用所学的知识结合硬件电路编写出高效的C语言应用程序

知识分布网络

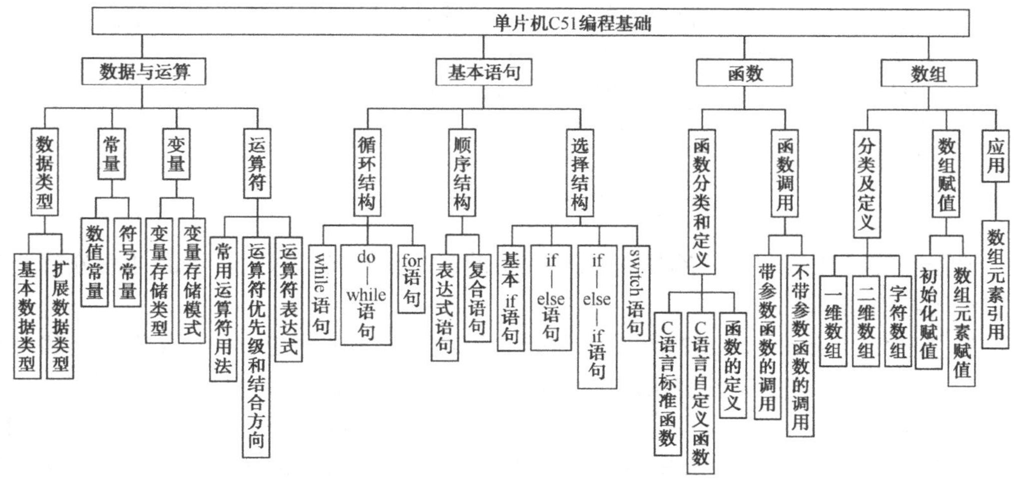

对于单片机的学习而言，一是学习硬件系统，二是学习软件编程。对于 MSC-51 系列单片机来说，常用的编程语言有两种：一种是汇编语言，一种是 C 语言。汇编语言的机器代码生成效率很高但是可读性不强，复杂一点的程序就很难读懂，而 C 语言在大多数情况下，其机器代码生成效率和汇编语言相当，但是可读性和可移植性远远超过汇编语言，而且 C 语言还可以嵌入汇编语言来解决高时效性的代码编写问题。另外，用 C 语言编程操作单片机，无须对单片机的指令系统有任何了解，单片机中寄存器的分配、存储器的寻址及数据类型等细节完全由编译器自动管理，而且 C 语言程序具有规范的结构，可分为不同函数，可使程序结构化、模块化，使编写好的程序更容易移植。

综合以上优点，本书选择了 C 语言来带领初学者学习单片机的软件设计。其实，C 语言仅仅是一个开发工具，其本身并不难，难的是如何在开发庞大系统时灵活运用 C 语言的正确逻辑编写出结构完整的程序。因此，对于单片机初学者而言，只要大家掌握了 C 语言编程的基础知识，而且自己动手将其运用到实践当中，便会很快掌握单片机的 C 语言编程技巧。

任务 3.1　C51 基本程序的组成

C 语言是面向过程的语言，采用了完全符号化的描述形式，用类似自然语言的形式来描述问题的求解过程。C 语言程序以函数形式组织程序结构，层次清晰、分明。

3.1.1　任务要求

本任务从基本的 C 语言程序出发，介绍了 C51 的基本数据类型、C51 中常用的头文件、C51 中的常量和变量、C51 中基本的运算符和表达式等内容。通过具体的 C 语言程序，使大家对单片机 C51 编程中常用的知识有清楚的了解和认识，迅速掌握 C51 程序的结构，为今后自己动手编写程序打下坚实的基础。

3.1.2　任务实现

先回到项目 2 中点亮实验板上的一个 LED 发光二极管的程序，如下所示：

```
#include<reg52.h>              // 52 系列单片机头文件
sbit D2 = P1^2;                // sbit 用于进行位定义，如定义 P1 口的第 3 位
void main()                    //主函数
{
    D2 = 0;                    //小灯亮
}
```

该程序的功能是点亮 ZXDP-1 实验板上的第二个发光二极管。下面详细分析一下该程序中的语句。该程序一共 6 行。

第 1 行：#include<reg52.h> 是文件包含语句，表示把语句中指定文件的全部内容复制到此处，与当前的源程序文件链接成一个源文件。“#include”称为文件包含命令。“reg52.h”是 Keil C51 编译器提供的头文件，保存在文件夹“keil\c51\inc”下，该文件包含了对 MSC-51 系列单片机特殊功能寄存器 SFR 和位名称的定义，如果该文件夹下没有引用的头文件，Keil C51 编译器将会报错。

小提示：在代码中引用头文件，目的就是将这个头文件中的全部内容放到引用头文件的位置处，避免每次编写同类程序都要重复编写头文件中的语句。

Keil C51 编译器提供的头文件通常有“reg51.h”、“reg52.h”、“math.h”、“ctype.h”、“stdlib.h”、“stdio.h”、“adsacc.h”、“intrins.h”等。这些头文件在文件夹“keil\c51\inc”下都能找到。具体内容见附录 D。

此外，Keil 软件中也提供了一种打开头文件的方法，以打开头文件“reg52.h”为例，具体过程如下：打开 Keil 软件中要编译的源程序，将鼠标移动到“reg52.h”上，单击鼠标右键，选择“Open document <reg52.h>”选项，即可打开该头文件，如图 3-1 所示。以后若需打开工程中的其他头文件，也可采用这种方式。

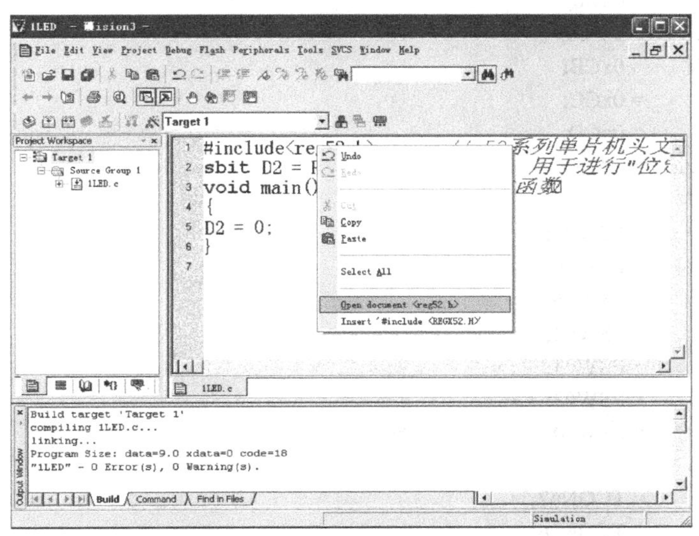

图 3-1　Keil 软件打开头文件的方法

“reg52.h”头文件的全部内容如下：

```
/*--------------------------------------------------------------------------
REG52.H
Header file for generic 80C52 and 80C32 microcontroller.
Copyright (c) 1988-2002 Keil Elektronik GmbH and Keil Software, Inc.
All rights reserved.
--------------------------------------------------------------------------*/
/*  BYTE Registers  */
sfr P0      = 0x80;
sfr P1      = 0x90;
sfr P2      = 0xA0;
sfr P3      = 0xB0;
sfr PSW     = 0xD0;
sfr ACC     = 0xE0;
sfr B       = 0xF0;
sfr SP      = 0x81;
sfr DPL     = 0x82;
sfr DPH     = 0x83;
sfr PCON    = 0x87;
sfr TCON    = 0x88;
sfr TMOD    = 0x89;
sfr TL0     = 0x8A;
```

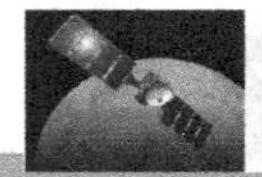

```
sfr TL1       = 0x8B;
sfr TH0       = 0x8C;
sfr TH1       = 0x8D;
sfr IE        = 0xA8;
sfr IP        = 0xB8;
sfr SCON      = 0x98;
sfr SBUF      = 0x99;
/*   8052 Extensions   */
sfr T2CON     = 0xC8;
sfr RCAP2L    = 0xCA;
sfr RCAP2H    = 0xCB;
sfr TL2       = 0xCC;
sfr TH2       = 0xCD;
/*   BIT Registers   */
/*   PSW   */
sbit CY       = PSW^7;
sbit AC       = PSW^6;
sbit F0       = PSW^5;
sbit RS1      = PSW^4;
sbit RS0      = PSW^3;
sbit OV       = PSW^2;
sbit P        = PSW^0;            //8052 only
/*   TCON   */
sbit TF1      = TCON^7;
sbit TR1      = TCON^6;
sbit TF0      = TCON^5;
sbit TR0      = TCON^4;
sbit IE1      = TCON^3;
sbit IT1      = TCON^2;
sbit IE0      = TCON^1;
sbit IT0      = TCON^0;
/*   IE   */
sbit EA       = IE^7;
sbit ET2      = IE^5;          //8052 only
sbit ES       = IE^4;
sbit ET1      = IE^3;
sbit EX1      = IE^2;
sbit ET0      = IE^1;
sbit EX0      = IE^0;
/*   IP   */
sbit PT2      = IP^5;
sbit PS       = IP^4;
sbit PT1      = IP^3;
sbit PX1      = IP^2;
sbit PT0      = IP^1;
sbit PX0      = IP^0;
/*   P3   */
sbit RD       = P3^7;
```

```
sbit WR      = P3^6;
sbit T1      = P3^5;
sbit T0      = P3^4;
sbit INT1    = P3^3;
sbit INT0    = P3^2;
sbit TXD     = P3^1;
sbit RXD     = P3^0;
/*  SCON  */
sbit SM0     = SCON^7;
sbit SM1     = SCON^6;
sbit SM2     = SCON^5;
sbit REN     = SCON^4;
sbit TB8     = SCON^3;
sbit RB8     = SCON^2;
sbit TI      = SCON^1;
sbit RI      = SCON^0;
/*  P1  */
sbit T2EX    = P1^1;        // 8052 only
sbit T2      = P1^0;        // 8052 only
/*  T2CON  */
sbit TF2     = T2CON^7;
sbit EXF2    = T2CON^6;
sbit RCLK    = T2CON^5;
sbit TCLK    = T2CON^4;
sbit EXEN2   = T2CON^3;
sbit TR2     = T2CON^2;
sbit C_T2    = T2CON^1;
sbit CP_RL2  = T2CON^0;
```

从上面的代码可以看到，该头文件中使用关键字 sbit 和 sfr 定义了 52 系列单片机内部所有的功能寄存器。例如，“sfr P0=0x80;”的含义是：把单片机内部地址 0x80 处的这个寄存器重新命名为 P0，今后在程序中可直接操作 P0，相当于直接对单片机内部地址 0x80 处的寄存器进行操作。换句话说，就是通过关键字 sfr，让 Keil C51 编译器在单片机与编程者之间搭建一条可以沟通的桥梁。操作的是 P0 口，而单片机并不知道什么是 P0 口，但是它却知道自身内部地址 0x80 处是什么。

小技巧：在 C51 程序设计中，经常把“reg52.h”头文件包含在自己的程序中，目的是直接使用已经定义好的特殊功能寄存器 SFR 和位名称。例如，符号 P1 表示并行接口 P1。也可以直接在程序中自己利用关键字 sfr 和 sbit 来定义这些特殊功能寄存器和特殊位名称。

如果需要使用“reg52.h”文件中没有定义的特殊功能寄存器 SFR 或位名称，可以自行在该头文件中添加定义，也可以在源程序中定义。

除了头文件“reg52.h”之外，C51 中还常常用到头文件“reg51.h”和 math.h”。其中，“reg51.h”定义了 51 单片机中的特殊功能寄存器 SFR 和位寄存器。而“reg52.h”定义的却是 52 单片机。除此之外，这两个头文件中大部分内容是一样的。另外，52 单片机比 51 单片机多了一个定时器 T2，因此“reg52.h”中就比“reg51.h”多了几行定义 T2 寄存器的内容。

“math.h”是定义常用数学运算的，如求绝对值、方根、正弦、余弦等。另外，该头文件中包含各种数学运函数，当需要使用时可以直接调用它的内部函数。

接下来看语句#include<reg52.h> 后面的“//”符号。该符号表示单行注释，从该符号开始直到一行结束的内容，通常用来说明相应语句的意义，或者对重要的代码行、段落进行提示，方便程序的编写、调试及以后的维护工作。在程序编译时，不会对这些注释内容做任何处理。

小提示：在 C 语言中，注释有以下两种写法。

（1）“//”，表示单行注释。

（2）“/*　*/”，表示多行注释。在程序中可以使用这种成对注释符进行多行注释，注释内容从“/*”开始，到“*/”结束，中间的注释文字可以是多行。

养成良好的代码格式书写习惯，经常为自己编写的代码加入注释，能起到事半功倍的效果。

第 2 行：sbit D2 = P1^2;表示通过可位寻址关键字 sbit 定义并行接口 P1 的第 3 位名称为 D2。其中，关键字 sbit 属于 C51 的一种数据类型，它和前面提到的关键字 sfr 一样，都属于 C51 中的扩充数据类型。

“;”为语句的结束符，一条语句可以多行书写，也可以一行书写多条语句。

小提示：在 Keil C51 编译器中，有 4 种专门用于访问 MSC-51 系列单片机硬件中特殊功能寄存器的数据类型，它们属于 C51 中的扩充数据类型，并不是标准 C 语言的一部分。这 4 种数据类型分别如下。

sfr——特殊功能寄存器的数据声明，声明一个 8 位的寄存器。

sfr16——16 位特殊功能寄存器的数据声明。

bit——位变量声明，当定义一个位变量时可使用此符号。

sbit——特殊功能位声明，也就是声明某一个特殊功能寄存器中的某一位。

第 3～6 行：定义主函数 main()。main 函数是 C 语言中必不可少的主函数，无论一个单片机程序多大或多小，所有的单片机在运行程序时，总是从 main 函数开始运行的。而且，任何一个单片机 C 语言程序有且仅有一个 main 函数。

在第 3 行的 main()函数中，main 是函数名，函数名前面的 void 表示函数的类型为空类型，无返回值，即该函数执行完成后不返回任何值；函数名后面必须跟一对圆括号()，括号里面是函数的形式参数定义，这里 main()函数没有形式参数；main()函数后面的一对花括号（如第 4 行、第 6 行）内的部分称为函数体（如第 5 行），在一个函数中，所有的代码都写在这两个花括号内，函数体内的每条语句结束后都要加上分号，语句和语句之间可以用空格或回车隔开。

例如：

```
void main()
{
    程序开始执行处;
    其他语句;
    …
}
```

从上例中可以看出，C 语言程序以函数形式组织程序结构，C 语言程序中的函数与其他语言所描述的“子程序”或“过程”的概念是一样的。C 语言程序的基本结构如图 3-2 所示。

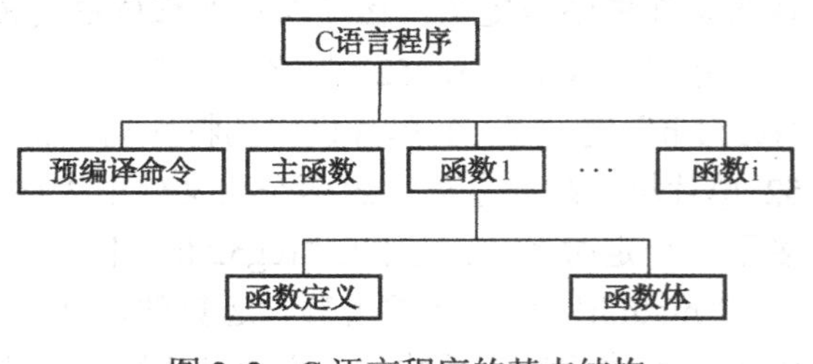

图 3-2　C 语言程序的基本结构

一个 C 语言源程序是由一个或若干个函数组成的，每一个函数完成相对独立的功能。每个 C 语言程序都必须有（且仅有）一个主函数

main()，程序的执行总是从主函数开始的，调用其他函数后返回主函数 main()，不管函数的排列顺序如何，最后在主函数中结束整个程序。关于函数的详细介绍参见后面内容。

知识链接：单片机C语言编程中常用的控制I/O接口的方法

在上述例子中，控制单片机 I/O 接口使用的方法是位操作法，即用一条 C 语言程序语句控制一个 I/O 接口的某一位。那么，如果想同时让 4 个发光二极管点亮，就要声明 4 个 I/O 接口的位，然后在主程序中再写 4 句分别点亮 4 个发光二极管的程序（请大家考虑该程序代码的编写方法）。显然，这种写法比较麻烦。这时，就需要用到单片机 C 语言编程中另外一种控制 I/O 接口的方法——总线操作法。

总线操作法的实质就是直接对单片机的某一个 I/O 接口进行控制，不用再进行过多的位定义和声明，这样会使程序员在编写程序时的工作量大大减轻。下面以同时点亮 ZXDP-1 实验板上的 4 个 LED 为例来讲解。

实例 3-1　同时点亮 ZXDP-1 实验板上的 4 个 LED 发光二极管。

程序代码如下：

```
#include<reg52.h>                  // 52 系列单片机头文件
void main()                        //主函数
{
    P1 = 0xE1;                     //4 个 LED 同时点亮
}
```

程序中语句“P1=0xE1;”就是对单片机 P1 口的 8 位同时进行的操作，“0x”表示后面的数据是以十六进制形式表示的，十六进制的 E1 转换成二进制为 11100001，正好对应 ZXDP-1 实验板上的 4 个 LED 同时点亮。如果将 0xE1 转换成十进制数，则为 225，也可直接对 P1 口进行十进制数的赋值，如“P1=225;”，其效果是一样的，只是麻烦了许多。

小提示：在单片机的 C 语言编程中，无论是几进制的数，在单片机内部都是以二进制数的形式保存的，只要是同一个数值的数，在单片机内部占据的空间就是固定的。常用的是十六进制数，比较直观方便。

图 3-3　同时点亮 4 个 LED 的效果图

程序编译后下载，实际观察效果如图 3-3 所示。

1．C51 的数据类型

至此，相信大家对单片机 C 语言程序都应该有一定的认识了，下面进行详细讲解。

首先，给大家介绍单片机 C 语言程序编写中常用的数据与运算方面的基础知识。

在标准的 C 语言中，数据类型可分为基本数据类型、构造数据类型、指针类型、空类型四大类，如图 3-4 所示。

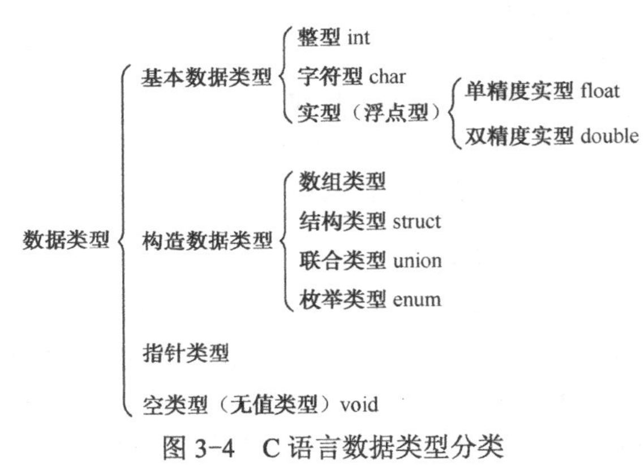

图 3-4　C 语言数据类型分类

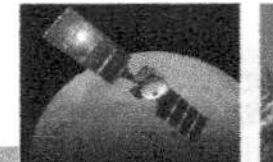

在进行 C51 单片机程序设计时，支持的数据类型与编译器有关。在 Keil C51 编译器中整型（int）和短整型（short）相同，单精度浮点型（float）和双精度浮点型（double）相同。Keil μVision3 C51 编译器所支持的数据类型如表 3.1 所示。

表 3.1 Keil μVision3 C51 编译器所支持的数据类型

数据类型名称	关　键　字	所占位数（bit）	表示数的范围
无符号字符型	unsigned char	8	0～255
有符号字符型	char	8	-128～+127
无符号整型	unsigned int	16	0～65 535
有符号整型	int	16	-32 768～+32 767
无符号长整型	unsigned long	32	$0\sim2^{32}-1$
有符号长整型	long	32	$-2^{31}\sim+2^{31}-1$
浮点型	float	32	±1.175 494E-38～±3.402 823E+38
指针型	*	8～24	对象的地址
位类型	bit	1	0 或 1
特殊功能寄存器	sfr	8	0～255
16 特殊功能寄存器	sfr16	16	0～65 535
可位寻址	sbit	1	0 或 1

说明：灰底部分为 C51 扩充数据类型

1）字符类型 char

char 类型的数据长度为 1 字节（8bit），通常用于定义处理字符数据的变量或常量，分为无符号字符型 unsigned char 和有符号字符型（signed）char，默认值为（signed）char 型。

unsigned char 型为单字节数据，用字节中所有的位来表示数值，可以表达的数值范围为 0～255。在单片机 C 语言程序设计中，unsigned char 经常用于处理 ASCⅡ字符或小于等于 255 的整型数，是使用最广泛的数据类型。

（signed）char 型用字节中的最高位表示数据的符号，“0”表示正数，“1”表示负数（用补码表示），所能表示的数值范围为-128～+127。

2）整型 int

int 型的数据长度为 2 字节（16bit），用于存放一个双字节数据，分为无符号整型 unsigned int 和有符号整型（signed）int，默认值为（signed）int 型。

unsigned int 型表示的范围是 0～65 535；（signed）int 型表示的范围为-32 768～+32 767，字节中的最高位表示数据的符号，“0”表示正数，“1”表示负数（用补码表示）。

3）长整型 long

long 型的数据长度为 4 字节（32bit），用于存放一个 4 字节数据，分为无符号长整型 unsigned long 和有符号长整型（signed）long，默认值为（signed）long 型。

unsigned long 型表示的范围是 $0\sim2^{32}-1$；（signed）long 型表示的范围为 $-2^{31}\sim+2^{31}-1$，字节中的最高位表示数据的符号，“0”表示正数，“1”表示负数（用补码表示）。

4）浮点型 float

float 型的数据长度为 4 字节（32bit）。在十进制中只能接收 7 位有效数字。许多复杂的数学表达式都采用此数据类型。C51 浮点变量数据类型的使用格式符合 IEEE—754 标准的单精度浮点型数据。

5）指针型*

指针型*本身就是一个变量，在这个变量中存放的内容是指向另一个数据的地址。指针变量占据一定的内存单元，对不同的处理器，其长度也不同。在 C51 中长度为 1～3 字节。

6）位类型 bit

位类型 bit 是 Keil C51 编译器中扩充出的一种数据类型，利用它可以定义一个位类型变量，但不能定义位指针和位数组。它的值是一个二进制数，只有 1 或 0，类似一些高级语言布尔型中的 True 和 Flase。

7）特殊功能寄存器 sfr

sfr 也是一种 C51 扩充数据类型，占用一个内存单元，值域为 0～255。利用它可以访问 51 单片机内部的所有特殊功能寄存器（前面已经详细介绍过，这里不再重复）。需要注意的是关键字 sfr 后面必须跟一个标识符作为位寄存器名，名字可以任意选取，但寄存器的地址必须在 80H～FFH 之间。

8）16 位特殊功能寄存器 sfr16

sfr16 也是一种 C51 扩充数据类型，占用两个内存单元，值域为 0～65 535。sfr16 和 sfr 一样用于定义特殊功能寄存器，不同的是 sfr16 用于定义两个地址连续的字节，并且低字节地址在前，且定义时等号后面是低字节地址。例如，定义 8052 定时器 T2，使用 0xCC 和 0xCD 作为低字节和高字节地址，定义方式如下：

```
sfr16  T2 = 0XCC;   //定义 8052 定时器 T2，地址为 T2L=CCH,T2H=CDH
```

9）可寻址位 sbit

sbit 同样是单片机 C 语言中的一种扩充数据类型，利用它能访问芯片内部的 RAM 中的可寻址位或特殊功能寄存器中的可寻址位。有 11 个特殊寄存器具有位寻址功能，前面已经详细介绍过，这里不再重复。

小技巧： 在 C51 程序设计中，编程员可以把头文件“reg52.h”包含在自己的程序中，直接使用已定义好的寄存器名称和位名称；除此之外，也可以在自己的程序中利用关键字 sfr 和 sbit 来自行定义这些特殊功能寄存器和可寻址位名称。

2. C51 中的常量

前面学习了单片机 C 语言编译器所支持的数据类型。而这些 C51 数据类型又是怎么用在常量和变量的定义中的呢？又有什么要注意的吗？接下来首先介绍常量定义和说明方法。

1）常量的定义

常量就是在程序运行过程中其值固定、不能改变的量。常量的数据类型分为整型、浮点型、字符型、字符串型等，Keil C51 编译器还扩充了位（bit）标量。

常量可用在不必改变值的场合，如固定的数据表、字库等。常量可以是数值型常量，也

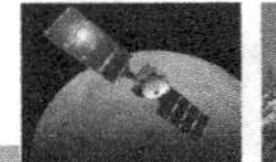

可以是符号常量。其中数值型常量就是常数，如 13、27.5、0x35、“hello”等，数值型常量不用说明就可以直接使用；符号常量是指在程序中用标识符来代表的常量。符号常量在使用之前必须用编译预处理命令“#define”先定义。

常量的定义方式有以下几种。

```
① #difine False 0x0;                 //用预定义语句可以定义常量
   #difine True 0x1;                  //这里定义 False 为 0，True 为 1。在程序中用到 False 编译时
                                      //自动用 0 替换，同理将 True 替换为 1
② unsigned int code a =100;          //这一句用 code 把 a 定义在程序存储器中并赋值
   const unsigned int c =100;         //用 const 定义 c 为无符号 int 常量并赋值
```

以上两句的值都保存在程序存储器中，而程序存储器在运行过程中是不允许修改的，所以如果在这两句后面用了类似 a=110、a++这样的赋值语句，编译时将会出错。

2）常量的分类

（1）整型常量。整型常量能表示为十进制数，如 123、0、-89 等；也可以表示为十六进制数，但是以 0x 开头，如 0x34、-0x3B 等；还可以表示成八进制数，以 o 开头，如 o15、o24 等；另外，若要表示长整型，则在数字后面加字母 L，如 104L、034L、0xF340L 等。

（2）浮点型常量。浮点型常量可分为十进制数和指数两种表示形式。十进制数表示时由数字和小数点组成，如 0.888、3345.345、0.0 等，整数或小数部分为 0 时，可以省略但必须有小数点；指数的表示形式为“[±]数字 [.数字] e [±] 数字”，[ ]中的内容为可选项，其中的内容根据具体情况可有可无，但其余部分必须有，如 125e3、7e9、-3.0e-3。

（3）字符型常量。字符型常量是单引号内的字符，如‘a’、‘d’等。对于不可以显示的控制字符，则可以在该字符前面加一个反斜杠“\”组成专用转义字符。常用转义字符如表 3.2 所示。

表 3.2　常用转义字符

转义字符	含　义	ASCII 码（十六进制/十进制）
\o	空字符（NULL）	00H/0
\n	换行符（LF）	0AH/10
\r	回车符（CR）	0DH/13
\t	水平制表符（HT）	09H/9
\b	退格符（BS）	08H/8
\f	换页符（FF）	0CH/12
\'	单引号	27H/39
\"	双引号	22H/34
\\	反斜杠	5CH/92

（4）字符串型常量。字符串型常量由双引号内的字符组成，如“test”、“OK”等。当引号内没有字符时，为空字符串。在使用特殊字符时同样要使用转义字符，如双引号。在 C 语言中字符串常量是作为字符类型数组来处理的，在存储字符串时系统会在字符串尾部加上\0 转义字符以作为该字符串的结束符。字符串常量“A”和字符常量‘A’是不一样的，前者在存储时多占用 1 字节的字间。

（5）位标量。位标量的值是一个二进制数，如 1 或 0。

3. C51 中的变量

变量是指能在程序运行过程中不断变化的量。为了更好地节省内存空间，从宏观上把变量分为全局变量与局部变量两类。

其中，全局变量是指在程序开始处或各个功能函数的外面定义的变量，在程序开始处定义的变量在整个程序中有效，可供程序中所有的函数共同使用；在各功能函数外面定义的全局变量只对定义处开始往后的各个函数有效，只有从定义处往后的各个功能函数可以使用该

变量。

局部变量是指函数内部或以花括号“{}”围起来的功能模块内部所定义的变量，局部变量只在定义它的函数或功能块内有效，在该函数或功能块以外则不能使用。局部变量可以与全局变量同名，但在这种情况下局部变量的优先级较高，而同名的全局变量在该功能块内被暂时屏蔽。

此外，根据变量在程序运行时的存储状态可分为静态存储变量与动态存储变量。

其中，静态存储变量是指在程序运行期间其存储空间固定不变的变量；动态存储变量是指该变量的存储空间不确定，在程序运行期间根据需要动态地为该变量分配存储空间。一般来说，全局变量为静态存储变量，局部变量为动态存储变量。

变量的定义能使用所有 Keil C51 编译器支持的数据类型。一个变量由变量名和变量值组成，变量名是存储单元地址的符号表示；变量值是指该单元存放的内容。

在程序中要使用变量，必须先定义、后使用。即先用标识符作为变量名，并指出所用的数据类型和存储模式，这样编译系统才能为变量分配相应的存储空间。定义一个变量的格式如下：

[存储种类]　数据类型　[存储器类型]　变量名表

小提示： 标识符是用来标识源程序中某个对象的名字的，这些对象可以是语句、数据类型、函数、变量、常量、数组等。一个标识符由字符串、数字和下画线组成，第一个字符必须是字母和下画线，通常以下画线开始的标识符是编译系统专用的，因此在编写 C 语言源程序时一般不使用以下画线开始的标识符，而将下画线用作分段符。Keil C51 编译器在编译时，只对标识符的前 32 个字符进行编译，因此在编写源程序时标识符的长度不要超过 32 个字符。在 C 语言程序中，字母是区分大小写的。

在定义格式中除了数据类型和变量名表是必要的，其他都是可选项。

存储种类有 4 种：自动（auto）、外部（extern）、静态（static）和寄存器（register），系统默认类型为自动（auto）型。

在说明了一个变量的数据类型后，还可以选择说明该变量的存储器类型。存储类型的说明是为了指定该变量在 C51 硬件系统中所使用的存储区域，并在编译时准确定位。单片机的存储器结构包括 4 个物理存储空间，Keil C51 编译器对这 4 个物理存储空间都提供支持。

常见的 Keil C51 编译器支持的存储器类型如表 3.3 所示。

表 3.3　Keil C51 编译器支持的存储器类型

存储器类型		描　述
片内数据存储器	data	直接访问内部数据存储器（128B），访问速度最快
	bdata	可位寻址内部数据存储器，位于片内 RAM 的寻址区（20H～2FH）
	idata	间接访问内部数据存储器（256B），允许访问全部内部地址
片外数据存储器	pdata	“分页”访问外部数据存储器（256B）
	xdata	访问外部数据存储器（64KB）
程序存储器	code	程序存储器（64KB）

小技巧： 访问片内数据存储器（data、bdata、idata）比访问片外数据存储器（pdata、xdata）相对要快一些，因此，可以将经常使用的变量放到片内数据存储器中，而将规模较大的或不经常使用的数据存放到片外数据存储器中。

一般在定义变量时经常省略存储器类型的定义，采用默认的存储器类型，而默认的存储器类型与存储器编译模式有关，系统会按照编译模式所规定的默认存储器类型去指定变量的存储区域。Keil C51 编译器支持的存储器编译模式有以下三种：small、compact 和 large，具体如表 3.4 所示。

表 3.4　Keil C51 编译器支持的存储器编译模式

存储器编译模式	描　述
small	参数及局部变量放入可直接寻址的内部数据存储器中（最大 128B，默认存储器类型为 data）
compact	参数及局部变量放入外部数据存储器的前 256B 中（最大 256B，默认存储器类型为 pdata）
large	参数及局部变量直接放入外部数据存储器中（最大 64KB，默认存储器类型为 xdata）

small 编译模式：把所有默认的变量参数均装入内部 RAM（128B）中，这样访问速度非常快，但地址空间却非常有限。因此，该模式适用于较小的程序。在较大的程序中，data 最好只存放小的变量、数据或常用的变量，而大的数据则放在其他存储区域。

compact 编译模式：将所有默认的变量均定位在外部 RAM 区的一页（256B）中。该模式的优点是变量定义空间比 small 模式大，但运行速度比 small 模式慢。

large 编译模式：所有默认的变量均可存放在多达 64KB 的外部 RAM 区。该模式一般用于较大的程序，或扩展了大容量外部 RAM 的系统中。

小提示：存储器编译模式决定了变量的默认存储器类型、参数传递区和无明确存储种类的说明。例如，定义 inta，在 small 编译模式下，a 被定位在 data 中；在 compact 编译模式下，a 被定位在 idata 中；在 large 编译模式下，a 被定位在 xdata 中。

用户在使用 Keil μVision3 软件编写程序时可以通过配置工程属性对话框“Options for Target ‘Target1’”来选择存储器编译模式，如图 3-5 所示。

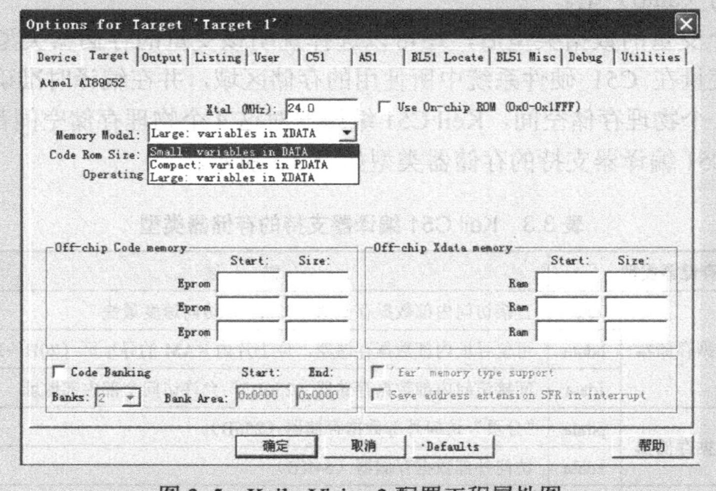

图 3-5　Keil μVision 3 配置工程属性图

除非特殊说明，本教材中的 C51 程序均运行在 small 编译模式下。下面给出一些变量定义的例子。

```
data char pc;                    //字符型变量 pc 存储在片内数据存储器
char code zifu[]="hello!";       //字符串变量 zifu 存储在程序存储器
```

```
float idata x;                                    //实型变量x存储在片内间接访问的内部数据存储器
bit lr;                                           //位变量lr存储在片内数据可位寻址存储器
uchar xdata LED_Data[] ={0xFD,0xFB,0xF7,0xEF};    //数组LED_Data定义在片外数据存储器
```

小技巧：对于初学者而言，在编程时很容易混淆符号常量与变量，区别它们的方法是观察它们的值在程序运行过程中是否变化。符号常量的值在其作用域中不能改变。在编程时习惯上将符号常量的标识符用大写字母表示，而变量标识符用小写字母来表示，以示区别。

4. C51中的运算符和表达式

C语言中提供了丰富的运算符，它们能够构成多种表达式，处理不同的问题，从而使C语言的运算功能十分强大。C语言的运算符可以分为13类，具体如表3.5所示。

表3.5　C语言的运算符

运算符名称	运　算　符
算术运算符	+　-　*　/　%　++　--
关系运算符	>　<　==　>=　<=　!=
逻辑运算符	!　&&　||
位运算符	<<　>>　~　|　^　&
赋值运算符	=　及其扩展赋值运算符
条件运算符	?　:
逗号运算符	,
指针运算符	*　&
求字节数运算符	sizeof
强制类型转换运算符	(类型)
分量运算符	.　->
下标运算符	[　]
函数调用运算符	(　)

其实，运算符就是完成某种特定运算的符号。运算符按其表达式中的运算对象与运算符的关系，可分为单目运算符、双目运算符和三目运算符。单目就是指需要有一个运算对象；双目则要求有两个运算对象；三目就是要求有三个运算对象。

表达式是由运算符及运算对象组成的、具有特定含义的式子。C语言是一种表达式语言，表达式后面加上分号“;”就构成了一个表达式语句。

这里主要介绍C51编程中经常用到的算术运算、赋值运算、关系运算、逻辑运算、位运算、逗号运算及其表达式。

1）赋值运算符与赋值表达式

在C语言中，赋值符号“=”就是赋值运算符，它的作用是将一个数据赋给一个变量。例如，“a=3”的作用是执行一次赋值操作（或称赋值运算），把常量3赋给变量a。由此可见，用赋值运算符将一个变量与一个表达式连接起来的式子就称为赋值表达式，在表达式后面加上“;”便构成了赋值语句。赋值语句的格式如下：

```
变量 = 表达式;
```

例如：

```
b = 0xFF;       //将十六进制数FF赋给变量b
c = d = 55;     //将55同时赋给变量c和d
f = a +b;       //将表达式a +b的值赋给变量f
```

由此可见，赋值语句的功能是先计算出“=”右边的表达式的值，然后再将得到的值赋给左边的变量，而且右边的表达式可以是一个赋值表达式，因此下面的语句：

```
a=b=c=8;
```

可理解为

```
a= (b=(c=8) );
```

按照C语言的规定，任何表达式在其末尾加上分号就构成语句。因此，“y=6;”和

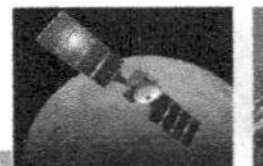

“a=b=c=8;” 都是赋值语句。

如果赋值运算符两边的数据类型不相同，则系统会自动进行转换，即把赋值号右边的类型转换成左边的类型。具体规定如下：

（1）实型赋给整型，舍去小数部分；

（2）整型赋给实型，数值不变，但将以浮点数的形式存放，即增加小数部分（小数部分值为 0）；

（3）字符型赋给整型，由于字符型为 1 字节，而整型为 2 字节，故将字符型量的 ASCⅡ码值放到整型量的低 8 位，高 8 位为 0；

（4）整型赋给字符型，只把低 8 位赋给字符型量。

此外，在 C 语言程序设计中，还经常会用到复合赋值运算符对变量进行赋值。

复合赋值运算符就是在赋值符“=”之前加上其他运算符。表 3.6 是 C 语言中常用的复合赋值运算符。

表 3.6　复合赋值运算符

运算符	含　义	运算符	含　义	运算符	含　义
+=	加法赋值	%=	取余赋值	|=	逻辑或赋值
−=	减法赋值	<<=	左移位赋值	^=	逻辑异或赋值
*=	乘法赋值	>>=	右移位赋值	~=	逻辑非赋值
/=	除法赋值	&=	逻辑与赋值		

构成复合赋值表达式的一般形式为

```
变量　双目运算符=表达式
```

它等效于：

```
变量=变量　运算符　表达式
```

例如：

```
a+= 5          //相当于 a=a+5
x*=y+6         //相当于 x = x*(y+6)
r%= p          //相当于 r =r%p
```

在程序中使用复合赋值运算符，可以简化程序，有利于编译处理，提高编译效率并产生质量较高的目标代码。大家在后续的例程中，应该慢慢体会。

小提示：一些初学者往往会混淆“= =”与“=”这两个符号，在程序编译时经常会出现编译报错，往往就是错在 if(a=x)之类的语句中，错将“=”用为“= =”。其实，“= =”符号是用来进行相等关系的运算的，后面将详细介绍。

2）算术运算符与算术表达式

算术运算符是单片机 C 语言编程中使用频率较高的一种运算符，在编写的程序中会经常见到如 a+b、a/b 这样的表达式，其中“+”、“/”就是算术运算符。C51 中的算术运算符如表 3.7 所示。

表 3.7　算术运算符

运算符	含　义	运算符	含　义
+	加法	%	求余运算
−	减法	++	自增 1
*	乘法	−−	自减 1
/	除法（或求模运算）		

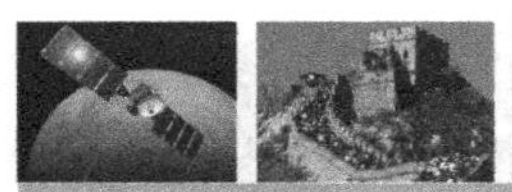

小提示：当“/”用在整数除法运算中时，求模运算也是在整数中，如10对3求模即10当中含有多少个整数的3，即3个，10/3=3。当“/”用在小数除法运算中时，应该写为10/3.0，它的结果是3.333 333；若写成10/3，则只能得到整数而得不到小数，这点大家应该注意。

此外，“%”为求余运算，也是应用在整数中，如10%3=1，即10当中含有整数倍的3去掉后剩下的数即为所求的余数。

“++”和“--”的作用是使变量值自动加1或减1。而且这两个运算符只能用于变量而不能用于常量表达式，运算符放在变量前和变量后的意义是不同的。

后置运算：i++（或i--）的作用是先使用i的值，然后再执行i+1（或i-1）。

前置运算：++i（--i）的作用是先执行i+1（或i-1），然后再使用i的值。

在编写程序时常将“++”和“--”这两个运算符用于循环语句中，使循环变量自动加1（或减1）；也常用于指针变量，使指针自动加1指向下一个地址。

3）关系运算符与关系表达式

在C语言的分支选择程序结构中，经常需要比较两个变量的大小关系，以决定程序下一步的操作。比较两个数据量的大小、等于关系的运算符称为关系运算符。

C语言提供了6种关系运算符，如表3.8所示。

在关系运算符中，<、<=、>、>=的优先级相同，= =和!=优先级相同，前者优先级高于后者。

例如，“a= =b<c;”应理解为“a= =(b<c);”。

关系运算的符优先级比算术运算符低，比赋值运算符高。

例如，“a+b>c+d;”应理解为“(a+b)>(c+d);”。

关系表达式是用关系运算符连接的两个表达式。它的一般形式为

表达式　关系运算符　表达式

关系表达式的值只有0和1两种，即逻辑“真”和“假”。当指定的条件满足时，结果为1，不满足时结果为0。

例如，表达式“8>0”的值为“真”，即为1；而表达式“(a=5)>(b=6)”由于5>6不成立，故其值为“假”，即为0。

4）逻辑运算符与逻辑表达式

逻辑运算符用于求条件式的逻辑值。用逻辑运算符将关系表达式或逻辑量连接起来就构成逻辑表达式。

C语言中提供了三种逻辑运算符，如表3.9所示。

表3.8　关系运算符

运算符	含义
>	大于
>=	大于等于
<	小于
<=	小于等于
!=	不等于
= =	等于

表3.9　逻辑运算符

运算符	含义
&&	逻辑与（AND）
||	逻辑或（OR）
!	逻辑非（NOT）

逻辑表达式的一般形式有以下三种。

逻辑与：条件式 1&&条件式 2

逻辑或：条件式 1 || 条件式 2

逻辑非：!条件式

“&&”和“||”是双目运算符，要求有两个运算对象，结合方向是从左至右。“!”是单目运算符，只要求有一个运算对象，结合方向自右至左。

逻辑表达式的运算规则如下。

（1）逻辑与：a&&b，当且仅当两个运算量的值都为“真”时，运算结果为“真”，否则为“假”。

（2）逻辑或：a||b，当且仅当两个运算量的值都为“假”时，运算结果为“假”，否则为“真”。

（3）逻辑非：!a，当运算量的值为“真”时，运算结果为“假”；当运算量的值为“假”时，运算结果为“真”。

表 3.10 给出了执行逻辑运算的结果。

例如，x=3，则(x>0)&&(x<8)的值为“真”；而(x<0) || (x>8)的值为“假”；!x 的值为“假”。

逻辑运算符也有优先级，其顺序为逻辑非最高，其次为逻辑与，最低为逻辑或。此外，和其他运算符比较，优先级从高到低的排列顺序为

表 3.10　逻辑运算符的结果

条件式 1	条件式 2	运 算 结 果		
a	b	!a	a&&b	a||b
真	真	假	真	真
真	假	假	假	真
假	真	真	假	真
假	假	真	假	假

!→算术运算符→关系运算符→&&→||→赋值运算符

例如，“a>b&&x>y”可以理解为“(a>b) &&(x>y)”，“a= =b||x= =y”可以理解为“(a= =b)||(x= =y)”，“!a||a>b”可以理解为“(!a)||(a>b)”。

5）位运算符与位运算表达式

在 MCS-51 系列单片机应用系统中，对 I/O 接口的操作是很频繁的，因此往往要求程序在位（bit）一级进行运算或处理。C51 直接面对 MCS-51 单片机的硬件，提供了强大灵活的位运算功能。在 C51 中提供了 6 种位运算符，如表 3.11 所示。

位运算符的作用是按二进制位对变量进行运算的，表 3.12 是位运算符的真值表。

表 3.11　位运算符

运算符	含义	运算符	含义
&	按位与	~	按位取反
|	按位或	>>	右移
^	按位异或	<<	左移

表 3.12　位运算符的真值表

位变量 1	位变量 2	位 运 算				
a	b	~a	~b	a&b	a|b	a^b
0	0	1	1	0	0	0
0	1	1	0	0	1	1
1	0	0	1	0	1	1
1	1	0	0	1	1	0

同样，位运算符也有优先级，按从高到低的顺序依次为

~（按位取反）→<<（左移）→>>（右移）→&（按位与）→^（按位异或）→|（按位或）

小技巧：按位与运算通常用来对某些位清零或保留某些位。例如，要保留从 P3 口的 P3.0

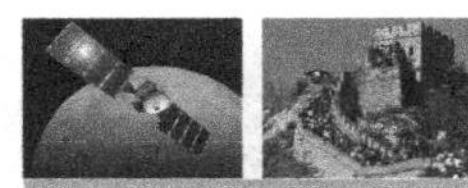

和 P3.1 读入的两位数据，可以执行“control=P3&0x03;”操作（0x03 的二进制数为 00000011B）；而要清除 P1 口的 P1.4～P1.7 读入的数据，使其为 0，可以执行“P1=P1&0x0F;”操作（0x0F 的二进制数为 00001111B）。

同样，按位或运算经常用于将指定位置 1、其余位不变的操作。

6）逗号运算符与逗号运算表达式

在 C 语言中，逗号“,”也是一种运算符，称为逗号运算符，其功能是把两个表达式连接起来组成一个表达式，称为逗号表达式，其一般形式为

```
表达式 1,表达式 2,…,表达式 n
```

逗号表达式的求值过程：从左至右分别求出各个表达式的值，并以最右边的表达式 n 的值作为整个逗号表达式的值。

程序中使用逗号表达式的目的，通常是要分别求逗号表达式内各表达式的值，并不一定要求整个逗号表达式的值。例如：

```
a=(b=10,b+5);
```

上面括号内的逗号表达式，逗号左边的表达式是将 10 赋给 b，逗号右边的表达式进行 b+5 的计算，逗号表达式的结果是将最右边的表达式“b+5”的结果 15 赋给 a。

并不是所有出现逗号的地方都组成逗号表达式，如在变量说明、函数参数表中的逗号只是作为各变量之间的间隔符，如 unsigned int i,j。

任务小结

通过本次任务的学习，使大家对单片机 C 语言的程序有了基本的认识，为今后学习单片机 C 语言编程打下了坚实的基础。

本任务重点内容如下：

（1）单片机 C 语言的基本结构与数据类型；

（2）C51 中的常量与变量；

（3）C51 中的运算符和表达式。

任务 3.2　C51 基本语句与函数的识读

上个任务中学习了单片机 C51 编程时常用的数据类型、C51 的常量和变量、C51 的基本运算符和表达式及表达式语句等内容，这些是构成 C 语言程序的基础。但正如人们所知，任何一种程序设计语言都具有特定的语法规则和规定的表达方法。一个程序只有严格按照语言规定的语法和表达方式编写，才能保证编写的程序在计算机中能正确执行，同时也便于阅读和理解。

3.2.1　任务要求

本次任务就对 C 语言程序的基本语句及构成 C 语言程序的基本函数给大家进行详细讲解，使读者对 C 语言中常见的控制语句及常用函数有一个初步的认识。

3.2.2　任务实现

通过上一任务的学习，想必大家已经对点亮实验板上的任意发光二极管熟悉了。然而，

其实上面任务中的程序并不完善。下面分析一个点亮一个发光二极管的程序：

```
#include<reg52.h>            // 52系列单片机头文件
sbit D2 = P1^2;              // sbit用于进行位定义，如定义P1口的第3位
void main()                  //主函数
{
    D2 = 0;                  //小灯亮
}
```

当程序运行时，首先进入 main 主函数，按顺序执行里面的所有语句。主函数中只有一条语句，当执行完这条语句后，该执行什么呢？由于没有给单片机明确指示下一步做什么，所以单片机在运行时就有可能出错。根据经验，当 Keil C51 编译器遭遇到这种情况后，它会自动从主函数开始处重新执行语句，所以单片机在运行上面的程序时，实际上是在不断地重复点亮一个发光二极管的操作，而任务的意图是让单片机点亮二极管后就结束，即让程序停在某处，这样一个有头有尾的程序才算完整。

那么，如何让程序停止在某处呢？其实，可以用 C 语言提供的基本循环结构语句 while 来实现。

1．循环结构

在结构化程序设计中，循环结构是一种非常重要的程序结构，几乎所有的应用程序都包含循环结构。

循环程序的作用：对给定的条件进行判断，当给定的条件成立时，重复执行给定的程序段，直到条件不成立时为止。给定的条件称为循环条件，需要重复执行的程序段称为循环体。

在 C 语言中，可以用下面三个语句来实现循环结构：while 语句、do-while 语句和 for 语句，下面分别对它们加以介绍。

1）while 语句

该语句用来实现“当型”循环结构，即当条件为“真”时，执行循环体。

格式：

```
while（表达式）
{
    内部语句;                //循环体
}
```

语句特点：先判断表达式，后执行语句。

原则：若表达式不是 0，即为真，则执行语句；否则跳出 while 语句，执行后面的语句。

注意事项：

（1）在 C 语言中，一般将“0”认为是“假”，非“0”认为是“真”。也就是说，只要不是 0 就是真，所以 1、2、3 等都代表真。

（2）内部语句可为空，即 while 后面的花括号里什么都不写也是可以的，如“while(1){};”。既然花括号里面什么也没有，因此也可以直接将花括号省去不写，如“while(1);”。但大家注意该语句中的“;”一定不能少，否则 while()会把跟在它后面第一个分号前的语句认为是它的内部语句。

例如：

```
while(1)
P1=0x11;
```

```
P2=0x22;
...
```

在上面的例子中，while()会把“P1=0x11;”当做它的内部语句，即便这条语句并没有加花括号。因此，在编写程序时，如果 while()内部只有一条语句，则可以省去花括号，而直接将该语句跟在它后面。

例如：

```
while(1)
P1=0x11;
```

（3）表达式可以是一个常数、一个运算或一个带返回值的函数。

根据以上介绍，在编写程序时只要在程序的最后加上语句“while(1);”就可以让程序停止了。原因很简单，因为该语句表达式值为 1，内部为空，执行时先判断表达式的值，值为真，所以什么也不执行，然后再判断表达式，仍然为真，又不执行。因为只有当表达式值为 0 时才跳出 while()语句，所以程序将不停地执行这条语句。对上面点亮一个发光二极管的例子而言，也就是说在单片机点亮发光二极管后将永远重复执行“while(1);”语句。

也许大家可能会有这样的想法，让单片机把发光二极管点亮后，就让它停止工作，不再执行别的指令，岂不更好？请大家注意，其实单片机是不能停止工作的，只要它有电，有晶振在起振，它就不会停止工作，每过一个机器周期，它内部的程序指针就要加 1，程序指针就指向下一条要执行的指令。想让单片机停止工作的办法就是断电，不过这时二极管也就不亮了。其实，还可以将单片机设置为休眠状态或掉电模式，以此来最大限度地降低它的功耗。感兴趣的读者可以参考相关书籍。

因此，点亮 ZXDP-1 实验板上的第二个发光二极管的完整程序如下：

```
#include<reg52.h>          // 52 系列单片机头文件
sbit D2 = P1^2;            // sbit 用于进行位定义，如定义 P1 口的第 3 位
void main()                //主函数
{
    D2 = 0;                //小灯亮
    while(1);
}
```

2）do-while 语句

前面所述的 while 语句是在执行循环体之前判断循环条件的，如果条件不成立，则该循环不会被执行。实际情况往往需要先执行一次循环体后，再进行循环条件的判断，“直到型”do-while 语句可以满足要求。

格式：

```
do
{
    内部语句;              //循环体
} while(表达式);
```

语句特点：先执行循环体“语句组”一次，再判断表达式。

原则：若表达式不是 0，即为真，继续执行循环体“语句组”，直到表达式为 0，即为假时停止。

小提示：do-while 语句和 while 语句的区别是，do-while 语句是先执行、后判断，而 while 语句是先判断、后执行。如果条件一开始就不满足，do-while 语句至少要执行一次循环

体，而 while 语句的循环体则一次也不执行。do-while 语句更适用于处理不论条件是否成立，都需先执行一次循环体的情况。另外，请大家注意，do-while 语句的表达式括号后面必须加分号，而 while 语句表达式括号后面不能加分号。

3）for 语句

在 C 语言中，当循环次数明确的时候，使用 for 语句比 while 语句和 do-while 语句更方便。因此，通常使用 for 语句进行简单延时语句程序的编写。

格式：

```
for (表达式 1;表达式 2;表达式 3)
{
    语句组;              //循环体（内部可为空）
}
```

执行过程：

（1）求解一次表达式 1（循环变量赋初值）。

（2）求解表达式 2（循环条件），若其值为真（非 0 即为真），则执行 for 中的语句组，然后执行第 3 步；若其值为假，直接跳出，转到第 5 步循环结束。

（3）求解表达式 3（修改循环变量）。

（4）跳到第 2 步重复执行。

（5）循环结束，执行 for 语句下面的语句。

注意事项：

（1）三个表达式之间必须用分号隔开。

（2）三个表达式都是可选项，即可以省略，但必须保留“;”。

如果在 for 语句外已经给循环变量赋了初值，通常可以省略第一个表达式（循环变量赋初值）。例如：

```
int   x=1,y=0;
for (   ;x<50;x++)
{
    y=y+x;
}
```

如果省略了第二个表达式（循环条件），则不进行循环结束条件的判断，循环将无休止执行下去而成为死循环，此时通常应在循环体中设法结束循环。例如：

```
int   x=1,y=0;
for (x=1;   ;x++)
{
    if (x>50)   break;              //当 x>50 时，结束 for 循环
    y=y+x;
}
```

如果省略了第三个表达式（修改循环变量），则可在循环体语句组中加入修改循环控制变量的语句，保证程序能够正常结束。例如：

```
int   x=1,y=0;
for (x=1;x<50; )
{
    y=y+x;
```

```
    x++;                        //循环变量 x=x+1
}
```

下面就用 for 语句编写一个简单的延时语句，进一步学习 for 语句的用法。

```
unsigned char i
for(i=3;i>0;i--)
```

看上面两条语句，首先定义一个无符号字符型变量 i，然后执行 for 语句，表达式 1 给 i 赋一个初值 3；表达式 2 判断 i 大于 0 是真还是假；表达式 3 是 i 自减 1。程序执行过程如下。

第 1 步：给 i 赋初值 3，此时 i=3。

第 2 步：因为 3>0 条件成立，所以其值为真，那么执行一次 for 中的语句组，因为 for 内部为空，所以什么也不执行。

第 3 步：执行表达式 3，即 i 自减 1，i=3-1=2。

第 4 步：跳到第 2 步，因为此时 i=2>0 条件成立，所以其值为真，那么再执行一次 for 中的语句组，因为 for 内部为空，所以什么也不执行。

第 5 步：执行表达式 3，即 i 自减 1，i=2-1=1。

第 6 步：跳到第 2 步，因为此时 i=1>0 条件成立，所以其值为真，那么再执行一次 for 中的语句组，因为 for 内部为空，所以什么也不执行。

第 7 步：执行表达式 3，即 i 自减 1，i=1-1=0。

第 8 步：跳到第 2 步，因为此时 i=0>0 条件不成立，所以其值为假，for 语句结束，直接跳出。

通过以上 8 步，该 for 语句执行完毕。其实，单片机在执行该 for 语句时是需要时间的，上例中 i 的初值较小，所以执行的步数较少。给 i 赋的初值越大，它执行所需的时间就越长，因此可以利用单片机执行该 for 语句的时间语句，将它作为一个简单的延时程序。

小提示： 初学者可能会犯这样的错误，如利用 for 语句编写一个延时较长的程序，如下所述。

```
unsigned char i
for(i=3000;i>0;i--)
```

但是结果却发现并不能达到延长时间的效果。因为在这里 i 是一个字符型变量，它的最大值为 255，当给其赋一个比最大值大的数时，编译器会出错。因此要注意的是，每次给变量赋初值时，都要首先考虑变量的类型，然后根据变量类型赋一个合理的值。

那么，怎样才能利用 for 语句编写长时间的延时语句呢？可以采用 for 语句嵌套的方法，如下所示。

```
unsigned char i, j;
for(i=100;i>0;i--)
    for(j=200;j>0;j--);
```

该例是采用 for 语句的两层嵌套：其中第一个 for 后面没有分号，因此编译器默认第二个 for 语句就是第一个 for 语句的内部语句，而第二个 for 语句内部语句组为空。程序在执行时，第一个 for 语句中的 i 每减 1，第二个 for 语句便要执行 200 次，因此上面程序相当于执行了 100×200 次 for 语句。通过这种嵌套便可以写出较长时间的延时程序。此外，还可以进行 3 层、4 层嵌套来增加时间。或者通过改变变量类型，将变量初值增大等方法来增加执行时间，请读者自己尝试。

小提示： while 语句、do-while 语句和 for 语句都可以用来处理相同的问题，一般可以相互替代。其中，for 语句主要用于给定循环变量初值、循环次数明确的循环结构；而要在循环过程中才能确定循环次数及循环控制条件的问题则用 while 语句、do-while 语句更方便。

知识链接：精确的延时程序在Keil软件上的仿真与实现

实例 3-2 编程实现让 ZXDP-1 实验板上的一个 LED 发光二极管以时间间隔 1s 亮灭闪烁。

程序代码如下：

```
#include<reg52.h>                          // 52 系列单片机头文件
#define uint unsigned int                  //宏定义
sbit D2 = P1^2;                            // sbit 用于进行位定义，如定义 P1 口的第 3 位
uint i, j;
void main()                                //主函数
{
    while(1)                               //大循环
    {
    D2 = 0;                                //点亮 LED 发光二极管
     for(i=1000;i>0;i--)                   //延时程序
        for(j=114;j>0;j--);
    D2 = 1;                                //熄灭 LED 发光二极管
    for(i=1000;i>0;i--)                    //延时程序
        for(j=114;j>0;j--);
    }
}
```

下面来分析一下该程序代码。和实例 3-1 程序代码相比，该程序中的关键部分多了#define 语句，while(1){ }语句，以及有两个 for 循环语句。

首先来看#define uint unsigned int 语句，该语句为宏定义语句。格式如下：

```
#define   新定义名称   原内容
```

注意事项：

（1）该语句后面没有分号。

（2）#define 命令用它后面的第一个字母组合代替该字母组合后面的所有内容，也就是说给“原内容”重新赋予了一个简单的“新定义名称”，方便以后在程序中直接书写简短的新名称，而不必每次都写出烦琐的原内容。

实例 3-2 中使用宏定义的目的就是将 unsigned int 用 uint 代替，从程序中可以看到，当需要定义 unsigned int 型变量时，并没有书写“unsigned int i, j;”，取而代之的是“uint i, j;”。

因此，如果在一个程序代码中，只要宏定义过一次，那么在整个代码中都可以直接使用它的“新定义名称”。但必须注意，对于同一个内容，宏定义只能定义一次，若定义两次及以上，将会出现重复定义的错误提示。

另外，在上述程序中使用了 while(1){ }语句。因为 while 里表达式为 1，永远为真，所以程序将始终循环执行花括号中的所有语句。由于单片机在执行指令的时候是按照代码从上向下顺序执行的，因此 while 花括号中语句的含义为点亮灯→延时→熄灭灯→再延时→点亮灯→延时……如此循环下去，把程序下载到实验板上便可以看到小灯亮灭显示的效果。

最后看一下 for 循环的延时语句，这里利用 Keil 软件来模拟上述程序中的 for 延时语句准确的延时时间。

回到 Keil 编辑界面，打开“Options for Target ‘Target 1’”对话框，在“Target”选项卡下的“Xtal (MHz)”文本框中将原来的默认值修改为 ZXDP-1 实验板上晶振的频率值 11.0592MHz，如图 3-6 所示。

Keil C51 编译器在编译程序时，计算代码执行时间与该数值有关，因为要模拟真实的时间，所以软件模拟运行速度就要与实际硬件一一对应。ZXDP-1 实验板上使用的外部晶振频率为 11.0592MHz，在实验板上单片机的左下角可以看到实物，如图 3-7 所示。

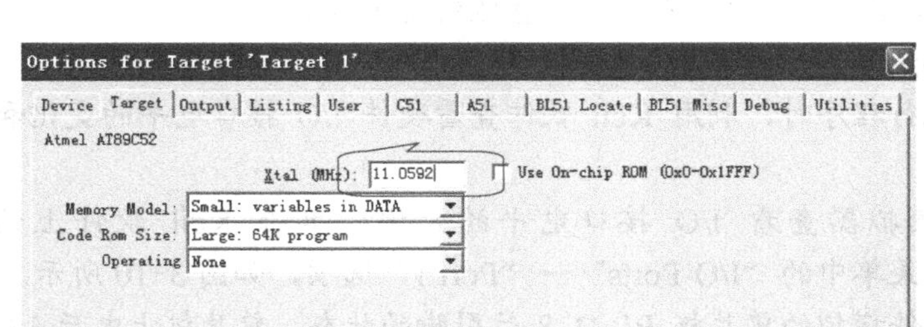

图 3-6　在 Keil 中设置晶振频率

图 3-7　ZXDP-1 实验板上的晶振

单击“确定”按钮后，再单击窗口上的调试按钮快捷图标“”，进入软件调试模式，如图 3-8 所示。

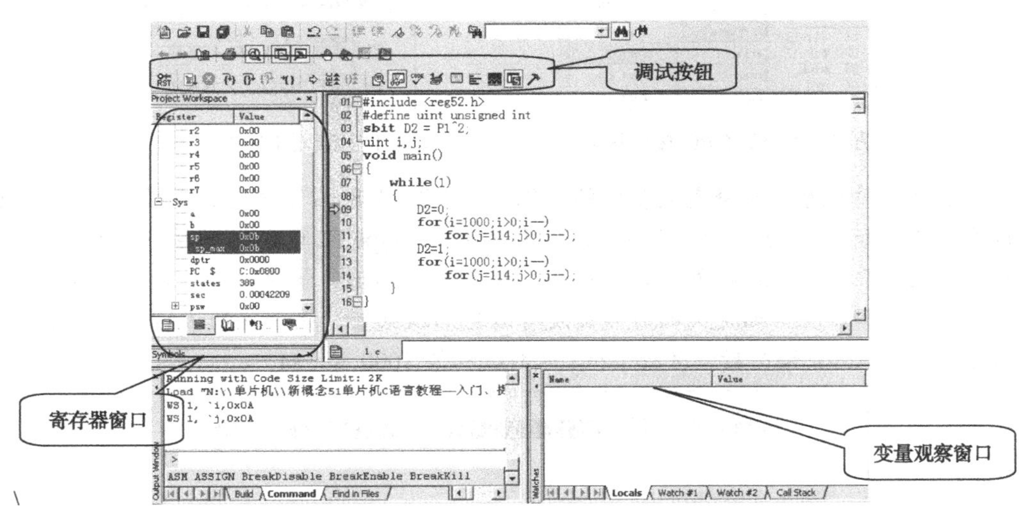

图 3-8　Keil 软件调试模式

在软件调试模式下可以设置为断点、单步、全速、进入某个函数内部运行程序等方式，同时还可以查看变量的变化过程、模拟硬件 I/O 接口电平状态变化、查看代码执行时间等。为了使大家更方便地使用 Keil 软件的调试功能，在开始调试之前先熟悉一下调试按钮的功能。在调试状态下多了以下按钮，如图 3-9 所示。

图 3-9　调试按钮

下面介绍几个常用的按钮。

按钮：将程序复位到主函数的开始处，准备重新运行程序。

按钮：全速运行程序，直到一个中断产生。

按钮：停止全速运行，全速运行程序时激活该按钮，用来停止正在全速运行的程序。

按钮：进入子函数内部。

按钮：单步执行程序，它不会进入子函数内部，可以直接跳过子函数。

按钮：跳出当前进入的函数，只有进入子函数内部该按钮才被激活。

按钮：程序直接运行至当前光标所在行。

按钮：显示/隐藏编译窗口，可以查看每句 C 语言程序编译后所对应的汇编代码。

按钮：显示/隐藏变量观察窗口，可以查看各个变量值的变化状态。

建议大家把上述每个按钮都试一试，以便更深刻地理解。

下面来看一下如何在单步执行程序时，利用 Keil 软件查看硬件 I/O 接口电平的变化和变量值的变化。具体步骤如下。

（1）打开硬件 I/O 接口模拟器查看 I/O 接口电平的变化：单击 Keil 软件上的“Peripherals”菜单项，选择下拉菜单中的“I/O-Ports”→“Port 1”选项，如图 3-10 所示。

此时弹出对话框显示的是软件模拟的单片机 P1 口 8 位引脚的状态，单片机上电后 I/O 接口全部显示状态 1，即十六进制的 0xFF，如图 3-11 所示。

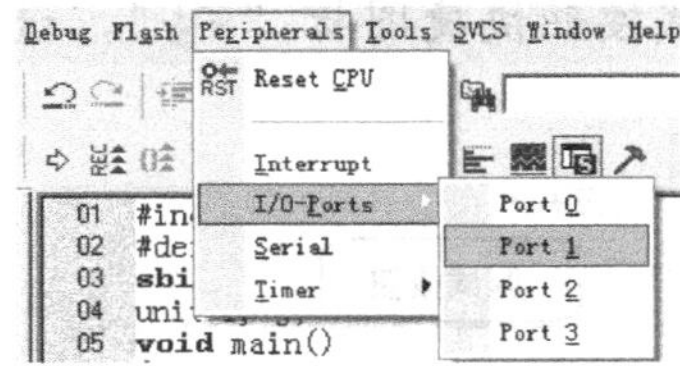

图 3-10　选择 I/O 接口状态

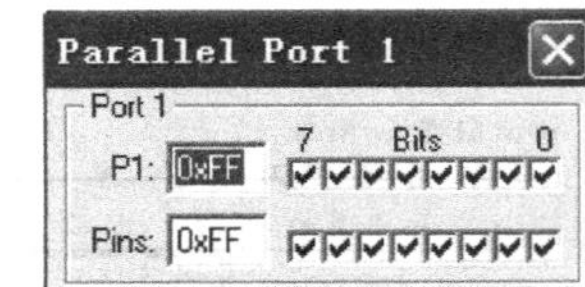

图 3-11　查看 I/O 接口状态

（2）打开变量观察窗口查看变量值的变化：单击图 3-8 右下角变量观察窗口的“Watch #1”标签，窗口如图 3-12 所示，可以看到上面显示出“type F2 to edit”（按 F2 进行编辑）字样，此时输入本程序中用到的两个变量 i 和 j。在右边显示出变量的值 0x0000，如图 3-13 所示。这是因为 i 和 j 在开始定义的时候并没有给它们赋初值，编译器默认的初值为 0，当程序开始运行并进入 for 语句后，才给 i 和 j 分别赋初值 1000 和 114。

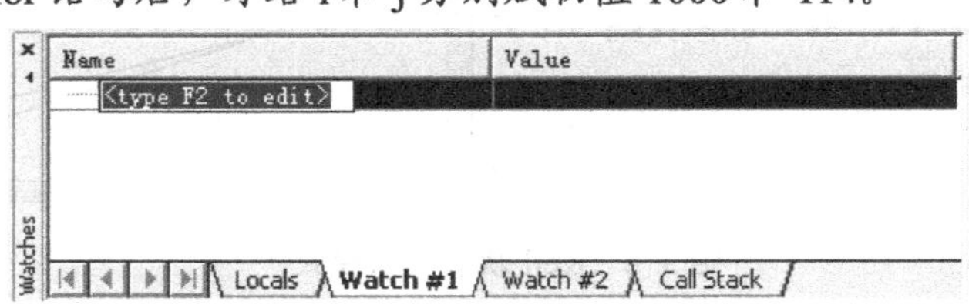

图 3-12　打开变量观察窗口

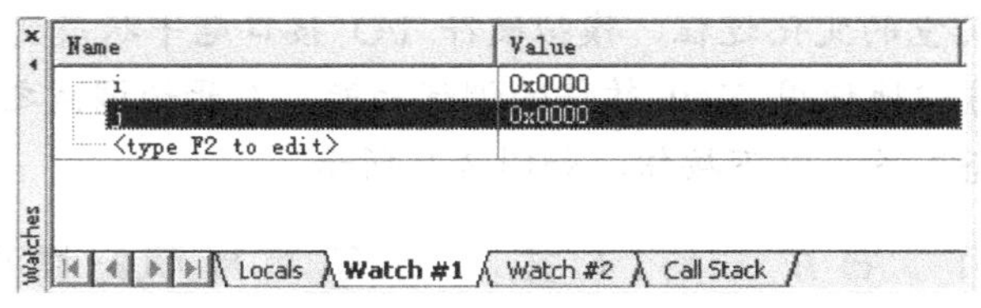

图 3-13　输入变量查看数值

接下来在图 3-8 的左侧的寄存器窗口中可以看到一些寄存器名称及其数值，如图 3-14 所示。请大家注意该图中的“sec”选项，其后面显示的数据就是程序代码执行所用的时间，单位为秒（s），可以看到上面显示的数据为 422.09μs，这是程序启动执行到目前停止位置花费的所有时间（注意，该时间为累计时间）。

Register	Value
Regs	
r0	0x00
r1	0x00
r2	0x00
r3	0x00
r4	0x00
r5	0x00
r6	0x00
r7	0x00
Sys	
a	0x00
b	0x00
sp	0x0b
sp_max	0x0b
dptr	0x0000
PC $	C:0x0800
states	389
sec	0.00042209
psw	0x00

图 3-14 寄存器窗口

下面回到代码编辑框，从图 3-8 中可以看到代码“D2 = 0;”前有一个黄色的小箭头。注意，该箭头指向的代码是下一步将要执行的程序代码。此时单击单步运行快捷图标 {}，这时看到黄色箭头向下移动了一行，并且在 P1 口的软件模拟器窗口中，P1 的第 3 位对应项中的对号也消失了，这说明代码“D2 = 0;”执行结束了，在实际硬件中点亮了 P1 口第 3 位所对应的发光二极管。同时“sec”选项后面的值也变成为 423.18μs。此时可以计算出执行该条指令实际花费的时间为

$$423.18\ \mu s-422.09\ \mu s=1.09\ \mu s$$

该时间正是 51 单片机在外部晶振频率为 11.0592 MHz 下，一个机器周期所花费的时间，如图 3-15 所示。

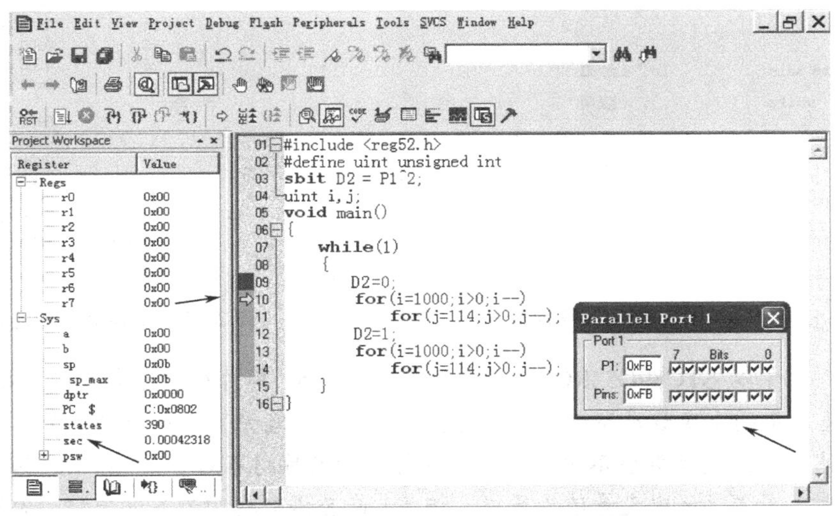

图 3-15 单步运行后各窗口状态图

此时再单击单步运行按钮 {}，这时右下角的变量观察窗口中 i 的值被赋为 0x03E8，在该值上单击鼠标右键，选择“Number Base”→“Decimal”选项，将数值显示方式改为十进制显示，可以看到 i 的值为 1000。

实际上这就是上一步运行第一个 for 语句时给 i 赋的值。继续单步运行可以看到 i 的值从 1000 往下递减，同时左侧寄存器窗口的 sec 项的值逐渐增加，但 j 的值始终为 0。这是因为每执行一次外层 for 语句，内层 for 语句就要执行 114 次，即 j 已经由 114 递减到 0，所以看上去 j 的值始终显示为 0。

如果想要知道这个 for 嵌套语句到底执行了多长时间，是不是要单击 1000 次呢？其实不用如此麻烦，可以设置断点来解决该问题。

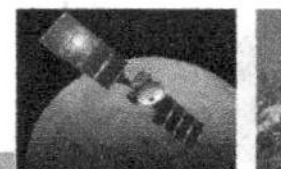

小提示：设置断点的优点是，在软件模拟调试状态下，当程序全速运行时，每遇到断点程序便会自动停止在断点处，即下一步将要执行断点处所在的这条指令。因此，只需在延时语句的两端各设置一个断点，然后全速运行，便可方便地计算出所求延时代码的执行时间。

断点设置步骤如下。

① 单击复位按钮 RST，在第一个 for 语句所在行前面的空白处双击鼠标左键，前面出现一个红色方框，表示为该行设置了一个断点。

② 在语句“D2 = 1;”所在行前以同样的方式插入断点。这两个断点之间的代码就是该 for 嵌套语句，如图 3-16 所示。

此时单击全速运行按钮，程序会自动停止在第一个 for 语句所在行，查看时间显示为 0.000 423 18 s，再单击一次全速运行按钮，程序停止在第二个 for 语句下面一行，查看显示时间为 1.00 303 494 s，忽略微秒级，此时间约为 1 s（该时间精度已足够），这便是 for 语句精确的延时时间，如图 3-17 所示。

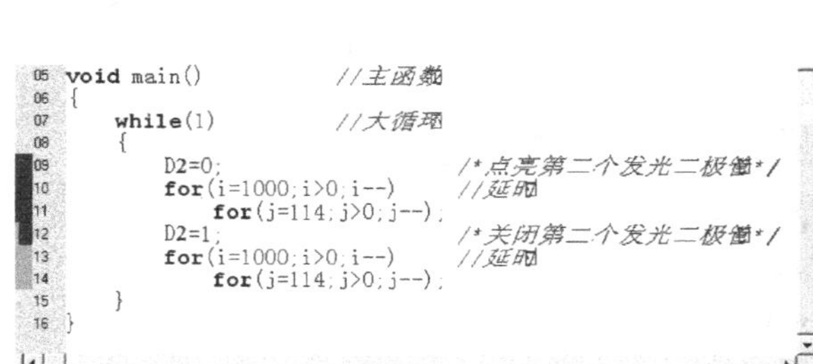

图 3-16　断点设置

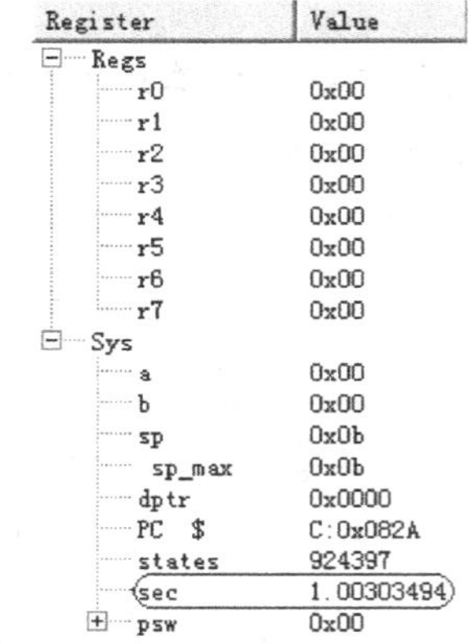

图 3-17　寄存器显示延时时间 1s

小经验：对于以 STC89C52RC 单片机为主芯片的 51 单片机学习实验板，在 Keil 软件中，当 for 语句中两个变量类型都为 unsigned int 型时（注意，若变量为其他类型则时间不遵循以下规律，因为变量类型不同，单片机运行时所需时间不同），内层 for 语句中变量恒定值为 114 时，外层 for 中变量值为多少，该 for 嵌套语句就约为多少毫秒，大家可自行测试验证。

2．顺序结构

1）表达式语句

表达式语句是最基本的 C 语言语句。表达式语句由表达式加上分号“;”构成，一般形式为

```
表达式;
```

执行表达式语句就是计算表达式的值。例如：

```
P1=0x00;          //赋值语句，将 P1 口 8 位引脚清零
D1 = 0;           //将数值 0 赋给变量 D1
x=y+z;            //将 y+z 进行加法运算后赋给变量 x
i++;              //自增 1 语句，i 增加 1 后再赋给变量 i
```

在 C 语言中有一种特殊的表达式语句，称为空语句。空语句中只有一个分号“;”，程序执行空语句时需要占用一条指令的执行时间，但是什么也不做。在 C51 程序中常常把空语句作为循环体，用于消耗 CPU 时间等待事件发生的场合。

例如，上述 for 循环延时语句中：

```
for(j=200;j>0;j--);
```

for 语句后面的“;”就是一条空语句，作为循环体出现。

又如上述 while 语句中的停机语句“while(1);”等。

2）复合语句

把多个语句用花括号{}括起来，组合在一起形成具有一定功能的模块，这种由若干条语句组合而成的语句块称为复合语句。在程序中应把复合语句看成是单条语句，而不是多条语句。

复合语句在程序运行时，{}中的各行单语句是依次按顺序执行的。在 C 语言的函数中，函数体就是一个复合语句。例如，上述实例 3-2 中的主函数包含两个复合语句：

```
void main()
{                                   //函数体的复合语句开始
    while(1)
    {                               // while 循环体的复合语句开始
    D2 = 0;
     for(i=1000;i>0;i--)
          for(j=114;j>0;j--);
    D2 = 1;
      for(i=1000;i>0;i--)
          for(j=114j>0;j--);
    }                               // while 循环体的复合语句结束
}                                   //函数体的复合语句结束
```

在上述程序中，组成函数体的复合语句内还嵌套了组成 while()循环体的复合语句。复合语句允许嵌套，也就是在{}中的{}也是复合语句。

复合语句内各条语句都必须以分号“;”结尾，复合语句之间用{}分隔，在括号“}”外不能加分号。

小提示：复合语句不仅可由可执行语句组成，还可由变量定义语句组成。在复合语句中组成的变量称为局部变量，它的有效范围只在复合语句中。函数体是复合语句，所以函数体内定义的变量，其有效范围也只在函数体内部。关于函数的写法和用法将在后面详细介绍。

3. 选择结构

选择结构也称为分支结构。由于人们在处理实际问题时总是伴随着逻辑判断或条件选择，因此程序设计时就要根据给定的条件进行判断，从而选择不同的处理路径。对给定的条件进行判断，并根据判断结果选择应执行的操作的程序，称为选择结构程序。

在 C 语言中，选择结构程序设计一般用条件语句 if 或开关语句 switch 来实现。if 语句又分为 if、if-else 和 if-else-if 三种不同的形式，下面分别进行介绍。

1）基本 if 语句

格式：

```
if（表达式）
{
    语句组;
}
```

执行过程：当“表达式”结果为“真”时，执行后面的“语句组”；否则跳过该语句组，继续执行下面的语句。

注意事项：

（1）if 语句中的“表达式”通常为逻辑表达式或关系表达式，也可以是任何其他的表达式或类型数据，只要表达式的值非0即为“真”，如以下语句都是合法的。

```
if(6) {…}
if(x=3) {…}
if(P1.0) {…}
```

（2）在 if 语句中，“表达式”必须用括号括起来。

（3）在 if 语句中，花括号“{ }”里面的语句组如果只有一条语句，可以省略花括号，如语句“if(P3.0= =0)　P1.0=0;”。但是，为了提高程序的可读性并防止程序书写错误，建议读者在任何情况下都加上花括号。

2）if-else 语句

格式：

```
if（表达式）
{
    语句组 1;
}
else
{
    语句组 2;
}
```

执行过程：当“表达式”结果为“真”时，执行后面的“语句组1”；否则执行“语句组2”。

3）if-else- if 语句

if-else- if 语句是由 if else 语句组成的嵌套，用于实现多个条件分支的选择。

格式：

```
if（表达式 1）
{
    语句组 1;
}
else if（表达式 2）
{
    语句组 2;
}
…
else if（表达式 n）
{
    语句组 n;
}
```

```
    else
    {
        语句组 n+1;
    }
```

执行过程：依次判断“表达式 i”的值，当“表达式 i”的值为“真”时，执行其对应的“语句组 i”，跳过剩余的 if 语句组，继续执行该语句下面的语句。如果所有表达式的值均为“假”，则执行最后一个 else 后面的“语句组 n+1”，然后再继续执行其下面的一个语句。

注意事项：

（1）else 语句是 if 语句的子句，它是 if 语句的一部分，不能单独使用。

（2）else 语句总是与它上面跟它最近的 if 语句相匹配。

4）switch 语句

if 语句一般用于单一条件或分支数目较少的场合，如果使用 if 语句来编写超过 3 个以上分支的程序，就会降低程序的可读性。C 语言提供了一种用于多分支选择的 switch 语句。

格式：

```
    switch（表达式）
    {
            case 常量表达式 1:    //注意，常量表达式 1 后面的是冒号而不是分号
                语句 1;
                break;
            case 常量表达式 2:
                语句 2;
                break;
                ...
            case 常量表达式 n:
                语句 n;
                break;
            default:
                语句 n+1;
    }
```

执行过程：首先计算表达式的值，然后用此值依次与各个 case 后面的常量表达式比较，当表达式的值与某个常量表达式的值相等时，则执行该常量表达式后的语句组，再执行 break 语句，然后跳出 switch 语句，继续执行下一条语句。若表达式的值与所有 case 后的常量表达式的值均不相同，则执行 default 后面的语句组。

注意事项：

（1）在 case 后的各常量表达式的值不能相同，否则会出现同一个条件有多种执行方案的矛盾。

（2）在 case 语句后允许有多个语句，可以不用花括号{}。进入某个 case 语句后，会自动顺序执行本 case 语句后的所有语句。例如，下列语句是合法的：

```
    case 1: P1_0=1; P1_1=0;
    break;
```

（3）“case 常量表达式”相当于一个语句标号，表达式的值和某标号相等则转向该标号执行，但在执行完该标号后面的语句后，不会自动跳出整个 switch 语句，而是继续执行后面的 case 语句。因此，使用 switch 语句时，要在每一个 case 语句后面加上 break 语句，使执行完

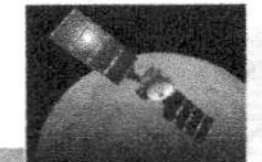

该case语句后可以跳出整个switch语句的执行。

（4）default语句一般放在最后，此时default语句后不需要break语句，而且default部分也不是必须有的。如果没有该部分，当switch后面表达式的值与所有case后的常量表达式的值都不相等时，则不执行任何一个分支，而是直接退出switch语句，此时switch语句相当于一个空语句。具体用法将在后续章节中介绍。

（5）在switch-case语句中，多个case可以共用一条执行语句，例如：

```
case 1:
case 2:
case 3:
    printf("hi\n");
    break;
...
```

即在1、2、3三种情况下，均执行相同的语句，即输出"hi"。

以上对C语言提供的程序化结构及基本控制语句进行了介绍。实际上，在C语言程序化结构程序设计中，子程序的作用是通过函数来实现的，函数是C语言的基本组成模块，一个C语言程序是由若干个模块化的函数组成的。下面就对C语言的函数进行具体的介绍。

4．C语言函数的分类和定义

从用户使用角度来看，函数有两种类型：标准函数和用户自定义函数。

1）标准函数

标准函数也称为标准库函数，是由C51的编译器提供的，用户不必定义这些函数，可以直接调用。Keil C51编译器提供了100多个标准库函数供用户使用。常用的C51标准库函数包括一般I/O接口函数、访问SFR地址函数等，在C51编译环境中以头文件的形式给出。

2）用户自定义函数

用户自定义函数是用户根据需要自行编写的函数，它必须先定义然后才能被调用。

函数定义的一般格式：

```
函数类型  函数名 （形式参数）;
形式参数说明;
{
    局部变量定义;
    函数体语句;
}
```

其中：

"函数类型"说明了自定义函数返回值的类型。

"函数名"是自定义函数的名字。

"形式参数"给出函数被调用时传递数据的形式参数，形式参数的类型必须加以说明。ANSIC标准允许在形式参数表中对形式参数的类型进行说明。如果定义的是无参数函数，则可以没有形式参数，但是圆括号"( )"不能省略。

"局部变量定义"是对在函数内部使用的局部变量进行定义。

"函数体语句"是为完成函数的特定功能而设置的语句。

因此，一个函数由下面两部分组成：

（1）函数定义，即函数的第一行，包括函数名、函数类型、函数参数（形式参数）名、参数类型等。

（2）函数体，即花括号“{}”内的部分。函数体由定义数据类型的说明部分和实现函数功能的执行部分组成。

5. C语言函数的调用

函数调用就是在一个函数体中引用另外一个已经定义的函数，前者称为主调用函数，后者称为被调用函数。

1）不带参数函数的调用

先回到实例 3-2 的函数中，可以看到在点亮和熄灭发光二极管的两条语句之后是两个完全相同的 for 嵌套语句：

```
for(i=1000;i>0;i--)                    //延时程序
    for(j=114;j>0;j--);
```

在 C 语言程序中，如果有一些语句不止一次用到，而且语句内容都相同，就可以把这样一些语句写成一个不带参数的子函数，当主函数中需要用到这些语句时，直接调用这个子函数就可以了。以上面 for 嵌套语句为例，根据 C 语言函数的定义，其写法如下：

```
void delay_1s()                        // 1 s 延时程序
{
    for(i=1000;i>0;i--)
        for(j=114;j>0;j--);
}
```

其中：

函数类型 void 表示该函数执行完后不返回任何数据，即它是一个无返回值的函数。

函数名 delay_1s 是用户自己定义的，但是注意不要和 C 语言的关键字相同，一般定义为方便记忆或容易读懂的名字，也就是说看到函数名就知道该函数要实现的内容是什么，就如这里的函数名 delay_1s 表示 1 秒的延时函数。

函数名后面的括号内无任何数据或符号，表示该函数无形式参数，即该函数是无参数函数。

接下来花括号中包含的内容便是函数体语句。

因此上述函数就是一个无返回值、不带参数的函数。

小提示：任何一个 C 语言程序中有且仅有一个入口函数（main 函数），与此对应的其他函数都属于子函数。在程序书写时，子函数可以写在主函数的前面或后面，但不可写在主函数内部。当写在后面时，必须要在主函数之前声明子函数。声明方法是，将函数返回值类型、函数名及后面的圆括号完全复制，若是无参函数，圆括号内为空；若是有参函数，则需要在圆括号内依次写上参数类型（只写参数类型，无须写参数），参数之间用逗号隔开；最后在圆括号后加上分号“;”。当子函数写在主函数前面时，无须声明。原因是在书写函数体的同时相当于声明了函数本身。通俗地讲，声明子函数的目的是编译器在编译主程序时，当它遇到一个子函数时知道有这样一个子函数的存在，并且知道它的类型和带参数情况等信息，以便为该子函数分配必要的存储空间。

实例 3-3 用调用子函数的方法编程实现让 ZXDP-1 实验板上的一个 LED 发光二极管以时间间隔 600 ms 亮灭闪烁。

程序代码如下：

```
#include <reg52.h>                    //52系列单片机头文件
#define uint unsigned int             //宏定义
sbit D2 = P1^2;                       //定义单片机P1口的第3位
void delay_600 ms();                  //声明子函数
void main()                           //主函数
{
    while(1)                          //大循环
    {
        D2=0;                         /*点亮发光二极管*/
        delay_600 ms();               //调用延时子函数
        D2=1;                         /*关闭发光二极管*/
        delay_600 ms();               //调用延时子函数
    }
}
void delay_600 ms()                   //延时子函数体
{
    uint i,j;
    for(i=600;i>0;i--)                //i=600，即延时时间约为600 ms
        for(j=114;j>0;j--);
}
```

将程序下载到实验板上，可以看到第二个发光二极管以600 ms的延时时间闪烁。

在上述程序中，可以注意到“uint i,j;”语句中i和j两个变量的定义放到了子函数里，并没有写在主函数的最外面。在主函数外面定义的变量就是前面讲到的全局变量；而这种定义在某个子函数内部的变量叫做局部变量，如上例中的变量i和j。注意：局部变量只在当前函数中有效，程序一旦执行完当前子函数，在其内部定义的所有变量都将自动销毁，当下次再调用该函数时，编译器再为其重新分配内存空间。

小经验：在一个程序中，每个全局变量都始终占据着单片机内部的RAM；局部变量却是使用时随时分配RAM，不使用时立即销毁。由于一个单片机的内部RAM是有限的，如AT89C52单片机内部只有256B的RAM，如果要定义unsigned int型变量，最多只能定义128个；相对而言，STC单片机内部RAM比较大，有512B的，也有1280B的。很多时候，当编写一个较大程序时，经常会遇到内存不够用的情况，因此从一开始编写程序时就要力求节省内部RAM空间，能用局部变量就不要用全局变量。

2）带参数函数的调用

从实例3-3中的delay_600 ms()子函数中知道，若i=600时，延时600 ms，那么如果要延时500 ms，就需要在子函数中将变量i的值改为500，要延时100 ms就得将i的值改为100，这样岂不是很麻烦？其实可以用带参数的子函数来解决此问题，方法如下：

```
void delay_ms(unsigned int 变量)
{
    uint i,j;
    for(i=变量;i>0;i--)            //变量值是多少即延时约多少毫秒
    for(j=114;j>0;j--);
}
```

上述程序中第一行圆括号内部的“unsigned int 变量”就是该函数的参数，“变量”是一个“unsigned int”型变量，又称为该函数的形式参数，简称形参。在调用此函数时可以用一个具体的真实数据代替此形参，这个真实数据称为实际参数，简称实参。形参被实参代替之后，在子函数内部所有和形参名相同的变量都将被实参代替。

小提示：带参数子函数的声明方法和不带参数子函数的声明方法相似，只是声明时必须标明参数类型。如果是多个参数，则多个参数类型都要标明，参数类型后面变量名的书写可以随意。

实例 3-4　用调用子函数的方法编程实现 ZXDP-1 实验板上的一个 LED 发光二极管亮灭闪烁。要求：点亮时间为 300 ms，熄灭时间为 900 ms。

程序代码如下：

```
#include <reg52.h>                //52 系列单片机头文件
#define uint unsigned int         //宏定义
sbit D2 = P1^2;                   //定义单片机 P1 口的第 3 位
void delay_ms(uint x);            //声明延时子函数
void main()                       //主函数
{
    while(1)                      //大循环
    {
        D2=0;                     /*点亮发光二极管*/
        delay_ms(300);            //调用延时子函数
        D2=1;                     /*关闭发光二极管*/
        delay_ms(900);            //调用延时子函数
    }
}
void delay_ms(uint x)             //延时子函数体
{
    uint i,j;
    for(i=x;i>0;i--)              //i=x，即延时时间约为 x ms
        for(j=114;j>0;j--);
}
```

将程序下载到实验板上，可看到第二个发光二极管以亮 300 ms、灭 900 ms 的时间闪烁。

请大家思考：若让实验板上所有的发光二极管以亮 1 s、灭 2 s 的时间闪烁，程序该如何编写？

任务小结

本任务中，通过具体实例详细讲解了构成 C 语言程序的基本语句及构成 C 语言程序的基本函数的用法。

本任务重点内容如下：

（1）C 语言的三种基本程序结构，即顺序结构、选择结构和循环结构；

（2）单片机 C 语言编程中常用的基本语句包括表达式语句、赋值语句、if 语句、switch 语句、for 语句和 while 语句等；

（3）C 语言中函数的定义和调用。

任务 3.3　单片机广告流水灯程序的实现

广告灯是现在市面上常见的一种装饰物，常用于街上的广告及舞台装饰等场合。最简单的广告流水灯就是各个灯依次发光。本任务通过对实验板上单片机流水灯程序的学习，使大家对广告流水灯的功能实现有一定的认识，可以更加深刻地体会单片机 C51 编程的思路，编程时常用的数据类型、结构语句、常用函数及 C 语言的数组等内容，为今后讲解如何操作单片机的内部和外部资源打下坚实的基础。

3.3.1　任务要求

利用 ZXDP-1 实验板，通过四种不同的编程方法，即基本顺序结构的函数调用法、逻辑移位法、C51 自带库函数法和数组法，详细讲解单片机广告流水灯的控制。

3.3.2　任务实现

1. 硬件电路的设计

使用 ZXDP-1 实验板中的单片机最小系统和核心，4 个发光二极管 LED1～LED4，分别与单片机的 P1.1～P1.4 相连接，便可实现单片机对广告流水灯的控制。硬件电路原理图如图 3-18 所示。

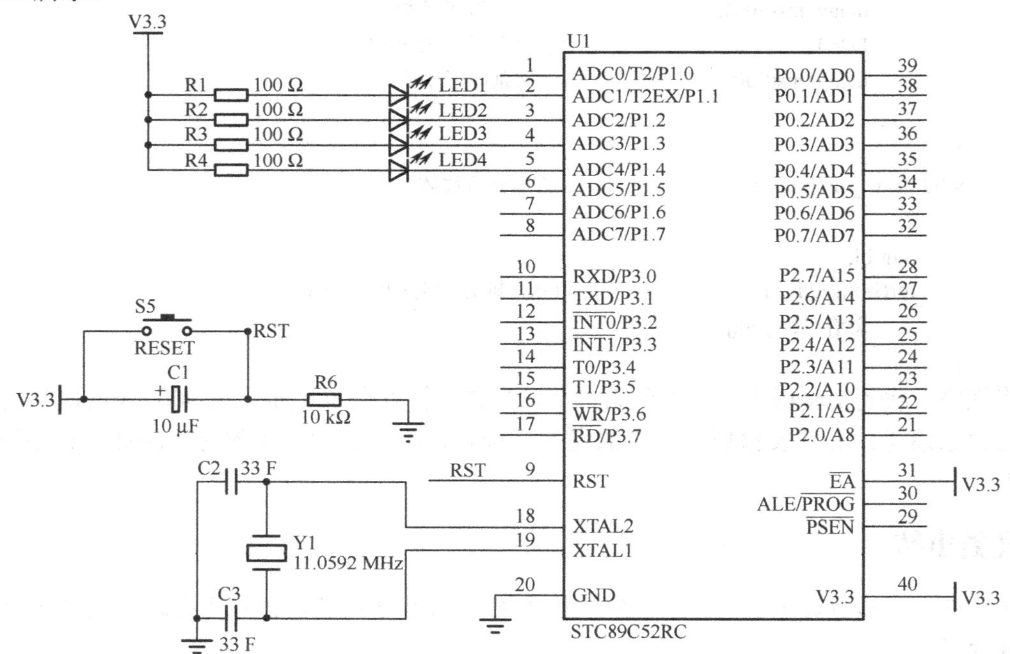

图 3-18　ZXDP-1 实验板上实现广告流水灯的硬件电路原理图

2. 软件程序的设计

1）基本顺序结构函数调用法

实例 3-5　采用基本顺序结构的函数调用法编程，在 ZXDP-1 实验板上实现以 1 s 时间间

隔的广告流水灯程序。

程序代码如下：

```
#include<reg52.h>              //52系列单片机头文件
#define uint unsigned int      //宏定义
sbit LED1 = P1^1;              //定义单片机P1口的第2位，即实验板上第1个LED所对应的位
sbit LED2 = P1^2;              //定义单片机P1口的第3位，即实验板上第2个LED所对应的位
sbit LED3 = P1^3;              //定义单片机P1口的第4位，即实验板上第3个LED所对应的位
sbit LED4 = P1^4;              //定义单片机P1口的第5位，即实验板上第4个LED所对应的位
/**********************
子程序名：delay_ms()
作用：延时
**********************/
void delay_ms(uint x)          //延时子函数体
{
    uint i,j;
    for(i=x;i>0;i--)           //i=x，即延时时间约为x ms
        for(j=114;j>0;j--);
}
/**********************
子程序名：RunLED()
作用：控制4个小灯的亮灭
**********************/
void RunLED()
{
    LED1 = 0;                  //第1个小灯亮
    delay_ms(1000);            //延时1000 ms
    LED1 = 1;                  //第1个小灯灭
    LED2 = 0;                  //第2个小灯亮
    delay_ms(1000);            //延时1000 ms
    LED2 = 1;                  //第2个小灯灭
    LED3 = 0;                  //第3个小灯亮
    delay_ms(1000);            //延时1000 ms
    LED3 = 1;                  //第3个小灯灭
    LED4 = 0;                  //第4个小灯亮
    delay_ms(1000);            //延时1000 ms
    LED4 = 1;                  //第4个小灯灭
}
/**********************
主程序
作用：无限循环RunLED()
**********************/
void main()
{
    while(1)
    RunLED();
}
```

注意：在上述程序中，并没有像实例3-4中的程序那样在main主函数前先用一条“void

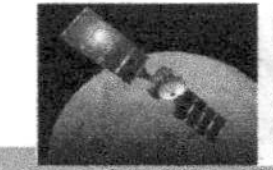

delay_ms(uint x);”语句对延时子函数进行声明，而是直接将延时子函数程序代码直接写到了 main 主函数前面，这种程序代码的书写方法也是合法的，并不违背 C 语言中对函数“先声明、后引用”的原则。同样，对于控制 4 个小灯亮灭的子函数“RunLED()”的声明也采用此方法，请大家认真体会。

将上述程序代码下载至实验板上的单片机中即可以实现以 1 s 间隔的广告流水灯控制。

从上述程序中可以看出，顺序结构程序思路直观，简单易读，是初学者最容易实现的程序设计方法，但程序代码较长，如下类似的程序就出现了 4 次：

```
LED1 = 0;           //第 1 个小灯亮
delay_ms(1000);     //延时 1000 ms
LED1 = 1;           //第 1 个小灯灭
```

每次重复时，只是送到 P1 口的值不同，因此可以考虑用移位的方法来实现广告流水灯的控制。

2）逻辑移位法

由前面内容可知，C 语言中给大家提供了逻辑左移和逻辑右移两种移位操作符，如下所述。

（1）逻辑左移。C51 中操作符为“<<”，每执行一次左移指令，被操作数将最高位移入单片机程序状态字寄存器 PSW 中的 CY 位，CY 位中原来的数丢弃，最低位补 0，其他位依次向左移动一位，如图 3-19 所示。

（2）逻辑右移。C51 中操作符为“>>”，每执行一次右移指令，被操作数将最低位移入单片机程序状态字寄存器 PSW 中的 CY 位，CY 位中原来的数丢弃，最高位补 0，其他位依次向右移动一位，如图 3-20 所示。

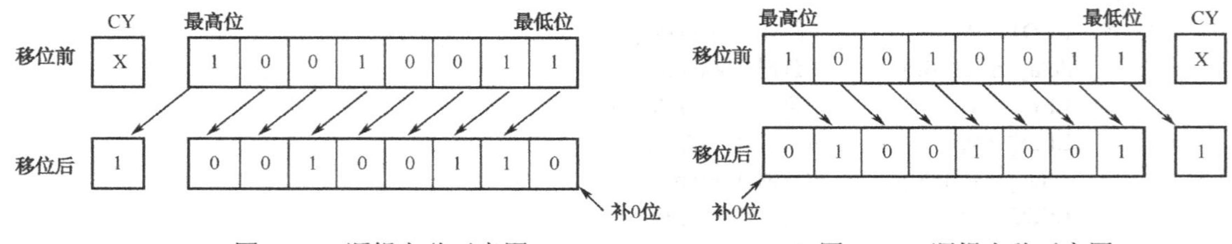

图 3-19　逻辑左移示意图　　　图 3-20　逻辑右移示意图

此外，在实际的项目中还经常会用到循环左移和循环右移两种移位操作。但是，C 语言中并没有专门的指令直接实现，可以通过移位指令与简单逻辑运算实现循环左移和右移，或直接利用 C51 自带的库函数_crol_实现循环左移和库函数_cror_实现循环右移。

（3）循环左移。移位过程是最高位移入最低位，其他各位依次向左移动一位，如图 3-21 所示。

（4）循环右移。移位过程是最低位移入最高位，其他各位依次向右移动一位，如图 3-22 所示。

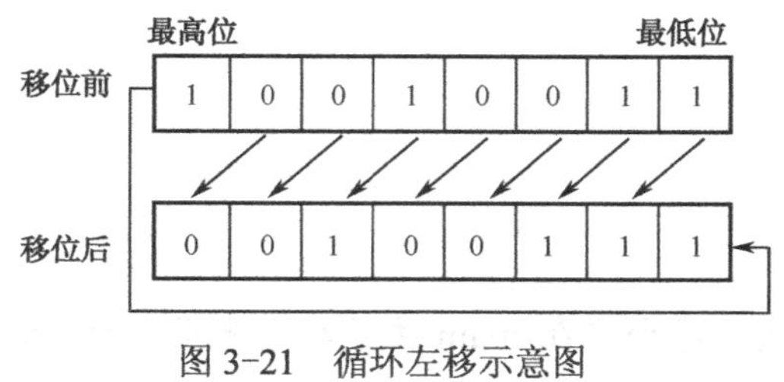

图 3-21　循环左移示意图

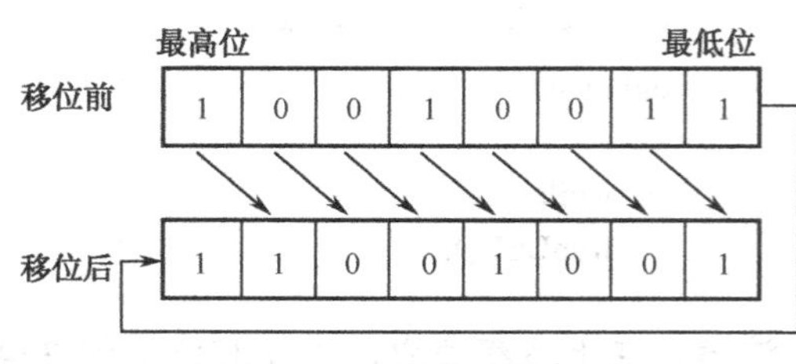

图 3-22　循环右移示意图

实例 3-6　采用逻辑移位法编程，在 ZXDP-1 实验板上实现以 500 ms 时间间隔的广告流水灯程序。

程序代码如下：

```
#include<reg52.h>                   //52 系列单片机头文件
#define uchar unsigned char         //宏定义
#define uint unsigned int           //宏定义
void delay_ms(uint x);              //声明延时子函数
void main()                         //主函数
{
    while(1)
    {
      uchar Data,num;
      Data = 0xfd;                  //赋初值 11111101
      for(num = 0;num < 4;num++)
      {
        P1 = Data;                  //把初值赋给 P1（第一个小灯亮）
        delay_ms(500);              //延迟 500 ms
        Data <<= 1;                 //向左移动一位
        Data++;                     //移位后补位
      }
    }
}
void delay_ms(uint x)               //延时子函数体
{
    uint i,j;
    for(i=x;i>0;i--)                //i=x，即延时时间约为 x ms
        for(j=114;j>0;j--);
}
```

上述程序中，在给单片机的 P1 口赋了初值“0xfd”（二进制 11111101）点亮了实验板上第一个发光二极管后，使用了逻辑左移的方法来实现对其他位的控制，如语句“Data <<= 1;”。但是，由于逻辑左移执行完一次指令后，最高位移入单片机程序状态字寄存器 PSW 中的 CY 位，最低位补 0，此时 P1 口的值变为“0xfa”（二进制 11111010），可以看到此时 P1.0 口和 P1.2 口都为低电平，因此必须进行移位后的补位，如语句“Data++;”使 P1 口的最低位变为高电平。依次循环，便可以实现实验板上广告流水灯的控制。

其实，上述程序中的两条语句“Data <<= 1;”和“Data++;”可以用单片机自带的库函数来代替，编写出更简单的广告流水灯程序代码。

3）C51 自带库函数法

调用 C51 现成的库函数来实现广告流水灯的控制。步骤如下：首先打开 Keil 软件的安装文件夹，定位到“Keil\C51\hlp”文件夹，打开该文件夹下的“c51.chm”文件，这是 C51 用户向导帮助文件，如图 3-23 所示。

在该文件左侧的索引栏里找到“_crol_ C51 Library Routine”选项，双击打开可以看到“_crol_”函数的简要介绍，如图 3-24 所示。

从该介绍中可以得到以下有用信息。

（1）这个函数包含在“intrins.h”头文件中。也就是说，如果在程序中使用该函数，那么必须在程序开始位置包含该头文件。

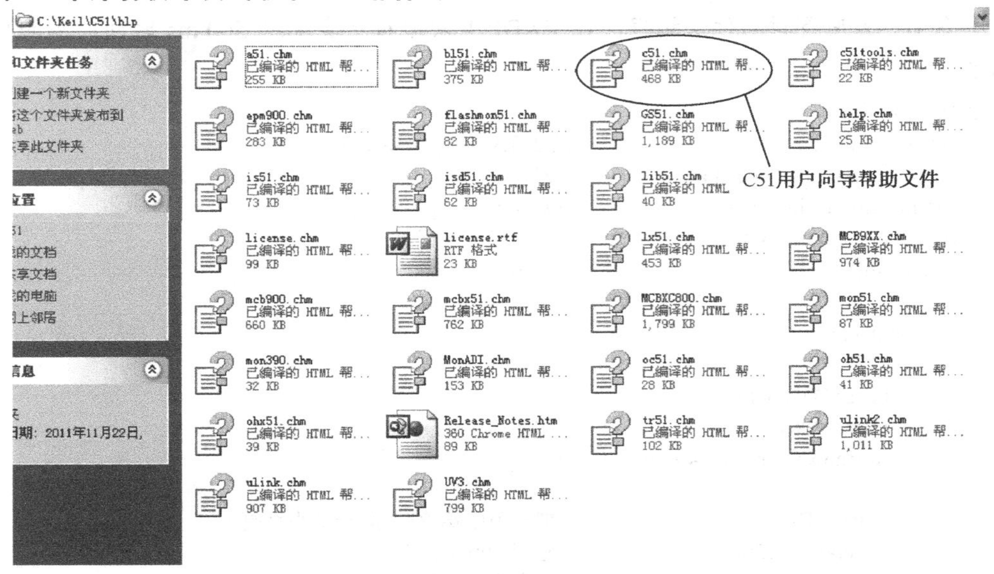

图 3-23　C51 用户向导帮助文件

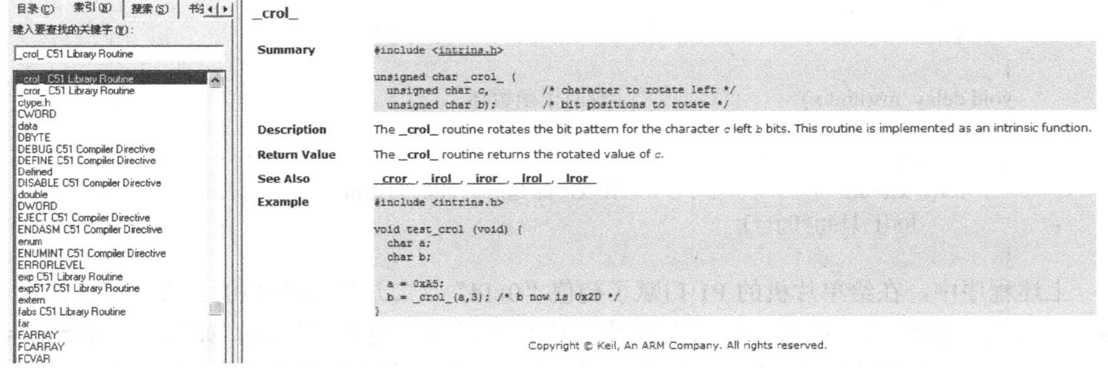

图 3-24　“_crol_”函数介绍

（2）函数的特性：

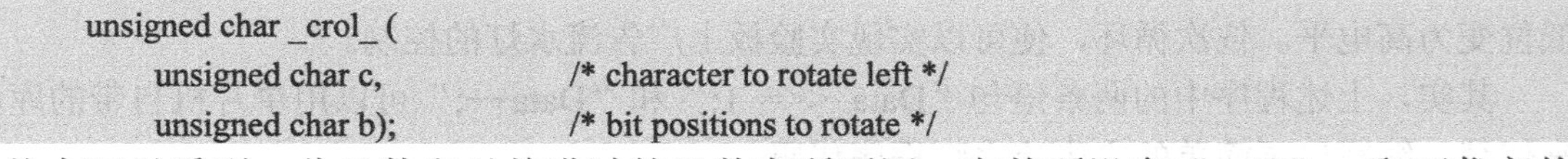

```
unsigned char _crol_ (
    unsigned char c,         /* character to rotate left */
    unsigned char b);        /* bit positions to rotate */
```

从中可以看到，此函数和以前讲过的函数有所不同，它前面没有“void”，取而代之的是“unsigned char”；并且括号内有两个形参，unsigned char c 和 unsigned char b。因此，这种函数属于有返回值、带参数的函数类型。有返回值是指程序执行完该函数后，通过函数内部的某些运算而得出一个新值，该函数最终将得到的新值返回给调用它的语句。

（3）函数的描述：“_crol_”函数的意思是将变量 c 循环左移 b 位。该函数是 C51 库自带的内部函数，在使用之前，需要在程序中包含它所在的头文件。

（4）函数的返回值：“_crol_”函数返回的是将变量 c 循环左移之后的值。

实例 3-7　利用 C51 内部自带的“_crol_”函数编程，在 ZXDP-1 实验板上实现以 300 ms 时间间隔的广告流水灯程序。

程序代码如下：

```
#include<reg52.h>                      //52系列单片机头文件
#include<intrins.h>                    //包含_crol_函数所在的头文件
#define uchar unsigned char            //宏定义
#define uint unsigned int              //宏定义
void delay_ms(uint x);                 //声明延时子函数
void main()                            //主函数
{
    while(1)
    {
        uchar Data,num;
        Data = 0xFD;                   //初值是11111101
        for(num = 0;num < 4;num++)
        {
        P1 = Data;                     //把初值赋给P1（第一个小灯亮）
        delay_ms(300);                 //延迟300 ms
        Data=_crol_(Data,1);           //将Data循环左移1位再赋给Data
        }
    }
}
void delay_ms(uint x)                  //延时子函数体
{
    uint i,j;
    for(i=x;i>0;i--)                   //i=x，即延时时间约为x ms
        for(j=114;j>0;j--);
}
```

上述程序中的语句“Data=_crol_(Data,1);”，因为“_crol_”是一个带返回值的函数，该程序在执行时，先执行等号右边的表达式，即将变量Data循环左移一位，然后将结果重新赋给Data，如初值“0xFD”（二进制11111101），执行此函数时，将它循环左移一位后为“0xFB”（二进制11111011），然后再将“0xFB”重新赋给变量Data，直到for循环结束，跳出循环。然后再进入下一轮的循环，如此反复。

思考：在单片机C语言广告流水灯程序的编写中，除了上述讲到的利用逻辑左移和“_crol_”库函数的方法外，还可以利用与上述方法类似的逻辑右移和“_cror_”库函数的方法实现。请大家自己编写这方面的程序，以便加深印象。

4）数组法

在C语言程序设计中，为了处理方便，通常把具有相同类型的若干数据项按有序的形式组织起来。这些按序排列的同类数据元素的集合称为数组，组成数组的各个数据分项称为数组元素。因此，也可以利用数组的方法来实现单片机广告流水灯程序。过程如下：首先把能够使每个LED发光二极管点亮的值放到数组中，然后让单片机的I/O接口从数组中调用每个元素，按顺序依次循环。

实例3-8　利用数组法编程，在ZXDP-1实验板上实现以100 ms时间间隔的广告流水灯程序。

程序代码如下：

```
#include<reg52.h>                      //52系列单片机头文件
#define uchar unsigned char            //宏定义
#define uint unsigned int              //宏定义
```

```
uchar code LED_Data[] ={0xfd,0xfb,0xf7,0xef};        //建立数组，数组定义在 code 区
void delay_ms(uint x);                               //声明延时子函数
void main()                                          //主函数
{
    while(1)
    {
        uchar num;
        for(num = 0;num < 4;num++)
        {
            P1 = LED_Data[num];
            delay_ms(100);
        }
    }
}
void delay_ms(uint x)                                //延时子函数体
{
        uint i,j;
        for(i=x;i>0;i--)                             //i=x，即延时时间约为 x ms
            for(j=114;j>0;j--);
}
```

上述程序中，使用了名为 LED_Data 的无符号字符数组，定义如下：

```
uchar code LED_Data[] ={0xFD,0xFB,0xF7,0xEF};
```

该数组包含 4 个分量，LED_Data[0]、LED_Data[1]、LED_Data[2]、LED_Data[3]，数组名为 LED_Data，表示数组的地址，即数组的第一个分量 LED_Data[0]所在的地址。

在这个数组定义语句中，关键字“code”是为了把 LED_Data 数组存储在片内程序存储器 ROM 中，该数组与程序代码一起固化在程序存储器中。

当程序运行到“P1 = LED_Data[num];”语句时，开始调用数组。例如，此时“num=0”，则“P1 = LED_Data[0];”语句的含义是，将 LED_Data 数组中的第一个元素直接赋给 P1 口，即“P1 = 0xFD;”，此时点亮实验板上第一个 LED。随着 num 值的增大，便会把数组中的其余 3 个元素的值赋给 P1 口，点亮不同的 LED。以此类推，便实现了广告流水灯的控制。

知识链接：C 语言中的数组

C 语言的数组属于常用的数据类型，数组中的元素有固定数目和相同类型，数组元素的数据类型就是该数组的基本类型。例如，整型数据的有序集合称为整型数组，字符型数据的有序集合称为字符型数组。

除此之外，数组还分为一维、二维、三维和多维数组等，常用的是一维、二维和字符数组。

1）一维数组

（1）定义。在 C 语言中，数组必须先定义，后使用。一维数组的定义格式如下：

```
数组类型  数组名  [ 数组长度 ]
```

类型是指数据类型，即每一个数组元素的数据类型，包括整数型、浮点型、字符型、指针型及结构和联合；数组名也称变量名，是指用户定义的数组标识符；方括号中的数组长度表示数组元素的个数。

例如：

```
int b[8];            //定义整型数组b，有8个元素，b[0],b[1],…,b[7]
char LED_Data[10]; //定义字符型数组LED_Data，有10个元素，LED_Data[0],…,LED_Data[9]
```

注意事项：

① 数组的类型实际上是指数组元素的取值类型。对于同一个数组，所有元素的数据类型都是相同的。

② 数组名的书写规则应符合标识符的书写规则。

③ 数组名不能与其他变量名相同。

例如，下列程序代码中，因为变量 num 和数组 num 同名，所以程序编译时会出现错误，无法通过：

```
void main()
{
    int num;
    char num[6];
    …
}
```

④ 方括号中的数组长度表示数组元素的个数，如b[4]表示数组b有4个元素。数组元素的标号是从0开始计算，4个元素分别为b[0]、b[1]、b[2]、b[3]。

⑤ 方括号中的数组长度可以注明，也可以不注明。Keil C51 编译器在编译时能够自动计算出来，通常情况下不注明。

⑥ 方括号中的数组长度不可以是变量，但可以是符号常量或常量表达式。

例如，下面的数组定义是合法的：

```
#define num 8
void main()
{
    char a[num];
    …
}
```

但是，下例中的定义方式是错误的：

```
void main()
{
    int num=6;        //定义变量num
    char a[num];
    …
}
```

⑦ 允许在同一个类型说明中，说明多个数组和多个变量，例如：

```
int a,b,c,d[10],e[5+8];
```

（2）数组元素。数组元素也是一种变量，其标志方法为数组名后面跟一个标号。标号表示该数组元素在数组中的顺序号，只能为整型常量或整型表达式。若为小数，Keil C51 编译器将自动取整。定义数组元素的一般形式为

```
数组名 [ 下标 ]
```

例如，num[4]、tab[i++]都是合法的数组元素。

（3）数组赋值。给数组赋值的方法有赋值语句和初始化赋值两种。

在程序执行过程中，可以用赋值语句对数组元素逐个赋值。例如：

```
for(i=0; i<8; i++)
    num[i]=i;
```

数组初始化赋值是指在数组定义时给数组元素赋予初值，这种赋值方法是在编译阶段进行的，可以减少程序运行时间，提高程序执行效率，是最常用的数组赋值方法。初始化赋值的一般形式为

```
数组类型 数组名 [ 数组长度 ]={值, 值, 值, …, 值};
```

在“{ }”中的各数据值即为相应数组元素的初值，各值之间用逗号隔开，但最后一个值后无逗号。例如：

```
int d[5]={0,1,2,3,4 };
```

相当于：

```
d[0]=0;d[1]=1;d[2]=2;d[3]=3;d[4]=4;
```

2）二维数组

定义二维数组的一般形式为

```
数组类型 数组名 [ 数组长度 1 ] [ 数组长度 2];
```

其中，数组长度 1 表示第一维下标的长度，数组长度 2 表示第二维下标的长度。例如：

```
int num[2] [3]
```

表明是一个 2 行 3 列的数组，数组名为 num，该数组共包括 2×3 个数组元素，即：num[0] [0]，num[0] [1]，num[0] [2] num[1] [0]，num[1] [1]，num[1] [2]。

二维数组的存放方式是按行排列，放完一行后顺序放入第二行。对于上面定义的二维数组，先存放 num[0]行，再存放 num[1]行。每行中的 3 个元素也是依次存放的。由于数组 num 为 int 型，该类型数据占 2 字节的内存空间，所以每个元素均占有 2 字节的位置。

二维数组的初始化赋值可按行分段赋值，也可按行连续赋值。

例如，对数组 num[2] [3]可按下列方式进行赋值。

（1）按行分段赋值可写为

```
int num[2] [3] ={{1,2,3},{4,5,6}};
```

（2）按行连续赋值可写为

```
int num[2] [3] ={1,2,3, 4,5,6};
```

以上两种赋初值的结果完全相同。

3）字符数组

用来存放字符量的数组称为字符数组，每一个数组元素就是一个字符。

字符数组的使用说明与整型数组相同，如“char LED_Data[10];”语句，说明 LED_Data 为字符数组，包含 10 个字符元素。

字符数组的初始化赋值是直接将各字符赋给数组中的各个元素。例如：

```
char LED_Data[10]={'p','r', 'o', 'g', 'r', 'a', 'm', '\0', };
```

以上定义说明了一个包含 10 个数组元素的字符数组 LED_Data，并且将 8 个字符分别赋值到 char LED_Data[0]～char LED_Data[7]，而 char LED_Data[8]和 char LED_Data[9]系统将自动赋予空格字符。

当对全体数组元素赋初值时也可以省去长度说明。例如：

```
char LED_Data[ ]={'p', 'r', 'o', 'g', 'r', 'a', 'm', '\0', };
```

这时 LED_Data[]数组的长度自动定义为 8。

通常用字符数组来存放一个字符串。字符串总是以“\0”作为串的结束符。因此，当把一个字符串存入一个数组时，也要把结束符“\0”存入数组，并以此作为字符串的结束

标志。

C 语言允许用字符串的方式对数组做初始化赋值。例如：

```
char LED_Data[ ]={'p', 'r', 'o', 'g', 'r', 'a', 'm', '\0', };
```

可以写为

```
char LED_Data[ ]={ "program"};
```

一个字符串可以用一维数组来装入，但数组的元素数目一定要比字符串多一个，即字符串结束符“\0”，由 C 编译器自动加上。

任务小结

单片机广告流水灯程序对所有单片机的初学者来讲，可以说是必须学习的内容。通过学习该内容，可以使大家对单片机的基本 I/O 接口的操作、单片机 C 语言编程的方法与思路、单片机 C 语言编程的灵活性、可移植性等内容有更深刻的体会。

本任务中采用 4 种不同的方法对单片机广告流水灯程序进行了深入讲解。本任务重点内容如下：

（1）基本顺序结构的函数调用法实现广告流水灯程序的编写；

（2）逻辑移位法实现广告流水灯程序的编写；

（3）C51 自带库函数法实现广告流水灯程序的编写；

（4）数组法实现广告流水灯程序的编写及 C 语言的数组定义、初始化赋值。

习题 3

3-1　简述 C 语言结构化程序设计的三种基本结构。

3-2　简述 C 语言中头文件的作用及常用头文件的使用方法。

3-3　利用 Keil 软件模拟实现延时 1 s 程序的编写。

3-4　在 ZXDP-1 实验板上实现时间间隔 2 s 的广告流水灯程序的编写（要求最少使用 4 种方法实现）。

项目4 单片机与键盘接口的设计实现

教学导航

教学内容	1. 独立式键盘接口；2. 矩阵式键盘接口；3. 单片机中断系统；4. 单片机中断有关寄存器的功能；5. 单片机中断程序的编写
知识目标	1. 正确连接单片机按键电路；2. 会编写键盘输入程序；3. 会利用中断程序实现单片机控制；4. 会利用独立式键盘和矩阵式键盘实现单片机控制
能力目标	1. 了解按键的特性及消抖；2. 了解对单片机输入信号处理的方法；3. 掌握独立式键盘的控制原理；4. 了解矩阵式键盘的实现方法；5. 掌握单片机外部中断设置及应用

知识分布网络

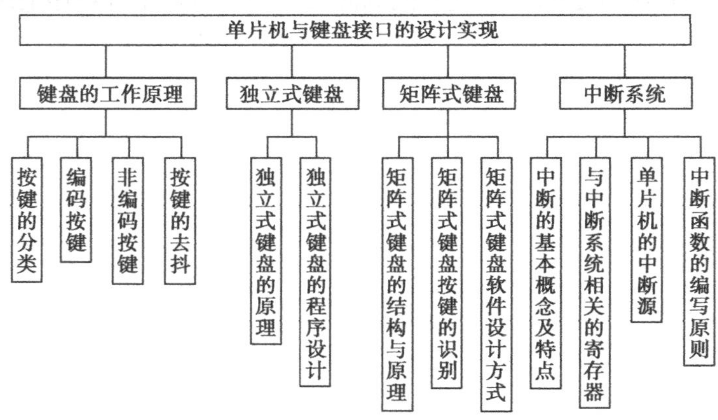

单片机应用系统经常需要连接一些外部设备，其中键盘主要用于向计算机输入数据、传递命令等，是人工干预计算机的主要手段，也是构成人机对话的一种基本方式，使用非常频繁。键盘要通过接口与单片机相连，分为编码键盘和非编码键盘两类。

键盘上闭合键的识别由专用的硬件编码器实现并产生键编码号或键值的称为编码键盘，如计算机键盘。而靠软件编程来识别的键盘称为非编码键盘。在单片机组成的各种系统中，使用最广泛的是非编码键盘，当然也有用到编码键盘的。非编码键盘又分为独立式键盘和矩阵式（行列式）键盘。

本项目主要介绍这两种键盘的工作原理，以及它们如何与单片机连接、如何相互传递信息等知识。

任务 4.1　独立式键盘控制 LED 和蜂鸣器的设计

4.1.1　任务要求

在 ZXDP-1 实验板上，利用独立式键盘中的 KEY1 和 KEY2 键实现对第二个发光二极管 LED2 和蜂鸣器 BELL 的控制。要求如下：

（1）按动 KEY1 键一次，LED2 点亮，按动 KEY2 键一次，蜂鸣器发声；

（2）再按动 KEY1 键一次，LED2 熄灭，再按动 KEY2 键一次，蜂鸣器停止发声。

依次循环，用以表示按键控制的结果。

4.1.2　任务实现

1．硬件电路的设计

ZXDP-1 实验板是以 STC89C52 单片机为核心控制外围电路的，独立按键 KEY1 连接至单片机的 P3.2 引脚，另一端接地；独立按键 KEY2 连接至单片机的 P3.3 引脚，另一端接地。单片机 P1.2 引脚外接发光二极管 LED2 和限流电阻 R2。单片机 P3.7 引脚连接蜂鸣器 BELL。硬件电路原理图如图 4-1 所示。

小提示：单片机的 I/O 接口既可以作为输出接口也可以作为输入接口使用，当检测按键时用的是它的输入功能。因此，在单片机连接按键的硬件电路中，把按键的一端接地，另一端与单片机的某个 I/O 接口相连，开始时先给该 I/O 接口赋高电平，然后让单片机不断检测该 I/O 接口是否变为低电平。当按键闭合时，相当于该 I/O 接口通过按键与地相连，变为低电平。程序一旦检测到 I/O 接口变为低电平，则说明按键被按下，然后执行相应的指令。以上过程便是单片机检测按键的一般原理。

2．独立式键盘的软件设计

1）独立式键盘介绍

键盘实际上就是一组按键，在单片机外围电路系统中，经常用到的按键如图 4-2 所示。

其中，图 4-2（a）和图 4-2（b）均为机械弹性按键，区别在于图 4-2（a）中的弹性按键在按下按键时两个触点闭合导通，放开时触点在弹力的作用下自动弹起，断开连接。例如，ZXDP-1 实验板上的复位按键和独立键盘区的 4 个独立按键都是这一类弹性按键。而图 4-2（b）中按键在按下后触点闭合导通并且会自动锁定在闭合状态，只有再次按下按键后触点才

能弹起断开。因此，此类弹性按键又称为自锁式按键。通常把自锁式按键当做开关使用，如 ZXDP-1 实验板上的电源开关用的就是自锁按键。

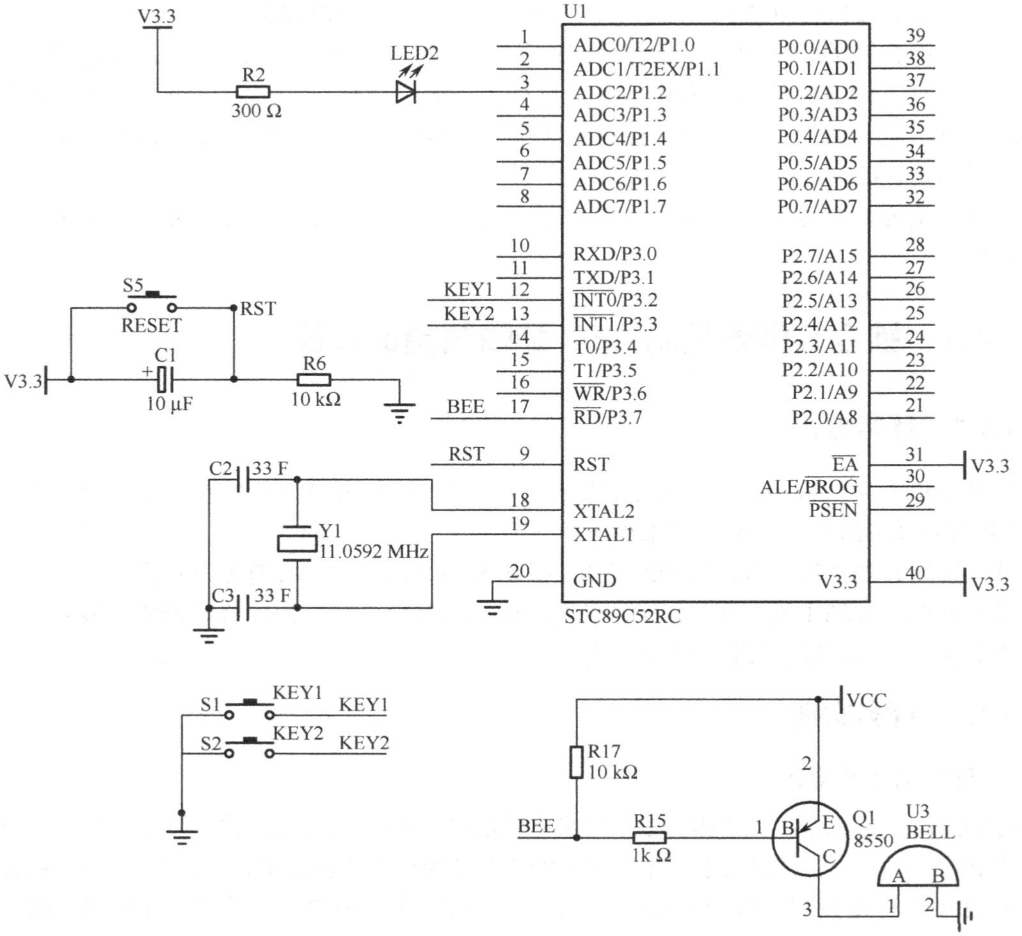

图 4-1　ZXDP-1 实验板独立键盘控制 LED 和蜂鸣器电路图

图 4-2　单片机系统中的常用按键

此外，如图 4-2（c）所示的按键是拨动开关，通常拨动上面的金属开关可以在接通和断开两个状态之间切换。

如图 4-2（d）所示的开关一般用做电源开关。

图 4-2（e）为拨码开关，相当于 3、4 或 8 个拨动开关封装在一起，体积小，使用非常方便。

本项目中介绍的独立式键盘和矩阵式键盘都是弹性按键的。

那么究竟何为独立式按键呢？其实很简单。在单片机应用系统中，直接用单片机的 I/O 接口线去控制按键，每个按键单独占用一根 I/O 接口线，互相独立，每个按键的工作不会影

响其他 I/O 接口线的状态。这种与单片机连接的外围键盘系统就称为单片机的独立式按键系统。例如，图 4-1 中单片机的 P3.2 引脚连接按键 KEY1 和 P3.3 引脚连接按键 KEY2。

可以看到，独立式按键的电路配置灵活，软件结构简单，但每个按键必须占用一根 I/O 接口线。因此，在按键较多时，I/O 接口线浪费较大，不宜采用。

另外，在键盘的软件程序设计中还要注意按键的去抖动问题。因为按键一般是由机械式触点构成的，在按键按下或释放时，由于机械弹力作用的影响，通常伴随有一定时间的触点机械抖动，然后其触点才稳定下来，抖动时间一般为 5～10 ms，如图 4-3 所示。在触点抖动期间，单片机检测按键的接通与断开状态，从而有可能导致判断出错。

按键消抖一般有两种方法，即硬件消抖和软件消抖。硬件消抖有专用的去抖动电路，也有专用的去抖动芯片，一般在按键数较少时使用。采用 RS 触发器的硬件消抖电路原理图如图 4-4 所示。

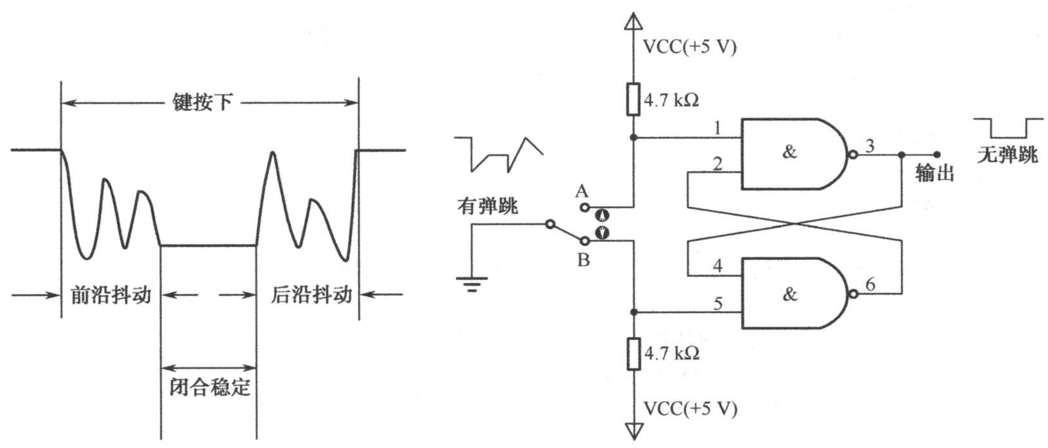

图 4-3 按键触点的机械抖动波形图　　图 4-4 RS 触发器硬件消抖电路原理图

而当按键数量较多时，应采用软件方法进行消抖。在软件设计中，当单片机检测到有键按下时，可以先延时一段时间越过抖动过程再对按键进行识别。

在实际应用中，一般希望按键按下一次单片机处理一次，但由于单片机执行程序的速度很快，按键按下一次可能被单片机多次处理。为了避免此问题，可在按键第一次按下时延时 10 ms，然后再次检测按键是否按下，如果此时按键仍然按下，则可以确定有按键，这样便可以避免按键的重复处理。同理，在检测按键释放时，也可采用先延时再判断的方法消除抖动的影响。软件去抖动的流程图如图 4-5 所示。

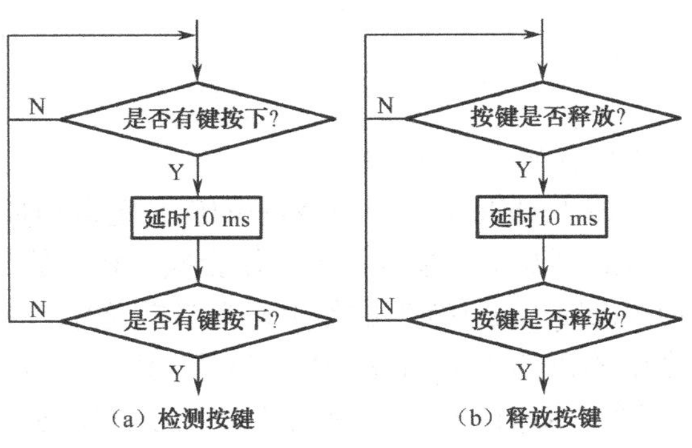

图 4-5 RS 触发器硬件消抖电路原理图

2）独立式键盘程序设计

独立式键盘程序设计可以采用查询方式和中断方式两种方法实现，下面分别予以介绍。

（1）查询方式。查询方式的原则是：逐位查询每根 I/O 接口线的输入状态，如果某一根 I/O 接口线的输入为低电平，则可以确认该 I/O 接口线所对应的按键已按下，然后再转到该按

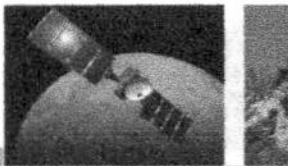

键所对应的功能处理程序。

实例 4-1 在 ZXDP-1 实验板上，利用独立式键盘中的 KEY1 和 KEY2 键实现对第二个发光二极管 LED2 和蜂鸣器 BELL 的控制（采用查询方式）。

程序代码如下：

```
#include<reg52.h>                          //52 系列单片机头文件
#define uint unsigned int                  //宏定义
sbit Key1 = P3^2;
sbit Key2 = P3^3;
sbit LED2 = P1^2;
sbit Bee = P3^7;
void delay_ms(uint x)                      //延时子函数体
{
    uint i,j;
    for(i=x;i>0;i- -)                      //i=x，即延时时间约为 x 毫秒
        for(j=114;j>0;j- -);
}
void main()                                //主函数
{
    while(1)                               //大循环
    {
        if(Key1 = = 0)                     //判断按键 KEY1 是否按下
        {
            delay_ms(10);                  //消除抖动
            if(Key1= =0) LED2=! LED2;      //控制 LED2 亮灭
        while(Key1= =0);                   //等待按键释放
        }
    if(Key2 = = 0)                         //判断按键 KEY2 是否按下
        {
        delay_ms(10);                      //消除抖动
        if(Key2= =0) Bee=!Bee;             //控制蜂鸣器的发声
        while(Key2= =0);                   //等待按键释放
        }
    }
}
```

程序代码分析如下：

上述“while(1);”大循环中的就是键盘扫描程序。单片机上电后会不停地执行键盘扫描程序，直到判断出有按键按下，便会执行相应的子程序。例如，按键 KEY1 的子程序代码中的语句“delay_ms(10);”的作用即为消抖延时。在确认按键 KEY1 被按下并且点亮 LED2 后，程序中的语句“while(Key1= =0);”判断按键是否释放，若按键没有释放，则 KEY1 始终为 0，那么“Key1= =0”始终为真，程序将始终停止在该 while 语句处，直到按键释放，KEY1 变为 1，才退出该 while 语句。

小提示： 通常在检测单片机的按键时，要等待确认按键释放后才去执行相应的代码。若不加按键释放检测，由于单片机执行代码的速度非常快，而且是在不停地循环检测，因此当按下一个按键时，单片机会在程序循环中多次检测到该键被按下，从而造成错误的结果。

知识链接：单片机应用系统中常用的蜂鸣器

1）蜂鸣器简介

蜂鸣器是一种一体化结构的电子讯响器，采用直流电压供电，广泛应用于计算机、打印机、复印机、报警器、电子玩具、汽车电子设备、电话机、定时器等电子产品中，作为发声器件。

蜂鸣器主要分为电磁式蜂鸣器和压电式蜂鸣器两种类型。

电磁式蜂鸣器由振荡器、电磁线圈、磁铁、振动膜片及外壳等组成。接通电源后，振荡器产生的音频信号电流通过电磁线圈，使电磁线圈产生磁场，振动膜片在电磁线圈和磁铁的相互作用下，周期性地振动发声。

压电式蜂鸣器主要由多谐振荡器、压电蜂鸣片、阻抗匹配器及共鸣箱、外壳等组成。多谐振荡器由晶体管或集成电路构成，当接通电源后（1.5～15 V 直流工作电压），多谐振荡器起振，输出 1.5～2.5 kHz 的音频信号，阻抗匹配器推动压电蜂鸣片发声。

另外，市场上常用的蜂鸣器还分为有源蜂鸣器和无源蜂鸣器两种。

这里的“源”不是指电源，而是指振荡源。也就是说，有源蜂鸣器内部带振荡源，所以只要一通电就会发声，其优点是程序控制方便；缺点是频率固定，只一个单音节。

而无源蜂鸣器内部不带振荡源，所以如果用直流信号无法令其发声，必须用 2～5 kHz 的方波去驱动它。与有源蜂鸣器相比其优点是价格便宜，可以发出多个音节。

图 4-6 为单片机应用系统中常用的有源电磁蜂鸣器实物图。

2）单片机驱动蜂鸣器电路设计

以单片机驱动电磁式蜂鸣器为例进行介绍。电磁式蜂鸣器的发声原理是电流通过电磁线圈，使电磁线圈产生磁场来驱动振动膜发声的，因此需要一定的电流才能驱动它。单片机 I/O 引脚输出的电流较小，单片机输出的 TTL 电平基本上驱动不了蜂鸣器，因此需要增加一个电流放大的电路。使用一个三极管 C8550 来放大驱动蜂鸣器的原理图如图 4-7 所示。

图 4-6　有源电磁蜂鸣器

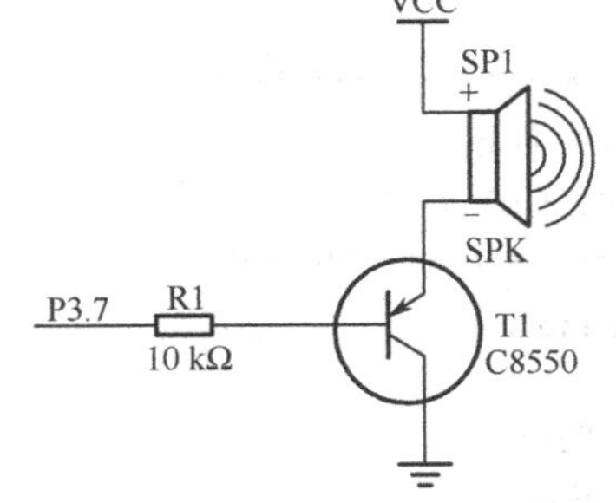

图 4-7　使用三极管放大驱动蜂鸣器原理图

如图 4-7 所示，蜂鸣器的正极接 VCC（+3.3 V）电源，蜂鸣器的负极接三极管的发射极 E。三极管的基级 B 经过限流电阻 R1 后由单片机的 P3.7 引脚控制，当 P3.7 引脚输出高电平时，三极管 T1 截止，没有电流流过线圈，蜂鸣器不发声；当 P3.7 引脚输出低电平时，三极管导通，这样蜂鸣器的电流形成回路，发出声音。因此，可以通过程序控制 P3.7 引脚的电平来使蜂鸣器发出声音和关闭。

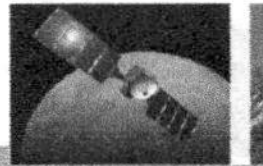  

在程序中改变单片机 P3.7 引脚输出波形的频率，可以调整控制蜂鸣器的音调，产生各种不同音色、音调的声音。另外，改变 P3.7 引脚输出电平的高、低电平占空比，则可以控制蜂鸣器的声音大小，这些都可以通过编程实验来验证。

（2）中断方式。从上述查询方式可以看出，程序运行后 CPU 便不断地查询按键，有按键按下时进行消抖处理，再判断是否真的有按键按下，CPU 在按键查询期间不能做任何其他操作。在主程序执行任务太多或执行时间太长时，按键的响应速度会明显变慢。因此，可以利用中断方式来解决此问题。在中断方式中，当键盘上无按键按下时，CPU 处理自己的工作；当有按键按下时，产生中断申请，CPU 响应中断后，在中断服务程序中完成按键扫描、识别键号并进行按键功能处理，这一应用充分体现了中断处理的实时处理功能。

实例 4-2 采用中断控制方式，实现对第二个发光二极管 LED2 和蜂鸣器 BELL 控制（外部中断采用下降沿触发方式）。

程序代码如下：

```
#include<reg52.h>                    //52 系列单片机头文件
#define uchar unsigned char          //宏定义
#define uint unsigned int            //宏定义
sbit Key1 = P3^2;
sbit Key2 = P3^3;
sbit LED2 = P1^2;
sbit Bee = P3^7;
/**********************
子程序名：delay_ms（）
作用：延时
**********************/
void delay_ms(uint x)                //延时子函数体
{
    uint i,j;
    for(i=x;i>0;i--)                 //i=x，即延时时间约为 x ms
        for(j=114;j>0;j--);
}
/**********************
子程序名:Inti()
作用：中断初始化
**********************/
void Inti()
{
    EA = 1;                          //总中断开关
    EX0 = 1;                         //外部中断 0 允许
    EX1 = 1;                         //外部中断 1 允许
    IT0 = 1;                         //外部中断 0 的工作方式为下降沿触发方式
    IT1 = 1;                         //外部中断 1 的工作方式为下降沿触发方式
}
/**********************
子程序名:OutCut0()
作用：外部中断 0 的中断子函数
**********************/
```

```
void OutCut0() interrupt 0
{
    delay_ms(10);                         //消除抖动
    if(Key1= =0) LED2=! LED2;             //控制 LED2 亮灭
    while(Key1= =0);                      //等待按键释放
}
/**********************
子程序名:OutCut1()
作用：外部中断 1 的中断子函数
**********************/
void OutCut1() interrupt 2
{
    delay_ms(10);                         //消除抖动
    if(Key2= =0) Bee=!Bee;                //控制蜂鸣器的发声
    while(Key2= =0);                      //等待按键释放
}
/**********************
主程序
作用：执行初始化
**********************/
void main()
{
    Inti();
    while(1);
}
```

程序代码分析如下：

上述代码中与中断相关的子函数共有 3 个，分别为中断初始化子函数 Inti()、外部中断 0 的中断子函数 OutCut0()和外部中断 1 的中断子函数 OutCut1()。程序执行的过程如下，进入主函数后先调用 Inti()子函数，即先打开单片机响应中断的所有条件。从图 4-1 可知按键 KEY1、KEY2 是连接在单片机的外部中断源 0 和外部中断源 1 引脚上。因此，Inti()子函数中的代码包括打开总中断开关、外部中断 0 和外部中断 1 的中断开关，以及外部中断 0 和外部中断 1 中断请求的信号触发方式。执行完 Inti()子函数后，便去执行“while(1);”语句。由前面内容可知，该语句为停机语句，即单片机将始终执行该条语句，直到有中断产生，如按键 KEY1 按下，此时便会执行外部中断 0 的中断子函数 OutCut0()中的代码。执行完毕后，跳出该函数继续执行“while(1);”语句，直到再次有中断产生，便去执行新的中断子函数中的代码，以此类推。

知识链接：单片机中断系统

中断是为了使单片机能够对外部或内部随机发生的事件实时处理而设置的，中断功能的存在很大程度上提高了单片机处理外部或内部事件的能力。它也是单片机最重要的功能之一，是人们学习单片机必须掌握的知识。

1）中断及其相关概念

所谓中断，是指利用硬件配合，根据某种需要断开正在执行的程序而转向另外一个专

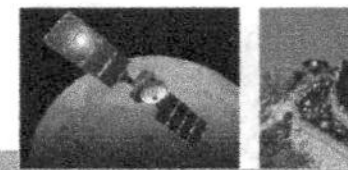

用程序，结束后再返回到原来断开处继续执行被中止的程序的过程。

为了让大家更容易理解，以一个生活中的事件为例进行说明。例如，你正在做饭，突然听到电话响起，这时你便停止做饭的动作，立即走到电话旁边去接电话，等接完电话后再继续去做饭。这个过程中实际上就发生了一次中断，其流程图如图 4-8 所示。

因此，对于单片而言，中断也可以这样理解：CPU 在处理某一事件 A 时，发生了另一事件 B 请求 CPU 迅速去处理（中断发生）；CPU 暂时中断当前的工作，转去处理事件 B（中断响应和中断服务）；待 CPU 将事件 B 处理完毕后，再回到原来事件 A 被中断的地方继续处理事件 A（中断返回），这一过程称为中断，其流程图如图 4-9 所示。

下面介绍几个与中断相关的概念。

（1）中断服务程序：也称中断处理程序，指 CPU 响应中断后转去执行的程序。

小提示：一般中断处理程序是以中断函数的形式给出的。中断函数的调用过程类似于一般函数调用，区别在于何时调用一般函数在程序中是事先安排好的，而何时调用中断函数事先却无法确定，因为中断的发生是由外部因素决定的，程序无法事先安排调用语句。因此，调用中断函数的过程是由硬件自动完成的。关于中断函数的写法将在后面详细介绍。

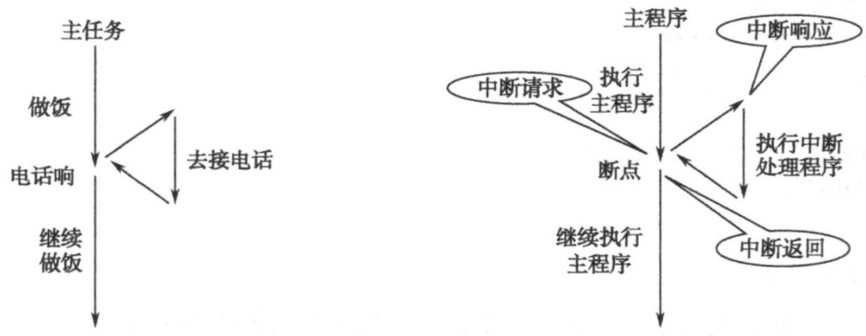

图 4-8　实际生活的中断流程图　　图 4-9　单片机的中断流程图

（2）主程序：原来正常运行的程序。

（3）断点：主程序被断开的位置（或地址）。

（4）中断源：引起中断的原因，或能发出中断申请的来源。51 单片机共设置了 5 个中断源，也就是说，有 5 种情况发生时，会使单片机去处理中断服务程序。关于中断源，后面将详细介绍。

（5）中断请求：中断源要求中断服务所发出的标志信号（或称为中断申请）。

（6）中断响应：中断源向 CPU 发出中断申请，CPU 经过判断认为满足条件，则对中断源做出答复，这个过程叫中断响应。中断响应后，就去处理中断源的有关请求，即转去执行中断处理程序。

对于计算机控制系统而言，中断源是多种多样的。不同的机器，中断源也有所不同。一般情况下，能够引起中断的原因有：外部设备，如键盘、打印机等，还有内部定时器、故障源及根据需要人为设置的中断源等。

2）中断的特点

（1）提高 CPU 的工作效率。CPU 工作速度快，外设工作速度慢，形成 CPU 等待，效率降低。设置中断后，CPU 不必花费大量时间等待和查询外设工作。

（2）实现实时处理功能。中断源根据外界信息变化可以随时向 CPU 发出中断请求，若条件满足，CPU 会马上响应，对中断要求及时处理。若用查询方式往往不能及时处理。

（3）实现分时操作。单片机应用系统通常需要控制多个外设同时工作，如键盘、打印机、显示器、A/D 转换器、D/A 转换器等。这些设备的工作有些是随机的，有些是定时的，对于一些定时工作的外设，可以利用定时器，到一定时间产生中断，在中断服务程序中控制这些外设。例如，数码管等外设的动态扫描显示，每隔一定时间，更换显示字位码和字段码。

3）51 单片机的中断源

51 系列单片机共有 5 个中断源，分别为：2 个外部中断，即 $\overline{\text{INT0}}$（P3.2）和 $\overline{\text{INT1}}$（P3.3）；3 个片内中断，即定时器 T0 的溢出中断、定时器 T1 的溢出中断和串行接口中断。这 5 个中断源可以根据需要随时向 CPU 发出中断申请。当外部中断源超过两个时，还可以通过一定的方法扩充。

（1）外部中断源。外部中断是由外部信号引起的，中断请求有两种信号触发方式，即低电平触发和下降沿触发。外部中断请求的这两种信号方式可通过设置定时/计数器控制寄存器 TCON 中的 IT0 和 IT1 位状态的值来设定。定时/计数器控制寄存器 TCON 是一个 8 位的寄存器，在特殊功能寄存器中，字节地址为 88H，位地址（由低位到高位）为 88H～8FH，由于有位地址，所以十分方便进行按位寻址。TCON 寄存器各位定义如图 4-10 所示。其中，低 4 位用来控制外部中断，高 4 位用来控制定时器，因此只介绍 TCON 低 4 位的含义。与定时器相关的高 4 位在后面再详细介绍。当系统复位后，TCON 的所有位均清 0。

TCON

位地址	8FH	8EH	8DH	8CH	8BH	8AH	89H	88H
位名称	TF1	TR1	TF0	TR0	IE1	IT1	IE0	IT0

图 4-10　寄存器 TCON 格式

低 4 位含义如下。

① IT0 和 IT1：外部中断请求触发方式控制位。根据需求由软件来置 1 或 0。

IT0(或 IT1)=1，脉冲触发方式，下降沿有效。

IT0(或 IT1)=0，电平触发方式，低电平有效。

② IE0 和 IE1：外部中断请求标志位。

当 CPU 在 $\overline{\text{INT0}}$（P3.2）或 $\overline{\text{INT1}}$（P3.3）引脚上采样到有效的中断请求信号时，IE0 或 IE1 位由硬件置 1。在中断响应完成后转向中断服务时，再由硬件将该位自动清 0。

小提示：若触发方式为低电平触发，则其中断请求信号必须保持低电平直到 CPU 响应此中断请求为止，但在返回主程序前，必须采取措施撤销此低电平，否则造成误中断；若选择下降沿触发方式，由于每个机器周期采样中断请求信号一次，故中断请求信号的高电平与低电平的持续时间必须各保持一个机器周期以上。

（2）定时器溢出中断源。定时/计数器中断由单片机内部定时器产生，属于内部中断。51 系列单片机内部有两个 16 位的定时/计数器 T0 和 T1，它们用计数的方法来实现定时或计数。当作为定时器使用时，其定时信号来自 CPU 内部的机器周期脉冲；当作为计数器使用时，其计数信号来自 CPU 的 T0（P3.4）、T1（P3.5）引脚。

在启动定时/计数器后，每来一个机器周期或在对应的引脚上每检测到一个脉冲信号，定时/计数器就加 1。当计数器的值从全 1 变为全 0 时，就置位一个溢出标志位，CPU 查询

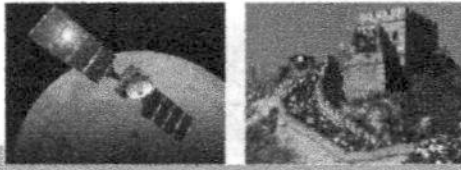

到以后就知道有定时/计数器的溢出中断申请。

关于定时器及其中断在后面将详细介绍。

（3）串行接口中断源。串行接口中断请求是在单片机芯片内部自动发生的，不需要在芯片上设置引入端。串行接口中断源分为串行接口发送中断和串行接口接收中断两种。串行中断是为串行数据传送的需要而设置的。每当串行接口发送完一组串行数据时，就会使串行接口控制寄存器 SCON 中的串行发送中断标志位 TX 置 1；每当串行接口接收完一组串行数据时，就会使寄存器 SCON 中的串行接收中断标志位 RX 置 1，作为串行接口中断请求标志，产生一个中断请求。关于串行接口中断的内容将在项目 6 中详细介绍。

4）中断控制

51 系列单片机中断系统的硬件结构如图 4-11 所示。对中断信号进行锁存、屏蔽、优先级控制是通过设置一些特殊功能寄存器，如寄存器 TCON、SCON、IE 和 IP 来进行的。TCON 已经在前面讲过，SCON 将在后面内容中讲解。下面重点介绍寄存器 IE 和 IP。

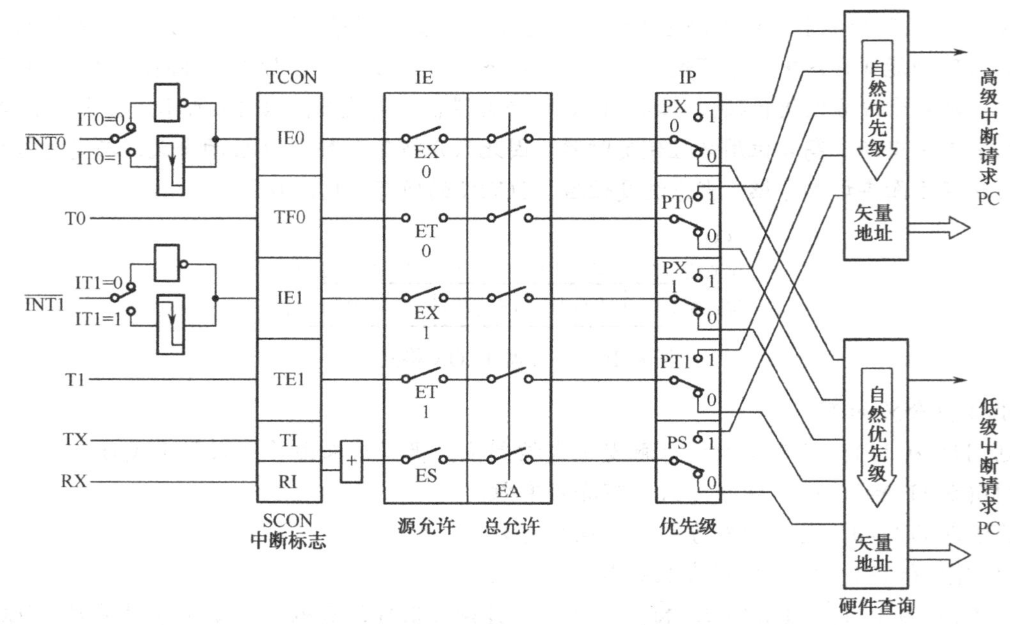

图 4-11　51 系列单片机中断系统的硬件结构

（1）中断允许控制寄存器 IE。中断允许控制寄存器 IE 用来设定各个中断源的打开和关闭。当某一中断（事件）出现时，相应的中断请求标志位被置 1（即中断有效），但该中断请求能否被 CPU 识别，则由中断允许控制寄存器 IE 的相应位的值来决定。其内容及位地址如图 4-12 所示。

IE

位地址	AFH	AEH	ADH	ACH	ABH	AAH	A9H	A8H
位名称	EA	×	×	ES	ET1	EX1	ET0	EX0

图 4-12　寄存器 IE 格式

① EA：全局中断允许/禁止位。

EA=1，打开全局中断控制。在此条件下，由各个中断控制位确定相应中断的打开

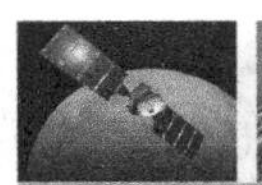

或关闭。

EA=0，关闭全部中断。

② ES：串行接口中断允许位。

ES=1，打开串行接口中断。

ES=0，关闭串行接口中断。

③ ET1：定时/计数器 1 中断允许位。

ET1=1，打开 T1 中断。

ET1=0，关闭 T1 中断。

④ EX1：外部中断 1（$\overline{\text{INT1}}$）中断允许位。

EX1=1，打开外部中断 1 中断。

EX1=0，关闭外部中断 1 中断。

⑤ ET0：定时/计数器 0 中断允许位。

ET1=1，打开 T0 中断。

ET1=0，关闭 T0 中断。

⑥ EX0：外部中断 0（$\overline{\text{INT0}}$）中断允许位。

EX0=1，打开外部中断 0 中断。

EX0=0，关闭外部中断 0 中断。

单片机复位后，将 IE 寄存器清 0，单片机处于关闭中断状态。若要打开中断，必须使 EA=1 且响应中断允许位也为 1。打开中断既可使用位寻址指令，也可使用字节操作指令实现。

（2）中断优先级控制寄存器 IP。单片机的中断系统通常允许多个中断源，当几个中断源同时向 CPU 发出中断请求时，就存在 CPU 优先响应哪一个中断源请求的问题。51 系列单片机有两个中断优先级，即高优先级和低优先级，每个中断源都可以通过设置中断优先级寄存器 IP 确定为高优先级中断或低优先级中断。当 IP 中相应位的值为 0 时，表示该中断源为低优先级；为 1 时，表示该中断源为高优先级。当系统复位后，IP 的低 5 位全部清 0，所有中断源均设定为低优先级中断。寄存器 IP 内容及位地址如图 4-13 所示。

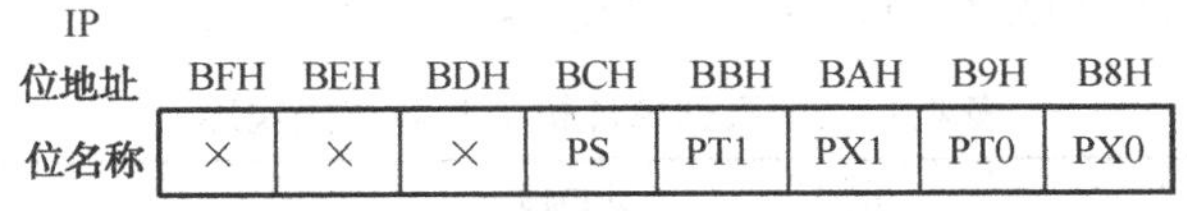

IP 位地址	BFH	BEH	BDH	BCH	BBH	BAH	B9H	B8H
位名称	×	×	×	PS	PT1	PX1	PT0	PX0

图 4-13　寄存器 IP 格式

① PS：串行接口中断优先级控制位。

PS =1，串行接口中断定义为高优先级中断。

PS =0，串行接口中断定义为低优先级中断。

② PT1：定时/计数器 1 中断优先级控制位。

PT1 =1，定时/计数器 1 中断定义为高优先级中断。

PT1 =0，定时/计数器 1 中断定义为低优先级中断。

③ PX1：外部中断 1 中断优先级控制位。

PX1 =1，外部中断 1 中断定义为高优先级中断。

PX1 =0，外部中断 1 中断定义为低优先级中断。

④ PT0：定时/计数器 0 中断优先级控制位。

PT0 =1，定时/计数器 0 中断定义为高优先级中断。

PT0 =0，定时/计数器 0 中断定义为低优先级中断。

⑤ PX0：外部中断 0 中断优先级控制位。

PX0 =1，外部中断 0 中断定义为高优先级中断。

PX0 =0，外部中断 0 中断定义为低优先级中断。

在 51 系列单片机中，高优先级中断源可以中断一个正在执行的低优先级中断源的中断服务程序，即实现两级中断嵌套。单片机中断嵌套流程图如图 4-14 所示。

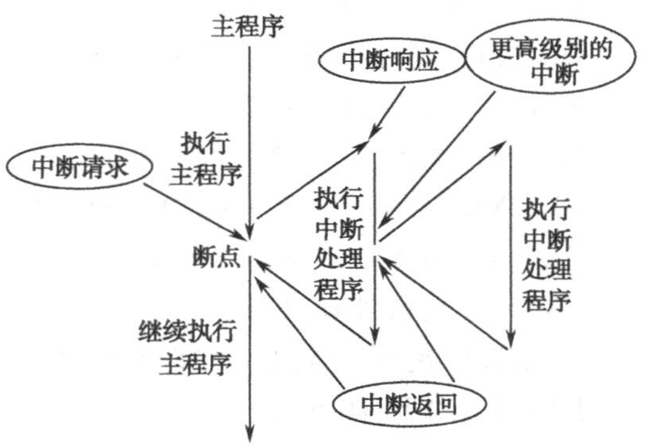

图 4-14　单片机中断嵌套流程图

从图 4-14 中可以看到，所谓中断嵌套是当单片机正在处理一个中断程序时，又有另外一个更高级别的中断情况出现，单片机将会停止当前的中断程序，而转去执行新的高级别中断程序，高级别中断程序处理完毕后再回到先前停止的中断程序处继续执行，执行这个中断后再返回主程序的断点处继续执行主程序。

小提示：中断嵌套是指高优先级中断源对低优先级中断源的中断控制，用户可以通过控制寄存器 IP 来改变中断源的优先级，从而实现高优先级对低优先级的中断。但如果在同优先级中断之间，或低优先级对高优先级中断则不能形成中断嵌套，这一点请大家注意。

此外，在 51 系列单片机实际项目应用中还经常有这样的情况出现：若几个同级别的中断同时向 CPU 提出中断请求，在没有设置中断优先级的情况下，CPU 将会怎样去响应中断请求呢？这就涉及中断源的自然优先级的问题了。当 CPU 同时收到多个同一优先级别的中断请求时，哪一个请求能够得到服务取决于单片机内部的硬件查询顺序，其硬件查询顺序便形成了中断源的自然优先级，CPU 将按照自然优先级的顺序确定应该响应哪个中断请求。自然优先级是按照外部中断 0、定时/计数器中断 0、外部中断 1、定时/计数器中断 1、串行接口中断的顺序依次响应中断请求的，如表 4.1 所示。

表 4.1　51 系列单片机中断源优先次序

中　断　源	优先级别	中断号（C 语言用）	入口地址（汇编语言用）	说　　明
外部中断 0	最高	0	0003H	来自 P3.2（$\overline{\text{INT0}}$）引脚的外部中断请求
定时/计数器中断 0	第 2	1	000BH	定时/计数器 T0 溢出中断请求
外部中断 1	第 3	2	0013H	来自 P3.3（$\overline{\text{INT1}}$）引脚的外部中断请求
定时/计数器中断 1	第 4	3	001BH	定时/计数器 T1 溢出中断请求
串行接口中断	最低	4	0023H	串行接口完成一帧数据的发送或接收请求

5）中断处理过程

中断处理过程包括中断响应和中断处理两个阶段。不同的计算机因其中断系统的硬件结构不同，其中断响应的方式也有所不同。这里只介绍 51 系列单片机的中断过程并对中断响应时间加以讨论。

（1）中断响应的条件。中断响应指 CPU 对中断源中断请求的响应。CPU 并非任何时刻都能

响应中断请求，而是在满足所有中断响应条件且不存在任何一种中断阻断情况时才会响应。

CPU 响应中断必须同时满足以下三个条件：

① 中断源有中断请求；

② 中断总允许位 EA 置 1；

③ 申请中断的中断源允许位置 1。

CPU 响应中断的阻断情况有：

① CPU 正在响应同级或更高优先级的中断；

② 当前指令未执行完毕；

③ 正在执行中断返回或访问寄存器 IE 和 IP。

小提示：若存在任何一种阻断情况，中断查询结果就被取消，CPU 不响应中断请求而在下一个机器周期继续查询；否则，CPU 在下一个机器周期响应中断。

（2）中断响应的过程。中断响应的过程就是自动调用并执行中断函数的过程。Keil C51 编译器支持在 C 语言程序中直接以函数形式编写中断服务程序。并规定，在中断服务程序中，必须指定对应的中断号，用中断号确定该中断服务程序是哪个中断所对应的中断服务程序。

常用中断函数格式如下：

```
void 函数名()   interrupt n    using m
{
      中断服务程序内容;
}
```

说明：interrupt 后面的 n 是中断号，对于不同的中断源中断号不同，详见表 4.1。

关键字 using 后面的 m 是指该中断函数使用单片机内部寄存器中的哪一组，m 的取值范围为 0～3。51 系列单片机共有 4 组寄存器 R0～R7，程序具体使用哪一组寄存器由程序状态字寄存器 PSW 中的两位 RS1 和 RS0 来确定。Keil C51 编译器在编译程序时会自动分配工作组。因此，在定义函数时，using 选项可以省略不写。

小提示：在使用中断函数时应注意以下问题。

① 在设计中断时，要注意哪些功能应放在中断程序中，哪些功能应放在主程序中。

一般来说，中断服务程序应该做最少量的工作。首先，系统对中断的反应面更宽泛，系统如果丢失中断或对中断反应太慢将会产生十分严重的后果，这时有足够的时间等待中断是十分重要的。其次，它可以使中断服务程序的结构简单，不容易出错。中断程序中放入的程序代码越多，它们之间越容易发生冲突。简化中断服务程序意味着软件中将会有更多的代码段，但可把这些都放入主程序中。中断服务程序的设计对系统的成败有至关重要的作用，要仔细考虑各中断之间的关系和每个中断执行的时间，特别要注意那些对同一数据进行操作的中断服务程序。

② 中断函数不能进行参数传递。

③ 中断函数无返回值。

④ 在任何情况下不能直接调用中断函数，否则编译器会产生错误。

⑤ 中断函数调用其他函数时，要保证使用相同的寄存器组，否则会出错。

（3）中断响应的时间。中断响应时间指从中断请求标志位置位到 CPU 开始执行中断服务程序的第一条语句所需要的时间。中断响应时间形成的过程比较复杂，下面分两种情况

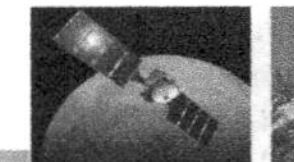

加以讨论。

① 中断请求不被阻断的情况。以外部中断为例，CPU 在每个机器周期采样其输入引脚 $\overline{INT0}$ 或 $\overline{INT1}$ 端电平，如果中断请求有效，则自动置位中断请求标志位 IE0 或 IE1，然后在下一个机器周期再对这些值进行查询。如果满足中断响应条件，则 CPU 响应中断请求，在下一个机器周期执行一条硬件长调用指令，使程序转入中断函数执行。该调用指令的执行时间是两个机器周期，因此外部中断响应时间至少需要 3 个机器周期，这是最短的中断响应时间。一般来说，若系统中只有一个中断源，则中断响应时间为 3～8 个机器周期。

② 中断请求被阻断的情况。如果系统不满足所有中断响应条件，或者存在任何一种中断阻断情况，那么中断请求将被阻断，中断响应时间将会延长。例如，一个同级或更高级的中断正在执行，则附加的等待时间取决于正在进行的中断服务程序的长度。如果正在执行的一条指令还没有进行到最后一个机器周期，则附加的等待时间为 1～3 个机器周期（因为一条指令的最长执行时间为 4 个机器周期）。如果正在执行的指令是返回指令或访问 IE 或 IP 指令，则附加的等待时间在 5 个机器周期之内（最多用 1 个机器周期完成当前指令，再加上最多 4 个机器周期完成下一条指令）。

任务小结

本任务通过具体实例详细讲解了单片机与独立式键盘之间的接口及编程应用。本任务重点内容如下：

（1）单片机与独立式键盘的硬件接口；

（2）按键的消抖；

（3）单片机中断系统；

（4）独立式键盘程序设计的两种基本方式（查询方式和中断方式）编程的原理。

任务 4.2　矩阵式键盘控制数码管的设计实现

独立式键盘与单片机连接时，每一个按键都需要占用单片机的一个 I/O 接口，若单片机系统中使用的按键较多，继续使用独立式键盘便会占用过多的 I/O 接口资源。因此，为了节省 I/O 接口资源，引入了矩阵式键盘。

4.2.1　任务要求

通过单片机及单个 LED 数码管实现对矩阵式键盘键值的控制。要求：顺序按下 4×4 矩阵式键盘中的按键，按键编号为 0～F；在单个 LED 数码管上依次显示相应的键值，即数码管上依次显示 0～F。

4.2.2　任务实现

1．硬件电路的设计

本任务是以 STC89C52RC 单片机最小系统为核心，P3 口外接矩阵式键盘接口电路，P0 口外接一个共阴极 LED 数码管，电路原理图如图 4-15 所示。电路中共有 16 个按键，按照 4×4 矩阵式排列，键号依次为 0～F。单片机的 P3.0～P3.3 为输入接口，连接 4 条行线；

P3.4～P3.7 为输出接口，连接 4 条列线。

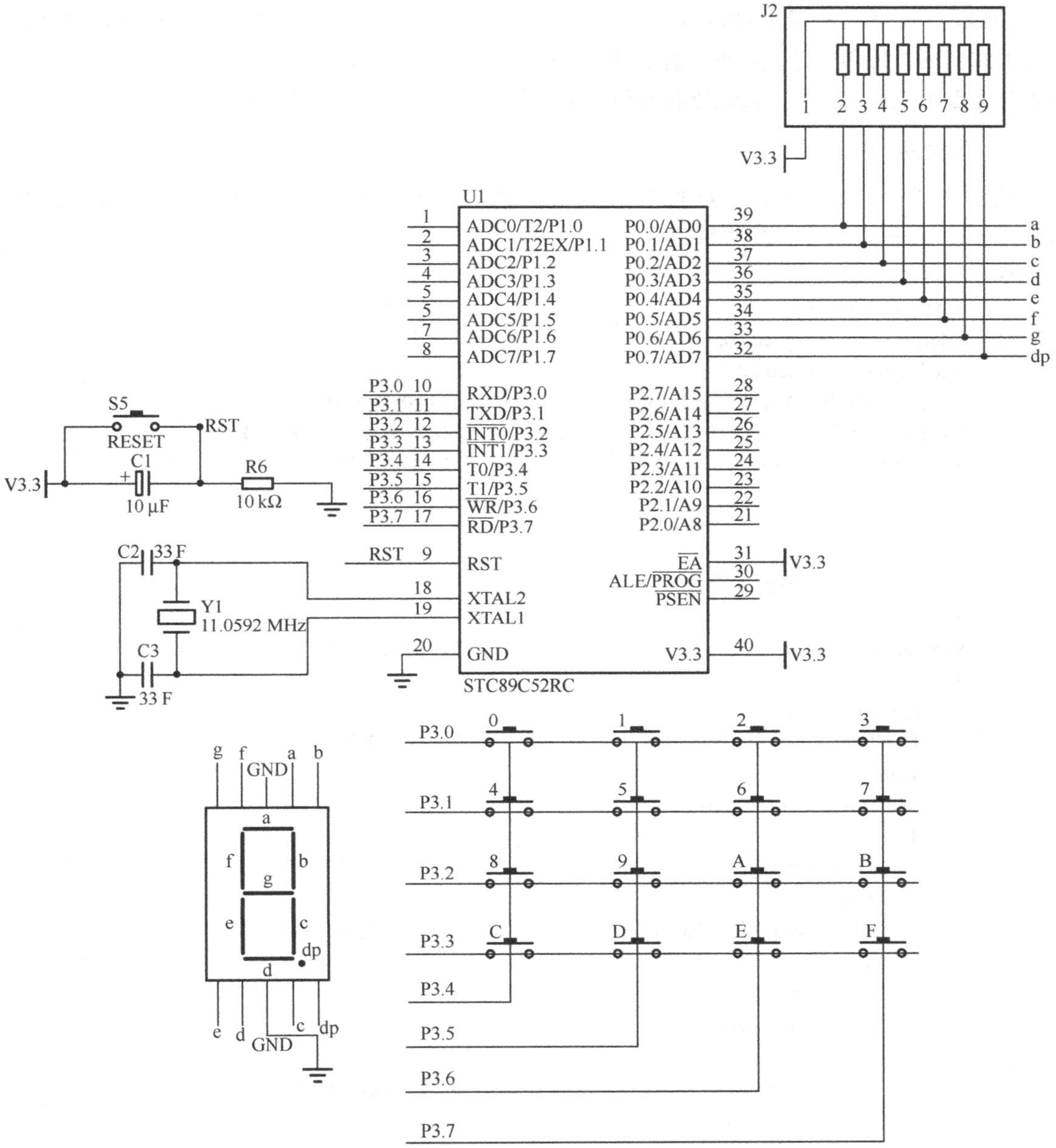

图 4-15　矩阵式键盘显示电路图

2．软件设计思路

无论是独立式键盘还是矩阵式键盘，单片机检测其是否被按下的依据都是一样的，即检测与该按键对应的 I/O 接口是否为低电平。独立式键盘有一端固定为低电平，单片机检测时比较方便。而矩阵式键盘两端都与单片机 I/O 接口相连，因此在检测时需人为地通过单片机的 I/O 接口送出低电平。检测时，先送一列为低电平，其余各列全部为高电平（此时可以确定列数），然后立即轮流检测一次各行是否为低电平，若检测到某一行为低电平（此时可以确定行数），则此时便可以确定按键的位置，即当前被按下的键在哪一行哪一列。用同样的方法，轮流再给其余的各列送低电平，然后再依次检测各行是否变为低电平，这样即可检测完

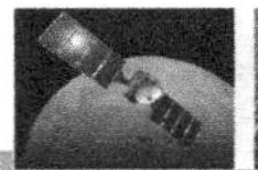

所有的按键，当有按键被按下时便可判断出具体是哪个键被按下了。

小提示：通常，矩阵式键盘的列线由单片机输出接口控制，行线连接单片机的输入接口。如上面内容所述，给各列送低电平，其实就是让连接列线的单片机 I/O 接口输出低电平；然后再检测各行是否为低电平，就是检测连接行线的单片机 I/O 接口输入的是否为低电平。

3．源程序代码编写

实例 4-3 编程实现：顺序按下 4×4 矩阵式键盘中的按键，按键编号为 0～F；在单个 LED 数码管上依次显示相应的键值 0～F。

程序代码如下：

```
#include<reg52.h>                                  //52 系列单片机头文件
#define uchar unsigned char                        //宏定义
#define uint unsigned int                          //宏定义
uchar code Tube_Data[] ={0x3f,0x06,0x5b,0x4f,0x66,0x6d,0x7d,0x07,
0x7f,0x6f,0x77,0x7c,0x39,0x5e,0x79,0x71};          //数码管上显示字符 0～F
void delay_ms(uint x)                              //延时子函数体
{
    uint i,j;
    for(i=x;i>0;i--)                               //i=x，即延时时间约为 x ms
        for(j=114;j>0;j--);
}
void keydown()                                     //键盘扫描子程序
{
    uchar scan,key;
    P3=0xfe;                                       //第一行按键的扫描
    scan=P3;
    if((scan&0xf0) ! =0xf0)                        //判断按键是否按下
    {
        delay_ms(10);                              //延时 10 ms 消抖
        scan=P3;
        if((scan&0xf0) ! =0xf0)                    //二次判断按键是否按下
        {
            scan=P3;
            switch(scan)
            {
            case 0xee:                             //第一行与第一列的按键
                key=0;
                break;
            case 0xde:                             //第一行与第二列的按键
                key=1;
                break;
            case 0xbe:                             //第一行与第三列的按键
                key=2;
                break;
            case 0x7e:                             //第一行与第四列的按键
                key=3;
                break;
            }
            while(scan!=0xf0)                      //等待按键释放
```

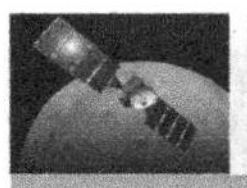  

```
                {
                    scan =P3;
                    scan=scan&0xf0;
                }
                P0= Tube_Data[key];                //数码管上显示被按下的按键对应的数值
            }
        }
        P3=0xfd;                                   //第二行按键的扫描
        scan=P3;
        if((scan&0xf0) ! =0xf0)                    //判断按键是否按下
        {
            delay_ms(10);                          //延时 10 ms 消抖
            scan=P3;
            if((scan&0xf0) ! =0xf0)                //二次判断按键是否按下
            {
                scan=P3;
                switch(scan)
                {
                case 0xed:                         //第二行与第一列的按键
                    key=4;
                    break;
                case 0xdd:                         //第二行与第二列的按键
                    key=5;
                    break;
                case 0xbd:                         //第二行与第三列的按键
                    key=6;
                    break;
                case 0x7d:                         //第二行与第四列的按键
                    key=7;
                    break;
                }
                while(scan!=0xf0)                  //等待按键释放
                {
                    scan =P3;
                    scan = scan&0xf0;
                }
                P0= Tube_Data[key];                //数码管上显示被按下的按键对应的数值
            }
        }
        P3=0xfb;                                   //第三行按键的扫描
        scan=P3;
        if((scan&0xf0) ! =0xf0)                    //判断按键是否按下
        {
            delay_ms(10);                          //延时 10 ms 消抖
            scan=P3;
            if((scan&0xf0) ! =0xf0)                //二次判断按键是否按下
            {
                scan=P3;
                switch(scan)
                {
```

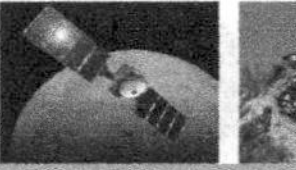

```
                case 0xeb:                          //第三行与第一列的按键
                    key=8;
                    break;
                case 0xdb:                          //第三行与第二列的按键
                    key=9;
                    break;
                case 0xbb:                          //第三行与第三列的按键
                    key=10;
                    break;
                case 0x7b:                          //第三行与第四列的按键
                    key=11;
                    break;
                }
                while(scan!=0xf0)                   //等待按键释放
                {
                    scan =P3;
                    scan = scan&0xf0;
                }
                P0= Tube_Data[key];                 //数码管上显示被按下的按键对应的数值
            }
        }
        P3=0xf7;                                    //第四行按键的扫描
        scan=P3;
        if((scan&0xf0) ! =0xf0)                     //判断按键是否按下
        {
            delay_ms(10);                           //延时 10 ms 消抖
            scan=P3;
            if((scan&0xf0) ! =0xf0)                 //二次判断按键是否按下
            {
                scan=P3;
                switch(scan)
                {
                case 0xe7:                          //第四行与第一列的按键
                    key=12;
                    break;
                case 0xd7:                          //第四行与第二列的按键
                    key=13;
                    break;
                case 0xb7:                          //第四行与第三列的按键
                    key=14;
                    break;
                case 0x77:                          //第四行与第四列的按键
                    key=15;
                    break;
                }
                while(scan!=0xf0)                   //等待按键释放
                {
                    scan =P3;
                    scan = scan&0xf0;
                }
```

```
            P0= Tube_Data[key];              //数码管上显示被按下的按键对应的数值
        }
    }
}
void main()                                  //主函数
{
    P0=0x40;                                 //数码管显示"—"
    while(1)
    {
        keydown();                           //不停调用键盘扫描程序
    }
}
```

程序代码分析如下：

（1）上述程序中在检测矩阵式键盘时用到以下几条语句。

```
P3=0xfe;
scan=P3;
if((scan&0xf0) ! =0xf0)
{
    delay_ms(10);
    scan=P3;
    if((scan&0xf0) ! =0xf0)
    {
    ...
```

该段程序就是第一行按键的扫描程序，其余各行的扫描程序与此类似。该段程序每句解释如下。

"P3=0xfe;"将第一行线置为低电平，其余行线全部为高电平。

"scan=P3;"读取 P3 口当前的状态值并赋给变量 scan。

"if((scan&0xf0) ! =0xf0)"判断键是否被按下。首先解释 scan &0xf0 的含义。scan 与 0xf0 进行"与"运算，目的是判断 scan 的高 4 位是否为 0，如果 scan 的高 4 位有 0，那么与 0xf0"与"运算后结果必然不等于 0xf0；如果 scan 的高 4 位没有 0，那么与 0xf0"与"运算后结果仍然等于 0xf0。scan 高 4 位的数据实际上就是矩阵式键盘的 4 个列线，从而可通过判断 scan 与 0xf0 进行"与"运算后的结果是否为 0xf0 来判断出第一行是否有按键被按下。然后再将"与"运算后的结果与 0xf0 进行比较，如果该值不等于 0xf0，则说明有按键被按下。

"delay_ms(10);"是延时消抖操作。

"scan=P3;"重新读取 P3 口的数据。

"if((scan&0xf0) ! =0xf0)"确认第一行是否真有按键被按下。

（2）判断按键的具体位置（即第几行第几列的按键）用到了 switch case 语句，关于该语句的说明在项目 3 中已详细介绍，这里不再重复。在判断列线时再将 P3 口数据读一次，即执行语句"scan=P3;"。如果读回 P3 口的值为 0xee，则说明第一行与第一列都为低电平，即第一个按键被按下；如果读回 P3 口的值为 0xde，则说明第一行与第二列都为低电平，即第二个按键被按下，用同样的方法可以检测第一行的所有按键，每检测到有按键被按下后便可将该按键的键值赋给一个变量，用来后期处理。依照此方法检测其他几行便可检测到矩阵式键盘的所有按键。

（3）在判断完按键序列号后还需等待按键被释放，检测释放语句如下。

```
while(scan!=0xf0)
{
     scan=P3;
     scan= scan&0xf0;
}
```

不断地读取 P3 口数据，然后和 0xf0 进行“与”运算，只要结果不等于 0xf0，则说明按键没有被释放，直到释放按键，程序才退出该 while 语句。

知识链接：矩阵式键盘

1）矩阵式键盘的结构和工作原理

当输入部分有多个按键时，若仍然采用独立式按键，必然会占用大量的 I/O 接口，采用矩阵式键盘是一种比较节省资源的方法。矩阵式键盘又称为行列式键盘，往往用于按键数量较多的场合。如图 4-16 所示为矩阵式键盘的结构，由 4 根行线和 4 根列线组成，按键位于行线、列线的交叉点上，行线和列线分别连接到按键的两端，且行线通过上拉电阻接到+5V 电源上，构成了一个 4×4（16 个按键）的矩阵式键盘。矩阵式键盘实物图如图 4-17 所示。

在图 4-16 中，行线和列线分别占用单片机的 4 条 I/O 接口线，共连接 16 个按键。行线连接的接口为输入接口，用于输入按键的行位置信息，列线连接的接口为输出接口，用于输出扫描电平。

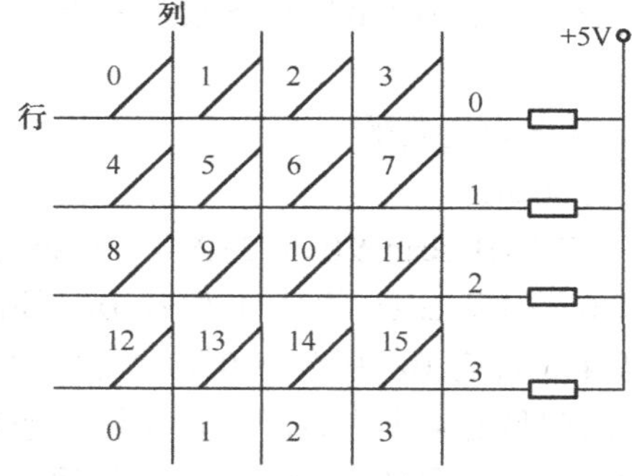

图 4-16　矩阵式键盘结构图

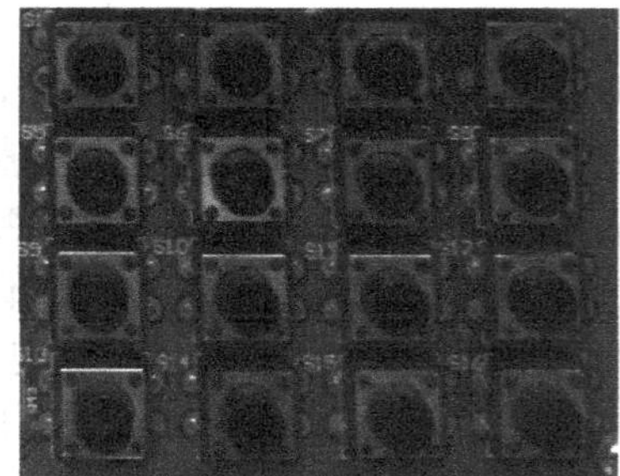
图 4-17　矩阵式键盘实物图

2）矩阵式键盘按键的识别

确定键盘上哪一个按键被按下可以采用逐行扫描或逐列扫描的方法，称为行（列）扫描法。步骤如下：

（1）判断有无按键按下。先将全部列线置为低电平，然后通过行线接口读取行线电平，判断键盘中是否有按键被按下。

（2）判断具体的按键位置。在确认键盘中有按键被按下后，依次将列线置为低电平，再逐行检测各行的电平状态。若某行为低电平，则该行与置为低电平的列线相交处的按键即为闭合按键。

综合上面的两步，即可确定出闭合按键所在的行和列，从而识别出所按下的键值。

3）矩阵式键盘的软件设计

矩阵式键盘的扫描常采用编程扫描方式、定时扫描方式或中断扫描方式，无论采用哪种

方式，都要编写相应的键盘扫描程序。在键盘扫描程序中，一般要实现以下几项功能:

（1）判别有无按键按下;

（2）去除按键的机械抖动影响;

（3）求得闭合按键的行号、列号;

（4）转向按键处理程序。

在编程扫描方式中，只有单片机空闲时才执行键盘扫描任务。一般是把键盘扫描程序编制成子程序，在主程序循环执行时调用。在主程序执行任务太多或执行时间太长时，按键的反应速度会变慢。

在定时扫描方式中，单片机可以定时对键盘进行扫描，方法是利用单片机内部的定时器，每隔一定时间就产生定时中断，CPU 响应中断后对键盘进行扫描，并在有按键按下时进行处理。

在中断扫描方式中，当键盘上有按键被按下时产生中断，单片机响应中断后，在中断服务程序中完成按键扫描、识别按键行号、列号并进行按键功能处理。

以上几种键盘扫描方式只是转入键盘扫描程序的方式不同，而键盘扫描程序的设计方式是类似的。

任务小结

本任务中，以矩阵式键盘控制数码管显示不同的数字符号为案例，利用查询扫描法对4×4 矩阵式键盘的编程原理进行了详细介绍，使大家对矩阵式键盘的硬件结构和软件编程思路有了清楚的认识。

本任务重点内容如下:

（1）矩阵式键盘的结构及工作原理;

（2）矩阵式键盘按键识别的编程方法;

（3）矩阵式键盘软件设计的功能;

（4）switch case 语句在矩阵式键盘编程中的使用。

习题 4

4-1　机械式按键组成的键盘，应如何消除按键抖动？

4-2　独立式键盘和矩阵式键盘分别具有什么特点？适用于何种场合？

4-3　什么叫单片机的中断？51 系列单片机有哪几个中断源？优先级如何？

4-4　外部中断有哪两种触发方式？应如何选择和设定？

4-5　中断函数的定义形式是怎样的？

4-6　采用查询法编程实现以下功能，制作简易抢答器，要求如下：

（1）分别按下实验板上的 KEY1～KEY4 按键，对应的发光二极管 LED1～LED4 点亮；此外，在按下按键点亮相对应的发光二极管的同时，还要求蜂鸣器发声 200 ms。

（2）按键同时被按下时，先按的键有效，其他按键锁死，待按下复位按键后重新开始抢答。

项目5 LED数码管与点阵显示设计实现

教学导航

教学内容	1. LED数码管的结构及工作原理；2. LED点阵的结构及工作原理；3. 单片机内部定时器结构；4. 单片机定时器工作方式；5. 单片机定时器与数码管及LED点阵的应用
知识目标	1. 掌握单片机对数码管的静态、动态扫描的显示控制方式；2. 会利用单片机内部定时器编写简单的延时程序；3. 掌握单片机控制点阵式LED静态、动态显示字符的基本原理
能力目标	1. 会编写实现LED数码管静态、动态显示的C语言程序；2. 会编写实现点阵式LED静态、动态显示字符的C语言程序；3. 能够利用单片机的LED数码管、点阵、按键等外围设备设计简单的秒表电路并编写程序实现

知识分布网络

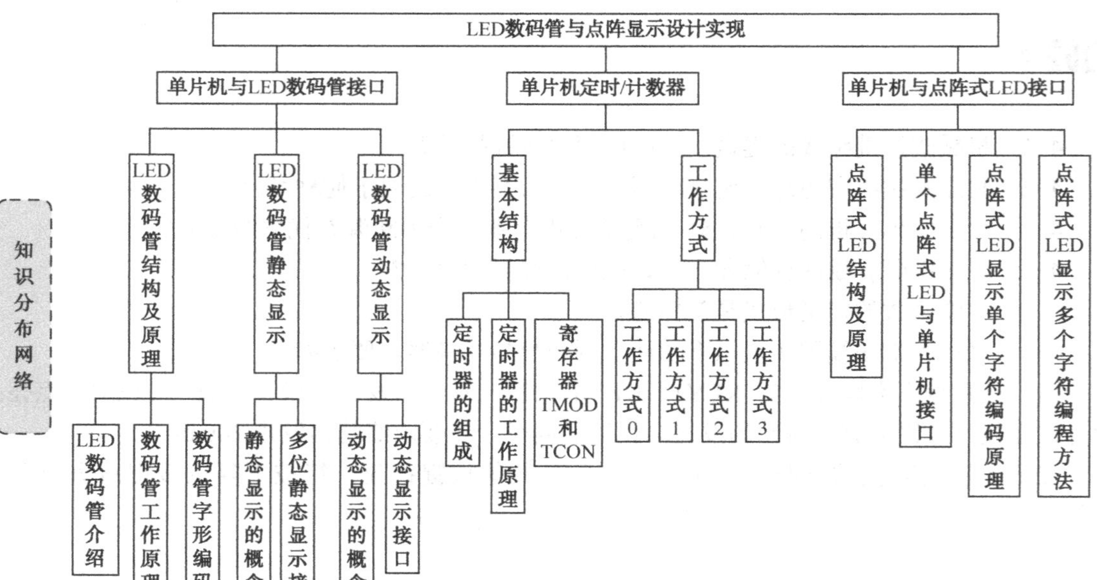

在单片机应用系统中，经常采用 LED 数码管和 LED 点阵来显示单片机系统的工作状态、运算结果等各种信息，LED 数码管和 LED 点阵是构成单片机人机对话的两种重要输出设备。本项目主要介绍这两种外围显示设备的基本结构、基本工作原理，以及它们如何与单片机连接，如何编程以实现对这些外设的控制等知识。

任务 5.1　数码管静态显示的设计

5.1.1　任务要求

在 ZXDP-1 实验板上，编程实现以下的功能：让实验板上的第 1 个数码管点亮，依次显示 0～F，时间间隔为 500 ms，循环下去，以实现数码管的静态显示控制。

5.1.2　任务实现

1．硬件电路的设计

1）电路组成

如前所述，ZXDP-1 实验板是以 STC89C52 单片机为核心控制外围电路的。实验板上采用 4 位 LED 共阴极数码管显示，第一个数码管的位选信号与单片机的 P1.5 引脚连接；单片机的 P2 口通过锁存器 74HC573 连接数码管的段选信号，其中，P2.1～P2.7 引脚分别连接数码管的 g～a 引脚，P2.0 引脚连接小数点 dp 引脚。硬件电路原理图如图 5-1 所示。

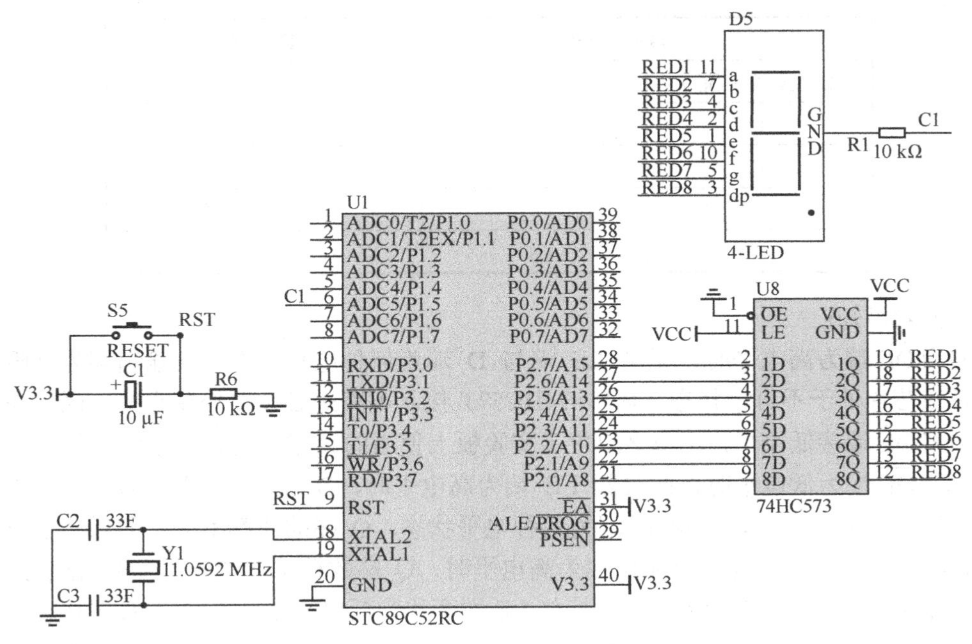

图 5-1　实现数码管静态显示原理图

2）电路分析

要使第一个 LED 数码管显示数字，则必须选中该数码管，即打开位选开关，并且 P2 口对应输出 8 段数码管数字显示对应的编码。由于流过 LED 的电流通常较小，为了让数码管有更好

的显示效果，使用 74HC573 锁存器把单片机与数码管的段选信号连接在一起，其输出电流较大，能够让数码管中的数字显示得更亮一些。下面简单介绍 74HC573 锁存器的相关知识。

74HC573 是一个八进制的数据锁存器，其实物图和引脚分布图分别如图 5-2 和图 5-3 所示。

图 5-2　74HC573 实物图

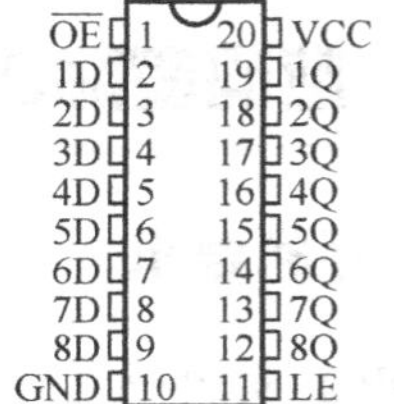

图 5-3　74HC573 引脚图

$\overline{OE}$：三态允许控制端，也叫做输出使能端（输出允许端），低电平有效。

1D～8D：数据输入端。

1Q～8Q：数据输出端。

LE：锁存允许端（锁存控制端）。

74HC573 的真值表如表 5.1 所示。真值表中字母代表的含义：H——高电平；L——低电平；X——任意电平；Z——高阻态，既不是高电平也不是低电平，电平状态由与其相连接的其他电气状态决定。

表 5.1　74HC573 真值表

输入（INPUT）			输出（OUTPUT）
输出使能端（$\overline{OE}$）	锁存控制端（LE）	D	Q
L	H	H	H
L	H	L	L
L	L	X	不变
H	X	X	Z

由真值表可知：

（1）当 $\overline{OE}$ 端为高电平时，无论 LE 端与 D 端为何种电平状态，其输出都为高阻态。显然，此时该芯片处于不可控状态，而将 74HC573 接入电路是必须要控制它的，因此在设计电路时必须将 $\overline{OE}$ 端接低电平，所以 ZXDP-1 实验板上使用的锁存器的 $\overline{OE}$ 端也必须接地。

（2）当 $\overline{OE}$ 端为低电平时，此时若 LE 端为高电平时，D 端与 Q 端同时为高电平或低电平；当 LE 端为低电平时，无论 D 端为何种电平状态，Q 端的值都不变，即保持上一次的数据状态。因此，可以归纳为：当 LE 端为高电平时，Q 端数据状态紧随 D 端数据状态变化；而当 LE 端为低电平时，Q 端数据将保持住 LE 端变化为低电平之前 Q 端的数据状态。因此，将锁存器的 LE 端与单片机的某一引脚相连，再将锁存器的数据输入端与单片机的某组 I/O 接口相连，便可通过控制锁存器的 LE 端与锁存器的数据输入端的数据状态来改变锁存器的数据输出端的数据状态。

小提示：由图 5-1 可知，74HC573 锁存器的 $\overline{OE}$ 端为低电平，LE 端为高电平，单片机的 P2 口接到 74HC573 的输入接口，作为输出驱动电路，即数据输入与输出是同步的。

2．软件设计思路

根据数码管静态显示的概念和工作原理，程序设计可以使用赋值法，将要显示的数字编码依次直接赋值给单片机的 P2 口，通过锁存器驱动数码管作为段选信号，然后再选中数码管的位选信号。程序设计时，在一个无限循环语句内，连续给 P2 口赋值 16 次，每次时间间隔为 500ms 即可实现本任务的目的。这样的程序设计简单、直接，但是重复的语句很多，略显烦琐。

LED 数码管是由 8 个发光二极管组成的，其数字显示就如同用发光二极管组成的图案，因此完全可以采用广告流水灯程序中讲到的数组法来完成本任务中程序的设计，即将程序中用于存放显示广告流水灯的数组内容更换为 LED 数码管显示数字所需要的数据，使用时程序依次读出数组中的元素并送到 P2 口，控制数码管相应的 8 个发光二极管，就可以得到想要显示的内容。

根据 ZXDP-1 实验板数码管与单片机连接原理图，可以确定 8 段 LED 数码管显示数字 0～F 的编码，即确定 P2 口各个引脚输出的电平，见表 5.2。由于不显示小数点位 dp，因此 P2.0 始终输出低电平。

表 5.2 ZXDP-1 实验板数码管字形编码分析表

LED 数码管	a	b	c	d	e	f	g	dp	显示字符	字符码
P2 口	P2.7	P2.6	P2.5	P2.4	P2.3	P2.2	P2.1	P2.0		
输出电平	1	1	1	1	1	1	0	0	0	FCH
	0	1	1	0	0	0	0	0	1	60H
	1	1	0	1	1	0	1	0	2	DAH
	1	1	1	1	0	0	1	0	3	F2H
	0	1	1	0	0	1	1	0	4	66H
	1	0	1	1	0	1	1	0	5	B6H
	1	0	1	1	1	1	1	0	6	BEH
	1	1	1	0	0	0	0	0	7	E0H
	1	1	1	1	1	1	1	0	8	FEH
	1	1	1	1	0	1	1	0	9	F6H
	1	1	1	0	1	1	1	0	A	EEH
	0	0	1	1	1	1	1	0	B	3EH
	1	0	0	1	1	1	0	0	C	9CH
	0	1	1	1	1	0	1	0	D	7AH
	1	0	0	1	1	1	1	0	E	9EH
	1	0	0	0	1	1	1	0	F	8EH

从表 5.2 可以看出，要实现设计任务功能，P2 口依次输出的 16 个十六进制数分别为 0xfc、0x60、0xda、0xf2、0x66、0xb6、0xbe、0xe0、0xfe、0xf6、0xee、0x3e、0x9c、0x7a、0x9e、0x8e。送完这 16 个数据后再从 0xfc 循环。

根据前面分析，实现任务的思路是：程序开始时，给数组元素的变量赋初值 0，并将数组中第一个元素送给 P2 口，马上再送位选信号，选中第一个 LED 数码管，延时 500 ms 后，关

闭位选信号，将变量 j 加 1，并判断是否已读取第 16 个元素。如果已经读取完，则对变量 j 重新赋值 0；如果没有，则继续读取数组中第 j 个元素送到 P2 口，依次循环。

3. 源程序代码编写

实例 5-1 编程实现以下功能，让实验板上第一个数码管点亮，依次显示 0～F，时间间隔为 500ms，循环下去。

程序代码如下：

```
#include<reg52.h>                       //52 系列单片机头文件
#define uint unsigned int               //宏定义
#define uchar unsigned char             //宏定义
sbit C1=P1^5;                           //定义第一个数码管位选
uchar code disp_reg[]={0xfc,0x60,0xda,0xf2,0x66,0xb6,0xbe,0xe0,
                0xfe,0xf6,0xee,0x3e,0x9c,0x7a,0x9e,0x8e};    //定义数组：数码管显示 0～F
void delay_ms(uint x)                   //延时子函数体
{
    uint i,j;
    for(i=x;i>0;i--)                    //i=x，即延时时间约为 x ms
        for(j=114;j>0;j--);
}
void display_all(uchar dat)             //显示子函数
{
    P2=dat;                             //将数组中的元素送到 P2 口显示不同的数值
    C1=0;                               //打开位选信号
    delay_ms(500);                      //延时
}
void main()                             //主函数
{
    uchar j;
    j=0;
    while(1)                            //大循环
    {
        display_all(disp_reg[j]);
        if(j>=15) j=0;                  //循环 16 次，显示 0～F
        else j++;
    }
}
```

将程序编译后下载到实验板上，可以看到第一个 LED 数码管上的数字依次从 0～F 变换显示，实际观察效果如图 5-4 所示。

图 5-4 实验板上第一个 LED 数码管静态显示效果图

知识链接：LED 数码管必备的基础知识

1）LED 数码管结构

数码管是一类显示屏，通过对其不同的引脚输入相对的电流使其发亮从而显示出数字，可以显示时间、日期、温度等可以用数字代替的参数。由于它的价格便宜、使用简单，在电器特别是家电领域应用极为广泛，空调、热水器、冰箱等绝大多数用的都是数码管。

LED 数码管是一种半导体发光器件，其基本单元是发光二极管，常用的数码管如图 5-5 至图 5-7 所示。其中，图 5-5 为单位数码管，图 5-6 为二位数码管，图 5-7 为 4 位数码管，此外还有右下角不带点的数码管、“米”字形数码管等。

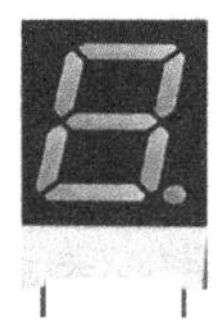
图 5-5　单位 LED 数码管

图 5-6　二位数码管

图 5-7　4 位数码管

无论是将几位数码管连在一起，数码管的显示原理都是一样的，都是靠点亮内部的发光二极管来发光的。下面就以单个数码管为例给大家讲解数码管的结构。单位数码管的外部引脚如图 5-8 所示。从图 5-8 中可以看出，一位数码管的引脚共有 10 个，显示一个“8”字需要 7 个小段，另外还有一个小数点，所以其内部一共有 8 个 LED 发光二极管（以下简称 8 段），最后还有一个公共端。制造商为了封装统一，单位数码管都封装了 10 个引脚，其中第 3 引脚和第 8 引脚是连接在一起的，称为公共端（com）。通过不同的发光字段组合可显示数字 0～9，字符 A～F、H、L、P、R、U、Y、符号“—”及小数点“.”等。

2）LED 数码管的工作原理

LED 数码管按其公共端的共享方式不同可以分为共阴极和共阳极两种结构。

（1）共阴极数码管内部结构如图 5-9（a）所示，8 个发光二极管的阴极连接在一起，作为公共控制端（com），接低电平。阳极作为“段”控制端，当某段控制端为高电平时，该段对应的发光二极管导通并点亮。例如，显示数字 1 时，b、c 两端接高电平，其他各端接低电平。数码管内部发光二极管点亮时，需要 5mA 以上的电流，而且电流不能过大，否则会烧毁发光二极管。由于单片机的 I/O 接口送不出如此大的电流，所以数码管与单片机连接时需要加驱动电路，可以用上拉电阻的方法或使用专门的数码管驱动芯片。例如，ZXDP-1 实验板上使用的是 74HC573 锁存器，其输出电流较大，电路接口简单，可以借鉴使用。

（2）共阳极数码管内部结构如图 5-9（b）所示，8 个发光二极管的阳极连接在一起，作为公共控制端（com），接高电平。阴极作为“段”控制端，当某段控制端为低电平时，该段对应的发光二极管导通并点亮。通过点亮不同的段，显示出不同的字符。

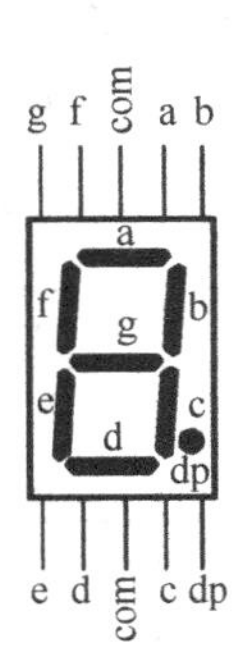

图 5-8　LED 数码管引脚

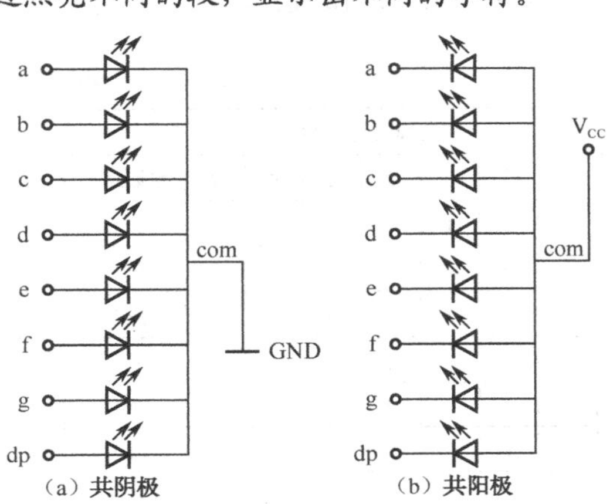

图 5-9　数码管内部结构

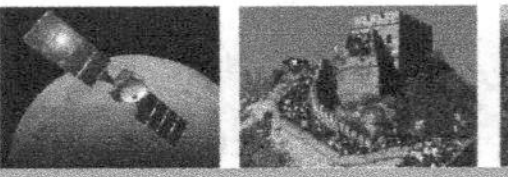

小提示：在单片机系统实际项目中还经常有二位一体、4 位一体的数码管。当多位一体时，它们内部的公共端是独立的，而负责显示何种数字的段线全部是连接在一起的，独立的公共端可以控制多位一体中的哪一位数码管点亮，而连接在一起的段线可以控制该数码管点亮的具体数字。通常把公共端叫做“位选线”，连接在一起的段线叫做“段选线”。通过位选线和段选线，单片机及外部驱动电路就可以控制任意的数码管显示任意数字字符了。

3）LED 数码管共阴极和共阳极的判断

一般单位数码管或二位数码管有 10 个引脚，4 位数码管是 12 个引脚，关于具体的引脚及段、位标号大家可以查询相关资料。这里要说的是用数字万用表来检测数码管的公共端极性。在数字万用表中，红色表笔连接表内电池正极、黑色表笔连接表内电池负极。当把数字万用表置于二极管挡时，其两表笔之间的开路电压约为 1.5 V，把两表笔正确加在发光二极管两端时，可以点亮发光二极管。

用数字万用表检测数码管的公共端极性步骤如下：首先，将数字万用表置于二极管挡，假设数码管是共阳极的，将万用表内电源正极（红表笔）与数码管的 com 端相连，然后用万用表的内电源负极（黑表笔）逐个接触数码管的各段，数码管的各段将逐个点亮，则可以确认数码管是共阳极的；如果数码管的各段均不亮，则说明数码管是共阴极的。同样，如果数码管只有部分段点亮，而另一部分不亮，则说明数码管该段已经损坏。

4）LED 数码管字形编码

由数码管的引脚结构图可知，若将某一数值“0”送至单片机的 I/O 接口，让其直接控制数码管的各段，数码管上是不会显示数字“0”的。显然，要使数码管显示出数字或字符，直接将相应的数字或字符送至数码管的段控制端是不行的，必须使段控制端输出相应的字形编码。

以单片机的 P1 口为例，将单片机 P1 口的 P1.0，P1.1，…，P1.7 八个引脚依次与数码管的 a，b，…，f，dp 八个段控制引脚相连接。如果使用的是共阳极数码管，com 端接 +5V，要显示数字“0”，则数码管的 a、b、c、d、e、f 六个段应点亮，其他段熄灭，需向 P1 口传送数据 11000000B（C0H），该数据就是与字符“0”相对应的共阳极字形编码。若共阴极的数码管 com 端接地，要显示数字“1”，则数码管的 b、c 两段点亮，其他段熄灭，需向 P1 口传送数据 00000110（06H），这就是字符“1”的共阴极字形编码。

表 5.3 中分别列出了共阳极、共阴极数码管的显示字符的字形编码。

表 5.3　数码管字形编码

显示字符	共阴极数码管									共阳极数码管								
	dp	g	f	e	d	c	b	a	字形编码	dp	g	f	e	d	c	b	a	字形编码
0	0	0	1	1	1	1	1	1	3FH	1	1	0	0	0	0	0	0	C0H
1	0	0	0	0	0	1	1	0	06H	1	1	1	1	1	0	0	1	F9H
2	0	1	0	1	1	0	1	1	5BH	1	0	1	0	0	1	0	0	A4H
3	0	1	0	0	1	1	1	1	4FH	1	0	1	1	0	0	0	0	B0H
4	0	1	1	0	0	1	1	0	66H	1	0	0	1	1	0	0	1	99H
5	0	1	1	0	1	1	0	1	6DH	1	0	0	1	0	0	1	0	92H
6	0	1	1	1	1	1	0	1	7DH	1	0	0	0	0	0	1	0	82H
7	0	0	0	0	0	1	1	1	07H	1	1	1	1	1	0	0	0	F8H

续表

显示字符	共阴极数码管									共阳极数码管								
	dp	g	f	e	d	c	b	a	字形编码	dp	g	f	e	d	c	b	a	字形编码
8	0	1	1	1	1	1	1	1	7FH	1	0	0	0	0	0	0	0	80H
9	0	1	1	0	1	1	1	1	6FH	1	0	0	1	0	0	0	0	90H
A	0	1	1	1	0	1	1	1	77H	1	0	0	0	1	0	0	0	88H
B	0	1	1	1	1	1	0	0	7CH	1	0	0	0	0	0	1	1	83H
C	0	0	1	1	1	0	0	1	39H	1	1	0	0	0	1	1	0	C6H
D	0	1	0	1	1	1	1	0	5EH	1	0	1	0	0	0	0	1	A1H
E	0	1	1	1	1	0	0	1	79H	1	0	0	0	0	1	1	0	86H
F	0	1	1	1	0	0	0	1	71H	1	0	0	0	1	1	1	0	8EH
H	0	1	1	1	0	1	1	0	76H	1	0	0	0	1	0	0	1	89H
L	0	0	1	1	1	0	0	0	38H	1	1	0	0	0	1	1	1	C7H
P	0	1	1	1	0	0	1	1	73H	1	0	0	0	1	1	0	0	8CH
R	0	0	1	1	0	0	0	1	31H	1	1	0	0	1	1	1	0	CEH
U	0	0	1	1	1	1	1	0	3EH	1	1	0	0	0	0	0	1	C1H
Y	0	1	1	0	1	1	1	0	6EH	1	0	0	1	0	0	0	1	91H
—	0	1	0	0	0	0	0	0	40H	1	0	1	1	1	1	1	1	BFH
▪	1	0	0	0	0	0	0	0	80H	0	1	1	1	1	1	1	1	7FH
熄灭	0	0	0	0	0	0	0	0	00H	1	1	1	1	1	1	1	1	FFH

小提示： 从表 5.3 中可以看出，当显示字符“0”时，共阴极的字形编码为 3FH，而共阳极的字形编码为 C0H。因此，对于同一个字符，共阴极和共阳极的字形编码是取反的。

5）LED 数码管静态显示

数码管要正常显示，就要用驱动电路来驱动数码管的各个段码，从而显示出需要的字形编码，因此根据数码管驱动方式的不同，可以分为数码管静态显示和数码管动态显示两类。本任务中的设计主要采用数码管静态显示驱动方式，在此做简要说明。

静态显示驱动也称为直流驱动，是指每个数码管的每一个段码都由一个单片机的 I/O 接口进行驱动，或者使用如 BCD 码二—十进制译码器进行驱动。显示数据时，直接将要显示的数字的字形编码通过单片机送到段码显示端即可。图 5-10 给出了二位数码管静态显示接口电路，两个共阳极数码管的段选分别由 P1 口和 P2 口来控制，公共端 com 都接在+5 V 电源上。

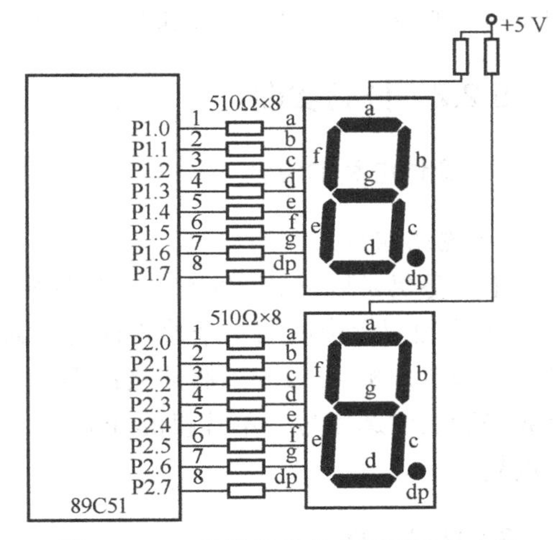

图 5-10　二位数码管静态显示接口电路

静态显示驱动的优点是编程简单，显示亮度高；缺点是占用 I/O 接口多，如驱动 4 个数码管，静态显示需要 4×8=32 根 I/O 接口线来驱动，而 51 系列单片机芯片可用的 I/O 接口线才 32 个，实际应用时必须增加译码器进行驱动，硬件电路较为复杂。

任务小结

本任务中，通过单片机控制单个 LED 数码管静态显示的具体事例给大家介绍了单片机与 LED 数码管的接口及编程应用。

本任务重点内容如下：

（1）LED 数码管的结构及工作原理；

（2）LED 数码管静态显示的原理及接口电路设计；

（3）单片机控制 LED 数码管静态显示的 C 语言程序设计。

任务 5.2　数码管动态显示的设计

数码管静态显示方式编程简单，占用 CPU 时间少，但其占用 I/O 接口多，一般适用于显示位数较少的场合。当显示位数较多时，为了节省 I/O 接口资源，一般采用动态显示方式。本任务中，主要给大家讲述数码管动态显示的原理、动态显示程序的编写、动态显示的具体应用等内容。

在提出任务之前，先来看一下究竟何为数码管动态显示方式。数码管动态显示是单片机应用系统中使用最广泛的一种显示方式，动态驱动是将所有数码管的 8 个段的同名端连接在一起，另外为每个数码管公共端 com 增加位选通控制电路，位选通由各自独立的 I/O 线控制，当单片机输出字形编码时，所有数码管都接收相同的字形编码，但究竟是哪个数码管显示字形，取决于单片机对位选通 com 端电路的控制，所以只要将需要显示的数码管的位选通控制打开，该位就显示出字形了，没有选通的数码管就不会亮。通过分时轮流控制各个数码管的 com 端，就可以使各个数码管轮流受控显示，这就是动态显示。

5.2.1　任务要求

在 ZXDP-1 实验板上，编程实现以下的功能：上电后，让实验板上的 4 位数码管点亮，同时显示数字“1234”，以实现数码管的动态显示控制。

5.2.2　任务实现

1．硬件电路的设计

1）电路组成

本任务仍是以 STC89C52RC 单片机的最小系统为核心，其硬件原理图如图 5-11 所示。其中 4 位数码管中的第一个数码管的位选信号与单片机的 P1.5 引脚连接；第二个数码管的位选信号与单片机的 P1.6 引脚连接；第三个数码管的位选信号与单片机的 P1.7 引脚连接；第四个数码管的位选信号与单片机的 P3.6 引脚连接。其余硬件部分组成与上一任务相同，这里不再重复。

2）电路分析

要使 4 位数码管上同时显示不同的数字，实际上是通过每位数码管的位选信号轮流选通数码管的，共阴极数码管公共端为低电平可选通，因此要求单片机的 P1.5、P1.6、P1.7 和

P3.6 引脚依次输出低电平，然后在数码管段选控制接口 P2 口按照一定规律送出要显示的数字"1234"。

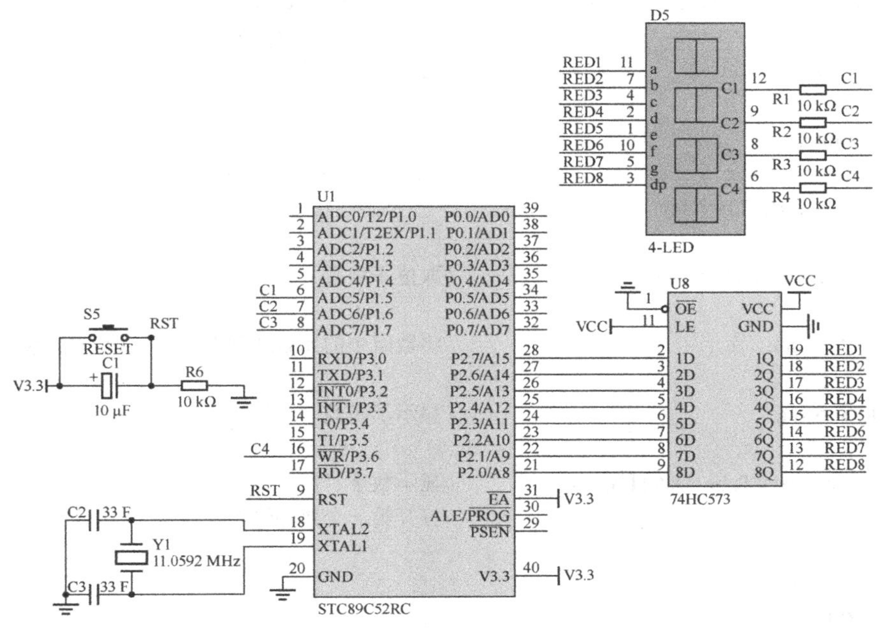

图 5-11　实现数码管动态显示原理图

2．软件设计思路

由前面动态显示的概念可知，动态显示实质是一种按位轮流点亮各位数码管的显示方式，即在某一时段，只让其中一位数码管位选端有效，并送出相应的字形显示编码。此时，其他位的数码管因位选端无效而都处于熄灭状态；下一时段按顺序选通另外一位数码管，并送出相应的字形显示编码，依此规律循环下去，即可使各位数码管分别间断地显示出相应的字符。

根据前面硬件电路的分析，该任务软件设计的思路是：首先将要显示内容的数字"1234"存放到数组中，程序开始后，数组中的元素根据要求送到数码管的段选接口 P2 口，同时相应的位选控制接口选通要显示的数码管，则数字显示在选中的数码管上。

从段选接口来看，动态显示程序显示段码输出过程实际上和静态显示是一样的，依次从段选接口输出各个段码；从位选接口来看，要求哪个数码管显示哪个数字就在该数码管送完段码后选通其位选信号，这样便实现了数码管动态显示的控制。

3．源程序代码编写

实例 5-2　编程实现以下功能：上电后，让实验板上的 4 位数码管点亮，同时显示数字"1234"。

程序代码如下：

```
#include<reg52.h>                    //52 系列单片机头文件
#define uint unsigned int            //宏定义
#define uchar unsigned char          //宏定义
sbit C1=P1^5;                        //定义第一个数码管位选
sbit C2=P1^6;                        //定义第二个数码管位选
```

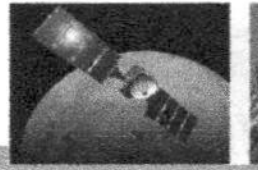

```
sbit C3=P1^7;                                   //定义第三个数码管位选
sbit C4=P3^6;                                   //定义第四个数码管位选
uchar code Tube_Data[]={0xfc,0x60,0xda,0xf2,0x66,0xb6,0xbe,0xe0, 0xfe,0xf6};
                                                //定义数组：数码管显示数字 0～9
void delay_ms(uint x)                           //延时子函数体
{
    uint i,j;
    for(i=x;i>0;i--)                            //i=x，即延时时间约为 x ms
        for(j=114;j>0;j--);
}
void Get_Data(uchar dat)                        //取值子函数
{
    P2 = dat;                                   //将数组中的元素送到 P2 口显示不同的数值
}
void Show()                                     //显示子函数
{
    Get_Data(Tube_Data[1]);                     //显示数字“1”
    C1 = 0;                                     //打开第一个数码管位选信号
    C2 = 1;
    C3 = 1;
    C4 = 1;
    delay_ms (5);                               //延时 5ms
    Get_Data(Tube_Data[2]);                     //显示数字“2”
    C1 = 1;
    C2 = 0;                                     //打开第二个数码管位选信号
    C3 = 1;
    C4 = 1;
    delay_ms (5);                               //延时 5ms
    Get_Data(Tube_Data[3]);                     //显示数字“3”
    C1 = 1;
    C2= 1;
    C3= 0;                                      //打开第三个数码管位选信号
    C4 = 1;
    delay_ms (5);                               //延时 5ms
    Get_Data(Tube_Data[4]);                     //显示数字“4”
    C1 = 1;
    C2 = 1;
    C3 = 1;
    C4 = 0;                                     //打开第四个数码管位选信号
    delay_ms (5);                               //延时 5ms
}
void main()                                     //主函数
{
    while(1)
    Show();
}
```

程序代码分析如下：

在上述程序中，每显示完一位数字后，后面都有一个 5 ms 的延时程序。它的作用是让数码管显示的效果更加稳定，不会产生闪烁，一般显示时间为几毫秒。

如果把延时时间 5 ms 修改为延时 1 s，LED 数码管显示将会有什么变化呢？经过实验可以看到，4 位数码管上轮流显示“1234”，如果间隔时间为 1 s，将不能稳定显示。这是因为人的眼睛存在“视觉暂留现象”，必须保证每位数码管显示的时间间隔小于人眼的暂留时间，这样才可以给人一种稳定显示的视觉效果。若延时时间太长，每位数码管闪动频率太慢，则不能产生稳定显示效果。

图 5-12 实验板上 4 位 LED 数码管动态显示效果图

将程序编译后下载到实验板上，可以看到 4 位 LED 数码管上稳定显示数字“1234”，实际观察效果如图 5-12 所示。

任务小结

本任务中，通过单片机控制 4 位 LED 数码管动态显示的具体事例给大家介绍了 LED 数码管动态显示的相关知识。本任务重点内容如下：

（1）LED 数码管动态显示的基本原理；

（2）LED 数码管动态显示接口电路的设计；

（3）单片机控制 LED 数码管动态显示的 C 语言程序设计。

任务 5.3 LED 数码管显示的简易秒表设计

键盘是单片机应用系统中最常用的输入设备，用它输入数据或命令；数码管是单片机应用系统中最常见的输出设备，用它显示单片机输出的视觉信息。本任务中制作的 LED 数码管显示的简易秒表，是利用按键控制 LED 数码管的显示，实现简易秒表的启动、计时、停止等功能。本任务可以使大家更加熟悉单片机与 LED 数码管的接口技术、更加了解数码管动态显示的原理、单片机内部定时器的原理和应用等知识，并且通过阅读和调试简易秒表整体程序，使大家学会如何编写含 LED 动态显示、按键和定时器中断等多种功能的综合程序，初步体会大型程序的编写和调试技巧。

5.3.1 任务要求

在 ZXDP-1 实验板上，用单片机实现 3 位数简易秒表的控制，计时范围为 0～999 s，并将计时时间在 4 位 LED 数码管上显示出来。要求如下：

（1）4 位数码管自左至右显示的计时单位为百秒级、十秒级、秒级和毫秒级。其中，秒级和毫秒级数码管之间用小数点隔开。

（2）系统上电后，4 位数码管全部显示 0，准备计时。

（3）用按键控制秒表的开启和停止，即按下实验板上第一个按键，秒表开始计时，并将计时时间显示在 4 位数码管上；再次按下按键，秒表停止计时，并保持当前计时时间；如果再次按下按键，则从上次停止时间开始处继续计时。

依次循环，直到计时时间满 999 s，开始下一轮计时。

5.3.2 任务实现

1. 硬件电路的设计

1）电路组成

本任务仍是以 STC89C52 单片机的最小系统为核心，其硬件原理图如图 5-13 所示。如上一任务，4 位数码管中的第一个数码管的位选信号与单片机的 P1.5 引脚连接；第二个数码管的位选信号与单片机的 P1.6 引脚连接；第三个数码管的位选信号与单片机的 P1.7 引脚连接；第四个数码管的位选信号与单片机的 P3.6 引脚连接。单片机的 P2 口通过锁存器 74HC573 连接数码管的段选信号，以确保 LED 数码管显示数字时有足够的亮度。此外，独立按键 KEY1 连接至单片机的 P3.2 引脚，另一端接地，作为外部中断 0 的输入引脚。

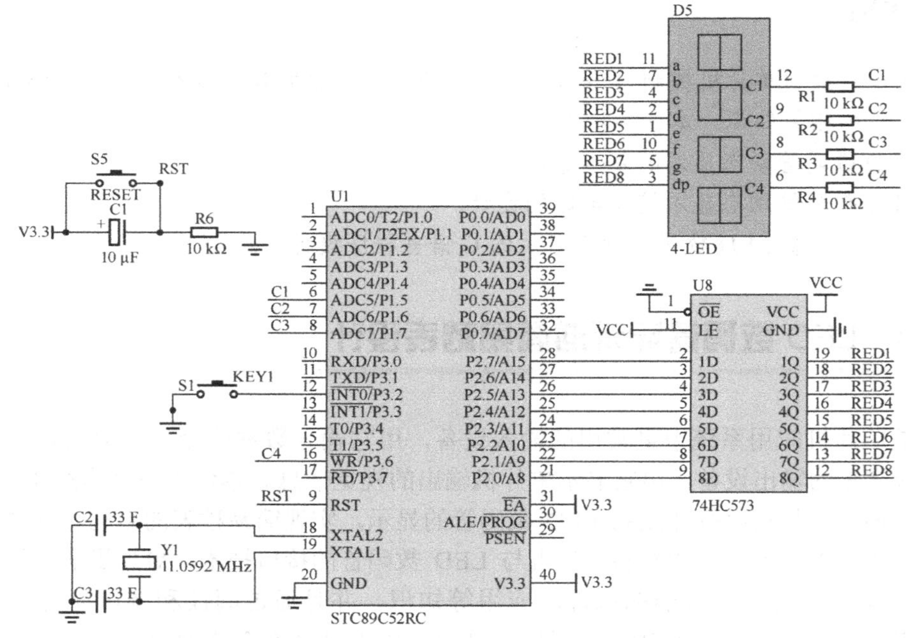

图 5-13 数码管显示简易秒表原理图

2）电路分析

如前面内容所述，要想让计时的数字在数码管上同时显示必须采用数码管动态显示方式，即通过每位数码管的位选信号轮流选通数码管。由于实验板上采用的共阴极数码管公共端为低电平可选通，因此要求单片机的 P1.5、P1.6、P1.7 和 P3.6 引脚依次输出低电平，然后在数码管段选控制接口 P2 口按照一定规律送出要显示的时间。

2. 软件设计思路

根据前面硬件电路的分析，该任务软件设计主要需要考虑以下三方面内容：

（1）如何实现计时；

（2）如何显示时间；

（3）如何利用按键实现对简易秒表的控制。

为此，可以采用单片机内部定时器 T0 或 T1 的定时时间作为时钟计时的基准，实现计时；用 4 位数码管动态显示时间，时间范围为 0～999 s；用一个独立式键盘实现秒表的启动、停止功能，实现控制。思路如下：

（1）实现计时。利用单片机内部定时器 T0 实现计时。首先给定时器工作方式寄存器 TMOD 赋值 0x01，选定定时器 T0 工作在方式 1；接着确定定时初值，通过计算可得，当 TH0=0x4c、TL0=0x00 时，实现 50 ms 的定时，然后再循环 20 次便可实现 1 s 的定时时间。

（2）实现时间显示。利用单片机的 P1.5、P1.6、P1.7 和 P3.6 引脚控制数码管的位选；利用 P2 口控制数码管的段选。只要 4 位数码管位选、段选间隔的时间适当，就可以实现动态显示时间。

（3）实现按键控制。利用单片机 P3 口输入按键控制命令，如定义 sbit key1=P3^2，可以将与 P3^2 口相连的按键定义为启动和停止按键。由原理图可知按键未按下时，相应接口为高电平，按下后为低电平，因此可由 KEY1 是否为零来判断是否有键按下。有键按下就执行相应操作，实现按键的控制功能。

3．源程序代码编写

实例 5-3 编程实现任务中简易秒表的功能。程序代码如下：

```
#include<reg52.h>                             //52系列单片机头文件
#define uint unsigned int                     //宏定义
#define uchar unsigned char                   //宏定义
uint Min;                                     //循环次数变量
uchar Mark;                                   //显示具体数字变量
sbit C1=P1^5;                                 //定义第一个数码管位选
sbit C2=P1^6;                                 //定义第二个数码管位选
sbit C3=P1^7;                                 //定义第三个数码管位选
sbit C4=P3^6;                                 //定义第四个数码管位选
sbit key1 = P3^2;                             //定义按键KEY1
uchar code NumData[]={0xfc,0x60,0xda,0xf2,0x66,0xb6,0xbe,0xe0, 0xfe,0xf6};
                                              //定义数组：数码管显示数字0～9
void delay_ms(uint x)                         //延时子函数体
{
    uint i,j;
    for(i=x;i>0;i--)                          //i=x，即延时时间约为x ms
        for(j=114;j>0;j--);
}
/**********************
子程序名：Show1()
作用：第一个数码管显示子程序
变量：无
**********************/
void Show1(uchar dat)
{
    P2 = dat;
    C1 = 0;
    C2 = 1;
    C3 = 1;
    C4 = 1;
```

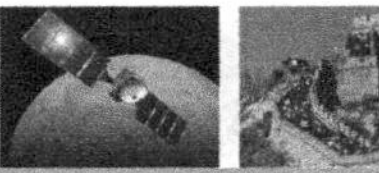

```
        delay_ms (5);
    }
/**********************
子程序名：Show2()
作用：第二个数码管显示子程序
变量：无
**********************/
void Show2(uchar dat)
{
        P2 = dat;
        C1 = 1;
        C2 = 0;
        C3 = 1;
        C4 = 1;
        delay_ms (5);
}
/**********************
子程序名：Show3()
作用：第三个数码管显示子程序
变量：无
**********************/
void Show3(uchar dat)
{
        P2 = dat;
        C1 = 1;
        C2 = 1;
        C3 = 0;
        C4 = 1;
        delay_ms (5);
}
/**********************
子程序名：Show4()
作用：第四个数码管显示子程序
变量：无
**********************/
void Show4(uchar dat)
{
        P2 = dat;
        C1 = 1;
        C2 = 1;
        C3 = 1;
        C4 = 0;
        delay_ms (5);
}
/**********************
子程序名:Inti()
作用：定时器和外部中断 0 的初始化
```

```
变量：无
**********************/
void Inti()
{
    TMOD = 0x01;                //设置定时器 T0 为工作方式 1 ( 0000 0001 )
    TH0 = 0x4c;                 //设置定时器初值
    TL0 = 0x00;
    EA=1;                       //开总中断
    IT0=1;                      //外部中断 0 的工作方式为下降沿触发方式
    EX0=1;                      //开外部中断 0
    ET0=1;                      //开定时器 T0 中断
    TR0=0;                      //关闭定时器 T0
}
/**********************
子程序名：OutCut1() interrupt 0
作用：外部中断 0 中断控制
变量：无
**********************/
void OutCut1() interrupt 0
{
    delay_ms(10);               //消除抖动
    if(key1= =0)
    TR0 =~ TR0;                 //控制定时器的开关
}
/**********************
子程序名：Cut_Timer0() interrupt 1
作用：定时器 T0 中断控制
变量：无
**********************/
void Cut_Timer0() interrupt 1
{
    TH0 = 0x4c;                 //重装初值
    TL0 = 0x00;
    Mark++;
    if(Mark % 2 = = 0)          //每过 100ms
    {
        Min++;
        Mark = 0;
        if(Min = = 9999)
            Min = 0;
    }
}
/**********************
子程序名：show()
作用：显示
变量：无
**********************/
```

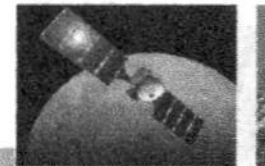

```
void show()
{
    Show1(NumData[Min / 1000 % 10]);            //显示百秒位
    Show2(NumData[Min / 100 % 10]);             //显示十秒位
    Show3(NumData[Min / 10 % 10] | 0x01);       //显示秒位
    Show4(NumData[Min / 1 % 10]);               //显示毫秒位
}
/**********************
主程序
作用：执行初始化，不停显示
**********************/
void main()
{
    Inti();
    while(1)
    show();
}
```

程序代码分析如下：

进入主程序后，首先执行定时器和外部中断 0 的初始化函数 Inti()，即为单片机定时器的使用和等待中断响应做好准备。在该函数中，请大家注意，并没有把定时器开关控制位 TR0 置 1，而是将 TR0 置 0，这样做的目的是为了通过按键 KEY1 来开启或停止定时器，即外部中断 0 中断函数 OutCut1()中的语句“TR0 =~ TR0;”的作用就在于此。初始化函数执行完毕后，便执行显示子函数 show()，此时由于还没有控制按键来启动定时器，因此 4 位数码管显示“000.0”。注意，显示子函数 show()中的语句“Show3(NumData[Min / 10 % 10] | 0x01);”的作用是显示出带小数点的数字。

当按下按键时，定时器便开始工作，从初始化函数中可以看到定时器的定时时间为 50 ms，即 50 ms 产生一次溢出中断。若此时设置的循环次数为 20 次，则对应的延时时间为 1 s。定时器 T0 中断服务函数 Cut_Timer0()中的语句“if(Mark % 2 = = 0)”的意思是 Mark 为偶数时，条件为真，进入 if 循环，其作用就是判定延时时间。当定时器第一个定时时间 50 ms 到后进入定时器中断函数，先执行“Mark++”语句使 Mark 值变为 1，条件为假，不进入 if 循环；当定时器第二个定时时间 50 ms 到后再次进入定时器中断函数，此时 Mark 值变为 2，条件为真，进入 if 循环。执行完“Min++”后使 Min 值为 1，即调用 Show4()子函数，使第四位（毫秒级）数码管上显示数字“1”。同理，当定时器第四个定时时间 50 ms 到后，进入 if 循环，调用 Show4()子函数，使第四位（毫秒级）数码管上显示数字“2”。以此类推，便可在第四位数码管上显示其余数字了，且每位数字显示的时间间隔为 2 个定时时间（100 ms）。当显示数字“10”时，时间恰好为 1s，根据 show()函数中的程序代码可知，此时数字“1”显示在第三位（秒位）数码管上。第四位数码管上显示数字“0”。以此类推，便可把准确的时间在第二位（十秒位）、第三位（百秒位）数码管上显示出来，即实现了 0～999 s 的准确秒表显示。

将程序编译后下载到实验板上，可以看到 LED 数码管制作简易秒表实际观察效果如图 5-14 所示。

图 5-14　实验板上模拟简易秒表实际效果图

知识链接：单片机定时/计数器

1）单片机内部定时/计数器介绍

8051 单片机内部设有两个 16 位的可编程定时/计数器，称为 T0 和 T1。可编程是指其功能（如工作方式、定时时间、量程、启动方式等）均可由指令来确定和改变。其逻辑结构如图 5-15 所示。

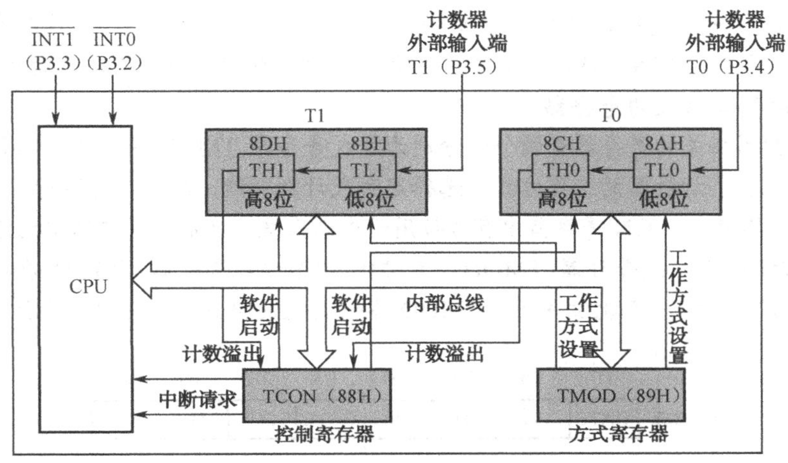

图 5-15　8051 定时/计数器逻辑结构

从图 5-15 可知，8051 定时/计数器由 T0、T1、方式寄存器 TMOD 和控制寄存器 TCON 四大部分组成。其中，16 位的定时/计数器分别由两个 8 位专用寄存器组成，即 T0 由 TH0 和 TL0 构成；T1 由 TH1 和 TL1 构成。其访问地址依次为 8AH～8DH。每个寄存器可单独访问。这 4 个寄存器是用于存放定时或计数初值的。另外，TMOD 寄存器主要用于选定定时器的工作方式；TCON 寄存器主要用于控制定时器的启动与停止，以及保存 T0、T1 的溢出和中断标志。

2）定时/计数器的工作原理

16 位的定时/计数器实质上就是一个加 1 计数器，其控制电路受软件控制、切换。通过对方式寄存器 TMOD 的设置，可以确定其是工作在定时功能还是计数功能。

（1）当作为定时功能时，是对内部机器周期脉冲进行计数。计数器的加 1 信号是由振荡器的 12 分频信号产生的（一个机器周期等于 12 个振荡周期，即计数频率为晶振频率的 1/12），即每过一个机器周期，计数器加 1，直到计满溢出为止。显然，定时器的定时时间与系统的振荡频率有关。振荡频率是定值，机器周期就固定，故计数值确定时，定时时间也随之确定。例如，单片机系统采用 12MHz 的晶振，则计数周期为

$$T=1/(12\times10^6\times1/12)=1\ \mu s$$

这是最短的定时周期，若要延长定时时间，可改变定时器的初值，并适当选择定时器的长度（如设置 8 位、13 位或 16 位的计数器）。

（2）当作为计数功能时，是对从引脚 T0（P3.4）或 T1（P3.5）上输入的脉冲进行计数，外部脉冲的下降沿将触发计数，每输入一个脉冲，计数器加 1。计数器对外部输入信号的占空比无特殊要求，但为了确保给定电平在变化前至少被采样一次，要求输入信号的高电平与低电平的保持时间都在一个机器周期以上。

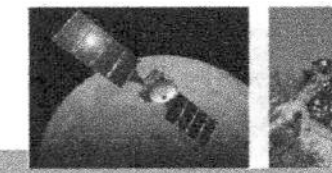

当 CPU 用软件给定时器设置了某种工作方式之后，定时器就会按设定的工作方式独立运行，不再占用 CPU 的操作时间，除非定时器计满溢出，才可能中断 CPU 当前的操作。CPU 也可以重新设置定时器的工作方式，以改变定时器的操作。由此可见，定时器是单片机中效率高且工作灵活的部件。

单片机定时/计数器是一种可编程部件，在定时/计数器开始工作之前，CPU 必须将一些命令（称为控制字）写入定时/计数器。将控制字写入定时/计数器的过程叫做定时/计数器的初始化。在初始化过程中，要将工作方式控制字写入方式寄存器 TMOD；工作状态字（或相关位）写入控制寄存器 TCON，赋定时/计数器初值。下面就对这两种寄存器进行说明。

3）定时/计数器相关的寄存器

与定时/计数器相关的寄存器有两个：分别为方式寄存器 TMOD 和控制寄存器 TCON。它们用来设置各个定时/计数器的工作方式，选择定时或计数功能，控制启动运行，以及作为运行状态的标志等。其中，TCON 寄存器中有 4 位用于中断系统，在前面的内容中已经介绍过。

（1）定时/计数器方式寄存器 TMOD。定时/计数器方式寄存器 TMOD 在特殊功能寄存器中，字节地址为 89H，不能位寻址。TMOD 各位定义的格式如图 5-16 所示。

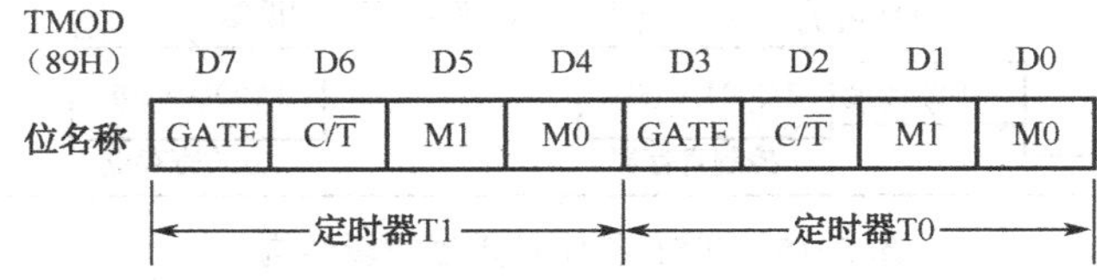

图 5-16　方式寄存器 TMOD 的格式

由图 5-16 可知，TMOD 的高 4 位用于设置定时器 T1，低 4 位用于设置定时器 T0，对应 4 位符号的含义如下。

① GATE：门控制位。

当 GATE=0 时，软件启动方式。此时，将 TCON 寄存器中的 TR0（或 TR1）置 1 即可定时启动定时器。

当 GATE=1 时，软/硬件共同启动方式。此时，若启动定时器，需将软件控制位 TR0（或 TR1）置 1，同时还要将外部中断引脚 $\overline{\text{INT0}}$(P3.2)或 $\overline{\text{INT1}}$(P3.3)置为高电平。

② C/$\overline{T}$：定时/计数器功能选择位。

当 C/$\overline{T}$=1 时，为计数器功能。

当 C/$\overline{T}$=0 时，为定时器功能。

③ M1、M0：工作方式选择位。

每个定时/计数器都有 4 种工作方式，由 M1、M0 设定，对应关系如表 5.4 所示。

表 5.4　定时/计数器的 4 种工作方式

M1	M0	工作方式描述
0	0	方式 0：为 13 位计数器
0	1	方式 1：为 16 位计数器
1	0	方式 2：为初值自动重装的 8 位计数器
1	1	方式 3：仅适用于定时器 0，分成两个 8 位计数器；定时器 T1 停止计数

小提示：由于TMOD不能进行位寻址，因此只能用字节指令设置定时器的工作方式，高4位定义定时器T1，低4位定义定时器T0。复位时TMOD所有位均清0。

例如，设置定时器T1为软件启动方式、定时功能、工作方式1，则GATE=0、C/$\overline{T}$=0、M1M0=01。因此，高4位应为0001。T0未用，低4位可随意置数，但低2位不可为11（因为工作方式3时，定时器T1停止计数），一般将其设为0000。所以，设置定时器工作方式的语句为

```
TMOD = 0x10;                    //设置定时器T1为工作方式1
```

（2）定时/计数器控制寄存器TCON。定时/计数器控制寄存器TCON的作用是控制定时器的启动、停止、标志定时器的溢出和中断情况。前面已经介绍过，TCON一个8位的寄存器，其各位定义如图4-10所示。因此，本节只介绍用来控制定时器的高4位。控制寄存器TCON高4位含义如表5.5所示。

表5.5　控制寄存器TCON高4位的含义

控制位		位顺序	功能说明
TF1	T1溢出中断标志位	第7位	TF1=1时，表示对应计数器的计数值由全1变为全0，计数器计数溢出，相应的溢出标志位由硬件置1。计数溢出标志位的使用有两种情况，当采用中断方式时，它作为中断请求标志位来使用，转向中断服务程序后，由硬件自动清0；当采用查询方式时，它作为查询状态来使用，并由软件清0
TR1	T1运行控制位	第6位	由软件置1或清0来启动或关闭T1。当GATE=1，且$\overline{INT1}$为高电平时，TR1=1启动定时器T1；当GATE=0，TR1=1时，可启动定时器T1
TF0	T0溢出中断标志位	第5位	与TF1相同
TR0	T0运行控制位	第4位	与TR1相同

前面介绍过，TCON的字节地址为88H，可以进行位寻址，因此溢出标志位清0或启动定时器都可以用位操作语句。例如：

```
TR0=1;                //启动定时器T0
TF0=1;                //定时器T0溢出标志位清0
```

4）定时/计数器的工作方式

如表5.4所示，方式寄存器TMOD中的M1和M0用于选择定时器的4种工作方式，下面逐一进行讲解。

（1）工作方式0。

当M1M0为00时选择定时器工作方式0，为13位计数器。以定时器T0为例，由TL0的低5位（高3位未用）和TH0的8位组成。其逻辑结构框图如图5-17所示。

分析图5-17可知，当GATE=0，TR0=1时，TL0便在机器周期的作用下开始加1计数，TL0的低5位溢出时向TH0进位，TH0溢出时，置位TCON中的TF0标志，即TF0为1，然后向CPU发出中断请求，接下来CPU进行中断处理。此时，只要TR0为1，则计数器就不会停止。这就是定时器T0工作在方式0的基本过程。其他8位定时器、16位定时器的工作方式都与此类似。

由于工作方式0为13位计数器，即最大计数值$M=2^{13}=8192$。因此，当TH0和TL0的初值为0时，最多经过8192个机器周期该计数器就会溢出一次，向CPU申请中断。所以，可以通过设定不同的初值来对计数器的计数时间进行控制。

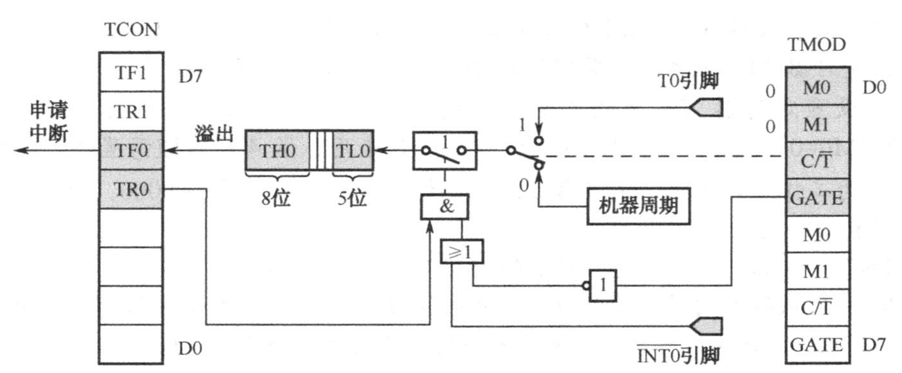

图 5-17　定时器 T0 工作方式 0 的逻辑结构框图

下面通过一个具体实例来讲解定时器 T0 工作方式 0 的具体用法。

实例 5-4　利用定时器 T0 工作方式 0，在 ZXDP-1 实验板上实现第一个发光二极管以 1s 亮灭闪烁。

思路如下：首先来讲解如何设定定时器的初值问题。由于 ZXDP-1 实验板上时钟频率为 11.0592 MHz，那么机器周期为 12×(1/11 059 200)≈1.085 06 μs，工作方式 0 的最大定时时间为 8192×1.085 06 μs≈8.889 ms。因此，可选择定时时间为 5 ms，再循环 200 次来完成 1 s 的延时。

定时时间为 5 ms，则计数值为 5 ms/1.085 06 μs≈4608。这就是时钟频率为 11.0592 MHz 时，定时 5 ms 的初值计算方法。当晶振为 12 MHz 时，用相同方法可得计数值为 5000。

因此，此时 T0 的初值为

X=M−计数值=8192−4608=3584=E00H=0111000000000B

因为定时器 T0 工作方式 0 的 13 位计数器中 TL0 的高 3 位未用，填写 0，TH0 占高 8 位，所以初值 X 的实际填写值应为

X=0111000000000000B=7000H

所以，用 T0 的工作方式 0 实现实验板上第一个发光二极管以 1 s 亮灭闪烁的程序代码如下：

```
#include <reg52.h>                    //52 系列单片机头文件
#define uchar unsigned char
sbit D1 = P1^1;
uchar num;
void Inti()                           //初始化函数
{
    TMOD=0x00;                        //设置定时器 T0 为工作方式 0 ( 0000 0000 )
    TH0=0x70;                         //设置定时器初值
    TL0=0x00;
    EA=1;                             //开总中断
    ET0=1;                            //开定时器 T0 中断
    TR0=1;                            //启动定时器 T0
}
void T0_time() interrupt 1            //定时器 T0 中断函数
{
```

```
        TH0=0x70;                              //重装初值
        TL0=0x00;
        num++;
        if(num= =200)                          //如果到了 200 次，说明 1s 时间到
        {
            num=0;                             //然后把 num 清 0，重新再计 200 次
            D1=!D1;                            //让发光二极管状态取反
        }
    }
    void main()
    {
        Inti();
        while(1);
    }
```

程序代码分析如下：

进入主程序后，首先执行初始化函数，即对定时器和与中断有关的寄存器初始化，其中包括选择定时器的工作方式、给定时器赋初值、打开定时器等控制定时器的指令，以及开总中断、开定时器中断等与中断相关的指令。由于中断的内容在前面已经讲述过，所以在此不做赘述。执行完初始化函数后，程序便执行“while(1);”停机语句，等待中断的产生。其时，当开启定时器后，定时器便开始计数，当计数溢出时，自动进入中断服务程序执行代码，执行完中断服务程序后再回到原来处继续执行，也就是继续等待。由于设置的定时时间为 5 ms，即定时器每 5 ms 产生一次中断。中断产生后，便去执行中断服务程序。为了确保定时器每次中断都是 5 ms，需要在中断函数中每次为 TH0 和 TL0 重新装入初值。由于每进入一次中断需要时间为 5 ms，在中断服务程序中做一次判断是否进入了 200 次，即判断时间是否到了 1 s，若时间到则执行相应点亮二极管的动作。依次循环下去便实现了第一个发光二极管以 1 s 亮灭闪烁。

（2）工作方式 1。

当 M1M0 为 01 时选择定时器工作方式 1，为 16 位计数器。同样以定时器 T0 为例，由 TL0 作为低 8 位和 TH0 作为高 8 位组成。其逻辑结构框图如图 5-18 所示。

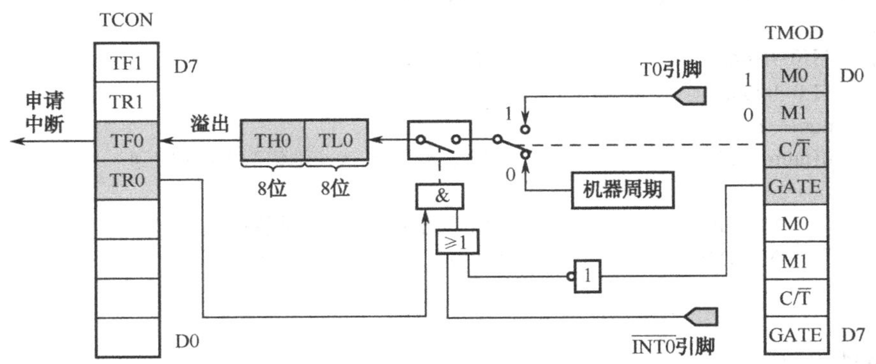

图 5-18　定时器 T0 工作方式 1 逻辑结构框图

分析图 5-18 可知，定时器工作方式 1 与工作方式 0 十分相似。不同之处在于，在工作方式 1 中，当定时器开始加 1 计数时，TL0 的全部 8 位溢出时才向 TH0 进位，TH0 溢出

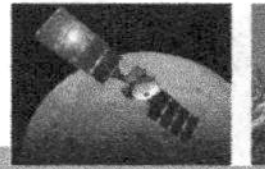

时，TF0 标志才置 1。因此，可以看出工作方式 1 的最大计数值 $M=2^{16}$=65 536。当 TH0 和 TL0 的初值为 0 时，最多经过 65 536 个机器周期该计数器就会溢出一次，向 CPU 申请中断。

下面通过一个具体实例来讲解定时器 T0 工作方式 1 的具体用法。

实例 5-5 利用定时器 T0 工作方式 1，在 ZXDP-1 实验板上实现第二个发光二极管以 1 s 亮灭闪烁。

思路如下：由前面内容可知，当定时器 T0 采用工作方式 1 时，最大定时时间为 65 536×12×(1/11 059 200)≈71.111 ms。因此，可选择定时时间为 50 ms，再循环 20 次来完成 1 s 的延时。

定时时间为 50 ms，则计数值为 50 ms/12×(1/11.0592) μs=46 080。当晶振为 12 MHz 时，用相同方法可得计数值为 50 000。

因此，此时 T0 的初值为

$$X=M-计数值=65\,536-46\,080=19\,456=4C00H$$

因为定时器 T0 工作方式 1 为 16 位计数器，所以可以将高 8 位 TH0 中放 4CH，低 8 位 TL0 中放 00H。

所以，用 T0 的工作方式 1 实现实验板上第二个发光二极管以 1s 亮灭闪烁的程序代码如下：

```
#include <reg52.h>                    //52 系列单片机头文件
#define uchar unsigned char
sbit D2 = P1^2;
uchar num;
void Inti()                           //初始化函数
{
    TMOD=0x01;                        //设置定时器 T0 为工作方式 1 ( 0000 0001 )
    TH0=0x4c;                         //设置定时器初值
    TL0=0x00;
    EA=1;                             //开总中断
    ET0=1;                            //开定时器 T0 中断
    TR0=1;                            //启动定时器 T0
}
void T0_time() interrupt 1            //定时器 T0 中断函数
{
    TH0=0x4c;                         //重装初值
    TL0=0x00;
    num++;
    if(num= =20)                      //如果到了 20 次，则说明 1 s 时间到
    {
        num=0;                        //然后把 num 清 0，重新再计 20 次
        D2=!D2;                       //让发光二极管状态取反
    }
}
void main()
{
    Inti();
    while(1);
}
```

比较实例 5-4 和实例 5-5 可知，其程序代码除初始化部分和循环次数部分不同外，其余基本相同，请读者认真体会，这里不再赘述。

（3）工作方式 2。

当 M1M0 为 10 时选择定时器工作方式 2。以定时器 T0 为例，在工作方式 2 中，16 位加法计数器的 TH0 和 TL0 具有不同功能，TL0 是 8 位计数器，TH0 是初值自动重置的 8 位缓冲器。其逻辑结构框图如图 5-19 所示。

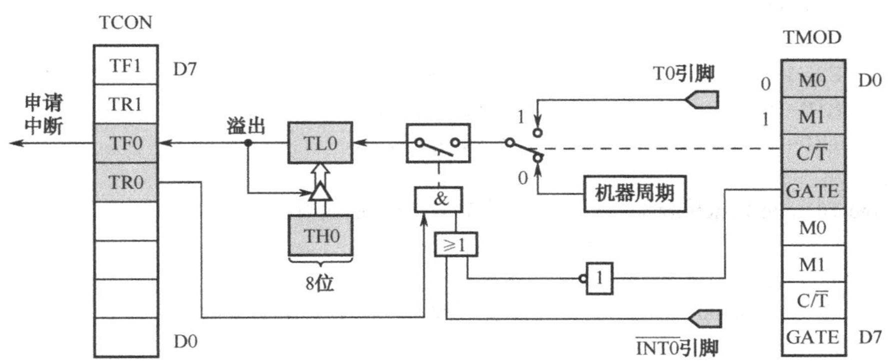

图 5-19　定时器 T0 工作方式 2 逻辑结构框图

分析图 5-19 可知，在工作方式 2 中，TL0 作为 8 位计数器，TH0 用来保持初值。编程时，TL0 和 TH0 必须由软件赋予相同的初值。一旦 TL0 计数溢出，TF0 将被置为 1，同时，TH0 中保存的初值自动装入 TL0，进入新一轮计数，如此重复循环。因此，可以看出工作方式 2 的最大计数值 $M=2^8=256$。当 TH0 和 TL0 的初值为 0 时，最多经过 256 个机器周期该计数器就会溢出一次，向 CPU 申请中断。

因为在工作方式 0 和工作方式 1 下，每次计数溢出后，计数器自动复位为 0，所以要进行新一轮计数时，必须重新设置计数初值，既影响定时时间精度，又会导致编程代码烦琐。而工作方式 2 具有初值自动装载功能，很好地解决了此问题。因此，工作方式 2 适用于较精确的定时场合，如作为较精确的脉冲信号发生器等。需要注意的是，此时的晶振频率务必要选择精准，一定要是 12 的整数倍，这样在计算周期时才不会产生误差。

下面通过一个具体实例来讲解定时器 T0 工作方式 2 的具体用法。

实例 5-6　利用定时器 T0 工作方式 2，在 ZXDP-1 实验板上实现第三个发光二极管以 1 s 亮灭闪烁。

思路如下：当定时器 T0 采用工作方式 2 时，最大定时时间为 256×12×(1/11 059 200)≈277.778 μs。因此，可选择定时时间为 250 μs，再循环 4000 次来完成 1 s 的延时。

定时时间为 250 μs，则计数值为 250 μs/12×(1/11.0592) μs≈230。当晶振为 12 MHz 时，用相同方法可得计数值为 250。

因此，此时 T0 的初值为

$$X=M-计数值=256-230=26=1AH$$

因为定时器 T0 工作方式 2 为初值自动重置 8 位计数器，且 TL0 和 TH0 必须赋予相同的初值，所以此时 TL0 和 TH0 中同时存放 1AH。

用 T0 的工作方式 2 实现实验板上第三个发光二极管以 1 s 亮灭闪烁的程序代码如下：

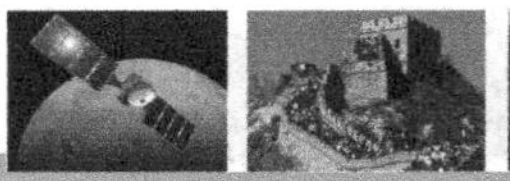

```
#include <reg52.h>                          //52 系列单片机头文件
#define uint unsigned int
sbit D3= P1^3;
uint num;
void Inti()                                 //初始化函数
{
    TMOD=0x02;                              //设置定时器 T0 为工作方式 2 ( 0000 0010 )
    TH0=0x1a;                               //设置定时器初值
    TL0=0x1a;
    EA=1;                                   //开总中断
    ET0=1;                                  //开定时器 T0 中断
    TR0=1;                                  //启动定时器 T0
}
void T0_time() interrupt 1                  //定时器 T0 中断函数
{
    num++;
    if(num= =4000)                          //如果到了 4000 次，说明 1 s 时间到
    {
        num=0;                              //然后把 num 清 0，重新再计 4000 次
        D3=!D3;                             //让发光二极管状态取反
    }
}
void main()
{
    Inti();
    while(1);
}
```

程序代码分析如下：

首先请大家注意此时定义的 num 的类型为 uint，这和上面实例 5-4 和实例 5-5 中定义的 uchar num 不同。原因在于此时需要计数值为 4000，已经远远超出了 uchar 的范围，所以需要修改变量的类型，这一点往往是大家容易忽视的。其次，与实例 5-4 和实例 5-5 相比，在中断服务程序中少了对定时器重装初值语句，这是因为工作方式 2 为自动重装模式，当计数满溢出后，TH0 会把原来赋的初值重新加载到 TL0 中，开始新一轮的计数，这样便不需要人为装载初值了。

（4）工作方式 3。

当 M1M0 为 11 时选择定时器工作方式 3。只有定时器 T0 可以设置为工作方式 3，定时器 T1 设置为工作方式 3 后不工作。工作方式 3 将 T0 分成两个独立的 8 位计数器 TL0 和 TH0，其逻辑结构框图如图 5-20 所示。

分析图 5-20 可知，工作方式 3 将定时器 T0 分成了独立的计数器。其中 TL0 为正常的 8 位计数器，计数溢出后置位 TF0，并向 CPU 申请中断，然后再重装初值。TH0 也被固定为一个 8 位计数器，不过由于 TL0 已经占用了 TF0 和 TR0，因此，此时 TH0 将占用定时器 T1 的中断请求标志 TF1 和定时器启动控制位 TR1。

小提示： 因为定时器 T0 在工作方式 3 时会占用定时器 T1 的中断标志位，为了避免中断冲突，在设计程序时要注意，当 T0 工作在方式 3 时，T1 一定不要用在有中断的场合。

当然，此时T1仍然可以设置为方式0、方式1或方式2，但无论哪种方式都不可使用它的中断。这种情况下，T1一般用做串行接口波特率发生器。关于单片机串行接口的知识将在后面的章节中介绍。

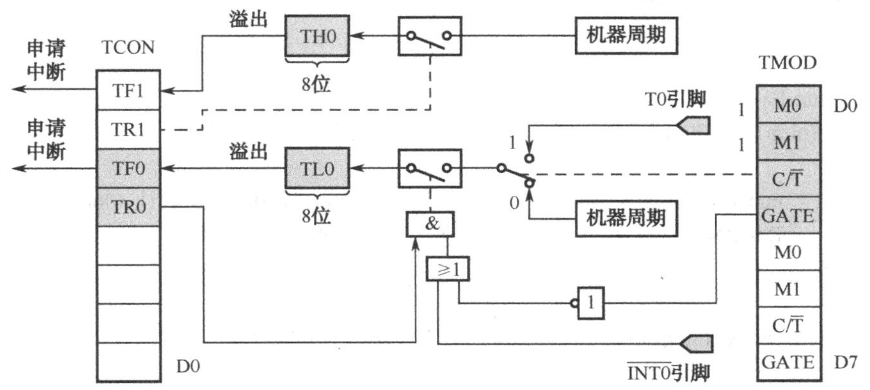

图5-20 定时器T0工作方式3逻辑结构框图

下面通过一个具体实例来讲解定时器工作方式3的具体用法。

实例5-7 利用定时器T0工作方式3，在ZXDP-1实验板上实现以下功能：用TL0计数器对应的8位定时器实现第四个发光二极管以1s亮灭闪烁；用TH0计数器对应的8位定时器实现第一个发光二极管以500 ms亮灭闪烁。

思路如下：因为8位定时器的最大定时时间为256×12×(1/11 059 200)≈277.778 μs。因此，可选择定时时间为250 μs，再循环4000次来完成1s的延时；可选择定时时间为250 μs，再循环2000次来完成500 ms的延时。

定时时间为250 μs，则计数值为250 μs/12×(1/11.0592) μs≈230。当晶振为12 MHz时，用相同方法可得计数值为250。

因此，此时T0的初值为

$$X=M-计数值=256-230=26=1AH$$

因为定时器T0工作方式3为两个独立的8位计数器，且TL0和TH0赋予相同的初值，所以此时TL0和TH0中同时存放1AH。

程序代码如下：

```
#include <reg52.h>                    //52系列单片机头文件
#define uint unsigned int
sbit D1 = P1^1;
sbit D4= P1^4;
uint num1, num2;
void Inti()                           //初始化函数
{
    TMOD=0x03;                        //设置定时器T0为工作方式3( 0000 0011 )
    TH0=0x1a;                         //设置定时器初值
    TL0=0x1a;
    EA=1;                             //开总中断
    ET0=1;                            //开定时器T0中断
    ET1=1;                            //开定时器T1中断
```

```
        TR0=1;                              //启动定时器 T0
        TR1=1;                              //启动定时器 T0 的高 8 位计数器
    }
    void TL0_time() interrupt 1             //定时器 T0 中断函数
    {
        TL0=0x1a;                           //重装初值
        num1++;
        if(num1= =4000)                     //如果到了 4000 次，说明 1 s 时间到
        {
            num1=0;                         //然后把 num1 清 0，重新再计 4000 次
            D4=!D4;                         //让发光二极管状态取反
        }
    }
    void TH0_time() interrupt 3             //定时器 T1 中断函数
    {
        TH0=0x1a;                           //重装初值
        num2++;
        if(num2= =2000)                     //如果到了 2000 次，说明 1 s 时间到
        {
            num2=0;                         //然后把 num2 清 0，重新再计 2000 次
            D1=!D1;                         //让发光二极管状态取反
        }
    }
    void main()
    {
        Inti();
        while(1);
    }
```

比较实例 5-6 和实例 5-7 可知，其程序代码除初始化部分和循环次数部分不同外，其余基本相同。其中除了要打开定时器 T0 的中断外还要打开定时器 T1 的中断，并且执行中断函数时除了要执行定时器 T0 的中断函数外还要执行定时器 T1 的中断函数。只不过定时器 T1 产生中断的来源并不是定时器 T1 本身而是定时器 T0 的高 8 位计数器，即 TH0 计数器，这点请读者认真体会。

5）定时/计数器的初始化

由上面的内容可知，定时/计数器的功能是由软件编程确定的，所以一般在使用定时/计数器前都要对其进行初始化，使其按设定的功能工作。初始化的一般步骤如下：

（1）确定工作方式（即对寄存器 TMOD 赋值）。

（2）设置定时或计数的初值（可直接将初值写入 TH0、TL0 或 TH1、TL1）。

（3）根据需要开放定时/计数器的中断（直接对 IE 位赋值）。

（4）启动定时/计数器（若已规定用软件启动，则可把 TR0 或 TR1 置 1；若已规定用外部中断引脚电平启动，则需给外部中断引脚加启动电平）。

当实现启动要求后，定时器即按规定的工作方式和初值开始定时或计数。

定时器的工作方式、最大值、计数值及初值之间的关系如表 5.6 所示。

表 5.6　定时/计数器 4 种工作方式初值计算表

工作方式	最 大 值 M	计 数 值	初 值 X
方式 0	2^{13}=8192	定时时间/12×(1/晶振频率)	X=M-计数值
方式 1	2^{16}=65 536		
方式 2	2^{8}=256		
方式 3	两个 8 位计数器，最大值 M 均为 2^{8}=256		

任务小结

本任务中，通过利用单片机控制 4 位 LED 数码管、按键等外设制作的简易秒表的具体事例给大家介绍了 LED 数码管的典型应用。本任务重点内容如下：

（1）简易秒表的硬件原理图和软件设计思路；

（2）单片机定时/计数器的组成及工作原理；

（3）单片机定时/计数器 4 种工作方式的编程方法；

（4）单片机定时/计数器的初始化。

任务 5.4　点阵式 LED 电子广告牌设计

单个 LED 或数码管作为显示器件，只能显示几个有限的简单字符，对于复杂的字符（如汉字）及图形等则无法显示。点阵式 LED 将多个 LED 按矩阵的方式组合在一起，通过控制每个 LED 的点亮，可完成各种字符、图形和图像的显示，并且能产生各种动画效果。市场上与点阵 LED 有关的产品也数不胜数，如汽车站与火车站的车次显示板、活动广告牌、股票显示板等。点阵 LED 已成为广告宣传、新闻传播的有力工具，已渗透到人们的日常生活之中。本任务利用 ZXDP-1 实验板上的点阵式 LED 来实现最简单的电子广告牌功能，即将一些特定的文字或图形以特定的方式显示出来。

5.4.1　任务要求

在 ZXDP-1 实验板上，利用单片机控制 8×8 LED 点阵，编程实现以下的功能：在 8×8 LED 点阵上循环显示数字 0～9。

5.4.2　任务实现

1. 硬件电路的设计

本任务仍是以 STC89C52 RC 单片机最小系统为核心，外接一个 8×8 LED 点阵，其中单片机的 P0 口接 8×8 LED 点阵的阴极，由于 P0 口内部没有上拉电阻，所以接 8 个限流电阻再接上电源提供上拉电流；P2 口通过 74HC573 锁存器后接 8×8 LED 点阵的阳极，提高了 P2 口输出的电流，既保证了 LED 的亮度，又保护了单片机接口引脚。硬件原理图如图 5-21 所示。

2. 软件设计思路

为了能够让 LED 点阵正常显示 0～9 等数字，首先应了解 0～9 这 10 个数字利用 LED 点阵显示的原理，即在 LED 点阵上的显示代码。具体代码可以通过软件转换得到；也可以通过

图形绘制的方法得到，然后写出相应的代码，在此对后者进行详细介绍。0～9 这 10 个数字的代码可以通过如下方法取得。

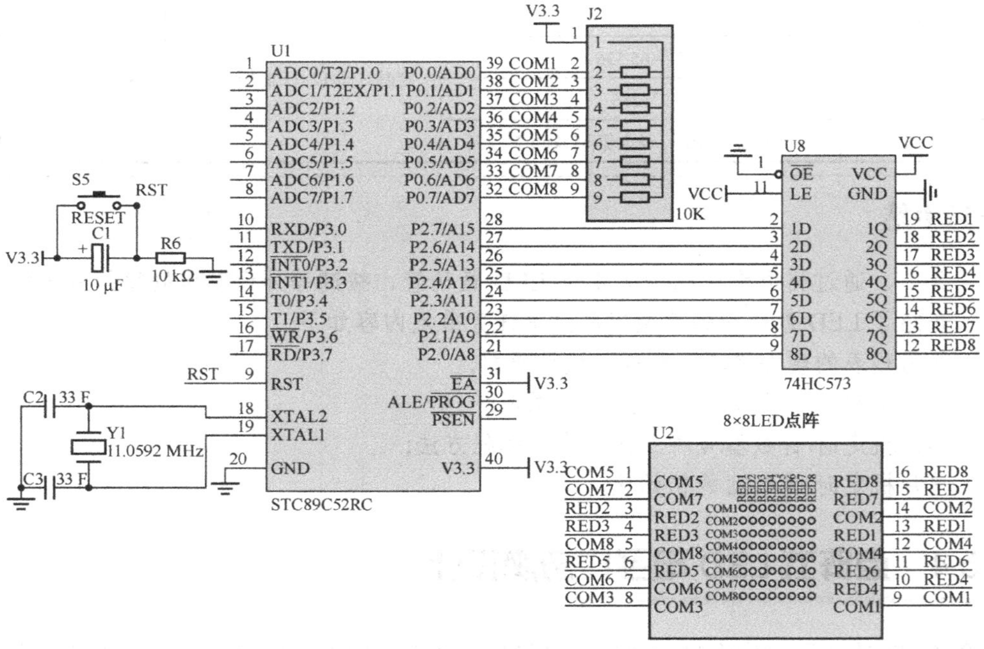

图 5-21　实验板上 LED 点阵显示单个字符原理图

显示数字“0”，需要点亮的位置如图 5-22（a）所示。其行显示代码为 0x3C，0x42，0x42，0x42，0x42，0x42，0x42，0x3C；只要把这些代码分别送到相应的行线上面，即可实现数字“0”的显示。

数字“1”，需要点亮的位置如图 5-22（b）所示。其行显示代码为 0x08，0x18，0x08，0x08，0x08，0x08，0x08，0x1C。

数字“2”，需要点亮的位置如图 5-22（c）所示。其行显示代码为 0x1C，0x22，0x02，0x02，0x1C，0x20，0x20，0x3E。

数字“3”，需要点亮的位置如图 5-22（d）所示。其行显示代码为 0x3E，0x02，0x04，0x1C，0x02，0x02，0x22，0x1C。

数字“4”，需要点亮的位置如图 5-22（e）所示。其行显示代码为 0x04，0x0C，0x14，0x24，0x3F，0x04，0x04，0x04。

数字“5”，需要点亮的位置如图 5-22（f）所示。其行显示代码为 0x3E，0x20，0x20，0x3C，0x02，0x02，0x22，0x1C。

数字“6”，需要点亮的位置如图 5-22（g）所示。其行显示代码为 0x1C，0x22，0x20，0x3C，0x22，0x22，0x22，0x1C。

数字“7”，需要点亮的位置如图 5-22（h）所示。其行显示代码为 0x3E，0x02，0x04，0x08，0x08，0x08，0x08，0x08。

数字“8”，需要点亮的位置如图 5-22（i）所示。其行显示代码为 0x1C，0x22，0x22，0x22，0x1C，0x22，0x22，0x1C。

数字“9”，需要点亮的位置如图 5-22（j）所示。其行显示代码为 0x1C，0x22，0x22，

0x22，0x1E，0x02，0x22，0x1C。

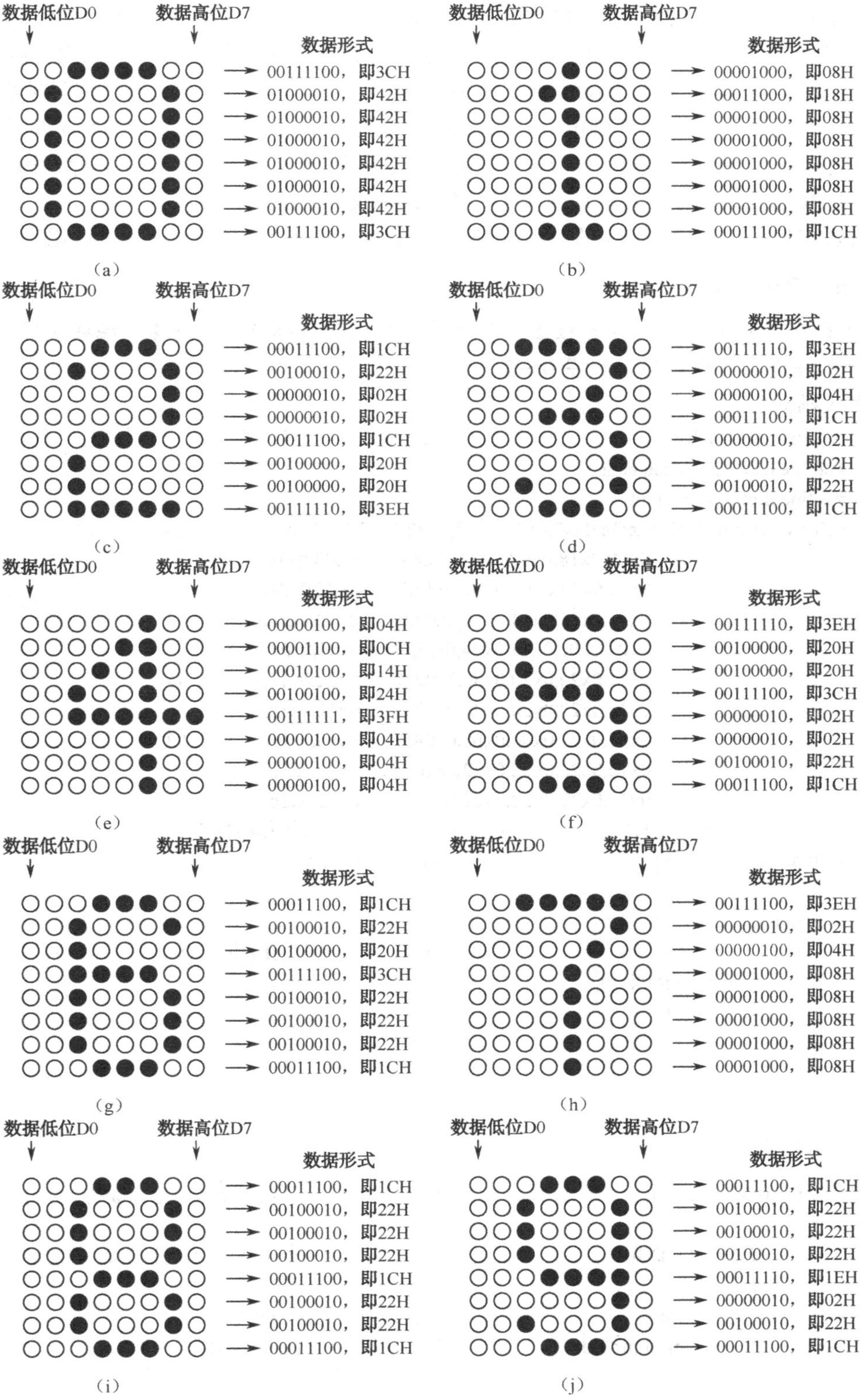

数据低位D0　　数据高位D7　　数据形式

○○●●●●○○ → 00111100，即3CH
○●○○○○●○ → 01000010，即42H
○●○○○○●○ → 01000010，即42H
○●○○○○●○ → 01000010，即42H
○●○○○○●○ → 01000010，即42H
○●○○○○●○ → 01000010，即42H
○●○○○○●○ → 01000010，即42H
○○●●●●○○ → 00111100，即3CH

(a)

数据低位D0　　数据高位D7　　数据形式

○○○○●○○○ → 00001000，即08H
○○○●●○○○ → 00011000，即18H
○○○○●○○○ → 00001000，即08H
○○○○●○○○ → 00001000，即08H
○○○○●○○○ → 00001000，即08H
○○○○●○○○ → 00001000，即08H
○○○○●○○○ → 00001000，即08H
○○○●●●○○ → 00011100，即1CH

(b)

数据低位D0　　数据高位D7　　数据形式

○○○●●●○○ → 00011100，即1CH
○○●○○○●○ → 00100010，即22H
○○○○○○●○ → 00000010，即02H
○○○○○○●○ → 00000010，即02H
○○○●●●○○ → 00011100，即1CH
○○●○○○○○ → 00100000，即20H
○○●○○○○○ → 00100000，即20H
○○●●●●●○ → 00111110，即3EH

(c)

数据低位D0　　数据高位D7　　数据形式

○○●●●●●○ → 00111110，即3EH
○○○○○○●○ → 00000010，即02H
○○○○○●○○ → 00000100，即04H
○○○●●●○○ → 00011100，即1CH
○○○○○○●○ → 00000010，即02H
○○○○○○●○ → 00000010，即02H
○○●○○○●○ → 00100010，即22H
○○○●●●○○ → 00011100，即1CH

(d)

数据低位D0　　数据高位D7　　数据形式

○○○○○●○○ → 00000100，即04H
○○○○●●○○ → 00001100，即0CH
○○○●○●○○ → 00010100，即14H
○○●○○●○○ → 00100100，即24H
○○●●●●●● → 00111111，即3FH
○○○○○●○○ → 00000100，即04H
○○○○○●○○ → 00000100，即04H
○○○○○●○○ → 00000100，即04H

(e)

数据低位D0　　数据高位D7　　数据形式

○○●●●●●○ → 00111110，即3EH
○○●○○○○○ → 00100000，即20H
○○●○○○○○ → 00100000，即20H
○○●●●●○○ → 00111100，即3CH
○○○○○○●○ → 00000010，即02H
○○○○○○●○ → 00000010，即02H
○○●○○○●○ → 00100010，即22H
○○○●●●○○ → 00011100，即1CH

(f)

数据低位D0　　数据高位D7　　数据形式

○○○●●●○○ → 00011100，即1CH
○○●○○○●○ → 00100010，即22H
○○●○○○○○ → 00100000，即20H
○○●●●●○○ → 00111100，即3CH
○○●○○○●○ → 00100010，即22H
○○●○○○●○ → 00100010，即22H
○○●○○○●○ → 00100010，即22H
○○○●●●○○ → 00011100，即1CH

(g)

数据低位D0　　数据高位D7　　数据形式

○○●●●●●○ → 00111100，即3EH
○○○○○○●○ → 00000010，即02H
○○○○○●○○ → 00000100，即04H
○○○○●○○○ → 00001000，即08H
○○○○●○○○ → 00001000，即08H
○○○○●○○○ → 00001000，即08H
○○○○●○○○ → 00001000，即08H
○○○○●○○○ → 00001000，即08H

(h)

数据低位D0　　数据高位D7　　数据形式

○○○●●●○○ → 00011100，即1CH
○○●○○○●○ → 00100010，即22H
○○●○○○●○ → 00100010，即22H
○○●○○○●○ → 00100010，即22H
○○○●●●○○ → 00011100，即1CH
○○●○○○●○ → 00100010，即22H
○○●○○○●○ → 00100010，即22H
○○○●●●○○ → 00011100，即1CH

(i)

数据低位D0　　数据高位D7　　数据形式

○○○●●●○○ → 00011100，即1CH
○○●○○○●○ → 00100010，即22H
○○●○○○●○ → 00100010，即22H
○○●○○○●○ → 00100010，即22H
○○○●●●●○ → 00011110，即1EH
○○○○○○●○ → 00000010，即02H
○○●○○○●○ → 00100010，即22H
○○○●●●○○ → 00011100，即1CH

(j)

图5-22　0～9在LED点阵上的实现及代码

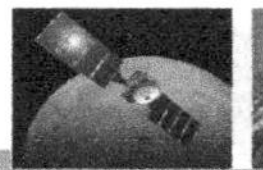

下面以显示数字“0”为例，来说明 ZXDP-1 实验板上的点阵 LED 显示稳定字符的过程。由于 P0 口接 8×8 LED 点阵的阴极（对应原理图行线），P2 口通过 74HC573 锁存器后接 8×8 LED 点阵的阳极（对应原理图列线）。因此，显示稳定字符的过程如下：首先给第 1 行送低电平，同时给 8 列送 00111100（列高电平有效）；然后给第 2 行送低电平，同时给 8 列送 01000010……最后给第 8 行送低电平，同时给 8 列送 00111100。每行点亮延时时间为 1 ms，直到 8 行均显示一遍，时间约为 8 ms，即完成一遍扫描显示。然后再从第 1 行开始循环扫描显示。利用视觉残留现象，人们就能看到一个稳定的数字“0”。

其余数字的显示程序则可以在一个数字显示程序的基础上再外嵌套一个循环即可。

3. 源程序代码编写

实例 5-8 在 ZXDP-1 实验板上，利用单片机控制 8×8 LED 点阵，编程实现以下的功能：使 8×8 LED 点阵循环显示数字 0～9。

程序代码如下：

```
#include <reg52.h>                       //52 系列单片机头文件
#define uchar unsigned char
#define uint unsigned int
uchar code buf[ ][8]={ 0x3c,0x42,0x42,0x42,0x42,0x42,0x42,0x3c,        //0
                       0x08,0x18,0x08,0x08,0x08,0x08,0x08,0x1c,        //1
                       0x1c,0x22,0x02,0x02,0x1c,0x20,0x20,0x3e,        //2
                       0x3e,0x02,0x04,0x1c,0x02,0x02,0x22,0x1c,        //3
                       0x04,0x0c,0x14,0x24,0x3f,0x04,0x04,0x04,        //4
                       0x3e,0x20,0x20,0x3c,0x02,0x02,0x22,0x1c,        //5
                       0x1c,0x22,0x20,0x3c,0x22,0x22,0x22,0x1c,        //6
                       0x3e,0x02,0x04,0x08,0x08,0x08,0x08,0x08,        //7
                       0x1c,0x22,0x22,0x22,0x1c,0x22,0x22,0x1c,        //8
                       0x1c,0x22,0x22,0x22,0x1e,0x02,0x22,0x1c,        //9
                       };                //定义二维数组详见项目 3
void delay_ms(uint x)                    //延时子函数体
{
    uint i,j;
    for(i=x;i>0;i--)                     //i=x，即延时时间约为 x ms
        for(j=114;j>0;j--);
}
void main()
{
    uchar i,j,k,m;
    while(1)
{
    for(i=0;i<10;i++)                    //字符个数控制，第一维数组下标取值范围 0～9
    {
        for(k=200;k>0;k--)               //每个字符扫描显示 200 次，控制每个字符显示时间
        {
            j=0xfe;                      //行变量 j 扫描第 1 行
            for(m=0;m<8;m++)             //第二维数组下标取值范围 0～7
            {
                P0=j;                    //行数据送 P0 口
```

```
                P2= buf[i][m];              //列数据即显示数字代码送P2口
                delay_ms(1);
                j<<=1;                      //逻辑左移1位后给行变量j赋值
                j++;                        //行变量j自加1，即扫描第2行
            }
        }
      }
    }
  }
```

图5-23 实验板上点阵LED显示数字效果图

将程序编译后下载到实验板上，可以看到点阵式LED上依次显示数字0～9，实际观察效果如图5-23所示。

知识链接：点阵式LED结构及工作原理

点阵式LED是把很多LED发光二极管按矩阵方式排列在一起，通过对每个LED进行发光控制，完成各种字符或图形显示的设备。点阵式显示器的种类按大小可分为5×7（5列7行）、5×8（5列8行）、6×8（6列8行）、8×8（8列8行）等结构；按LED发光变化颜色可分为单色、双色、三色；按LED的极性排列方式可分为共阳极与共阴极。

下面介绍单片机应用系统中常用的单色8×8 LED点阵结构及其工作原理。其他类型的LED点阵可查阅相关资料。

单色8×8 LED点阵的实物图如图5-24所示，引脚图如图5-25所示。

图5-24 8×8 LED点阵实物图

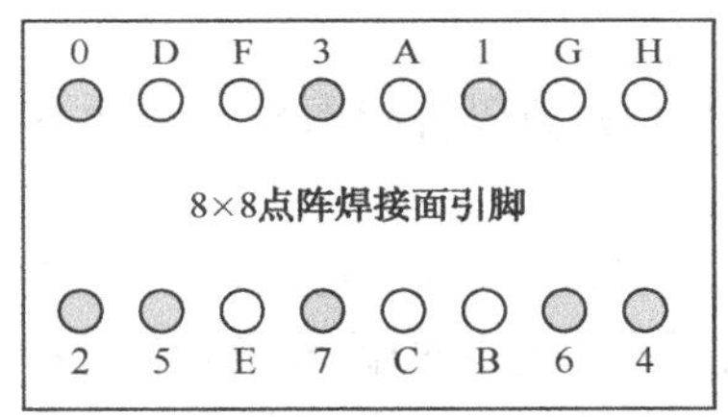

图5-25 8×8 LED点阵引脚图

由图5-24可知，LED点阵由一个一个的点（LED发光二极管）组成，总点数为行数与列数的乘积，引脚数为行数与列数之和。

将一块8×8的LED点阵剖开来看，其内部等效电路如图5-26所示。它由8行8列共64个LED发光二极管组成，且每个LED是放置在行线与列线的交叉点上。共16根引脚线，其中8根行线，8根列线。

从图5-26中可以看出，当对应的某一行输出高电平，对应的某一列输出低电平时，则相应的二极管就会点亮。若要使某一行亮，则对应的行置1，而列则采用扫描依次输出0来实现；若要使某一列亮，则对应的列置0，而行则采用扫描依次输出1来实现。例如，第8行置1，第8列置0，

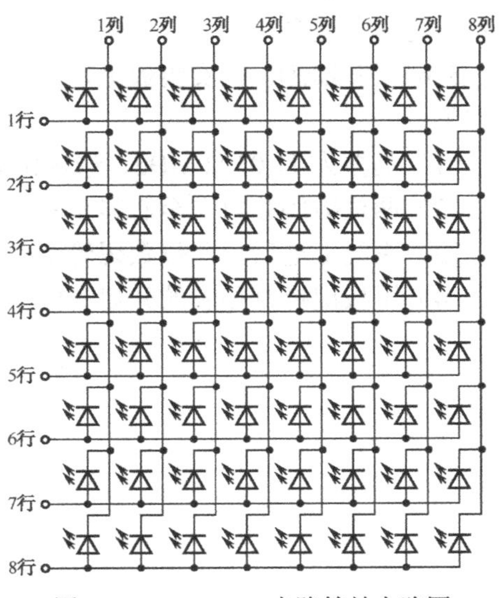

图5-26 8×8 LED点阵等效电路图

则对应右下角的 LED 点亮。如果在很短的时间内依次点亮多个发光二极管，就可以看到多个二极管稳定点亮，即看到要显示的数字、字符或其他图形符号，这就是 LED 点阵的显示原理。

小提示：用单片机控制一个 8×8 LED 点阵需要使用两个并行接口，一个接口控制行线，另一个接口控制列线。显示过程以行扫描方式进行，扫描显示过程是每次显示一行 8 个 LED，显示时间称为行周期，8 行扫描显示完成后开始新一轮扫描。行与行之间延时 1～2 ms。延时时间受 50 Hz 闪烁频率的限制，不能太大，应保证扫描所有 8 行所用的时间之和在 20 ms 以内。

任务小结

本任务中，介绍了 LED 点阵式电子广告牌显示字符、图形等内容的基本原理和应用，使大家对单片机并行 I/O 接口和 C 语言中的数组编程有了更深刻的掌握。本任务重点内容如下：

（1）点阵式 LED 的结构；

（2）点阵式 LED 显示字符、图形等内容的原理；

（3）点阵式 LED 显示单个稳定字符的基本编程思路；

（4）点阵式 LED 显示多个字符的原理及软件编程方法。

习题 5

5-1　简述 LED 数码管静态显示和动态显示各自的特点及适用场合，实际设计时应如何选择使用？

5-2　点阵式 LED 一次能点亮多少行？显示的原理是怎样的？

5-3　51 系列单片机定时/计数器的定时和计数功能有什么不同？分别应用于什么场合？

5-4　51 系列单片机定时/计数器四种工作方式的特点有哪些？应如何进行选择和设定？

5-5　当定时/计数器工作在方式 1 时，晶振频率为 12 MHz，请计算其最短定时时间和最长定时时间各是多少？

5-6　在 ZXDP-1 实验板上，编程实现两位数简易秒表的控制，计时范围为 0～60 s。要求如下：

（1）晶振为 11.0592 MHz，选用定时器 T0，工作方式 1；

（2）两位数码管自左至右显示的计时单位为时秒级、秒级；

（3）系统上电后，两位数码管全部显示为 0，准备计时；

（4）用按键控制秒表的开启和停止。

项目6 单片机与通信接口的设计实现

教学导航

教学内容	1. 串行通信基础知识；2. PC与单片机之间的通信；3. 单片机与单片机串行通信；4. 串行接口的结构、工作方式和波特率的设置；5. RS-232串行通信总线标准
知识目标	1. 上位机与单片机通信的硬件接口电路；2. 通信波特率的计算及设置方法；3. 串口控制器的软件设置方法；4. PC与单片机的通信程序设计的两种基本方法（查询方式和中断方式）编程的原理
能力目标	1. 单片机之间串行通信程序设计；2. PC与单片机之间通信的软/硬件设计

知识分布网络

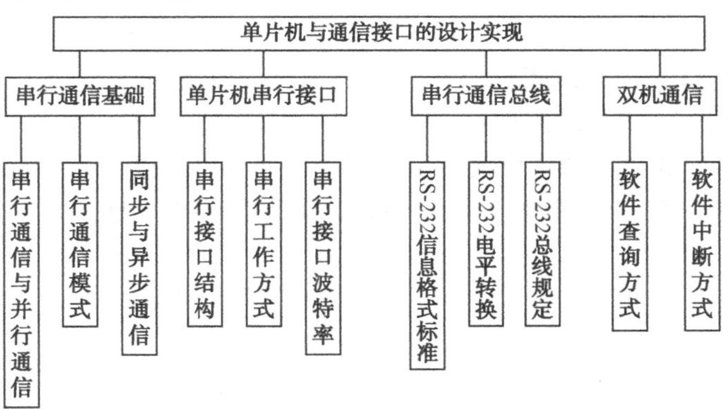

在单片机系统中，经常需要将单片机的数据交给计算机来处理，或者将计算机的一些数据交给单片机来执行，这就需要单片机和计算机之间的通信。另外，单片机与单片机之间也需要通信。通常情况下单片机与计算机之间的通信用得较多。

通信有并行方式和串行方式两种。在单片机系统及以单片机为核心的测控系统中，信息的交换多采用串行通信方式。

本项目主要介绍 PC 与单片机、单片机与单片机之间串行通信的工作原理，以及它们如何与单片机连接，如何相互传递信息等知识，并在串行通信基本概念的基础上，详细论述 MCS-51 系列单片机的串行接口及其通信应用。

任务 6.1　PC 与单片机的通信设计

6.1.1　任务要求

将 ZXDP-1 实验板通过串行接口与 PC 相连，利用串口调试助手完成 PC 与单片机之间的串行通信。要求如下：

（1）由 PC 控制单片机通信接口，将 PC 上利用串口调试助手送出的数以十六进制形式显示在数码管上。

（2）PC 向单片机发送一个字符，单片机收到字符后返回给 PC 一句字符串，并在串口调试助手接收区显示该字符串。

（3）PC 向单片机发送数字并以十六进制形式在第一位数码管上显示，然后按下 ZXDP-1 实验板上的第一个按键 KEY1，串口调试助手接收区上会显示一行字符串。

6.1.2　任务实现

1．硬件电路的设计

1）电路组成

ZXDP-1 实验板是以 STC89C52 RC 单片机为核心控制外围电路的，独立按键 KEY1 连接至单片机的 P3.2 引脚，另一端接地；单片机 P1.5 引脚连接 4 位一体数码管的第一位位选；单片机 P2 口经 74HC573 接到数码管的七段码端；单片机串行接收端 RXD（P3.0 引脚）和发送端 TXD（P3.1 引脚）经电平转换芯片 MAX232 通过串行接口 DB-9 与上位机相连。其硬件原理图如图 6-1 所示。

2）电路分析

对大家而言，图 6-1 中比较陌生的部分是单片机如何通过 P3.0 引脚和 P3.1 引脚经 MAX232 芯片与串行接口 DB-9 相连，以及如何与上位机之间实现通信，下面重点分析。

（1）MAX232 芯片。由单片机的电平转换特性可知，单片机的输入与输出采用 TTL 正逻辑电平，不能与计算机中的串行接口（RS-232C 标准接口）采用的负逻辑直接连接，否则将使 TTL 电路烧坏。因此，在计算机与单片机之间通信时，必须进行电平转换。这里采用德州仪器公司（TI）推出的电平转换集成电路 MAX232。MAX232 是包含两路接收器和驱动器的 IC 芯片，它的内部有一个电源电压变换器，可以把输入的+5 V 电源电压变换成 RS-232 输出电平所需的±10 V 电压。所以，采用此芯片接口的串行通信系统只需单一的+5 V 电源就可以

了。对于没有+12 V 电源的场合，其适应性更强，加之价格适中，硬件接口简单，所以被广泛采用。

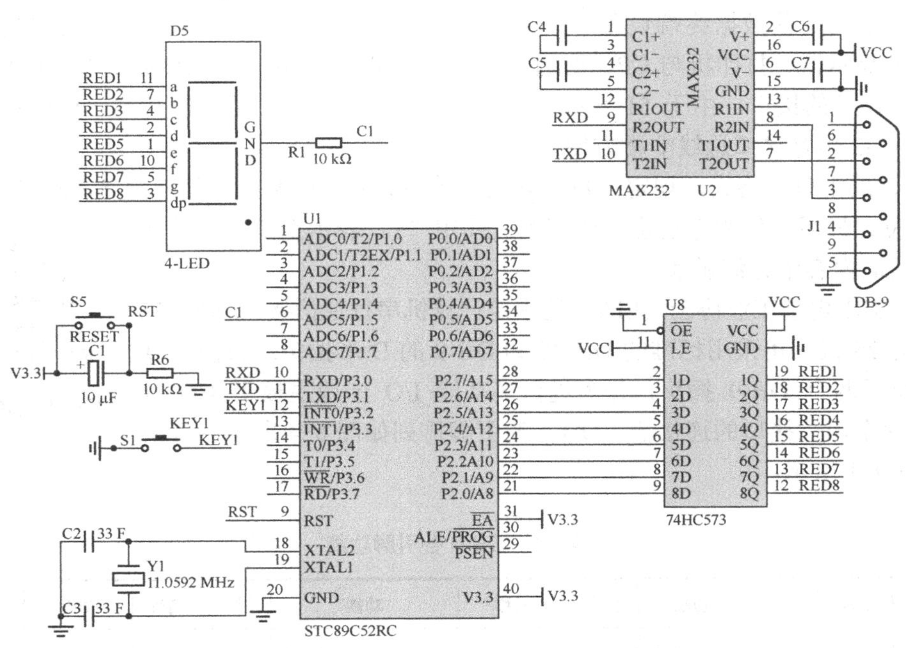

图 6-1　ZXDP-1 实验板单片机与 PC 通信原理图

MAX232 芯片的实物图和引脚结构图如图 6-2 和图 6-3 所示。

图 6-2　直插式 MAX232 实物图

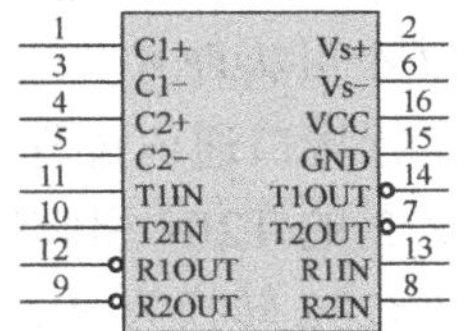

图 6-3　MAX232 芯片引脚结构图

图 6-3 中，引脚 C1+、C1−、C2+、C2−、Vs+、Vs−常用在电源变换电路部分。其中，C1+、C1−之间和 C2+、C2−之间分别外接一片电解电容；Vs+外接一片电解电容的正极；Vs−外接一片电解电容的负极。

根据该芯片手册中的介绍，上面提到的 4 片电容应选取 1.0 μF/16 V 的电解电容，但是经过大量的实验及实际应用，该电容都可选用 0.1 μF 的非极性瓷片电容代替。另外，在具体设计电路时，这 4 片电容应尽量靠近 MAX232 芯片，以提高抗干扰能力，如 ZXDP-1 实验板上 MAX232 部分连接电路设计。

图 6-3 中的其余引脚常用在串行通信的数据发送和接收部分。其中，T1IN、T2IN 可直接连接单片机的串行发送端 TXD；R1OUT、R2OUT 可直接连接单片机的串行接收端 RXD；T1OUT、T2OUT 可直接连接计算机中的串行接口 RS-232 的接收端 RXD；R1IN、R2IN 可直接连接计算机中的串行接口 RS-232 的发送端 RXD。

（2）DB-9 连接器。图 6-1 中与 MAX232 直接相连的 DB-9 就是计算机串行通信接口 RS-

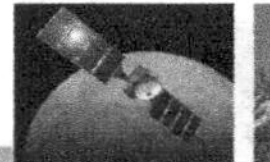
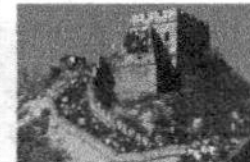

232的一种形式，下面简单介绍一下。

RS-232 是计算机系统中使用最早、应用最多的一种异步串行通信总线标准，主要用来定义计算机系统的一些数据终端设备（DTE）和数据电路终端设备（DCE）之间的电气性能。例如，CRT 显示器、打印机与 CPU 的通信大都采用 RS-232 接口，MCS-51 单片机与 PC 的通信也是采用该类的接口。由于 51 系列单片机本身有一个全双工的串行接口，因此该系列单片机使用 RS-232 串行接口总线非常方便。

RS-232 采用串行格式，规定：数据帧的开始为起始位，数据位可以是 5、6、7 或 8 位，校验位 1 位，最后一位为停止位。数据帧之间用“1”表示空闲位。具体格式将在后面内容中详细讲解。

此外，美国电子工业协会（EIA）还规定计算机串行通信接口 RS-232 标准总线为 25 根，可采用标准的 DB-25 和 DB-9 的 D 形插头。目前计算机上只保留了两个 DB-9 插头，作为提供多功能 I/O 卡或主板上 COM1 和 COM2 两个串行接口的连接器。DB-9 的引脚排列如图 6-4 所示。各引脚功能如表 6.1 所示。

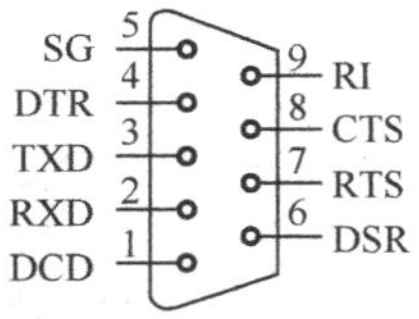

图 6-4　DB-9 的引脚结构图

表 6.1　DB-9 各引脚功能

引脚	名称	功能	引脚	名称	功能	引脚	名称	功能
1	DCD	载波监测	4	DTR	数据终端准备完成	7	RTS	发送请求
2	RXD	接收数据	5	SG(GND)	信号地线	8	CTS	发送清除
3	TXD	发送数据	6	DSR	数据准备完成	9	RI	振铃提示

小提示： 在简单的 RS-232 标准串行通信中，仅连接发送数据（2）、接收数据（3）和信号地（5）3 个引脚即可。

（3）串行接口通信过程。如图 6-1 所示，ZXDP-1 实验板串行接口部分数据传输过程如下：MAX232 的 T2IN 引脚接至单片机的 TXD 端 P3.1 引脚，TTL 电平从单片机的 TXD 端发出，经 MAX232 转换为 RS-232 电平后从 MAX232 的 T2OUT 引脚发出，连接至 PC 串行接口连接器 DB-9 的第 2 引脚 RXD 端，此时计算机便接收到了数据。相反，DB-9 的第 3 引脚 TXD 端发出数据，再逆向流回单片机的 RXD 端 P3.1 引脚完成数据的接收。

2．软件的设计思路

要实现 PC 与单片机之间的串行通信，必须对单片机内部串行接口的结构、串行接口的工作方式、串行接口的波特率等知识有一定的了解，以及会设置与单片机串行接口相关的寄存器的一些参数。这些内容是人们对单片机串行接口进行软件编程的基础。

1）与串行接口有关的特殊功能寄存器

与 51 系列单片机串行接口有关的特殊功能寄存器有 SBUF、SCON 和 PCON，下面分别详细讨论。

（1）串行数据缓冲寄存器 SBUF。51 系列单片机串行接口主要由两个独立的串行数据缓冲寄存器 SBUF（一个发送缓冲寄存器，一个接收缓冲寄存器）和发送控制器、接收控制器、输入移位寄存器及若干控制门电路组成。其结构如图 6-5 所示。

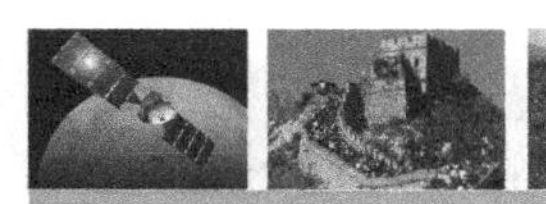

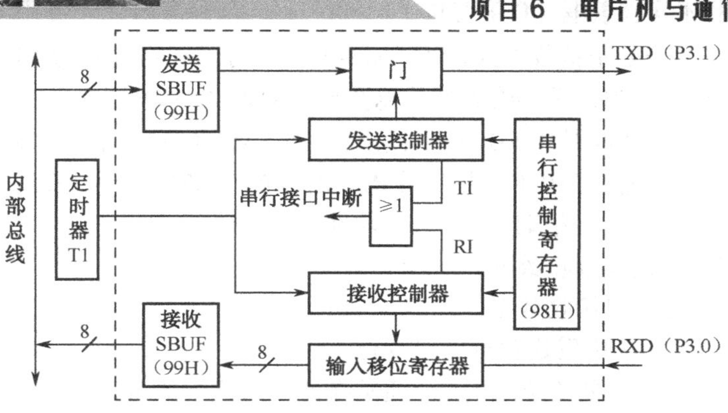

图 6-5　串行接口的结构

两个数据缓冲寄存器 SBUF，一个用于存放接收到的数据，另一个用于存放待发送的数据，可同时发送和接收数据。两个缓冲寄存器共用一个地址 99H，通过对 SBUF 的读、写语句来区别是对接收缓冲器还是对发送缓冲器进行操作。CPU 在写 SBUF 时，操作的是发送缓冲器；读 SBUF 时，是读取接收缓冲器中的内容。

小提示：当接收数据时，可以写语句“data=SBUF;”，单片机会自动将串口接收寄存器中的数据取走给 data；当发送数据时，可以写语句“SBUF=data;”，程序执行完该条语句便自动开始将串口发送寄存器中的数据一位位地从串行接口发送出去。需要强调的是，SBUF 是共用一个地址的两个独立的寄存器，单片机识别操作哪个寄存器的关键语句就是“data=SBUF;”和“SBUF=data;”，这一点初学者应注意。

（2）串行控制寄存器 SCON。SCON 用来控制串行接口的工作方式和状态标志等，可位寻址，字节地址为 98H。单片机复位时，所有位全部被清 0。串行控制寄存器 SCON 的内容及位地址如图 6-6 所示。

SCON								
位地址	9FH	9EH	9DH	9CH	9BH	9AH	99H	98H
位名称	SM0	SM1	SM2	REN	TB8	RB8	TI	RI

图 6-6　串行控制寄存器 SCON 格式

各位的含义说明如下。

① SM0、SM1：串行接口工作方式选择位，共有 4 种工作方式，如表 6.2 所示。

表 6.2　串行接口工作方式设置

SM0	SM1	波　特　率	工作方式描述
0	0	fosc/12	方式 0：同步移位寄存器　（通常用于扩展 I/O 接口）
0	1	可变	方式 1：8 位 UART
1	0	fosc/32 或 fosc/64	方式 2：9 位 UART
1	1	可变	方式 3：9 位 UART

② SM2：多机通信控制位，主要用于方式 2 和方式 3 中。

在方式 0 中，要求该位必须为 0。

方式 1 中，若 SM2=1，则只有当接收到有效停止位时，RI 才置 1。

在方式 2、3 中，若处于接收方式，当 SM2=1 时，可以利用收到的 RB8 位来控制是否激活 RI（RB8=0 时不激活 RI，丢弃收到的信息数据；RB8=1 时激活 RI，收到的信息数据进入 SBUF，并从中断服务中将数据从 SBUF 中读出）。当 SM2=0 时，不论收到的 RB8 是 0 还是 1，均可以使收到的数据进入 SBUF，并激活 RI。通过控制 SM2，可以实现多机通信。

③ REN：允许/禁止串行接口接收位。由软件置位或清 0。

REN=1，允许串行接口接收数据。

REN=0，禁止串行接口接收数据。

④ TB8：在方式 2、3 中发送数据的第 9 位。

该位可以用软件根据需要置位或清 0，通常在通信协议中做奇偶位，在多处理机通信中这一位则用于表示是地址帧还是数据帧，一般约定地址帧时 TB8 为 1，数据帧时 TB8 为 0。在方式 0 和方式 1 中，该位未使用。

⑤ RB8：在方式 2、3 中接收数据的第 9 位。

可作为奇偶校验位或地址帧/数据帧的标志位。在方式 1 中，若 SM2=0，则 RB8 接收到的是停止位。

⑥ TI：发送中断标志位。

在方式 0 中，当发送完一帧（8 位）数据后，由硬件置 1。

在其他方式中，则是在发送停止位之初由硬件置位。TI 置位后，申请中断，CPU 响应中断后，发送下一帧数据。在任何方式下，TI 都必须由软件来清除，也就是说在数据写入到 SBUF 后，硬件发送数据，中断响应（如中断打开），这时 TI=1，表明发送已完成，TI 不会由硬件清除，所以这时必须用软件对其清 0。

⑦ RI：接收中断标志位。

在方式 0 中，当发送完一帧（8 位）数据后，由硬件置 1。

在其他方式中则是在接收停止位的中间时由硬件置位。RI=1，申请中断，要求 CPU 取走数据。同样，RI 也必须要靠软件清 0。

（3）电源及波特率选择寄存器 PCON。PCON 主要是为 CHMOS 型单片机的电源控制而设置的专用寄存器，用来管理单片机的电源部分，包括上电复位检测、掉电模式、空闲模式等，字节地址为 87H，不能位寻址。单片机复位后，PCON 全部清 0，其各位的定义如图 6-7 所示。

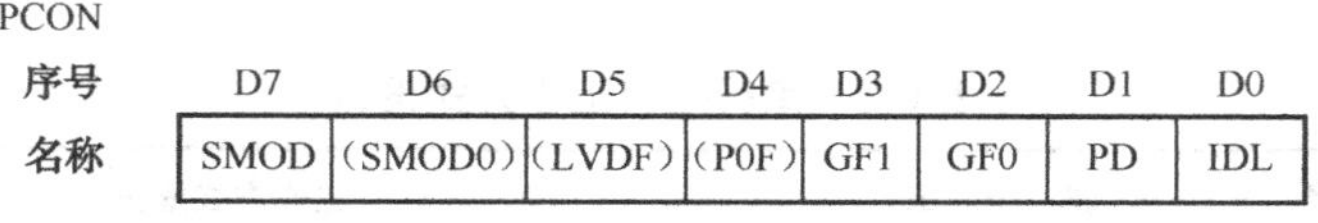

PCON

序号	D7	D6	D5	D4	D3	D2	D1	D0
名称	SMOD	(SMOD0)	(LVDF)	(P0F)	GF1	GF0	PD	IDL

图 6-7 PCON 各位的定义

各位的含义说明如下。

① SMOD：串行接口波特率选择位。

在方式 1、2、3 时，若 SMOD=0，则波特率不变；若 SMOD=1，则波特率乘以 2。

② （SMOD0）、（LVDF）、（P0F）：这三位是 STC 单片机特有的功能位，读者可以参考附录 C 相应的内容，也可查看相关手册，在此不再赘述。

③ GF1、GF0：通用工作标志位，用户可以自由使用。

④ PD：掉电模式设定位。

PD=0，单片机处于正常工作状态。

PD=1，单片机进入掉电（Power Down）模式，可由外部中断低电平触发或下降沿触发或硬件复位模式唤醒。进入掉电模式后，外部晶振、CPU、定时器、串行接口全部停止工作，只有外部中断继续工作。

⑤ IDL：空闲模式设定位。

IDL=0，单片机处于正常工作状态。

IDL=1，单片机进入空闲（Idle）模式，除 CPU 不工作外，其余部分仍正常工作，在空闲模式下可由任意一个中断或硬件复位唤醒。

2）串行接口的工作方式

由前面串行接口的 SM0、SM1 组合知道其工作方式有 4 种。其中方式 0 可用于同步串行输入/输出；方式 1、2、3 主要用于异步串行通信。此外，利用方式 0，也可以实现并行输入/输出接口的扩展。

（1）方式 0。在方式 0 下，串行接口被同步移位寄存器使用，多用于扩展并行输入/输出接口。波特率固定为 fosc/12。

串行接口作为输出时，只要向串行缓冲寄存器 SBUF 写入 1 字节数据后，串行接口就把此 8 位数据以对等的波特率，从 RXD（P3.0）引脚逐位输出（从低位到高位）；此时，TXD（P3.1）引脚输出频率为 fosc/12 的同步移位脉冲。数据发送前，尽管不使用中断，中断标志 TI 还是必须清 0，8 位数据发送完后，TI 自动置 1。如果要再发送，则必须用软件将 TI 清 0。

串行接口作为输入时，RXD 为数据输入端，TXD 仍为同步信号输出端，输出频率为 fosc/12 的同步移位脉冲，使外部数据逐位移入 RXD。当接收到 8 位数据（一帧）后，中断标志 RI 自动置 1。如果再接收，则必须用软件先将 RI 清 0。

（2）方式 1。方式 1 为 10 位数据的异步通信方式，其中 1 个起始位（0），8 个数据位（由低位到高位）和 1 个停止位（1）。波特率由定时器 T1 的溢出率和 SMOD 位的状态确定。其帧结构如图 6-8 所示。

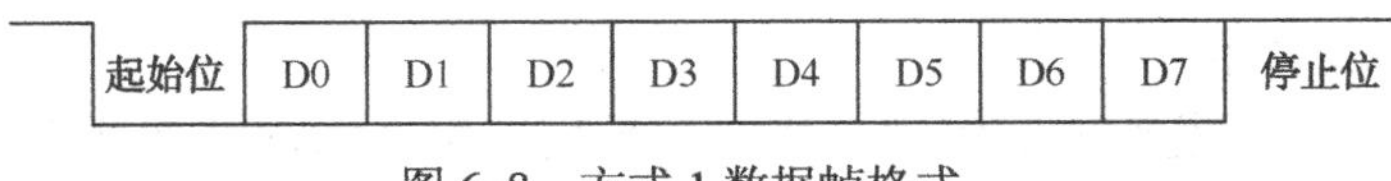

起始位	D0	D1	D2	D3	D4	D5	D6	D7	停止位

图 6-8 方式 1 数据帧格式

在方式 1 中，一条写 SBUF 指令就可以启动数据发送过程。过程如下：发送时，当数据写入发送缓冲寄存器 SBUF 后，启动发送器发送，数据从 TXD 输出。在移位时钟（由波特率确定）的同步下，从 TXD 先送出起始位，然后是 8 位数据位，最后是停止位。这样的一帧 10 位数据发送完后，中断标志 TI 置位为 1。

接收时，在允许接收的条件下（REN=1），当 RXD 出现由 1 到 0 的负跳变时，即确认是串行发送来的一帧数据的起始位，从而启动一次接收过程。当 8 位数据接收完并检测到高电平停止位后，即把接收到的 8 位数据装入 SBUF，置位 RI，一帧数据的接收过程就完成了。

通常在做单片机与单片机串行通信、单片机与计算机串行通信、计算机与计算机串行通信时，基本上都选择方式 1，所以大家一定要掌握该方式。

（3）方式 2、方式 3。方式 2 和方式 3 均为 11 位数据的异步通信方式，其中 1 个起始位（0），8 个数据位（由低位到高位），1 个附加的第 9 位和 1 个停止位（1）。方式 2 和方式 3 除波特率不同外，其他性能完全相同。其帧结构如图 6-9 所示。发送机的第 9 位数据来自该机

SCON 中的 TB8，而接收机将接收到的第 9 位数据送入本机 SCON 中的 RB8。这个第 9 位数据通常用做数据的奇偶检验位，或在多机通信中作为地址/数据的特征位。

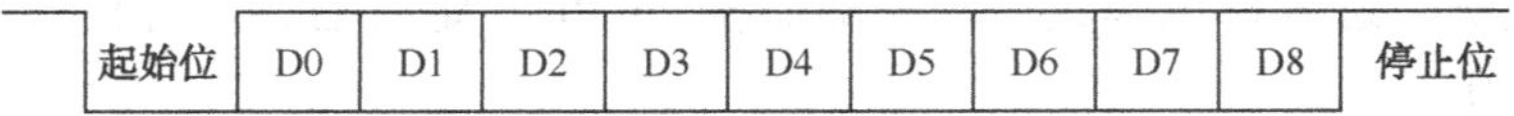

图 6-9　方式 2、方式 3 数据格式

方式 2、3 的工作过程如下：

发送时，先根据通信协议由软件设置 TB8。当 CPU 向发送缓冲寄存器 SBUF 写入一个数据后，便立即启动发送器发送。先发送起始位“0”，接着从低位开始依次输出 8 位数据，再发送 SCON 中的 TB8，最后输出停止位。发送完一帧信息后，发送中断标志 TI 被自动置 1，向 CPU 请求中断。在发送下一帧信息之前，TI 必须在中断服务程序或查询程序中清 0。

接收时，使用与方式 1 类似的方法识别起始位。必须注意，方式 2、方式 3 接收中也设置有数据辨识功能，只有同时满足以下两个条件，即 RI=0 和 SM2=0 或接收到的停止位为 1 时，接收到的数据才有效，才能将接收到的 8 位数据装入 SBUF，第 9 位装入 RB8，并将 RI 置为 1；否则，接收的数据帧无效。

小提示： 串行通信工作在方式 1、2 和 3 时的通信过程总结如下。

发送时，首先将要发送的数据送入 SBUF，即启动发送，数据由 TXD 端引脚串行发送（低位先出，高位后出）。一帧数据发送完毕，自动将 SCON 的 TI 位（SCON.1）置为 1，向 CPU 发出中断申请。CPU 响应中断后用软件将 TI 清 0，随后开始发送下一帧数据。

接收时，将 SCON 的 REN 位（SCON.4）置为 1 时，允许接收，外部数据由 RXD 引脚串行输入（低位先入，高位后入）。一帧数据接收完毕后送入 SBUF，同时将 SCON 的 RI 位（SCON.0）置为 1，向 CPU 发出中断申请。CPU 响应中断后用软件将 RI 清 0，接收到的数据从 SBUF 读出，然后开始接收下一帧。

对于工作方式 0，接收和发送数据都由 RXD 引脚实现，TXD 引脚输出同步移位时钟脉冲信号。

3）串行接口的波特率

在串行通信中，收、发双方对发送或接收的数据速率，即波特率要有一定的约定。通过编程可将单片机串行接口设定为 4 种工作方式。其中方式 0 和方式 2 的波特率是固定的，方式 1 和方式 3 的波特率是可变的，取决于单片机定时器 T1 的溢出率，下面加以分析。

（1）方式 0 和方式 2。方式 0 的波特率是固定的，为时钟频率的 1/12，即

$$波特率=fosc/12$$

例如，一个 12 MHz 的晶振，它的波特率可以达到 1 MBaud。

方式 2 的波特率是固定的，为 fosc/64 或 fosc/32，具体用哪一种取决于 PCON 寄存器中的 SMOD 位，当 SMOD=0 时，波特率为 fosc/64；当 SMOD=1 时，波特率为 fosc/32，即

$$波特率=(2^{SMOD}/64)\times fosc$$

（2）方式 1 和方式 3。方式 1 和方式 3 的波特率是可变的，由单片机定时器 T1 的溢出率和 SMOD 共同决定，即

$$波特率=(2^{SMOD}/32)\times 定时器\ T1\ 的溢出率$$

其中，定时器 T1 的溢出率取决于单片机定时器 T1 的计数速率和定时器的初值。计数速率与 TMOD 寄存器中的 C/位有关，当 C/=0 时，计数速率为 fosc/12；当 C/=1 时，计数速率

为外部输入时钟频率。

实际上，当定时器 T1 作为波特率发生器使用时，通常工作在方式 2 下，即自动重装载的 8 位定时器，此时 TL1 作为计数用，自动重装载的值在 TH1 内。这个定时方式下，定时器溢出后，TH1 的值会自动装载到 TL1，再次开始计数，这样可以不用软件去干预，使定时更准确。若计数的预置值（初始值）为 X，那么每过 256−X 个机器周期，定时器就溢出一次。为了避免溢出而产生不必要的中断，此时应禁止 T1 中断。溢出周期的计算式为

$$溢出周期=12\times(256-X)/fosc$$

溢出率为溢出周期的倒数，所以波特率计算式如下：

$$波特率=\frac{2^{SMOD}}{32}\times\frac{fosc}{12\times(256-X)}$$

下面通过一个实例来讲解如何根据已知的波特率，计算定时器的初值。

实例 6-1　假设串行接口工作在方式 1 下，波特率为 4800 Baud，晶振频率为 11.0592 MHz，定时器 T1 工作在方式 2，SMOD=0，求 TH1 和 TL1 中装入的初值是多少？

解： 设计数的初始值为 X，那么每计 256−X 个数，定时器溢出一次，每计一个数的时间为一个机器周期，一个机器周期等于 12 个时钟周期，因此计一个数的时间为 12/11.0592 μs，那么定时器溢出一次的时间为(256−X)×12/11.0592 MHz(s)。定时器 T1 溢出率为溢出周期的倒数，又因为串行接口方式 1 下的波特率计算式为波特率$=\frac{2^{SMOD}}{32}\times\frac{fosc}{12\times(256-X)}$，且 SMOD=0，有 4800=(1/32)×11 059 200/[12×(256−X)]，求得 X=250，转换成十六进制为 X=0xFA。所以，TH1 和 TL1 中装入的初值为 0xFA。此时，若将 SMOD 的值置为 1，在保持 X 值不变的状态下，通过计算可得此时波特率变为 9600 Baud。

小经验： 在保证定时器初值不变的状态下，通过设置 PCON 寄存器中 SMOD 位的值由 0 变为 1，可以把波特率增加 1 倍。

（3）常用波特率初值。串行接口方式 1 定时器 T1 工作在方式 2 产生常用波特率时，TL0 和 TH0 中装入的初值及产生的误差如表 6.3 所示。

表 6.3　常用波特率初值及误差表

晶振频率（MHz）	波特率（Baud）	定时器 T1 装入初值		误差	
		SMOD=0	SMOD=1	SMOD=0	SMOD=1
11.0592	1200	0xE8	0xD0	0	0
11.0592	2400	0xF4	0xE8	0	0
11.0592	4800	0xFA	0xF4	0	0
11.0592	9600	0xFD	0xFA	0	0
11.0592	19200	—	0xFD	0	0
12.00	1200	0xE6	0xCC	0.16%	0.16%
12.00	2400	0xF3	0xE6	0.16%	0.16%
12.00	4800	0xF9	0xF3	7%	0.16%
12.00	9600	0xFD	0xF9	8.5%	7%

小经验：波特率在计算机通信时是一个很重要的参数，只有上、下位机的波特率一样时才可以进行正常通信。实际项目中常用波特率的取值为 1200 Baud、2400 Baud、4800 Baud、9600 Baud 和 19 200 Baud 等，此时若采用晶振 12 MHz 或 6 MHz，计算出的定时初值将不是一个整数，这样通信时便会产生累积误差，进而产生波特率误差，影响串行通信的同步性能。所以，此时可以调整单片机的时钟频率，通常选用晶振为 11.0592 MHz，便能够非常准确地计算出定时初值。

3. 源程序代码编写

实例 6-2 将 ZXDP-1 实验板通过串行接口与 PC 相连，利用 PC 上串口调试助手向单片机发送数字，单片机接收到数字后以十六进制形式显示在实验板的第一位数码管上，即实现上位机与单片机之间的串行通信。要求串行接口工作在方式 1，波特率为 9600 Baud（查询法）。

小提示：所谓查询法，是指查看中断标志位 RI 和 TI 来接收和发送数据。在这种方式下，当串行接口发送完数据或接收到数据时，仅仅置位相应的标志位而不会以任何其他的形式通知主程序。主程序只能通过定时查询发现标志位的状态改变，从而做出相应的处理。需要注意的是，在此种方式中，标志位的置位由硬件完成，而标志位的清 0 需要由软件进行处理。

程序代码如下：

```
#include <reg52.H>
#define uchar unsigned char
#define uint   unsigned int
uchar code disp_tab[]={0xfc,0x60,0xda,0xf2,0x66,0xb6,0xbe,0xe0,
0xfe,0xf6,0xee,0x3e,0x9c,0x7a,0x9e,0x8e};                /*定义数码管 0～9，a～f*/
uchar dat=0;
sbit C1=P1^5;
//***************************************************
void delayms(uint x)                                    //延时子函数
{
    uchar i,j=0;
    for(i=0;i<x;i++)
        for(j=0;j<125;j++);
}
//***************************************************
void display(uint dat)                                  //数码管显示子函数
{
    C1=0;                                               //数码管位选
    P2=disp_tab[dat];                                   //数码管段选
    delayms(2);
    C1=1;
}
//***************************************************
void init_com ( )                                       //串行接口初始化子函数
{
    SCON=0x50;                                          //允许接收，方式 1
    TMOD=0x20;                                          //定时器 T1 工作在方式 2
    PCON=0x00;                                          //SMOD=0
    TH1=TL1=0xfd;                                       //波特率为 9600 Baud
```

```
        TR1=1;                                              //启动定时器 T1
    }
    //****************************************************
    void main( )
    {
        init_com ( );                                       //串行接口初始化子函数
        while(1)
        {
            if(RI)                                          //如果 RI=1，则接收完毕
            {
                RI=0;                                       //软件清 0
                dat=SBUF;
            }
            display(dat);                                   //调用显示子函数
        }
    }
```

程序代码分析如下：

该段程序主要分为以下三个部分的子函数代码，即串行接口初始化部分子函数、接收部分子函数和数码管显示部分子函数。其中，数码管显示部分子函数在前面已经介绍过，这里不再赘述，下面重点讲解串行接口初始化部分子函数和接收部分子函数。

1）串行接口初始化子程序

进入主程序后，首先执行串行接口初始化子函数 init_com ( )，代码如下：

```
    void init_com()
    {
        SCON=0x50;                                          //允许接收，方式 1
        TMOD=0x20;                                          //定时器 T1 工作在方式 2
        PCON=0x00;                                          //SMOD=0
        TH1=TL1=0xfd;                                       //波特率为 9600 Baud
        TR1=1;                                              //启动定时器 T1
    }
```

其中：

（1）语句“SCON=0x50;”用于设置与单片机串行接口有关的内容，设置如下。

SM0、SM1 为 01，串行接口工作方式 1。

REN=1，串行接口允许接收。

（2）语句“TMOD=0x20;”用于设置与定时器 T1 有关的内容，设置如下。

GATE=0，设置为软件启动。

C/T=0，设置为定时器。

M1、M0 为 10，设置为工作方式 2，即能重复置初始值的 8 位定时器，TL0 和 TH0 必须赋相同的值。

（3）语句“PCON=0x00;”用于设置串行接口通信的波特率，SMOD=0，表示波特率不加倍。

（4）语句“TH1=TL1=0xfd;”用于设定定时器 T1 的初值。由于波特率设置为 9600 Baud，定时器 T1 为工作方式 2，SMOD 为 0，因此产生 9600 Baud 波特率时要求 TH1

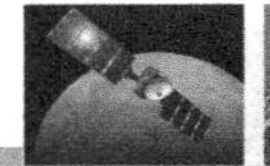

中的初值 X 为 9600=(1/32)×11.0592×10^6/[12×(256−X)]，解得 X=253=0xFD。

（5）语句“TR1=1;”用于启动定时器 T1 工作。

至此，单片机与 PC 实现串行接口通信的准备工作基本上完成了。程序代码继续往下进行，进入 while(1)大循环，即单片机准备开始接收 PC 发送过来的数据。

2）接收部分函数

```
if(RI)                                  //如果 RI=1，则接收完毕
{
    RI=0;                               //软件清 0
    dat=SBUF;                           //把 SBUF 中的数据读入变量 dat
}
```

if 条件逻辑判断，如果接收完毕 RI 置 1，则必须用软件清 0，然后通过语句“dat=SBUF;”把缓冲寄存器 SBUF 中的数据送给变量 dat。此时 dat 的值就是在串口调试助手中输入的数值。最后再通过调用显示子函数把该值显示在第一位数码管上。这样便完成了上位机 PC 发送数字，单片机通过串行接口接收，并通过其外接数码管将接收到的数字显示出来的整个过程。

PC 上安装的串口调试助手发送端的参数设置及发送区如图 6-10 所示。

需要注意的是，PC 和单片机实现串行通信时，通信双方必须要有统一的数据格式和波特率。否则，将无法实现正常的通信。本例当中，串口调试助手中设置的参数：波特率为 9600Baud；帧格式为 10 位，包括 1 位起始位、8 位数据位、1 位停止位，无校验位。就和题目中的要求是一致的。

小经验：在 PC 和单片机的通信中，主机 PC 的通信程序可以用 C 语言编写，也可以用高级语言 VC、VB 来编写。但最简单的方法是在 PC 上安装串口调试助手应用软件，只要设定好波特率等参数就可以直接使用，用户无须再自己编写通信程序了。

3）调试并运行程序

将程序编译后下载到实验板上，同时运行 PC 上的串口调试助手软件，按照上述内容设置好波特率等参数，如图 6-10 所示。在串口调试助手的“字符发送区”输入要发送的数字，如数字“3”，然后单击“发送字符/数据”按钮。此时，可以看到实验板上的第一位数码管对应显示出数字“3”，如图 6-11 所示。

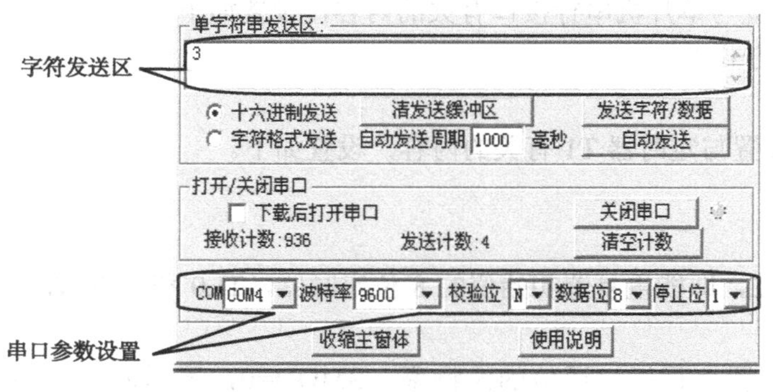

图 6-10　串口调试助手发送端

图 6-11　单片机数据接收并显示效果图

上例中给大家讲解了单片机作为接收端接收上位机发出的数字的整个过程，下面再通过两个具体的实例，来介绍一下单片机收到上位机发来的信息后，再发送一个新的信息给上位

机的过程，即实现单片机与PC之间的收、发双向通信。

实例6-3　在上位机PC上利用串口调试助手向单片机发送一个字符X，单片机收到字符后返回给上位机一句字符串“I receive X”，并在串口调试助手接收区显示该字符串。要求串行接口工作在方式1，波特率为9600 Baud。（中断法）。

程序代码如下：

```
#include <reg52.h>
#define uchar unsigned char
#define uint unsigned int
unsigned char flag,dat,i;
uchar code tab[]="I receive ";
//*****************************************************
void init_com()                          //初始化设置子函数
{
    TMOD=0x20;
    TH1= TL1=0xfd;
    TR1=1;
    REN=1;
    SM0=0; SM1=1;
    EA=1;
    ES=1;
}
//*****************************************************
void main()                              //主函数
{
    init_com();
    while(1)
    {
        if(flag= =1)
        {
            ES=0;
            for(i=0;i<10;i++)            //发送"I receive "字符部分
            {
                SBUF=tab[i];
                while(!TI);
                TI=0;
            }
            SBUF=dat;                    //发送串行接口输入字符部分
            while(!TI);
            TI=0;
            ES=1;
            flag=0;
        }
    }
}
//*****************************************************
void ser() interrupt 4                   //串行接口中断服务函数
{
```

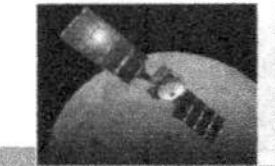

```
        RI=0;
        dat=SBUF;                               //串行接口接收数据
        flag=1;
    }
```

程序代码分析如下：

（1）在进入主函数之前，先利用语句“uchar code tab[]="I receive ";”定义一个字符型的编码数组，目的在于能够在串口调试助手的接收区显示接收到的字符。由项目 3 中数组部分的内容，知道当数组中的元素为字符串时，应用双引号将字符串引起来，其中引号中的空格也算一个字符。因为字符串是由一个一个字符组成的，因此也可以书写为另外一种方式“uchar code tab[]={'I',' ','r','e','c','e','i','v','e',' '};”，这里每个字符用两个单引号引起来，元素之间用逗号隔开，空格也算一个字符。方便起见，建议大家采用第一种方式。

（2）初始化设置子函数“void init_com()”中的语句注释如下。

```
TMOD=0x20;                      //设定定时器 T1 工作方式 2
TH1= TL1=0xfd;                  //定时器 T1 装初值，设定波特率为 9600 Baud
TR1=1;                          //开启定时器 T1
REN=1;                          //允许串行接口接收
SM0=0; SM1=1;                   //设定串行接口工作方式 1
EA=1;                           //开总中断
ES=1;                           //开串行接口中断
```

和实例 6-2 中串行接口初始化子函数相比，本例中的串行接口初始化部分采用了位定义的方式对寄存器 SCON 进行设置，即语句“REN=1;”、“SM0=0; SM1=1;”和语句“SCON=0x50;”表达的含义相同。之所以能够这样编写程序，原因在于寄存器 SCON 字节地址为 98H，可位寻址；此外，本例中省去了语句“PCON=0x00;”，这是因为在单片机复位后，寄存器 PCON 各位全部清 0，所以 SMOD 位也为 0，表示波特率不加倍。以上两点，希望初学者注意。

另外，在该子函数中没有看到开定时器 T1 中断的语句，因为定时器 T1 工作在方式 2 时为 8 位自动重装方式，单片机进入中断后无事可做，因此无须打开定时器 T1 的中断，更不用编写定时器 T1 的中断服务程序，这点大家也应该理解。

（3）串行接口中断服务子函数“void ser() interrupt 4”，该段程序主要完成以下三个任务。

① 将 RI 位清 0。在程序中既然产生了串行接口中断，肯定是单片机收到或发送了数据，因为开始时没有发送任何数据，因此必然是接收到了数据，此时 RI 会被硬件置为 1，进入串行接口中断服务程序后必须由软件将其清 0，以便能产生下一次中断。

② 将 SBUF 中的数据读取送给 dat，这才是进入中断服务程序的最主要目的。

③ 将标志位 flag 置 1，目的是在主程序中查询判断是否已经收到了数据。

（4）进入主函数后，先进行初始化设置，随后进入大循环 while(1)语句后，一直在检测标志位 flag 是否为 1。当检测到 flag 为 1 时，说明程序已经执行过串行接口中断服务程序，即接收到了数据，否则继续检测 flag 的状态。检测到 flag 为 1 后，先将 ES 清 0，目的是为接下来发送数据做准备，若不关闭串行接口中断，当发送完数据后，单片机仍然会申请串行接口中断，便再次进入中断服务程序，flag 又被置为 1，主程序检测到 flag 为 1，又要回到此处再次发送数据，如此反复下去，便形成了死循环，造成错误的假象。因此，在发送数据之前把

串行接口中断关闭，等发送完数据后再打开串行接口中断，这样便可以安全地发送数据了。

（5）发送数据时，语句“for(i=0;i<10;i++)”的作用是要发送“I receive ”这 10 个固定的字符。首先将前面数组中的字符依次发送出去，然后再接着发送从中断服务程序中读回来的 SBUF 中的数据。当向 SBUF 中写入一个数据后，使用语句“while(!TI);”等待是否发送完毕。当发送完毕后，TI 由硬件自动置 1，然后再退出“while(!TI);”语句，最后再将 TI 手动清 0。

（6）接收数据时，利用语句“dat=SBUF;”，单片机便会自动将串行接口接收到的寄存器的数据取走送给 dat。

将程序编译后下载到实验板上，同时运行 PC 上的串口调试助手软件，并设置好波特率等参数后在串口调试助手的“字符发送区”输入要发送的数字，如“1”、“2”、“3”、“f”、“y”、“z”，然后单击“发送字符/数据”按钮。此时，在串口调试助手的接收/键盘发送缓冲区会看到相应的字符串显示，如图 6-12 所示。

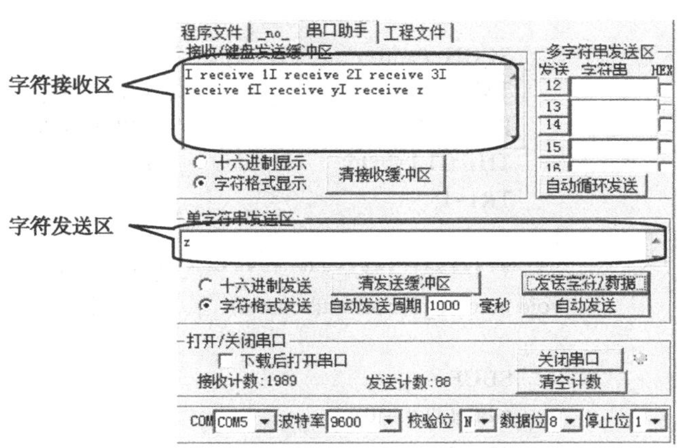

图 6-12　串口调试助手显示数据、接收

小提示：在具体操作单片机串行接口之前，需要对单片机与串行接口有关的特殊功能寄存器进行初始化设置，主要包括设置产生波特率的定时器 T1、串行接口控制和中断控制，具体步骤如下。

（1）确定定时器 T1 的工作方式（编程 TMOD 寄存器）。

（2）计算定时器 T1 的初值，装载 TH1、TL1。

（3）启动定时器 T1（编程 TCON 中的 TR1 位）。

（4）确定串行接口工作方式（编程 SCON 寄存器）。

（5）串行接口工作在中断方式时，要进行中断的设置（编程 IE、IP 寄存器）。

下面利用实验板上的按键来控制单片机串行接口的接收数据并在串口调试助手上显示，进一步掌握单片机串行接口与 PC 实现双向通信的过程。

实例 6-4　在上位机 PC 上利用串口调试助手向单片机发送数字并以十六进制形式在第一位数码管上显示；然后按下 ZXDP-1 实验板上的第一个按键 KEY1，串口调试助手接收区上会显示一行字符串“Receiving From 8051...”（查询法）。

程序代码如下：

```
#include<reg52.h>
#define uchar unsigned char
#define    uint unsigned int
uchar code disp_tab[]={0xfc,0x60,0xda,0xf2,0x66,0xb6,0xbe,0xe0,
                    0xfe,0xf6,0xee,0x3e,0x9c,0x7a,0x9e,0x8e};   /*定义数字 0~F 字形显示码*/
sbit C1=P1^5;                        //数码管位选
sbit S1=P3^2;                        //按键用 S1 表示
uchar dat;
//*****************************************************
void delayms(uint x)                 //延时子函数
{
```

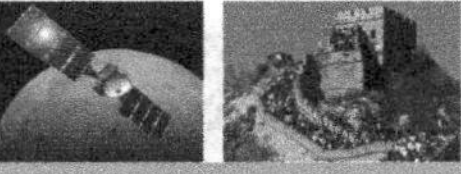

```
    uchar i,j=0;
    for(i=0;i<x;i++)
        for(j=0;j<125;j++);
}
//*************************************************
void init_com()                          //初始化设置
{
    SCON=0x50;
    TMOD=0x20;                           //定时器 T1 工作在方式 2
    PCON=0x00;                           //SMOD=0
    TH1=TL1=0xfd;                        //波特率为 9600 Baud
    TR1=1;
}
//*************************************************
void putc_to_SerialPort(uchar c)         //发送单个字符
{
    SBUF = c;
    while(TI = = 0);
    TI = 0;
}
//*************************************************
void puts_to_SerialPort(uchar *s)        //发送字符串
{
     while(*s != '\0')
    {
        putc_to_SerialPort(*s);
        s++;
        delayms(5);
    }
}
//*********************************************
void display(uint dat)                   //数码管显示子函数
{
    C1=0;
    P2=disp_tab[dat];
    delayms(2);
    C1=1;
}
//*********************************************
void rece_dat()                          //接收子函数
{
    if(RI)
    {
        dat=SBUF;
        RI=0;
    }
}
//*********************************************
```

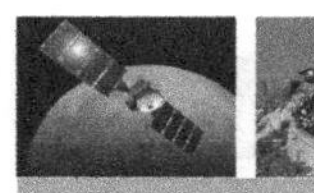

```
void main()
{
    init_com();
    while(1)
    {
        if(S1= =0)
        {
            while(!S1);
            puts_to_SerialPort("Receiving From 8051...\r\n");
        }
        rece_dat();
        display(dat);
    }
}
```

程序代码分析如下：

（1）发送单个字符子函数。

```
void putc_to_SerialPort(uchar c)        //发送单个字符
{
    SBUF = c;
    while(TI = = 0);
    TI = 0;
}
```

此函数中如果 TI= =0，说明没有接收完，继续等待直到不满足 while 循环条件后执行下一条语句，即软件将 TI 清 0。

（2）发送字符串子函数。

```
void puts_to_SerialPort(uchar *s)       //发送字符串
{
    while(*s != '\0')
    {
        putc_to_SerialPort(*s);
        s++;
        delayms(5);                     //发送字符串的时间间隔
    }
}
```

此函数中用指针变量的方法发送字符串，即把发送的字符串首地址赋给指针变量 s，*s 指向此变量。调用发送单个字符函数发送第一个字符后变量 s 自增 1，指针指向下一个字符，依次发送，直到字符串的最后一个标志'\0'结束发送。

（3）按键消抖，并发送相应的字符串。

```
if(S1= =0)
{
    while(!S1);
    puts_to_SerialPort("Receiving From 8051...\r\n");
}
```

主函数中的这几条语句中，if 判断按键是否按下，然后 while 循环等待按键弹起的时候发送字符串。在字符串输出时要注意，实现换行不能仅输出\n，要输出\r\n 实现回车换行。

（4）程序运行结果。上位机接收端的接收数据显示如图 6-13 所示，实验板数据接收端数据显示如图 6-14 所示。

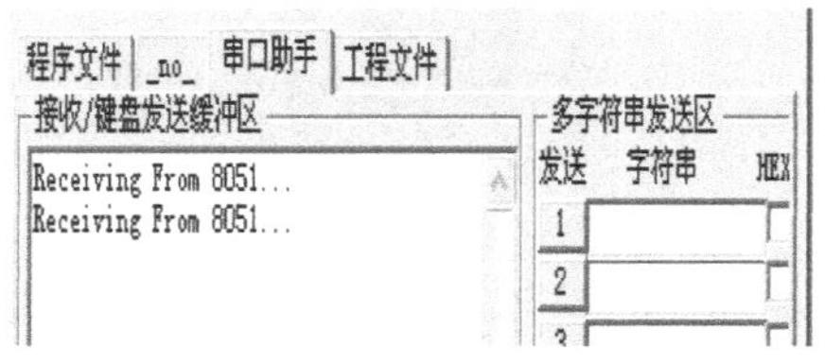

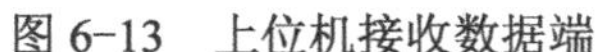

图 6-13　上位机接收数据端

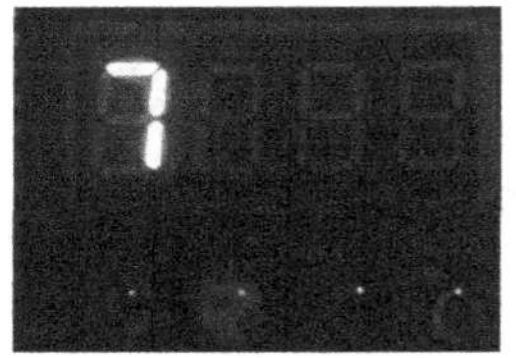

图 6-14　实验板上显示相对应的数值效果图

小提示：数据传送可采用中断和查询方式。无论哪种方式，都要借助 TI 或 RI 标志位。串行接口发送时，当 TI 置 1 时（发送完一帧数据后）向 CPU 申请中断，在中断服务程序中要用软件把 TI 清 0，以便发送下一帧数据。采用查询方式时，CPU 不断查询 TI 的状态，只要 TI 为 0 就继续查询，TI 为 1 就结束查询。TI 为 1 后也要及时用软件把 TI 清 0，以便发送下一帧数据。

知识链接：串行口通信基础知识与 C 语言指针

1．单片机通信相关知识介绍

随着多微机系统的广泛应用和计算机网络技术的普及，计算机的通信功能越来越重要。单片机通信指的是单片机与外围器件之间、单片机与单片机之间、单片机与计算机之间的数据交换与指令的传输。

1）通信方式

单片机的通信方式可以分为并行通信和串行通信两种。在多微机系统及现代测控系统中，信息的交换多采用串行通信方式。

（1）并行通信是指通过多条传输线路交换数据，数据的各位同时进行传输。如图 6-15 所示是 8 条数据总线的通信系统，一次传输 8 位数据（1 字节）。

（2）串行通信是指使用一条数据线，将数据一位一位地依次传输。如图 6-16 所示，对于 1 字节的数据，至少要分为 8 位才能传送完毕。使用串行接口通信时，在发送时，要把并行数据变成串行信号发送到线路上；接收时，要把串行信号变换成并行数据，这样才能被计算机及其他设备处理。

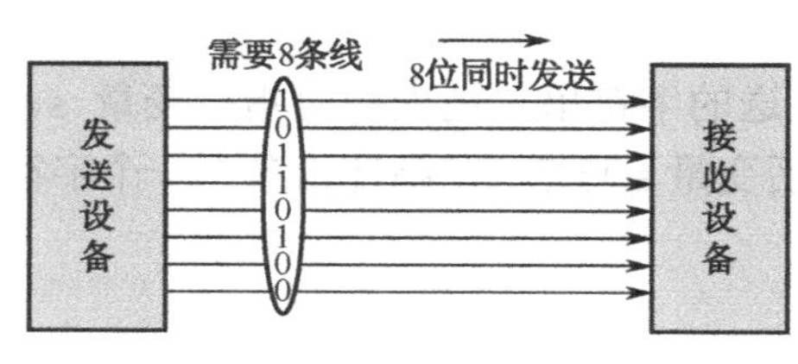

图 6-15　并行通信方式

图 6-16　串行通信方式

其实，所谓的并行和串行仅是指 I/O 接口与 I/O 设备之间的数据交换是并行或串行。无论怎样，CPU 与 I/O 接口之间的数据通信总是并行的。

小提示：串行通信与并行通信的比较。

并行通信中，信息传输的位数和数据位数相等，通信控制简单、传输速率高，但传输距离短，一般不超过 30 m，且硬件接线成本高（要采用多条数据线），如传统的打印机采用

并行接口方式与计算机相连。

串行通信中，数据是一位一位地按顺序传送。尽管比并行通信速度慢，但是串行通信可以在使用一根线发送数据的同时用另一根线接收数据；结构简单、传输线少、能够实现远距离通信，通信距离可以从几米到几千米，应用广泛，如计算机上 9 针插座（俗称串行接口）就是串行通信。

2）串行通信操作模式

在串行通信中数据是在两个站之间进行传送的，根据信息的传送方向，串行通信可以分为单工、半双工、全双工 3 种操作模式。如图 6-17 所示为三种模式的示意图。

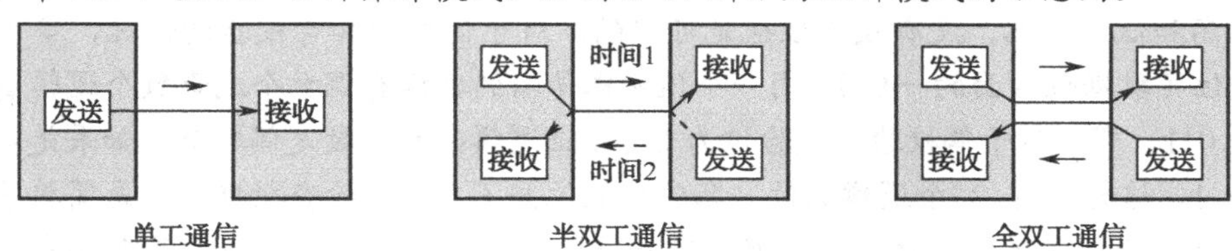

图 6-17　串行通信常用操作模式示意图

在单工模式下，通信线的一端是发送器，另一端是接收器，数据只能按照一个固定的方向传送，常用于串行接口的打印数据与简单系统的数据采集。

在半双工模式下，系统的每个通信设备都由一个发送器和一个接收器组成，数据可实现双向传送，但同一时刻只能有一个站发送，一个站接收；两个方向上的数据传送不能同时进行，即只能一端发送，一端接收。实际常用某种协议实现收/发开关转换，其收发开关一般是由软件控制的电子开关。

全双工通信系统的每端都有发送器和接收器，可以同时发送和接收，即数据可以在两个方向上同时传送。这好像人们平时打电话一样，说话的同时也能够听到对方的声音。

在实际应用中，尽管多数串行通信接口电路都具有全双工功能，但在一般情况下，只工作于半双工模式下，该用法简单、实用。

3）串行通信的参数

串行通信最重要的参数是波特率、数据位、停止位和奇偶校验。对于两个进行通信的接口，这些参数必须匹配。

（1）波特率。波特率是衡量通信速度的参数，它表示每秒钟传送的位的个数。波特率越高，数据传输的速度就越快。例如，300 波特率表示每秒钟发送 300 个位。当提到时钟周期时，其实就是指波特率。例如，如果协议需要 4800 波特率，那么时钟就是 4800 Hz。这意味着串行通信在数据线上的采样率为 4800 Hz。通常电话线的波特率为 14 400、28 800 和 36 600。波特率可以远远大于这些值，但是波特率和距离成反比。高波特率常常用于放置得很近的仪器之间的通信，典型的例子就是 GPIB（通用接口总线）设备的通信。

（2）数据位。数据位是衡量通信中实际数据位的参数。当计算机发送一个信息包时，实际的数据不会是 8 位的，标准的值是 5、7 和 8 位，如何设置取决于想传送的信息。例如，标准的 ASCII 码是 0～127（7 位），扩展的 ASCII 码是 0～255（8 位）。如果数据使用简单的文本（标准 ASCII 码），那么每个数据包使用 7 位数据。每个包是指 1 字节，包括开始/停止位、数据位和奇偶校验位。由于实际数据位取决于通信协议的选取，术语“包”指任何通信的情况。

（3）起始位。起始位一般位于一个信息包的开头，只占一位，为逻辑 0 低电平，用于向接收设备表示发送端开始发送一个数据包的信息。

（4）停止位。停止位用于表示单个包的最后一位，为逻辑 1 高电平，典型的值为 1、1.5 和 2 位。由于数据是在传输线上定时的，并且每一个设备有其自己的时钟，很可能在通信中两台设备间出现了小小的不同步，因此停止位不仅表示传输的结束，并且提供计算机校正时钟同步的机会。适用于停止位的位数越多，不同时钟同步的容忍程度就越大，但是数据传输率同时也越低。

（5）奇偶校验位。奇偶校验位是串行通信中一种简单的检错方式，包括 4 种检错方式：偶、奇、高和低。当然，没有校验位也是可以的。对于偶校验和奇校验的情况，串行接口会设置校验位（数据位后面的一位），用一个值确保传输的数据有偶数个或奇数个逻辑高位。例如，数据 011，那么对于偶校验，校验位为 0，保证逻辑高的位数是偶数个；如果是奇校验，校验位为 1，这样就有 3 个逻辑高位。高位和低位并不真正地检查数据，而是简单置位逻辑高或逻辑低校验。这样使接收设备能够知道一个位的状态，有机会判断是否有噪声干扰了通信或判断传输和接收数据是否不同步。

4）串行通信的分类

按照串行数据的时钟控制方式，串行通信可分为同步通信和异步通信两类。

（1）异步通信（Asynchronous Communication）。

异步通信是指通信的发送和接收设备使用各自的时钟控制数据的发送和接收过程。收、发两端不存在严格一致的码元定时脉冲。在异步通信中，数据通常是以字符为单位组成字符帧传送的。字符帧由发送端一帧一帧地发送，每一帧数据是低位在前，高位在后，通过传输线被接收端一帧一帧地接收。接收端依靠字符帧格式来判断发送端是何时开始发送、何时结束发送的。

异步通信一帧字符信息由 4 部分组成：起始位、数据位、奇偶校验位和停止位，如图 6-18 所示。两个相邻字符帧之间可以没有空闲位，也可以有若干空闲位，这由用户来决定。

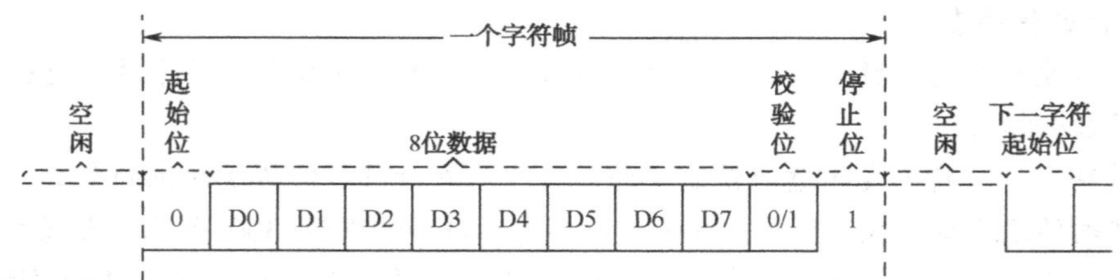

图 6-18 异步通信数据格式

由于异步通信不要求收、发双方有严格一致的时钟，因此实现比较容易，但每个字符要附加 2～3 位用于起止位，各帧之间还有间隔，因此传输效率不高。例如，如图 6-18 所示的一个字符帧中，每 8 bit 要多传送 3 bit，总的传输负载就增加 37.5%。对于数据传输量很小的低速设备来说问题不大，但对于那些数据传输量很大的高速设备来说，37.5%的负载增值就相当严重了。因此，异步通信常用于低速设备。

在单片机与单片机之间、单片机与计算机之间通信时，通常采用异步串行通信方式。

（2）同步通信（Synchronous Communication）。

同步通信是指通信时要建立发送方时钟对接收方时钟的直接控制，使双方达到完全同步。同步通信是一种连续串行传送数据的通信方式，一次通信只传输一帧信息。这里的信息帧和异步通信的字符帧不同，通常包括若干个数据字符，每个字符都有自己的开始位和停止位，它不是独立地发送每个字符，而是把它们组合起来一起发送，将这些组合称为同步数据帧，如图 6-19 所示。

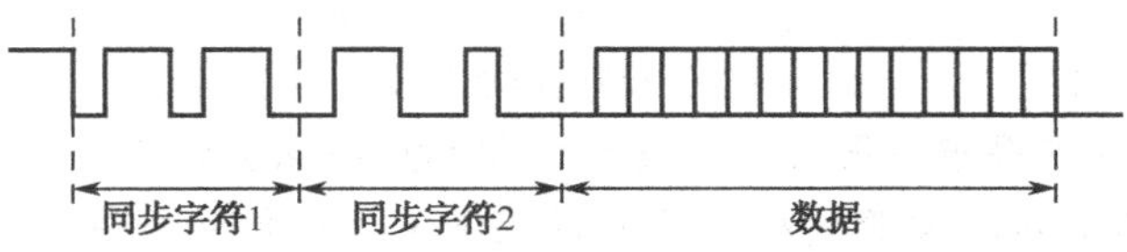

图 6-19　同步通信数据格式

同步数据帧的第一部分包含一组同步字符，它是一个独特的比特组合，类似于前面提到的起始位，用于通知接收方一个帧已经到达，但它同时还能确保接收方的采样速度和比特的到达速度保持一致，使收、发双方进入同步。帧的最后一部分是一个帧结束标记。与同步字符一样，它也是一个独特的比特串，类似于前面提到的停止位，用于表示在下一帧开始之前没有别的即将到达的数据了。

同步通信通常要比异步通信快速得多，接收方不必对每个字符进行开始和停止的操作。一旦检测到帧同步字符，它就在接下来的数据到达时接收它们。另外，同步通信的开销也比较少。例如，一个典型的帧可能有 500 字节（即 4000 bit）的数据，其中可能只包含 100 bit 的开销。这时，增加的比特位使传输的比特总数增加 2.5%，这与异步传输中 25%的增值要小得多。随着同步数据帧中实际数据比特位的增加，开销比特所占的百分比将相应减少。但是，数据比特位越长，缓存数据所需要的缓冲区也越大，这就限制了一个帧的大小。另外，帧越大，它占据传输媒体的连续时间就越长，就有可能导致其他用户等得太久。

小提示：（1）同步通信与异步通信的主要差别。异步通信是“起—止”同步（Start—Stop Mode）方式的通信，即以起始位开始、停止位结束的一个字符内按约定频率进行同步接收。各字符之间允许有间隙，且两个字符之间的间隔不固定；在同步通信方式中，不仅同一字符中的相邻两位间的时间间隔要相等，而且字符间的间隔也要求相等。

（2）同步通信与异步通信的优、缺点。同步通信的优点是数据传输速率高，通常可达到 56 kb/s 甚至更高；其缺点是要求发送时钟和接收时钟必须保持严格同步，故实现起来较难，设备复杂。异步通信的优点是不需要传送同步时钟，字符帧长度不受限制，故设备简单；其缺点是字符帧中因包含起始位、校验位和停止位而降低了有效数据的传输效率。

2. C 语言中指针的介绍

在实例 6-4 的程序代码中使用了指针变量，下面简单介绍指针的相关知识。指针是 C 语言的一个特殊变量，它存储的数值被解释成内存里的一个地址。利用指针可以直接且快速地处理内存中各种数据结构的数据，尤其是数组、字符串、内存的动态分配等，它为函数之间各类数据的传递提供了简捷的方法。指针的概念比较复杂、抽象，使用也比较灵活，但使用上的灵活性容易导致指针滥用而使程序失控。因此，必须全面、正确地掌握 C 语言中指针的概念及其特点。

1）指针与指针变量

（1）内存单元和地址。在计算机中，运行的程序和数据都是存放在计算机的内存中的。内存的基本单元是字节（Byte），一般把存储器中的 1 字节称为一个内存单元，不同

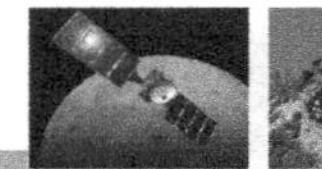

的数据类型所占用的内存单元数不同，如整型量占用 2 个单元，字符量占用 1 个单元等。为了正确访问内存单元，必须给每个内存单元一个编号，该编号称为该内存单元的地址。

（2）变量和地址。程序中每个变量在内存中都有固定的位置，有具体的地址。由于变量的数据类型不同，它所占用的内存单元数也不相同。例如，定义如下变量：

```
int a=8,b=10;              //定义整型变量 a=8,b=10
float x=3.5,y=5.5;         //定义单精度浮点型变量 x=3.5,y=5.5
```

其中，整型变量在内存中占用 2 字节地址；单精度浮点型变量占用 4 字节地址。由于计算机内存是按字节编址的，设变量从内存中的 2000H 单元开始存放，则编译系统对变量在内存单元的分配情况如图 6-20 所示。

变量 a 在内存中的地址为 2000H，占用 2 字节后，变量 b 的内存地址就为 2002H，同理变量 x 的地址为 2004H，占用 4 字节后，变量 y 的地址为 2008H。

	…	
2 000H	8	变量a
2 002H	10	变量b
2 004H	3.5	变量x
2 008H	5.5	变量y
	…	

图 6-20　变量在内存中的分配

小提示：（1）数据在内存中的存储方式，按数据类型在内存中为其分配一定数量的存储单元（字节）。

（2）内存单元的地址，内存单元的编号，与变量名对应。

（3）内存单元的内容，即变量的值。

（3）指针与指针变量的定义。

如上所述，对内存单元的访问，如果是将数据直接输入到变量的地址所指示的内存单元，则这种按变量的地址（即变量名）存取变量值的方式称为“直接访问”方式，如图 6-21 所示。

在访问变量时，首先应找到其在内存中的地址，或者说一个地址唯一指向一个内存变量，称这个地址为变量的指针。如果将变量的地址保存在内存的特定区域，用变量来存放这些地址，这样的变量就称为指针变量。因此，这种将变量的地址放在另一个内存单元中，先到另一个内存单元中取得变量的地址，再由变量的地址找到变量并进行数据存取的方式称为“间接访问”方式，如图 6-22 所示。变量 pointer 为指针变量，存放的是变量 a 的内存地址，可以说 pointer 指向 a。所以，变量的地址就是指针，存放指针的变量就是指针变量。

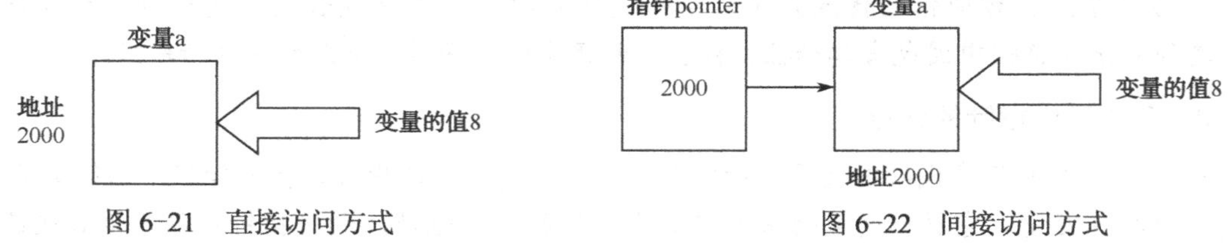

图 6-21　直接访问方式　　　图 6-22　间接访问方式

指针变量与 C 语言中其他变量一样，在使用前也必须先定义。指针变量定义的一般形式如下：

```
数据类型    *变量名
```

其中，*表示一个指针变量；变量名表示用户定义的指针变量名称；数据类型表示该指针变量所指向对象（变量、数组或函数等）的数据类型。例如：

```
int *ptr;    /* 这里的ptr（而不是*ptr）可以看做是一个指向整型变量的指针变量，它的值是某整型变量的地址。至于是指向哪一个整型数据是由ptr所赋予的地址决定的 */
```

小提示：定义任何一个指针变量时，指针变量名前面都必须有星号“*”。标识符前面的“*”，表示该变量为指针变量，但指针变量名是*后面的名字（不包括“*”）。

2）指针变量的运算

指针变量的运算种类是有限的，它只能进行赋值运算、加减运算及关系运算。除此之外，还可以赋空值（NULL）。这里仅对几种常用的运算符及其使用方法进行介绍。

（1）取地址运算。取地址运算符“&”是单目运算符，其功能是取变量的地址。例如：

```
int *a_ptr;     //定义一个指向整型变量 a 的指针变量 a_ptr
a_ptr=&a;       //变量 a 的地址送给指针变量 a_ptr，如图 6-22 所示，a_ptr=2000
```

（2）取内容运算。取内容运算符“*”是单目运算符，用来表示指针变量所指单元的内容，在星号“*”运算符之后必须跟一个指针变量。例如：

```
m=*a_ptr;       //假设 a_ptr 所指向的单元 2000 的内容为 8，则 m=8
```

小提示：取内容运算符“*”和指针变量说明中的指针说明符“*”不是一回事。在指针变量说明中，“*”是类型说明符，表示其后面的变量是指针类型；而表达式中出现的“*”则是一个取内容运算符，用以表示指针变量所指向的变量的值。

（3）指针变量的赋值运算。

① 把一个变量的地址赋予指向相同数据类型的指针变量。例如：

```
int a, *a_ptr;
a_ptr=&a;               //把整型变量 a 的地址送给整型指针变量 a_ptr
```

② 把一个指针变量的值赋予指向相同数据类型的另一个指针变量。例如：

```
int a, *a_ptr, *b_ptr;
a_ptr=&a;               //把整型变量 a 的地址送给整型指针变量 a_ptr
b_ptr=a_ptr;            /*将整型指针变量 a_ptr 的值（变量 a 的地址）赋给指针变量 b_ptr，两个指
针变量都指向 a   */
```

小提示：因为 a_ptr 和 b_ptr 都是指向整型变量的指针变量，因此可以相互赋值。

③ 把数组的首地址赋给指向数组的指针变量。例如：

```
int b[8], *b_p;
b_p=b;                  //将数组名（一个数组的首地址）直接赋给一个相同类型的指针变量 b_p
```

也可以写成：

```
b_p=& b[0];             //数组第一个元素的地址也是整个数组的首地址，
                        //也可以直接赋给指针变量 b_p
```

同样，也可以采用初始化赋值的方法：

```
int b[8], *b_p=b;
```

这种方法在编程中经常用到，初学者应该注意。

④ 把字符串的首地址赋给指向字符类型的指针变量。例如：

```
char *str;
str="hi C Language";        //将字符串的首地址赋给一个字符型的指针变量 str
```

这里需要强调的是，并不是把整个字符串装入指针变量，而是把存放该字符串的字符数组的首地址装入指针变量。

⑤ 把函数的入口地址赋给指向函数的指针变量。例如：

```
int (*pf)();
pf=m;                   // m 为函数名，该函数的值的类型为整型
```

（4）指针变量的加/减运算。只能对指向数组指针的指针变量进行指针变量的加/减运算，对指向其他类型的指针变量进行加/减运算是毫无意义的。例如：

```
char *str1, str2;
str1++;            //str1 指向下一个数组元素
str2--;            //str2 指向上一个数组元素
```

小提示：指针变量进行加/减运算的意义是把指针指向的当前位置（指向某数组元素）向前或向后移动若干个位置。数组可以有不同的类型，各种类型的数组元素所占的字节长度是不同的，如指针变量加1，即向后移动1个位置，表示指针变量指向下一个数据元素的地址，而不是在原来地址的基础上加1。

（5）指针变量的关系运算。指向同一数组的两指针变量进行的关系运算可表示为它们所代表的地址之间的关系。例如：

```
a= =b;             //若关系式成立，则表示 a 和 b 指向同一数组元素
a<b;               //若关系式成立，则表示 a 处于比 b 更低的地址位置
a>b;               //若关系式成立，则表示 a 处于比 b 更高的地址位置
```

（6）指针变量的空运算。对指针变量赋空值和不赋值是不同的。指针变量未赋值时，其值可以是任意的，是不能用的，否则将造成意外错误。而指针变量赋空值之后，则可以使用，只是它此时并不指向某一个具体的变量。例如：

```
#define NULL 0
int *p=NULL;             //将指针变量 p 赋空值
```

任务小结

本任务中，通过具体实例给大家详细讲解了上位机PC与单片机的串行通信接口及编程应用。本任务重点内容如下：

（1）上位机PC与单片机的通信的硬件接口电路；

（2）通信波特率的计算及设置方法；

（3）串行接口的工作方式选择和初始化方法。

（4）上位机PC与单片机的通信程序设计的两种基本方法——查询方式和中断方式的编程原理及技巧；

（5）C语言中的指针介绍。

任务6.2　单片机之间双机通信的设计

在上一任务中学习了上位机PC与单片机之间的通信，在实际应用中还需要单片机与单片机之间的通信，以增加控制的有效性。因此，本任务设计了单片机之间的双向通信，使大家进一步学习单片机串行接口的使用方法。

6.2.1　任务要求

本任务是以51系列单片机最小系统为核心来实现双机通信的。发送与接收各使用一套51单片机系统，称为甲机和乙机。编写程序，使甲、乙两个单片机能够进行串行通信。要求如下：

（1）甲机通过按键控制乙机 LED 灯的亮灭，同样接收乙机发送的数据并在其外接的数码管上显示。

（2）乙机接收甲机发送的信息并在其 LED 灯上显示；同样也通过按键向甲机发送数据，甲机接收到信息后也做出相应的显示，即完成甲、乙两机间发送与接收的双向通信过程。

6.2.2　任务实现

1．硬件电路的设计

电路原理图如图 6-23 所示，两个单片机串行接口相连，即甲机的发送端 TXD（P3.1 引脚）接乙机的接收端 RXD（P3.0 引脚），甲机的接收端 RXD（P3.0 引脚）接乙机的发送端 TXD（P3.1 引脚）。对于甲机，P0 口还外接一个共阴极 LED 数码管，P1.0、P1.3 引脚各外接一个 LED 发光二极管并经过电阻接到+5 V 电源上，P1.7 引脚外接按键 K1；同样，对于乙机，P1.0、P1.3 引脚也各外接一个 LED 灯并经过电阻接到+5V 电源上，P1.7 引脚外接按键 K2。

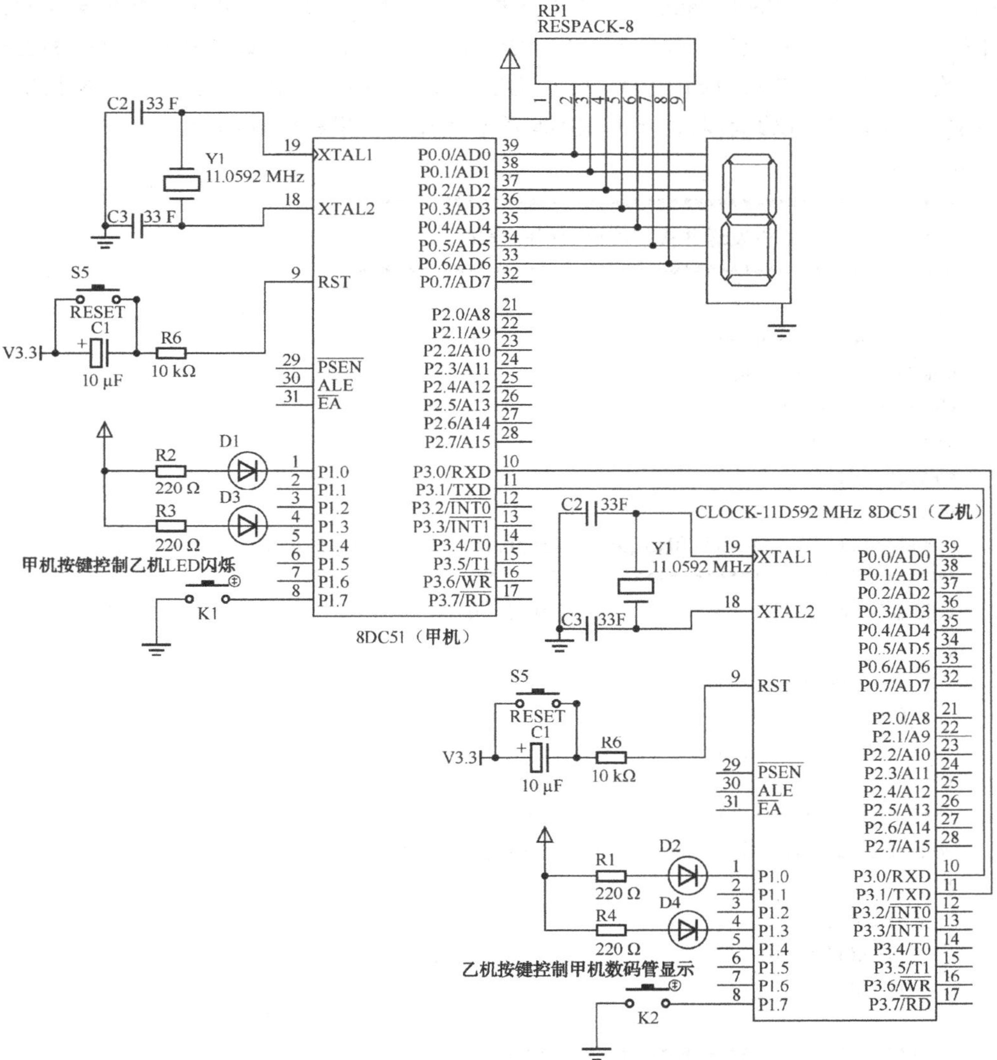

图 6-23　单片机之间双机通信电路原理图

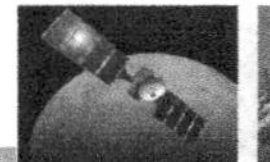

2．软件的设计思路

从图 6-23 可以看出，甲、乙两机的参数设置相同。由任务 1 中的内容可知，甲、乙两机在进行串行通信时只要设置了相同的串行接口工作模式、波特率、定时器、中断等参数便可实现，具体设置步骤和方法请读者参见任务 1，这里不再赘述。

由于本任务要实现的是甲、乙两机的双向通信，即甲机既能够发送信息给乙机，也能够接收乙机发送来的信息；同样，乙机既能够接收甲机发送来的信息，也能够发送信息给甲机。因此，在程序设计时，对甲机而言，可以把甲机将要发送的控制信息直接送给缓冲区 SBUF（此方法前面已经讲到）；而甲机接收的数据可以采用串行接口中断程序，即一个串行帧（字符）接收完毕时会触发串行中断标志 RI（硬件置位），因此串行接口中断程序内用 if(RI)来判断接收完乙机发送的数据。同理，乙机接收甲机发来的数据信息和发送信息给甲机的程序也可以通过此种方式来编写。

实例 6-5 编程实现两单片机之间的双向串行通信。要求甲、乙两个单片机串行接口工作在方式 1，波特率为 9600 Baud。甲机第一次按 K1 键后，乙机开始接收甲机发来的信息并点亮 LED1；第二次按 K1 键，乙机点亮 LED2；第三次按 K1 键，乙机中的 LED1 和 LED2 全亮；第四次按 K1 键，乙机中的 LED1 和 LED2 全灭。同样，乙机的 K2 键第一次按下，在甲机的数码管上显示 0，以此类推，直到 K2 键第十次按下，甲机的数码管上显示 9。

程序代码如下：

```
*****************************************************
//功能：甲机向乙机发送并接收乙机数据的程序
*****************************************************
#include <reg52.h>
#define uint unsigned int
#define uchar unsigned char
sbit LED1 = P1^0;
sbit LED2 = P1^3;
sbit K1 = P1^7;
uchar Operation_NO = 0;
uchar code DSY_CODE[]={0x3f,0x06,0x5b,0x4f,0x66,0x6d,0x7d,0x07,0x7f,0x6f};
//*****************************************
void delayms(uint x)                    //延时子函数
{
    uchar i,j=0;
    for(i=0;i<x;i++)
        for(j=0;j<120;j++);
}
//*****************************************
void putc_to_SerialPort(uchar c)        //甲机向串行接口发送字符子程序
{
    SBUF=c;
    while(TI = = 0);
    TI = 0;
}
//*******************************************
void init_com()                         //初始化设置
```

```
{
    SCON=0x50;
    TMOD=0x20;                    //定时器 T1 工作在方式 2
    PCON=0x00;                    //SMOD=0
    TH1=TL1=0xfd;                 //波特率为 9600 Baud
    TR1=1;                        //启动定时器 T1
    IE=0x90;                      //允许串行接口中断
}
//*************************************************
void main()                       //甲机主函数
{
    init_com();
    LED1=LED2=1;                  //关闭 LED
    P0=0x00;                      //关闭数码管
    while(1)
    {
        delayms (100);            //消除抖动
        if(K1= = 0)
        {
            while(K1= =0);        //按下 K1 键选择操作代码 0,1,2,3
            Operation_NO=(Operation_NO+1)%4;
            switch(Operation_NO)
            {
                case 0:
                        putc_to_SerialPort('X');
                        LED1=LED2=1; break;
                case 1:
                        putc_to_SerialPort('A');
                        LED1=0;LED2=1;break;
                case 2:
                        putc_to_SerialPort('B');
                        LED2=0;LED1=1;break;
                case 3:
                        putc_to_SerialPort('C');
                        LED1=0;LED2=0;break;
            }
        }
    }
}
//******************************************
void Serial_INT() interrupt 4        //甲机通过串行接口中断的方式接收乙机数据并显示在数码管上
{
    if(RI)
    {
        RI = 0;
        if(SBUF>=0&&SBUF<=9)
            P0 = DSY_CODE[SBUF];
        else
```

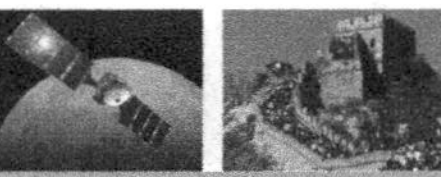

```
            P0 = 0x00;
        }
}
**************************************************
//功能：乙机接收并向甲机发送信息的程序
**************************************************
#include <reg52.h>
#define uint unsigned int
#define uchar unsigned char
sbit LED1 = P1^0;
sbit LED2 = P1^3;
sbit K2 = P1^7;
uchar NumX = 0xff;
//**********************************************
void delayms(uint x)                    //延时子函数
{
    uchar i,j=0;
    for(i=0;i<x;i++)
        for(j=0;j<120;j++);
}
//**********************************************
void init_com()                         //初始化设置
{
    SCON=0x50;
    TMOD=0x20;                          //定时器 T1 工作在方式 2
    PCON=0x00;                          //SMOD=0
    TH1=TL1=0xfd;                       //波特率为 9600 Baud
    TR1=1;                              //启动定时器 T1
    IE=0x90;                            //允许串行接口中断
}
//************************************************
void main()
{
    init_com();
    LED1=LED2=1;
    while(1)                            //乙机向串行接口发送字符子程序
    {
        delayms(100);
        if(K2= =0);
        {
            while(K2= =0);
            NumX = (NumX+1)%11;
            SBUF = NumX;
            while(TI = = 0);
            TI = 0;
        }
    }
}
```

```
//*******************************************
void Serial_INT() interrupt 4      //乙机通过串行接口中断的方式接收甲机数据并显示在LED灯上
{
     if(RI)
     {
          RI=0;
          switch(SBUF)
          {
               case 'X': LED1=1;LED2=1;break;
               case 'A': LED1=0;LED2=1;break;
               case 'B': LED2=0;LED1=1;break;
               case 'C': LED1=0;LED2=0;
          }
     }
}
```

以甲机的发送和接收为例，程序代码分析如下：

程序大致分为3个部分——初始化部分、发送数据部分和接收数据部分。

（1）初始化部分。初始化设置子函数“void init_com()”中的内容如下。

```
SCON = 0x50;                //设置串行接口工作方式1（01010000），允许接收
TMOD = 0x20;                //设置T1工作在模式2，8位自动装载
PCON = 0x00;                //设置波特率不倍增
TH1 =TL1 = 0xfd;            //设置波特率为9600 Baud
TR1 = 1;                    //启动定时器T1
IE=0x90;                    //允许串行接口中断
```

该部分函数的内容和功能在任务1中已经提到，这里不再赘述。

（2）发送数据部分。向串行接口发送字符子程序中用到如下几条语句。

```
void putc_to_SerialPort(uchar c)  //向串行接口发送字符子程序
{
  SBUF = c;                       //把数据写入SBUF中
     while(TI= =0);               /*如果TI为0，等待，则直到数据发送完成后TI置位，跳出本循
环进入下一条语句*/
     TI= 0;
}
```

如果想把数据发送出去则只需把将要发送的数据送给缓冲区 SBUF 即可。如果 TI= =1，则数据发送完毕，并且需要用软件清0标志位。

此外，在发送数据时采用按键控制，按键部分程序如下：

```
if(K1= =0)                  //判断K1按下否，如果按下，则向下执行
while(K1= =0);              /*再次判断 K1 是否为 0，如果为 0，则说明还没有松开按键，等
待按键弹起，以此来用软件消除抖动*/
Operation_NO = (Operation_NO+1)%4;
```

该语句的作用是：按下 K1 键选择操作代码 0、1、2、3。例如，Operation_NO 初始值为 0，此时 LED1 和 LED2 全灭，若第一次按下 K1 键，则经过(Operation_NO+1)%4 取模运算后，Operation_NO 为 1，此时 LED1 点亮，LED2 熄灭……直到第四次按下 K1 键，(Operation_NO+1)%4 取模运算后，Operation_NO 为 0，进入下一轮循环。

```
switch(Operation_NO)
{
    case 0:
                putc_to_SerialPort('X');
                LED1=LED2=1; break;
    case 1:
                putc_to_SerialPort('A');
                LED1=0;LED2=1;break;
    case 2:
                putc_to_SerialPort('B');
                LED2=0;LED1=1;break;
    case 3:
                putc_to_SerialPort('C');
                LED1=0;LED2=0;break;
}
```

该段分支结构函数的作用是判断选择哪个操作代码，以便执行对应的操作。

（3）接收数据部分。对于甲机接收部分程序采用串行接收中断方式，当串行接口允许接收时，每接收完一个串行帧，硬件都使 RI 置位；同样 CPU 在响应中断时并不自动清除 RI，必须由软件清除。对应函数如下：

```
void Serial_INT() interrupt 4
{
    if(RI)                    //如果 RI 为 1，则数据已经接收完毕，然后在数码管上显示出来
    {
        RI = 0;
        if(SBUF>=0&&SBUF<=9)  //如果接收的数据是 0～9 的数字，则送往 P0 口
            P0 = DSY_CODE[SBUF];
        else
            P0 = 0x00;            //否则不显示
    }
}
```

这样便完成了甲机发送数据对乙机的控制，以及接收乙机的数据并在其数码管上显示的过程。乙机的接收与发送情况和甲机类似，请读者自行分析。

任务小结

本任务中，讲述了单片机与单片机之间的双机通信，进一步学习了单片机内部的异步串行通信接口及其工作方式，以及串行接口的波特率和帧格式的编程设定等知识。

本任务重点内容如下：

（1）单片机之间的双机通信原理；

（2）甲、乙两机相互之间通信的编程技巧，包括两机发送完毕和接收完毕标志位的判断、清 0 方法等内容。

习题 6

6-1　什么是串行通信和并行通信？简述串行通信的分类。

6-2　简述串行通信参数中的波特率、数据位、起始位、停止位和奇偶校验的概念及作用。

6-3　MCS-51 单片机串行通信有几种工作方式？应如何选择和设定？

6-4　串行接口波特率的计算和设置方法是什么？当串行接口工作在方式 1，定时器 T1 工作在方式 2，SMOD 设为 1，产生 9600 Baud 波特率时，TH1 和 TL1 中装入的初值是多少？

6-5　串行接口初始化的具体步骤是什么？SCON 设置方法是什么？

6-6　简述单片机多机通信的原理。

项目7 A/D与D/A转换接口设计实现

教学导航

教学内容	1. A/D 转换和 D/A 转换的概念；2. ADC0809 的功能及应用；3. DAC0832 的功能及应用；4. ADC0809 的工作过程及初始化方法
知识目标	1. ADC0809 与单片机之间的硬件连接及软件编程；2. DAC0832 与单片机之间的硬件连接及软件编程
能力目标	1. 单片机与外围芯片接口技术的应用；2. A/D转换和D/A转换的应用

知识分布网络

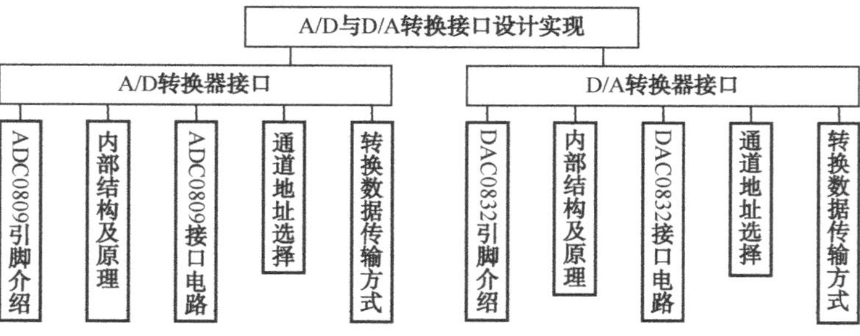

在单片机应用系统中，特别是在实时控制系统中，常常需要把外界连续变化的物理量，如温度、压力、流量、速度等转换成数字形式送入计算机或单片机内进行存储、处理等一系列工作；反之，也需要将计算机或单片机处理的结果（数字量）转换为模拟量，对被控对象进行控制。若输入的是非电的模拟信号，还需要通过传感器转换为电信号，这种由模拟量转换为数字量或由数字量转换为模拟量的过程，称为模数转换或数模转换。实现这种转换的器件称为模数（A/D）转换器或数模（D/A）转换器。

本项目通过两个具体的任务对 A/D、D/A 转换在单片机应用系统中的硬件接口、软件编程等知识进行讲解。

任务 7.1 简易数字电压表的设计

7.1.1 任务要求

以 51 系列单片机最小系统为控制核心，利用单片机 STC89LE52 和 A/D 转换芯片 ADC0809 为核心芯片，设计一个数字电压表，能够测量 0～5 V 的电压值，并用 4 位数码管显示。具体要求如下：

（1）ADC0809 选择通道 0 作为模拟信号的输入端，将通过可变电位器产生的电压值模拟信号变成数字信号进行输入。

（2）将采集到的数字信号输出在数码管上并显示出来。

7.1.2 任务实现

1. 硬件电路的设计

1）电路组成

本任务要求的是实现模拟电压的测量，并实现数字显示。由于单片机输入量和输出量信号均为数字量，因此需要一种特殊的电路，将模拟量转换为单片机能够识别的数字量。A/D 转换电路就是用来实现这一过程的电路。

根据数字电压表的实现功能，硬件电路的设计与器件选择可从如下方面考虑：A/D 转换电路、单片机最小系统控制电路、数码管显示电路等。硬件电路原理图如图 7-1 所示。其中，单片机的 P1 口控制数码管显示，P0 口与 A/D 转换芯片 ADC0809 的输出端相连，P3 口的若干位与 ADC0809 的相关控制位相连，具体如下。

ADC0809 直接将 ADDA、ADDB、ADDC 接地，选通 IN0 通道（地址的选择方法见表 7.1）。

CLK 端与单片机的 P3^3 口相连，单片机通过软件的方法在 P3^3 口输出时钟信号供 ADC0809 使用。

START 端与单片机 P3^0 口相连。

D0～D7：8 位转换结果输出端，与 P0 口相连，从 P0 口读出转换结果。

EOC：ADC0809 自动发出的转换状态端，与 P3^2 口相连。

OE：转换数据允许输出控制端，与 P3^1 口相连。

ALE 与 START 相连。由于 ALE 和 START 连在一起，因此 ADC0809 在启动转换的同时也在锁存通道地址。

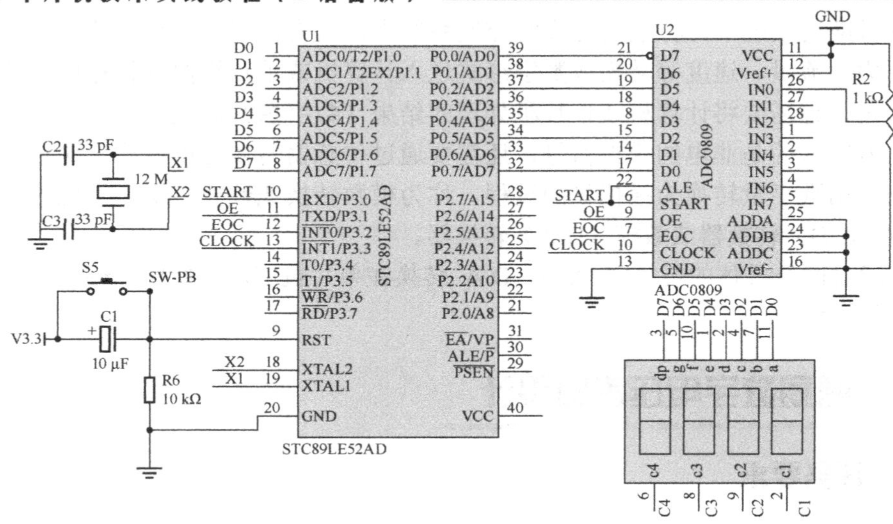

图 7-1　ADC0809 芯片与单片机的接口电路图

2）电路分析

对大家而言，图 7-1 中感到陌生的是 ADC0809 芯片如何将模拟信号转换单片机能够处理的数字信号。下面进行详细分析。

（1）ADC0809 芯片介绍。

ADC0809 芯片为 8 通道模/数转换器，它可以和单片机直接连接，将 IN0～IN7 任意一个通道输入的模拟电压转换成 8 位二进制数，在时钟为 500kHz 时，一次变换时间约为 100 μs。其实物图和引脚分布图分别如图 7-2 和图 7-3 所示。各引脚说明如下。

图 7-2　双列直插式 ADC0809 的实物图

引脚	名称	名称	引脚
1	IN3	IN2	28
2	IN4	IN1	27
3	IN5	IN0	26
4	IN6	ADDA	25
5	IN7	ADDB	24
6	START	ADDC	23
7	EOC	ALE	22
8	D3	D7	21
9	OE	D6	20
10	CLOCK	D5	19
11	VCC	D4	18
12	$V_{ref}(+)$	D0	17
13	GND	$V_{ref}(-)$	16
14	D1	D2	15

图 7-3　ADC0809 芯片引脚

IN0～IN7 引脚：8 个通道的模拟量输入端，可输入 0～5 V 待转换的模拟电压。本实例中采用 IN0 通道。

ADDA、ADDB、ADDC 引脚：地址输入线。用于选通 IN0～IN7 上的某一路模拟量输入，通道选择如表 7.1 所示。在本任务中直接将 ADDA、ADDB、ADDC 接地，选通 IN0 通道。

CLK 引脚：外部时钟信号输入端。ADC0809 的典型时钟频率为 640kHz，转换时间约为 100μs。本任务中产生时钟信号的方法由软件来提供。

START 引脚：启动转换信号输入端。在 START 上升沿时，所有的内部寄存器清零；在下降沿时，开始进行 A/D 转换。在 A/D 转换期间，START 应保持低电平。

D0～D7 引脚：8 位转换结果输出端。三态输出，D7 是最高位，D0 是最低位。

EOC 引脚：ADC0809 自动发出的转换状态端。EOC=0，表示正在进行转换；EOC=1，表示转换结束。

OE 引脚：转换数据允许输出控制端。OE=0，表示禁止输出；OE=1，表示允许输出。

$V_{ref(-)}$、$V_{rep(+)}$引脚：参考电压输入端。ADC0809 的参考电压为+5 V。

ALE 引脚：为高电平时，通道地址输入到地址锁存器中，下降沿将地址锁存并译码。所以，本任务中将 ALE 与 START 相连。

表 7.1 ADC0809 输入通道地址

地址码			输入通道
ADDC	ADDB	ADDA	
0	0	0	IN0
0	0	1	IN1
0	1	0	IN2
0	1	1	IN3
1	0	0	IN4
1	0	1	IN5
1	1	0	IN6
1	1	1	IN7

（2）电路工作原理。

本任务将 ADDA、ADDB、ADDC 接地，选通 IN0 通道，滑动变阻器 R2 分压输出作为输入的测试电压，接入 ADC0809 芯片的 IN0 通道。当 ADC0809 的 START 端得到一个下降沿（单片机的 P3^0 端提供）时，启动 ADC0809 转换信号，并且在转换期间保持低电平。另外，还要保证在 A/D 转换的同时锁存通道地址。由于 ALE 的下降沿锁存通道地址，因此 ALE 和 START 连在一起达到要求。

此外，因为 ADC0809 自动发出转换状态，通过查询 EOC 判断是否转换完成，EOC=0，表示正在进行转换；EOC=1，表示 A/D 转换结束。按照 AD 的采集原则，滑动电阻的最小值 0V 对应二进制 0000 0000B，最大值 5 V 对应二进制 1111 1111B，即把 5 V 的电压值分成了 255 份，每份相当于 1/255。由于单片机采集的 AD 数据较小，无法直接在数码管上显示，所以本任务中把采集到的数据扩大 1000 倍，并在 4 位数码管上动态显示。例如，5 V 电压在数码管上显示 5.000 V，达到要求。

2．软件程序设计

利用单片机 STC89C52 与 ADC0809 实现数字电压表的软件设计思路是：初始化 START 和 OE 信号，使其为低电平；在启动 AD 转换时，P3^0 端给 START 一个至少有 100 ns 宽的正脉冲信号，并且在其下降沿启动 ADC0809 的转换；ALE 和 START 连在一起，保证在 ADC0809 启动转换的同时锁存通道地址。

通过查询单片机 P3^2 端口连接的 ADC0809 的 EOC 信号来判断是否转换完成，如果 EOC 为低电平，则表示正在转换过程中。如果 EOC 变为高电平，则表示转换完毕。通过允许输出控制端 P3^1 口使 OE 为高电平，转换数据输出给单片机。当数据传送完毕后，将 OE 置为低电平，使 ADC0809 输出为高阻状态，让出数据线。

此外，ADC0809 转换时钟信号可采用如下步骤取得。首先初始化定时器 T0，根据需要的时钟脉冲设定计数初值，定时时间到，信号输出端取反，再到定时时间后再次取反……以此类推，最终得到 ADC0809 的时钟脉冲。

程序流程图如图 7-4 所示。

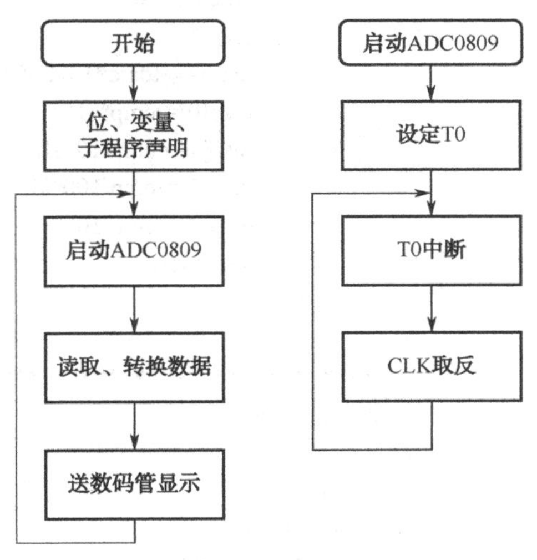

图 7-4 数字电压表程序流程图

实例 7-1 设计一个数字电压表，能够测量 0～5 V 的电压值，输入端采用一个 1 kΩ的可调电阻，并选择 ADC0809 通道 0 作为模拟信号的输入端。将电阻电压值的模拟信号变成数字信号，把采集到的数字信号放大后显示在 4 位数码管上。

程序代码如下：

```
#include<reg52.h>
#define uint unsigned int
#define uchar unsigned char
uchar code table[]={0x3f,0x06,0x5b,0x4f,0x66,0x6d,0x7d,0x07,0x7f,0x6f};     //定义 0～9 数字
uchar disp[4];                              //定义数组变量
sbit ST=P3^0;                               //定义 START 引脚
sbit OE=P3^1;                               //定义 OE 引脚
sbit EOC=P3^2;                              //定义 EOC 引脚
sbit CLK=P3^3;                              //定义 CLOCK 引脚
sbit p17=P1^7;                              //定义数码管小数点
int getdata,temp;
void delay(uint z);
void display();
void initial();
//***********************************
void main()
{
    initial();                              //调用初始化函数
    while(1)
        {
            OE=0;                           //禁止将转换结果输出
            ST=0;
            ST=1;
            ST=0;                           //ST 下降沿启动 A/D 转换开始
            while(EOC = = 0);               //等待转换结束
            OE=1;                           //允许转换结果输出
            getdata=P0;                     //将转换结果赋值给变量 getdata
            OE=0;
            temp=getdata*1.0/255*5000;      //将得到的数据进行处理
            disp[0]=temp%10;                //取得个位数
            disp[1]=temp/10%10;             //取得十位数
            disp[2]=temp/100%10;            //取得百位数
            disp[3]=temp/1000;              //取得千位数
            display();                      //调用显示子程序
        }
}
//***********************************
void delay(uint z)                          //延时子函数
{
    uint i, j;
    for(i=0;i<z; i++)
        for(j=0;j<120;j++);
}
```

```
/*********************************
作用：中断服务程序执行初始化
*********************************/
void initial()                          //中断服务程序初始化，为定时器 T0 设置初始化
{
    TMOD=0x01;
    TH0=(65536-20)/256;                 //设定计数初值 20
    TL0=(65536-20)%256;
    EA=1;
    ET0=1;
    TR0=1;
}
//*********************************
void timer0() interrupt 1               //T0 中断服务子程序给 AD0809 提供 25kHz 的时钟脉冲
{
    TH0=(65536-20)/256;                 //满足中断后再次设定初值，为下次进入中断做准备
    TL0=(65536-20)%256;
    CLK=~CLK;                           //CLK 取反后赋值给 CLK
}
//*********************************
void display()                          //将结果在数码管上显示
{
    P2=0xf7;                            //位选端代码
    P1=table[disp[0]];                  //转换的数据送 P1 口显示
    delay(1);                           //延时显示时间

    P2=0xfb;
    P1=table[disp[1]];
    delay(1);

    P2=0xfd;
    P1=table[disp[2]];
    delay(1);

    P2=0xfe;
    P1=table[disp[3]];
    delay(1);
    p17=1;                              //小数点
}
```

程序代分析如下：

首先，主函数必须用软件给 START 设置一个下降沿来启动 ADC0809 转换，通过语句“ST=0; ST=1; ST=0;”来完成。

其次，主函数中“while(EOC==0);”语句的作用是等待转换完成，EOC=0，表示正在进行转换，此时 while(表达式)为真，则继续等待转换；EOC=1，根据 ADC0809 硬件说明表示转换结束，此时 while(表达式)为假，跳出此循环进入下一条语句继续执行。

此外，由于 OE 为 A/D 转换数据允许输出控制端。OE=0，表示禁止输出；OE=1，表示

允许输出。因此，程序中设置了“OE=0;”语句，表示禁止将转换结果输出；设置“OE=1;”语句，表示允许将转换结果输出，并用“getdata=P0;”语句表示将转换结果赋值给变量 getdata。

主函数中语句 temp=getdata*1.0/255*5000; 将得到的数据进行处理，即将 5V 电压分成 255 份再扩大 1000 倍，为数码管输出显示做准备。

子程序 void timer0() interrupt 1 响应需要满足的条件是定时器 T0 定时时间到，中断子函数代码中需要再次加载定时器的计数初值，为下次满足中断条件做准备。在 void display()数码管显示子函数中，数码管显示数字的计算采用取模方法，把相应数据代码送入 P1 口显示，P2 口给出位选信号。

3．扩展练习

试着扩大电压表的量程，采用单片机 STC89C52 和模数转换芯片 ADC0809，更改模拟输入通道，做一个最大量程为 10 V 的数字电压表。想想硬件和软件应该做如何改动?

知识链接：A/D 相关知识介绍

1）A/D 转换的作用

A/D 转换器是将模拟信号转换成数字信号的器件。控制对象输出的一般是模拟信号或开关量，对计算机来说，只能处理数字信号和开关量。为了实现计算机控制，模拟信号必须进行 A/D 转换。

A/D 转换器的功能是将模拟量转换为数字量，一般要经过采样、量化、编码三个步骤。

（1）采样。如图 7-5 所示，当电子开关 S 加“1”电平时，开关闭合，为采样阶段；当电子开关 S 加“0”电平时，开关断开，为保持阶段。当电子开关 S 上加上周期性的采样时钟信号 V_S 时，便将输入的连续时间信号 $V_i(t)$变成离散时间信号 $V_i'(t)$。为了不失真地恢复原始信号，根据香农采样定理，采样时钟信号 V_S 的频率至少应是原始信号最高有效频率的两倍。

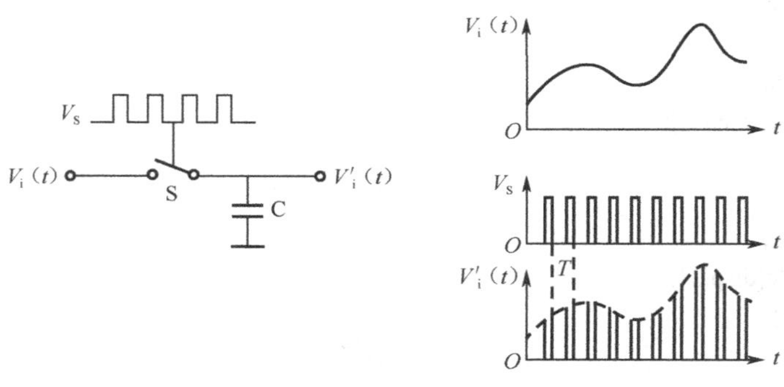

图 7-5　采样保持原理

（2）量化。量化是将采样—保持后的信号幅值转化成某个最小数量单位（量化间隔，用 Δ 表示）的整数倍。量化过程分为两个步骤：

① 确定量化间隔，即模拟输入电压范围分割数。设输入模拟信号的幅值范围为 0～1 V，要转化为 3 位二进制代码，则其量化间隔 Δ=1/8 V。

② 将连续的模拟电压近似成离散的量化电平。

（3）编码。所谓编码是将量化后的幅值用一个数制代码与之对应，该数制代码就是 A/D 转换器输出的数字量，常用的是二进制代码。

2）A/D 转换芯片类型及性能指标

根据转换原理，可以分为逐次逼近式、双积分式、计数器式和并行式，使用较多的是逐次逼近式。

A/D 转换器的性能指标是衡量转换质量的关键，也是正确选择 A/D 转换器的依据。其性能指标包括如下几个方面。

（1）分辨率：通常用数字量的位数表示，如 8 位 A/D 转换器的分辨率就是 8 位，或者说分辨率为满刻度的 $1/2^8=1/256$。分辨率越高，对于输入量微小变化的反应越灵敏。

（2）量程：即 A/D 转换器所能转换的电压范围，如 5 V、10 V。

（3）转换精度：指的是实际的 A/D 转换器与理想的 A/D 转换器在量化值上的差值。

（4）转换时间：是指 A/D 转换器转换一次所用的时间，其倒数是转换速率。

（5）温度系数：是指 A/D 转换器受环境温度影响的程度。—般用环境温度变化 1℃所产生的相对误差来作为指标。

（6）量化误差：是指 A/D 转换器的有限位数对模拟量进行量化而引起的误差。

3）A/D 转换芯片的选择

ADC（A/D 转换器）把模拟量变为数字量，用数字量近似表示模拟量，这个过程称为量化。量化误差是 ADC 的有限位数对模拟量进行量化而引起的误差。实际上，要准确表示模拟量，ADC 的位数需要很大甚至无穷大。一个分辨率有限的 ADC 的阶梯状转换特性曲线与具有无限分辨率的 ADC 转换特性曲线（直线）之间的最大偏差就是量化误差。

A/D 转换电路能够将模拟信号转换为与之对应的二进制数字信号。A/D 转换芯片很多，选择 A/D 转换芯片是根据系统的转换精度和转换速度这两个技术参数确定的。例如，0～5 V 的模拟量，如果选用 8 位 A/D 转换芯片，则转换精度为 0.0195V；如果选用 10 位 A/D 转换芯片，则转换精度为 0.004 88 V；如果选用 12 位 A/D 转换芯片，则转换精度为 0.001 22 V。

例如，温度为 0～1000℃，对应输出电压为 0～5 V，经 A/D 转换后进行显示，要求保留一位小数。试问要多少位的 A/D 转换芯片？从需求可知，0～1000℃对应 0～5 V 的模拟量，则 0.005 V/℃，0.1℃对应 0.0005 V 的模拟量。为了实现显示 0.1℃的目标，要求 A/D 转换能分辨 0.0005 V 以上的模拟量。由于 $1/2^n<0.0005$，得 $n>14$，即选用 14 位以上 A/D 转换器。

通常使用的逐次逼近式典型 A/D 转换器芯片是 ADC0809，它的结构简单，转换精度和转换速度高，且价格低。

4）ADC0809 内部逻辑结构

ADC0809 是 8 位逐次逼近式 A/D 转换芯片，具有 8 路模拟量输入通道。其内部逻辑结构与芯片引脚如图 7-6 所示，由 8 路模拟开关、地址锁存与译码器、8 路 A/D 转换器、三态输出锁存器组成。

（1）8 路模拟开关及地址锁存与译码器。8 路模拟开关用于选通 8 个模拟通道，且在地址锁存与译码器作用下切换 8 路输入信号，选择其中一路与 A/D 转换器接通。地址锁存与译码器在 ALE 信号的作用下锁存 A、B、C 上的 3 位地址信息，经过译码通知 8 路模拟开关选择通道。

（2）8 路 A/D 转换器。8 路 A/D 转换器用于将输入的模拟量转换为数字量，A/D 转换由 START 信号启动控制，转换结束后控制电路将转换结果送入三态输出锁存器锁存，并产生 EOC 信号。

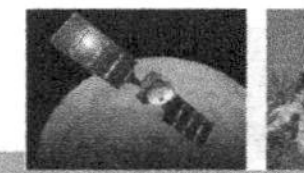

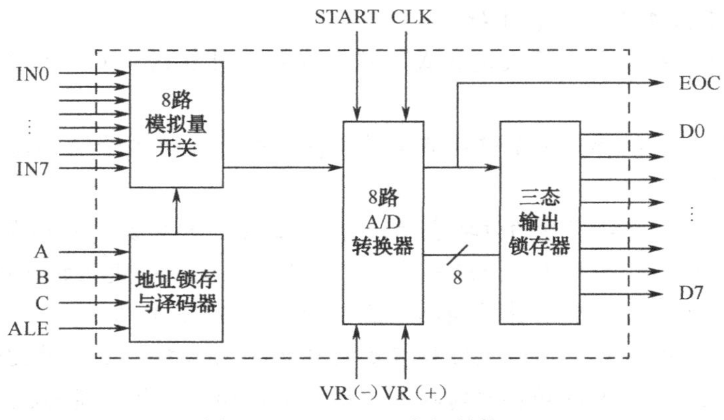

图 7-6 ADC0809 内部结构

（3）三态输出锁存器。三态输出锁存器用于锁存 A/D 转换的数字量结果。当 OE 为低电平时，数据被锁存，输出为高阻态；当 OE 为高电平时，可以从三态输出锁存器读出转换的数字量。

5）ADC0809 的工作过程

ADC0809 转换工作时序图如图 7-7 所示，分析时序图可知 ADC0809 转换操作时序过程如下。

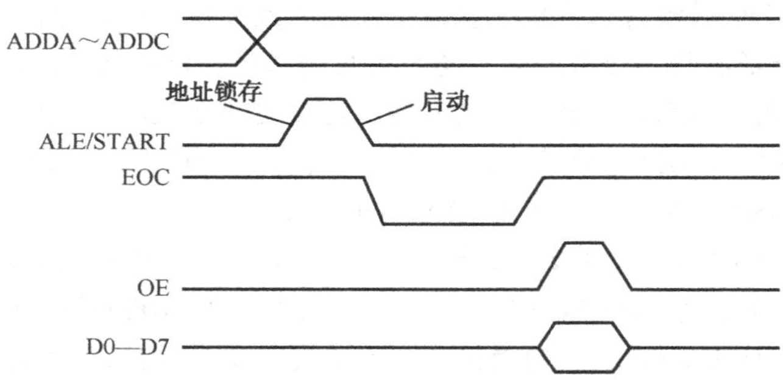

图 7-7 ADC0809 转换工作时序图

在进行 A/D 转换时，通道地址应先送到 ADDA～ADDC 输入端。然后在 ALE 输入端加一个正跳变脉冲，将通道地址锁存到 ADC0809 内部的地址锁存器中，这样对应的模拟电压输入就和内部变换电路接通。为了启动，必须在 START 端加一个负跳变信号。此后，变换工作就开始进行，标志 ADC0809 正在工作的状态信号 EOC 由高电平（空闲状态）变为低电平（工作状态）。一旦变换结束，EOC 信号就又由低电平变成高电平，此时只要在 OE 端加一个高电平，就可打开数据线的三态缓冲器，从 D0～D7 数据线读取一次变换后的数据。

由此可知单片机与 A/D 转换器接口程序设计，主要有以下 4 个步骤：

（1）启动 A/D 转换，START 引脚得到下降沿。

（2）查询 EOC 引脚状态，EOC 引脚由 0 变 1，表示 A/D 转换过程结束。

（3）允许读数，将 OE 引脚设置为 1 状态。

（4）读取 A/D 转换结果。

小提示：ADC0809 的工作过程主要有以下几个步骤：

（1）首先确定 A、B、C 三位地址，从而选择模拟信号由哪一路输入。

（2）ALE端接收正脉冲信号，使该路模拟信号经进入比较器的输入端。

（3）START端接收正脉冲信号，START的上升沿将逐次逼近寄存器复位，下降沿启动A/D转换。

（4）EOC输出信号变低，指示转换正在进行。

（5）A/D转换结束，EOC变为高电平，指示A/D转换结束。此时，数据已保存到8位三态输出锁存器中。CPU可以通过使OE信号为高电平，打开ADC0809三态输出，将转换后的数字量送至CPU。

任务小结

本任务学习了简易电压表的制作，涉及A/D转换芯片在单片机应用系统的接口技术。通过这些内容的学习，使大家对A/D转换芯片在单片机应用系统中的硬件接口技术与编程方法有所了解，初步熟悉模拟信号采集与输出数据显示的综合程序设计与调试方法，为今后应用单片机处理相关问题奠定基础。本任务重点内容如下：

（1）单片机与ADC0809芯片的硬件接口；

（2）采集信号后经模数转换并在数码管上动态显示；

（3）ADC0809地址的选择方法；

（4）ADC0809初始化方法及模数转换的编程原理。

任务7.2 简易波形发生器的设计

在上一任务中，知道了A/D转换器是实现模拟量向数字量转换的器件。然而，在很多系统中，数字信息也必须重新转换成模拟信号来实现一些真实世界的功能。将二进制数字量形式的离散信号转换成以标准量（或参考量）为基准的模拟量的转换器，简称为DAC（数模转换器）或D/A转换器。D/A转换器实现数字量向模拟量转换，即输入的是数字量，经转换后输出的是模拟量。在电子设备中，经常需要产生锯齿波、方波、正弦波等波形。产生波形的方法很多，本任务通过制作简易波形发生器，学习D/A转换芯片在单片机应用系统中的使用，并了解数模转换芯片DAC0832与单片机的硬件接口原理及软件编程方法。

7.2.1 任务要求

利用STC89LE52AD单片机与数模转换芯片DAC0832组成波形发生器的硬件系统，编写相应程序产生常用的锯齿波、三角波、正弦波波形信号。通过软件调整波形并且设定参数，用示波器观察输出波形的幅值、周期及频率的变化。

7.2.2 任务实现

1．硬件电路的设计

1）电路组成

本任务是利用STC89LE52AD单片机与数模转换芯片DAC0832组成波形发生器硬件系统电路，电路如图7-8所示。其中，单片机P0.0～P0.7引脚分别接在DAC0832的DI0～DI7的模拟信号输入端上。由于 DAC0832 是电流输出型器件，所以需要把 DAC0832 的 IOUT1 端接在运算放大器 UA741 的反向输入端上，IOUT2 端接地，转换成电压信号，以产生电压波形并显示在示波器上；DAC0832 的 $\overline{\text{XFER}}$ 和 $\overline{\text{WR2}}$ 引脚接地；$\overline{\text{CS}}$ 引脚与单片机的 P2.7 引脚相连；$\overline{\text{WR1}}$ 引脚与单片机的 P3.6 引脚相连。

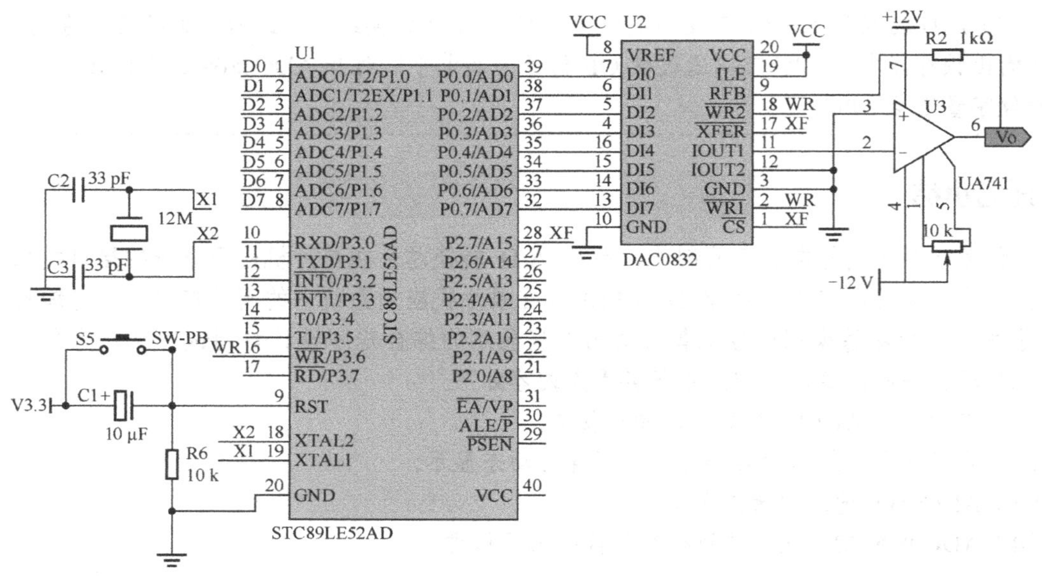

图 7-8　简易波形发生器电路图

2）电路分析

图 7-8 重点讲解单片机如何通过 P0 口的引脚经 DAC0832 芯片与运算放大器 UA741 相连，以及如何进行数模转换，分析如下。

（1）DAC0832 芯片。DAC0832 是一个 8 分辨率的数模转换集成芯片，单电源供电，在 +5～+15 V 范围均可正常工作。电流建立时间为 1 μs；CMOS 工艺，低功耗（仅为 20 mW）。这个 D/A 芯片以其价格低廉、接口简单、转换控制容易等优点，在单片机应用系统中得到广泛的应用。

DAC0832 芯片为 20 引脚、双列直插式封装，其实物图和引脚结构图分别如图 7-9 和图 7-10 所示。各引脚说明如下。

图 7-9　直插式 DAC0832 芯片实物图

引脚	名称	名称	引脚
1	$\overline{\text{CS}}$	VCC	20
2	$\overline{\text{WR1}}$	ILE	19
3	GND	$\overline{\text{WR2}}$	18
4	DI3	$\overline{\text{XFER}}$	17
5	DI2	DI4	16
6	DI1	DI5	15
7	DI0	DI6	14
8	VREF	DI7	13
9	RFB	IOUT2	12
10	GND	IOUT1	11

图 7-10　DAC0832 芯片引脚结构图

DI7～DI0：8 位数字信号输入端。

IOUT1、IOUT2：DAC 输出电流端。IOUT1 输出信号一般作为运算放大器的一个差分输

入信号（IOUT2 输出端一般接地）。当 DAC 寄存器中的各位为 1 时，电流最大；为全 0 时，电流为 0。

ILE：输入锁存允许信号，高电平有效。

$\overline{\text{WR1}}$：输入寄存器写选通信号，低电平有效。

$\overline{\text{CS}}$：片选信号，低电平有效。

$\overline{\text{WR2}}$：DAC 寄存器写选通信号，低电平有效。

$\overline{\text{XFER}}$：数据传送选通信号，低电平有效。

VREF：参考电压输入。一般此端外接一个精确、稳定的电压基准源。VREF 可在-10～+10 V 选择。

RFB：反馈电阻接线端，芯片内部已设置 Rfb，只要将其 9 脚接到运算放大器的输出端即可。若运算放大器增益不够，还要外加反馈电阻。

VCC：电源输入端（一般取+5 V）。

GND：接地端。

DAC0832 内部结构框图如图 7-11 所示。从图中可以看出，DAC0832 由一个 8 位输入寄存器、一个 8 位 DAC 寄存器和一个 8 位 D/A 转换器组成，D/A 转换器采用了倒 T 形 R-2R 电阻网络。

DAC0832 由可以分别控制的输入寄存器和 DAC 寄存器构成两级数据输入锁存，在使用时有较大的灵活性，以便适于多路 D/A 异步输入、同步转换等电路的需要。

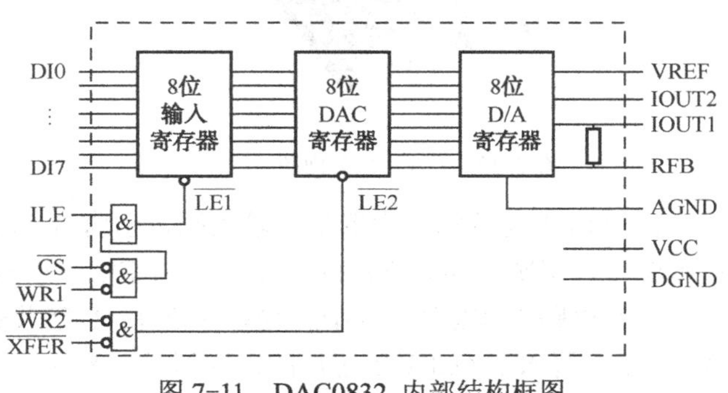

图 7-11 DAC0832 内部结构框图

从内部控制逻辑分析可知，当 ILE、$\overline{\text{CS}}$和$\overline{\text{WR1}}$同时有效时，LE1 为高电平，在此期间，输入数据 DI7～DI0 进入输入寄存器；当$\overline{\text{WR2}}$和$\overline{\text{XFER}}$同时有效时，LE2 为高电平，在此期间，输入寄存器的数据进入 DAC 寄存器，8 位 D/A 转换电路随时将 DAC 寄存器的数据转换为模拟信号（IOUT1+IOUT2）输出。此外，由 3 个与门电路可组成寄存器输出控制逻辑电路，该逻辑电路的功能是进行数据锁存控制。当其为 0 时，输入数据被锁存；当其为 1 时，锁存器的输出跟随输入的数据。因此，数据输入可以采用直通（两级直通）方式、单缓冲（一级锁存，另一级直通）方式，或双缓冲（双锁存）方式。

① 直通方式：数据输入不经两级锁存器锁存。此方式适用于连续反馈控制线路和不带微机的控制系统，不过在使用时，必须通过另加 I/O 接口与 CPU 连接，以匹配 CPU 与 D/A 转换。

② 单缓冲方式：一个寄存器工作于直通状态，另一个工作于受控锁存器状态。在实际应用中，如果只有一路模拟量输出或虽有几路模拟量但并不要求同步输出的情况，就可以采用单缓冲方式，此时只需一次写操作，就开始转换，可以提高 D/A 转换的数据吞吐量。

③ 双缓冲方式：两个寄存器均工作于受控锁存器状态，当要求多个模拟量同时输出时，可采用双缓冲方式。

小提示：（1）ILE 和$\overline{\text{WR1}}$信号控制输入寄存器是直通方式还是锁存方式。当 ILE=1 且$\overline{\text{WR1}}$=0 时，为输入寄存器直通方式；当 ILE=1 且$\overline{\text{WR1}}$=1 时，为输入寄存器锁存方式。

（2）$\overline{WR2}$ 和 $\overline{XFER}$ 信号控制 DAC 寄存器是直通方式还是锁存方式。当 $\overline{WR2}$=0 且 $\overline{XFER}$=0 时，为 DAC 寄存器直通方式；当 $\overline{WR2}$=1 或 $\overline{XFER}$=1 时，为 DAC 寄存器锁存方式。

（3）DAC0832 输出的是电流形式的模拟量，需要通过运算放大器将电流转换为电压，以便输出电压波形。

（4）D/A 转换器的特性之一是，IOUT1 和 IOUT2 满足如下关系，即 IOUT1+IOUT2=常数。

（2）UA741 芯片。UA 741 运算放大器具有广泛的模拟应用。宽范围的共模电压和无阻塞功能可用于电压跟随器，高增益和宽范围的工作电压特点在积分器、加法器和一般反馈中能使电路具有优良的性能。此外它还具有如下特点：无频率补偿、短路保护、失调电压调零、大的共模/差模电压范围、低功耗。UA741 运算放大器俯视图如图 7-12 所示，引脚如图 7-13 所示。

图 7-12　UA741 实物图

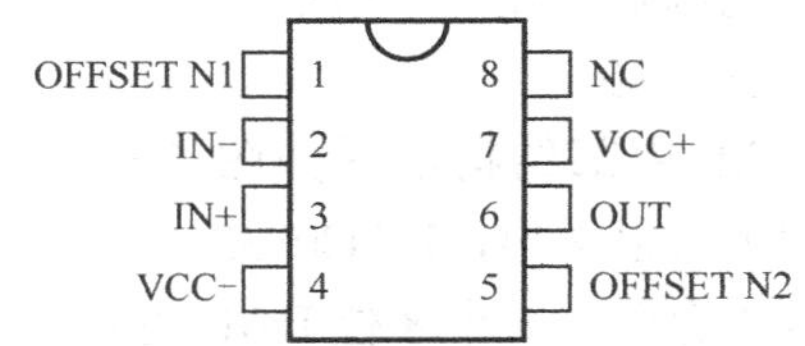

图 7-13　UA741 引脚图

其中，引脚 2 为运算放大器反相输入端，引脚 3 为同相输入端，引脚 6 为输出端，引脚 7 为正电源端，引脚 4 为负电源端，引脚 8 为空端，引脚 1 和引脚 5 为调零端。

（3）电路工作原理。要向 DAC0832 写 1 字节数据可通过语句“DAC0832=0x55;”，这样就将 0x55 写入 DAC0832 芯片的寄存器里。然后寄存器将数据输出到运算放大器 UA741 再经电阻转换成可以检测的电压。本程序中单片机输出的二进制编码从 0 逐渐增加到 255，此时经 DAC0832 芯片的输出端 IOUT1、IOUT2 分别进入运算放大器 UA741 的反相、同相输入端放大，然后在电压表上显示出其数值，并可以通过示波器显示其波形变化。DAC0832 的数据传送选通信号 $\overline{XFER}$ 和片选信号 $\overline{CS}$ 为低电平，输入数据选通信号 $\overline{WR1}$ 输入低电平有效，数据传送选通信号 $\overline{WR2}$ 输入低电平有效。

2．软件程序设计

采用 DAC0832 产生锯齿波的编程思路：先输出 8 位二进制编码的最小值 0x00H（即零），通过设定 DAC0832 芯片的选通信号、片选信号有效的前提下进行数据转换并输出。为保证数据转换完成，添加了定时器延时程序。当单片机输出的一组数据转换完成后进行下一数据的输出，输出的二进制编码按加 1 规律递增，当输出数据达到最大值 255 时，再回到 0 重复这一过程。可以通过软件调整波形设定参数，用示波器观察输出波形的幅值、周期及频率的变化。程序流程图如图 7-14 所示。

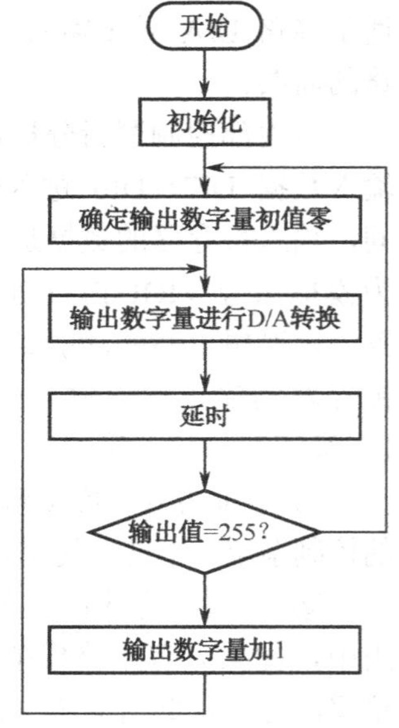

图 7-14　产生锯齿波的程序流程图

实例 7-2　利用单片机的 P0 口与 DAC0832 的 DI0～DI7 相连，运算放大器 UA741 把 DAC0832 输出的电流放大后通过电阻转换成电压，然后显示在电压表或示波器上，采用单缓

冲方式，设计程序产生锯齿波。

程序代码如下：

```
/****************************************
功能：采用 DAC0832 产生锯齿波程序
****************************************/
#include<absacc.h>                        //绝对地址访问头文件
#include<reg51.h>
#define uchar unsigned char
#define uint unsigned int
#define DAC0832 XBYTE[0x7fff]             //DAC0832 地址
//****************************************
void delayms()                            //函数名为 delayms，T1，工作方式 1，定时初值 64 536
{
    TH1=0xfc;                             //置定时器初值
    TL1=0x18;
    TR1=1;                                //启动定时器 T1
    while(!TF1);                          //查询计数是否溢出，即定时 1ms 时间到，TF1=1
    TF1=0;                                //1ms 时间到，将定时器溢出标志位 TF1 清 0
}
//****************************************
void main()                               //主函数
{
    uchar i;
    TMOD=0x10;                            //置定时器 T1 为方式 1
    while(1)
    {
        for(i=255;i>=0;i--)               //形成锯齿波输出值，最大 255
        {
            DAC0832=i;                    //D/A 转换输出
            delayms();
        }
    }
}
```

程序代码分析如下：

XBYTE 是一个地址指针（可当成一个数组名或数组的首地址），它在文件 absacc.h 中由系统定义，指向外部 RAM（包括 I/O 接口）的 0000H 单元，XBYTE 后面的中括号[0x7fff]是数组首地址 0000H 的偏移地址，即用 XBYTE[0x7fff]可访问偏移地址为 0xfffe 的 I/O 接口。

XBYTE 可以用来定义绝对地址（是 P0 口和 P2 口的），其中 P2 口对应的是高位，P0 口对应的是低位，如 XBYTE[0x1234]=0x56。主要是在用 C51 的 P0 口、P2 口做外部扩展时使用，并且一般 P2 口用于控制信号，P0 口作为数据通道。

例如，P2.7 接 WR，P2.6 接 RD，P2.5 接 CS，那么就可以确定外部 RAM 的一个地址，想往外部 RAM 的一个地址写 1 字节时，地址可以设为 XBYTE [0x4000]，其中 WR、CS 为低，RD 为高，那就是高位的 4，当然其余的可以根据情况自己定。然后通过“XBYTE [0x4000] = 57;”这条赋值语句，就可以把 57 写到外部 RAM 的 0x4000 处了，此地址对应 1 字节。

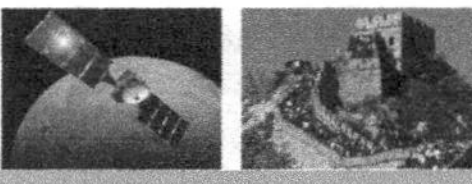

本项目中应用“#define DAC0832 XBYTE[0xfffe]”宏定义将 DAC0832 取代地址 XBYTE[0x7fff]，其中 0x7fff 是 51 单片机的 P2.7 与 DAC0832 的片选 CS 端相连后的地址。

此外，void delayms()延时子函数采用了硬件定时，即定时器 T1 采用工作方式 1，定时初值 64 536=2^{16}−1000=65 536−1000，TH1=(65 536−1000)/256，TL1=(65 536−1000)%256，即延时 1000μs，实现 1ms 的延时。

输出锯齿波部分程序，由于 8 位的最大值为 255，所以采用 for(i=0;i<=255;i++)语句循环实现 i 的变化，并把变换的值送到 DAC0832 转换输出并延时。

执行上面的程序，在运算放大器 UA741 的输出端就能得到如图 7-15 所示的锯齿波。

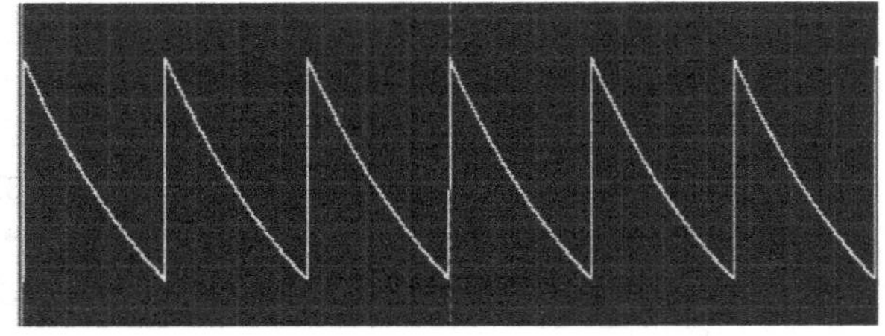

图 7-15　D/A 转换产生的锯齿波

实例 7-3　利用单片机的 P0 口与 DAC0832 的 DI0～DI7 相连，运算放大器 UA741 把 DAC0832 输出的电流放大后通过电阻转换成电压，然后显示在电压表或示波器上，采用单缓冲方式，设计程序产生三角波。

程序代码如下：

```
#include<absacc.h>                  //绝对地址访问头文件
#include<reg51.h>
#define uchar unsigned char
#define uint unsigned int
#define DA0832 XBYTE[0x7fff]
//****************************************
void delayms()                      //延时 1ms 程序，T1，工作方式 1，定时初值 64 536
{
    TH1=0xfc;                       //置定时器初值
    TL1=0x18;
    TR1=1;                          //启动定时器 T1
    while(!TF1);                    //查询计数是否溢出，即定时 1ms 时间到，TF1=1
    TF1=0;                          //1ms 时间到，将定时器溢出标志位 TF1 清 0
}
//****************************************
void main(void)
{
uchar i;
TMOD=0x10;                          //置定时器 T1 为方式 1
  while(1)
  {
       for(i=0;i<=255;i++)          //形成三角波输出值，最大为 255

       {
            DA0832=i;               //D/A 转换输出
            delayms();
       }
       for(i=255;i>=0;i--)          //形成三角波输出值，最大为 255
       {
```

```
            DA0832=i;                //D/A 转换输出
            delayms();
        }
    }
}
```

程序代码的分析参照上例，请读者自行考虑。

执行上面的程序，在运算放大器 UA741 的输出端就能得到如图 7-16 所示的三角波。

小思考：如何改变三角波的周期和幅值？

答：通过改变延时时间可以改变波形的周期。改变输出二进制的最大值，即可改变波形的幅值。

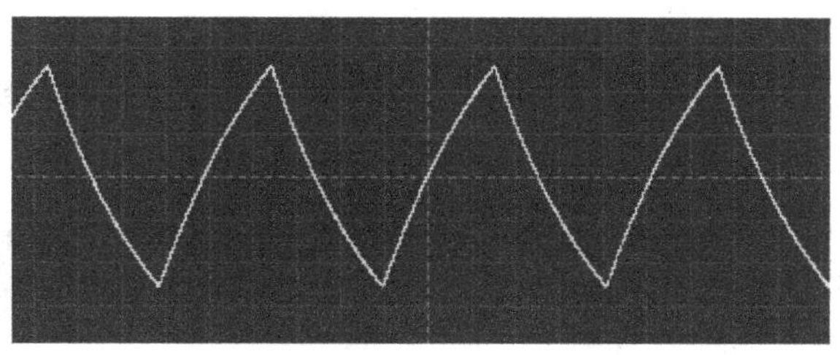

图 7-16　D/A 转换产生的三角波

实例 7-4　利用单片机 P0 口与 DAC0832 的 DI0～DI7 相连，运算放大器 UA741 把 DAC0832 输出的电流放大后通过电阻转换成电压，然后显示在电压表或示波器上，采用单缓冲方式，设计程序产生正弦波。

采用 DAC0832 产生正弦波的编程思路：把产生波形输出的二进制数据以数值的形式预先存放在程序存储器中，再按顺序依次取出送至 D/A 转换器。程序流程图如图 7-17 所示。

程序代码如下：

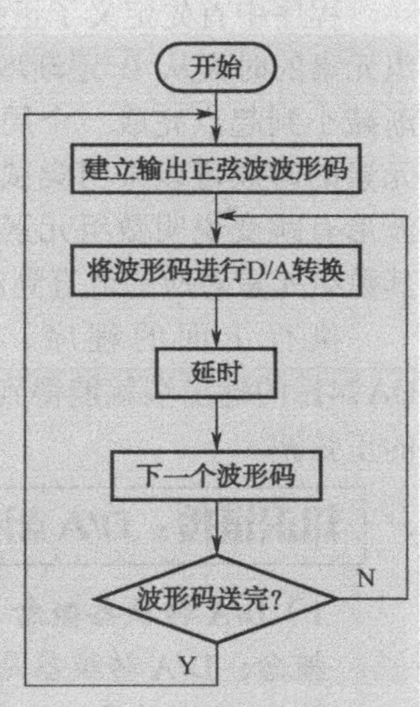

图 7-17　产生正弦波的程序流程图

```
        #include <absacc.h>                 //绝对地址访问头文件
        #include <reg52.h>
        #define uint unsigned int
        #define uchar unsigned char
        #define DA0832 XBYTE[0x7fff]
        uchar code sin[]={0x80,0x83,0x86,0x89,0x8D,0x90,0x93,0x96,0x99,
        0x9C,0x9F,0xA2,0xA5,0xA8,0xAB,0xAE,0xB1,0xB4,0xB7,0xBA,0xBC
,0xBF,0xC2,0xC5,0xC7,0xCA,0xCC,0xCF,0xD1,0xD4,0xD6,0xD8,0xDA,0xDD,0x
DF,0xE1,0xE3,0xE5,0xE7,0xE9,0xEA,0xEC,0xEE,0xEF,0xF1,0xF2,0xF4,0xF5,0xF
6,0xF7,0xF8,0xF9,0xFA,0xFB,0xFC,0xFD,0xFD,0xFE,0xFF,0xFF,0xFF,0xFF,0xFF,
0xFF,0xFF,0xFF,0xFF,0xFF,0xFF,0xFF,0xFE,0xFD,0xFD,0xFC,0xFB,0xFA,0xF9,0x
F8,0xF7,0xF6,0xF5,0xF4,0xF2,0xF1,0xEF,0xEE,0xEC,0xEA,0xE9,0xE7,0xE5,0xE3
,0xE1,0xDF,0xDD,0xDA,0xD8,0xD6,0xD4,0xD3,0xCF,0xCC,0xCA,0xC7,0xC5,0x
C2,0xBF,0xBC,0xBA,0xB7,0xB4,0xB1,0xAE,0xAB,0xA8,0xA5,0xA2,0x9F,0x9C,0
x99,0x96,0x93,0x90,0x8D,0x89,0x86,0x83,0x80,0x80,0x7C,0x79,0x76,0x72,0x6F,0
x6C,0x69,0x66,0x63,0x60,0x5D,0x5A,0x57,0x55,0x51,0x4E,0x4C,0x48,0x45,0x43,
0x40,0x3D,0x3A,0x38,0x35,0x33,0x30,0x2E,0x2B,0x29,0x27,0x25,0x22,0x20,0x1
E,0x1C,0x1A,0x18,0x16,0x15,0x13,0x11,0x10,0x0E,0x0D,0x0B,0x0A,0x09,0x08,0
x07,0x06,0x05,0x04,0x03,0x02,0x02,0x01,0x00,0x00,0x00,0x00,0x00,0x00,0x00,0x00,0x00,0x00,0x01,0
x02,0x02,0x03,0x04,0x05,0x06,0x07,0x08,0x09,0x0A,0x0B,0x0D,0x0E,0x10,0x11,0x13,0x15,0x16,0x18,0x1A,0x1
C,0x1E,0x20,0x22,0x25,0x27,0x29,0x2B,0x2E,0x30,0x33,0x35,0x38,0x3A,0x3D,0x40,0x43,0x45,0x48,0x4C,0x4E,0
x51,0x55,0x57,0x5A,0x5D,0x60,0x63,0x66,0x69,0x6C,0x6F,0x72,0x76,0x79,0x7C,0x80};
        //************************************
        void delayms()                      //函数名为 delayms，T1，工作方式 1，定时初值 64 536
        {
```

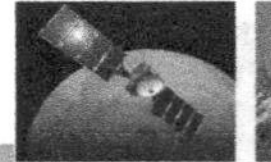

```
        TH1=0xfc;                     //置定时器初值
        TL1=0x18;
        TR1=1;                        //启动定时器 T1
        while(!TF1);                  //查询计数是否溢出，即定时 1ms 时间到，TF1=1
        TF1=0;                        //1 ms 时间到，将定时器溢出标志位 TF1 清 0
    }
    //************************************
    void main()                       //主函数
    {
        uchar i;
        TMOD=0x10;                    //置定时器 T1 为方式 1
        while(1)
        {
            for(i=0;i<=255;i++)       //形成正弦波输出
            {
                DA0832=sin[i];        //D/A 转换输出
                delayms();
            }
        }
    }
```

程序代码分析如下：

程序中首先定义了正弦波波形数据，即“uchar code sin[]”共 255 个数组元素，在定义数组元素的时候从 0 逐渐增加到 255，再逐渐减小到起点完成一个周期。在输出数组元素的时候可以采用尝试法，如果输出的波形有跳变说明数组元素数值不对，修改其数组元素对应的值直到出现正弦波形。

执行上面的程序，在运算放大器 UA741 的输出端就能得到如图 7-18 所示的正弦波。

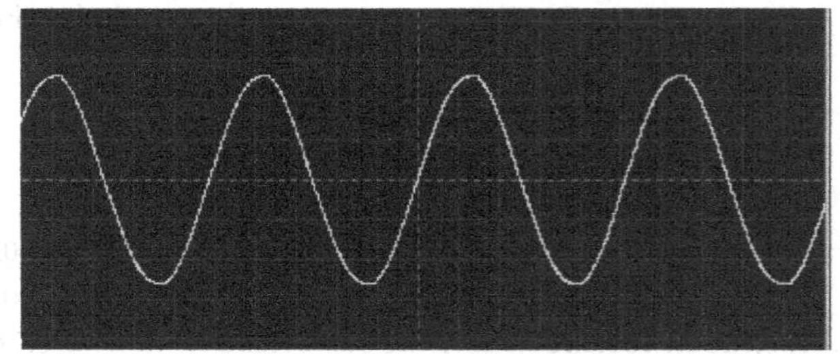

图 7-18　D/A 转换产生的正弦波

知识链接：D/A 相关知识

1）D/A 转换器概念

概念：D/A 转换器是将数字信号转换为模拟信号的电路。

D/A 转换器是将输入的二进制数字信号转换成模拟信号，以电压或电流的形式输出。因此，D/A 转换器可以看成是一个译码器。一般常用的线性 D/A 转换器，其输出模拟电压 U 和输入数字量 D 之间成正比关系，即 $U=KD$，式中 K 为常数。

例如，对于 0～5 V 的直流电压，计算机用 8 位数字量来描述时：

最小值(00000000)B = 0，对应 0 V。

最大值(11111111)B = 255，对应 5 V。

中间值(01111111)B = 127，对应 2.5 V。

D/A 转换器的任务是接收到一个数字量后，给出一个相应的电压。如收到(00111111)B，应给出 1.25 V 的电压。

2）D/A 转换器类型

目前常见的 D/A 转换器有权电阻网络 D/A 转换器、倒 T 形电阻网络 D/A 转换器、权电流型 D/A 转换器。

（1）权电阻网络 D/A 转换器如图 7-19 所示。

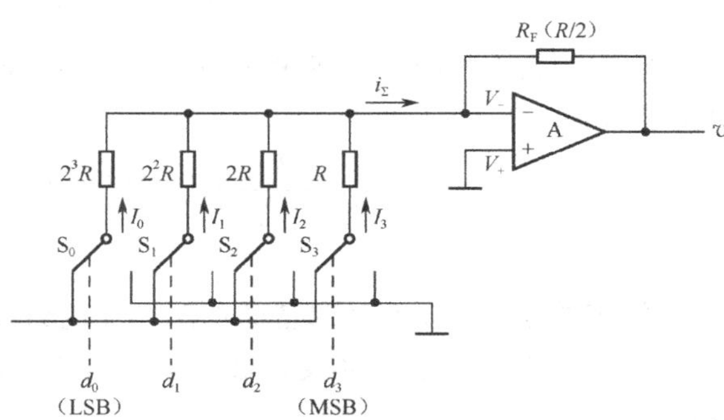

图 7-19 权电阻网络 D/A 转换器

集成运算放大器通过 R_F 接入负反馈，有虚短，$V_- \approx V_+=0$。

$v_o = -R_F i_\Sigma = -R_F(I_3 + I_2 + I_1 + I_0)$，取 $R_F=R/2$

$$I_0 = \frac{V_{REF}}{2^3R}d_0 \quad I_1 = \frac{V_{REF}}{2^2R}d_1$$

$$I_2 = \frac{V_{REF}}{2R}d_2 \quad I_3 = \frac{V_{REF}}{R}d_3$$

$$v_o = -\frac{V_{REF}}{2^4}(d_3 2^3 + d_2 2^2 + d_1 2^1 + d_0 2^0)$$

对于 n 位权电阻网络 D/A 转换器，当反馈电阻 R_F 取为 $R/2$ 时，输出电压的计算公式为

$$v_o = -\frac{V_{REF}}{2^n}(d_{n-1}2^{n-1} + d_{n-2}2^{n-2} + \cdots + d_1 2^1 + d_0 2^0)$$

输出电压的变化范围为

$$0 \sim -\frac{2^n - 1}{2^n}V_{REF}\text{。}$$

优点：结构简单，所用的电阻元件数很少。

缺点：各电阻的阻值相差较大，不能保证有很高的精度。

（2）倒 T 形电阻网络 D/A 转换器如图 7-20 所示。

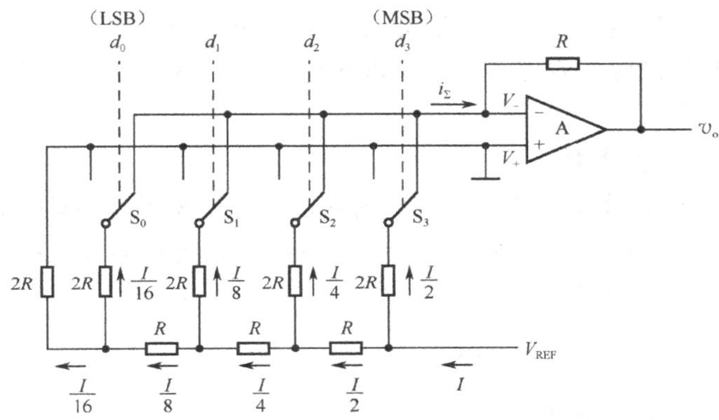

图 7-20 倒 T 形电阻网络 D/A 转换器

由于 $V_- \approx V_+=0$，所以开关 S 合到哪一边，都相当于接到了“地”电位，流过每条电路的电流始终不变，可等效为

$$i_\Sigma = \frac{I}{2}d_3 + \frac{I}{4}d_2 + \frac{I}{8}d_1 + \frac{I}{16}d_0$$

$$I = \frac{V_{REF}}{R}$$

$$v_o = -Ri_\Sigma = -\frac{V_{REF}}{2^4}(d_3 2^3 + d_2 2^2 + d_1 2^1 + d_0 2^0)$$

对于 n 位输入的倒 T 形电阻网络 D/A 转换器，当反馈电阻 R_F 取为 R 时，输出电压的计算公式为

$$v_o = -\frac{V_{REF}}{2^n}(d_{n-1} 2^{n-1} + d_{n-2} 2^{n-2} + \cdots + d_1 2^1 + d_0 2^0)$$

优点：

① 只有 R 和 $2R$ 两种阻值的电阻，可达到较高的精度。

② 各支路电流恒定不变，在开关状态变化时，不需要电流建立时间，所以电路转换速度高，使用广泛。

（3）权电流型 D/A 转换器如图 7-21 所示。

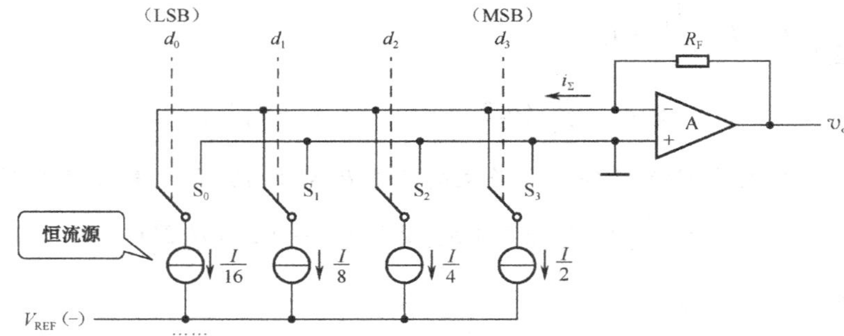

图 7-21　权电流型 D/A 转换器

集成运算放大器通过 R_F 接入负反馈，有虚短，$V_- \approx V_+ = 0$。

由于 $V_- \approx V_+ = 0$，所以开关 S 合到哪一边，都相当于接到了“地”电位，流过每条电路的电流始终不变。

为减少电阻阻值的种类，在权电流型 D/A 转换器中，经常利用倒 T 形电阻网络的分流作用产生一组所需的恒流源（在图 7-21 中虚线标出）。这里不再详细介绍恒流源，请读者参阅数字电子技术参考书。

3）D/A 转换器的主要参数

（1）分辨率：D/A 转换器理论上可达到的精度。分辨率可以用输入二进制数码的位数给出。分辨率也可用 D/A 转换器能够分辨出的最小输出电压与最大输出电压的比值来表示。10 位 D/A 转换器的分辨率为

$$\frac{1}{2^{10}-1} = \frac{1}{1023} \approx 0.001$$

（2）转换误差：D/A 转换器实际上能达到的转换精度。可以用输出电压满刻度值的百分数表示，也可用最低位有效值的倍数表示。例如，转换误差为 0.5LSB（最低位），表示输出模拟电压的绝对误差等于当输入数字量的 LSB=1 时，其余各位均为 0 时输出模拟电压的一半。

转换误差可分为静态误差和动态误差。产生静态误差的原因是基准电源不稳定、运算放大器的零点漂移、模拟开关导通时的内阻和压降及电阻网络中阻值的偏差等；动态误差则是在转换的动态过程中产生的附加误差。

（3）建立时间 t_{set}：指输入数字量各位由全 0 变为全 1 或由全 1 变为全 0 时，输出电压达到某一规定值所需要的时间。通常建立时间在 100 纳秒～几十微秒。

（4）转换速率 SR：指输入数字量各位由全 0 变为全 1 或由全 1 变为全 0 时，输出电压的变化率。

任务小结

本任务中，通过详细讲解 DAC0832 转换原理与单片机的典型连接，并编程实现了锯齿波、三角波、正弦波。使人们对 DAC0832 转换原理，以及与单片机连接的硬件结构和软件编程思路有了清楚的认识。

本任务重点内容如下：

（1）DAC0832 转换原理及其内部结构；

（2）DAC0832 的双缓冲器型、单缓冲器型和直通型三种工作方式；

（3）产生简易波形的软件设计功能；

（4）波形的频率和幅值的读取与设置方法。

习题 7

7-1 判断 A/D 转换是否结束，一般可采用几种方式？每种方式有何特点？

7-2 使用 ADC0809 进行转换的主要步骤有哪些？

7-3 ADC0809 与单片机接口相连时有哪些控制信号？作用分别是什么？

7-4 DAC0832 与单片机接口相连时有哪些控制信号？作用分别是什么？

7-5 使用 DAC0832 时，单缓冲方式如何工作？双缓冲方式如何工作？

7-6 编写程序，采用 DAC0832 实现周期为 25 ms 的锯齿波、周期为 50 ms 的三角波、周期为 50 ms 的方波。

项目8 单片机与通用型液晶显示器的设计实现

教学导航

教学内容	1. 字符型 LCD 模块；2. 单片机 LCD 模块的接口电路；3. LCD1602 接口程序设计；4. LCD12864 接口程序设计及初始化方法
知识目标	1. 字符型 LCD 模块的使用方法；2. 正确连接单片机 LCD 模块；3. 会进行 LCD 程序初始化；4. 掌握 LCD12864 串行、并行数据传输方法
能力目标	1. 掌握字符型 LCD 模块的使用方法；2. 掌握 LCD 模块显示的实现方法；3. 掌握 LCD 接口程序设计；4. 正确连接 LCD12864 串行、并行数据传输电路

知识分布网络

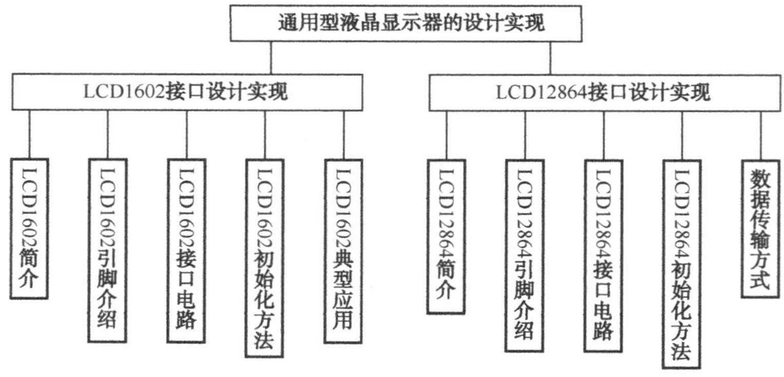

在单片机的人机交流界面中，一般的输出方式采用以下几种：发光二极管、LED 数码管、液晶显示器等。其中，发光二极管和 LED 数码管比较常用，软/硬件都比较简单。而液晶显示器作为很多电子产品的通用器件，应用范围已越来越广泛。在计算器、万用表、电子表及很多家用电子产品中都可以看到，其显示的主要是数字、专用符号和图形等内容。

本项目对常用的液晶显示器件 LCD1602 和 LCD12864 的工作原理，以及它们如何与单片机连接，如何相互传送信息等知识进行讲解。

任务 8.1　LCD1602 的操作实例设计

8.1.1　任务要求

以 STC89C52 单片机为主控制芯片，利用单片机的 P2 口、P3 口与 LCD1602 的接口相连接，编程实现字符的显示，掌握 LCD 1602 的初始化方式。具体要求如下：

（1）单个字符在指定的位置显示；

（2）在 LCD1602 上显示两行字符串；

（3）在 LCD1602 上动态向左循环显示两行字符串；

（4）在 LCD1602 上动态向右循环显示两行字符串。

8.1.2　任务实现

1．硬件电路的设计

1）电路组成

在本任务的实现电路中 STC89C52 单片机的 P2 口与 LCD1602 的数据接口 D0～D7 相连，单片机接口 P3.0、P3.1、P3.2 分别与 LCD1602 的 RS、R/$\overline{W}$、E 引脚相连，LCD1602 的第 3 引脚 VO 与一个 10 kΩ的滑动变阻器相连，第 15 引脚接一个 10 Ω的限流电阻，如图 8-1 所示。

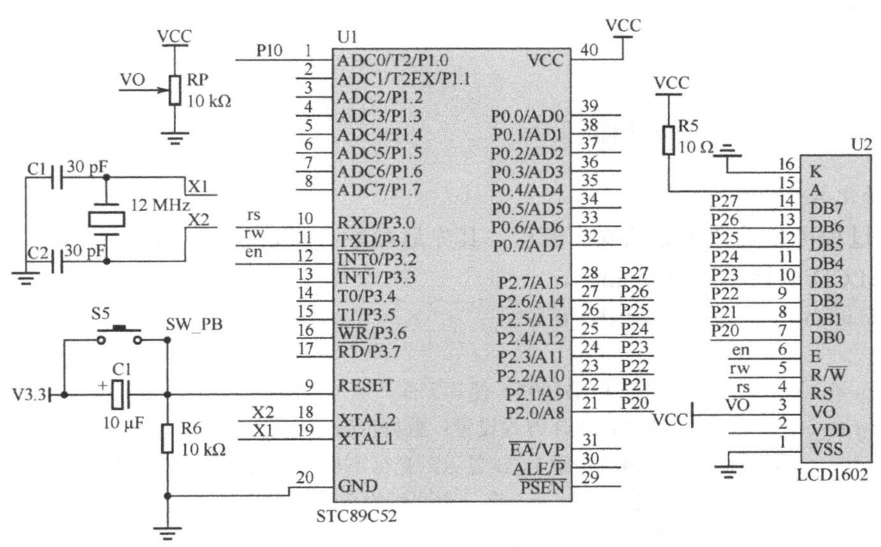

图 8-1　液晶 LCD1602 的硬件电路图

2）电路分析

本任务的电路组成比较简单，直接利用单片机的 I/O 接口与液晶模块相连接进行数据的交换。接口说明如下。

（1）LCD1602 的第 1、2 引脚为电源；第 15、16 引脚为背光电源。为防止直接加+5 V 电压烧坏背光灯，在第 15 引脚串接了一个 10 Ω的电阻用于限流。

（2）LCD1602 的第 3 引脚为液晶对比度调节端，通过外接的 10 kΩ滑动变阻器接地，从而为内部驱动器提供电源，以此调节液晶显示对比度。首次使用时，在液晶上电状态下，调节至液晶上面一行显示出黑色的小格为止。

（3）LCD1602 的第 4 引脚是向液晶控制器发送写数据/写命令的选择端，RS=0 时，表示命令；RS=1 时，表示数据，接单片机的 P3.0 引脚。

（4）LCD1602 的第 5 引脚为读/写选择端，$R/\overline{W}=0$ 时，表示写操作；$R/\overline{W}=1$ 时，表示读操作，接单片机的 P3.1 引脚。

（5）LCD1602 的第 6 引脚为使能信号端，是操作时必需的信号，接单片机的 P3.2 引脚。

（6）LCD1602 的第 7～14 引脚为数据线，可以用 8 位连接，也可以为节约单片机资源而只用高 4 位连接。由于本任务主要讲解液晶的显示原理，所以采用的是 8 位连接方法。根据液晶的读/写信号的要求，通过单片机的 P2 口与 LCD1602 的 DB0～DB7 进行数据的传输，以此达到对液晶的控制与显示的要求。

2. 软件程序的设计

软件程序的设计主要就是对 LCD1602 液晶显示器进行相关的控制。在编写程序时，要严格按照 LCD1602 液晶显示器的读操作时序和写操作时序来完成。单片机选用的晶体振荡器的频率不同，在编写延时程序时延时参数要进行适当修改，使之符合 LCD1602 的时序要求。在编写程序时，尽量按照模块化的编程思想进行编程。LCD1602 的控制过程如下：

（1）初始化功能设置，包括工作方式、显示状态、清屏、输入方式。

（2）读状态操作程序。

（3）写命令子程序。

（4）光标定位。

（5）写数据子程序。

下面分别介绍如何具体设计程序。

1）初始化操作

初始化过程可参照图 8-2 的操作流程，其先后顺序不影响后面的操作。

以下为 LCD 初始化子函数 init()。

```
void init()              //初始化子函数
{
  en=0;                  //使能 LCD1602，使其工作。
  write_com(0x38);       /*38H：工作方式设置：数据位数 8 位，16 列×2 行显示，5×7 点阵字符*/
  write_com(0x0C);       //0CH：打开 LCD 显示，光标不显示，光标位字符不闪
  write_com(0x01);       //01H：清屏命令字，将光标设置为第一行第一列
  write_com(0x06);       //06H：写一个字符后地址指针加 1
}
```

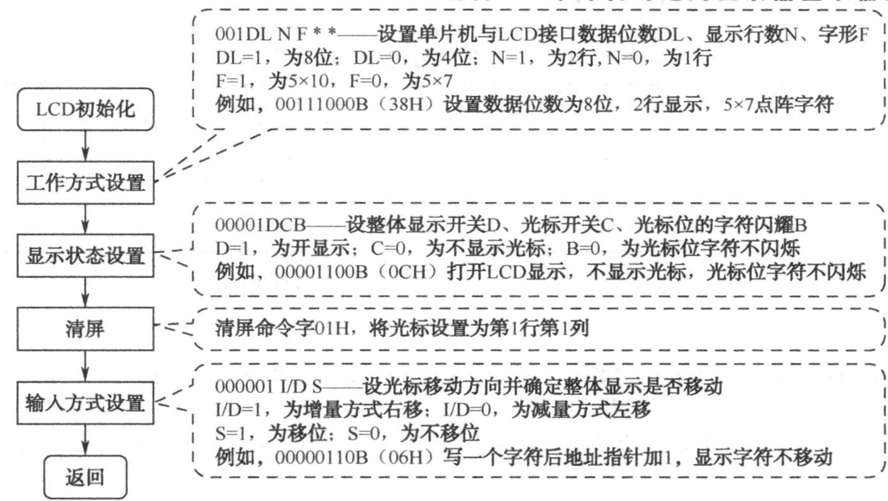

图 8-2　LCD 初始化操作

2）读状态操作

状态字的最高位 BF 为忙标志位，1 表示 LCD 正在忙，0 表示不忙。

通过判断最高位 BF 的 0、1 状态，就可以知道 LCD 当前是否处于忙状态，如果 LCD 一直处于忙状态，则继续查询等待，否则进行下面的操作。下面为查询忙状态程序段：

```
void lcd_mang();
{
    i=lcd_r_start();    //调用读状态函数，读取 LCD 状态字
    i&=0x80;            //采用与操作屏蔽掉低 7 位
    delay(2);           //延时
}
    while(i!=0);        //LCD 忙，继续查询，否则退出循环
```

3）写命令操作

LCD 上电时，必须按照一定的时序对 LCD 进行初始化操作，主要任务是设置 LCD 的工作方式、显示状态、清屏、输入方式、光标位置等。例如，以下写命令函数：

```
void write_com(uchar com)       //写命令
{
    lcd_mang();                 //LCD 忙，继续查询，否则向下执行
    rs=0;
    rw=0;                       //rw=0，rs=0，写 LCD 命令字
    P2=com;                     //将 com 中的命令字写入 LCD 数据口
    delay(5);                   //稍做延时以待数据稳定
    en=1;                       //使能端给一高脉冲，因为初始化函数中已经将 en 置为 0
    delay(5);                   //稍做延时
    en=0;                       //将使能端置 0 以完成高脉冲
}
```

4）光标定位

要想把显示的字符显示在某一指定位置，就必须先将显示数据写在相应的 DDRAM 地址中。LCD1602 是 2 行 16 列字符型液晶显示器，其光标定位的位置与相应的命令字如表 8.1 所示。

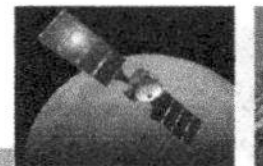

表 8.1　光标定位的位置与相应的命令字

列 行	1	2	3	4	5	6	7	8	9	10	11	12	13	14	15	16
1	80	81	82	83	84	85	86	87	88	89	8A	8B	8C	8D	8E	8F
2	C0	C1	C2	C3	C4	C5	C6	C7	C8	C9	CA	CB	CC	CD	CE	CF

注：表中命令字以十六进制形式给出，该命令字就是与 LCD 显示位置相对应的 DDRAM 地址。

例如，以下光标定位语句：

```
write_com(0x80+0x00);       /*第 1 行首地址 0x80 加上偏移量 0x00，即指定在第 1 行第 1 个位置
                              显示字符*/
write_com(0xc0+0x05);       /*第 2 行首地址 0xC0 加上偏移量 0x05，即指定在第 2 行第 5 个位置
                              显示字符*/
```

5）写数据操作

了解了光标位置与相应命令之间的关系后，就可以在指定的位置输入要显示的字符了。需要以下两个步骤：

（1）进行光标定位，写入光标位置命令字（写命令操作）。

（2）写入要显示字符的 ASCII 码（写数据操作）。

例如，要在 LCD 的第 2 行第 8 列显示字符“A”，可以使用以下语句：

```
write_com(0xC7);            //第 2 行第 8 列的 DDRAM 地址为 C7H
write_data(0x41);           //字符 A 所对的 ASCII 码为 41H，该语句也可写为 write_data('A');
```

例如，如下写操作函数：

```
void write_data (unsigned char dat)
{
    unsigned char i;
    void lcd_mang();        //LCD 忙，继续查询，否则向下执行
    rs=1;
    rw=0;                   //rw=0，rs=1，向 LCD 写数据
    P2=dat;                 //将 dat 中的显示数据写入 LCD 数据口
    delay(5);
    en=1;                   //E 端时序
    delay(5);
    en=0;
}
```

小提示：（1）写数据函数 write_data()与写命令函数 write_com()的不同之处就是 RS 引脚的状态不同，这一点请大家注意。

（2）当写入一个显示字符后，如果没有给光标重新定位，则 DDRAM 地址会自动加 1 或减 1，加或减由输入方式字设置。这里需要注意的是，第 1 行 DDRAM 地址与第 1 行 DDRAM 地址并不连续。

实例 8-1　在 LCD1602 上指定的位置显示单个指定的字符。要求如下：同时在 LCD1602 的第 1 行第 1 列显示字符“A”，在第 2 行第 6 列显示字符“b”。

程序代码如下：

```
#include<reg52.h>
#include<intrins.h>
#define uchar unsigned char
#define uint unsigned int
sbit rs=P3^0;                    //定义 LCD1602 接口
sbit rw=P3^1;
sbit en=P3^2;
//**********************************************
void delay(uint z)               //延时子函数
{
    uint x,y;
    for(x=z;x>0;x- -)
        for(y=110;y>0;y- -);
}
//**********************************************
void init()                      //初始化子函数
{
    en=0;
    write_com(0x38);             //38H：数据位为 8 位，16 列×2 行显示，5×7 点阵字符
    write_com(0x0C);             //0CH：打开 LCD 显示，光标不显示，光标位字符不闪烁
    write_com(0x01);             //01H：清屏命令字，将光标设置为第 1 行第 1 列
    write_com(0x06);             //06H：写一个字符后地址指针自动加 1
}
//**********************************************
void lcd_mang()                  //判断忙子函数
{
    rs=0;
    rw=1;
    en=1;
    _nop_();   _nop_();   _nop_();   _nop_();
    while(P2&0x80);
    en=0;
}
//**********************************************
void write_com(uchar com) //写命令子函数
{
    lcd_mang();                  //LCD 忙，继续查询，否则向下执行
    rs=0;
    rw=0;                        //rw=0，rs=0，写 LCD 命令字
    P2=com;                      //将 com 中的命令字写入 LCD 数据口
    delay(5);                    //稍做延时以待数据稳定
    en=1;                        //使能端给一高脉冲，因为初始化函数中已经将 en 置为 0
    delay(5);                    //稍做延时
    en=0;                        //将使能端置 0 以完成高脉冲
}
//**********************************************
void write_data(uchar dat)  //写数据子函数
{
```

```
        lcd_mang();
        rs=1;
        rw=0;                   //rw=0，rs=1，向 LCD 写数据
        P2=dat;          //将 dat 中的显示数据写入 LCD 数据口
        delay(5);
        en=1;
        delay(5);
        en=0;
}
//*********************************************
void main()
{
  init();
  while(1)
  {
      write_com(0x80+0x00);   //指定在第 1 行第 1 个位置显示
      write_data('A');
      write_com(0xc0+0x05);   //指定在第 2 行第 6 个位置显示
      write_data('b');
  }
}
```

程序代码分析如下：

在上述程序代码中对 LCD1602 的所有操作都是采用独立的函数来完成的，体现了模块化的编程思想。包括初始化功能设置、读状态操作程序、写命令子程序、光标定位、写数据子程序等步骤。因此，主函数就会变得十分简单，用以下代码就可以实现本例中的要求：

```
write_com(0x80+0x00);          //指定在第 1 行第 1 个位置显示
write_data('A');               //显示字符 A
write_com(0xc0+0x05);          //指定在第 2 行第 6 个位置显示
write_data('b');               //显示字符 b
```

需要注意的是，在写数据前必须先将光标定位到想要显示的位置。

图 8-3　程序运行结果

程序运行结果如图 8-3 所示。

实例 8-2　编程实现在 LCD1602 上指定的位置显示字串。要求：第 1 行显示字符串“www.sjziei.com”，第 2 行显示“0311-8532****”。

程序代码如下：

```
#include<reg52.h>
#include<intrins.h>
#define uchar unsigned char
#define uint unsigned int
uchar tab1[]={"www.sjziei.com"};
uchar tab2[]={"0311-8532****"};
sbit rs=P3^0;
sbit rw=P3^1;
sbit en=P3^2;
//*********************************************
void delay(uint z)            //延时子函数
```

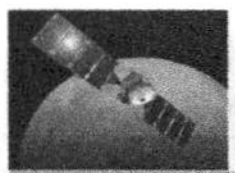

```
{
    uint x,y;
    for(x=z;x>0;x--)
        for(y=110;y>0;y--);
}
//**********************************************
void init()                   //初始化子函数
{
    en=0;
    write_com(0x38);          //38H：数据位为 8 位，16 列×2 行显示，5×7 点阵字符
    write_com(0x0C);          //0CH：打开 LCD 显示，光标不显示，光标位字符不闪烁
    write_com(0x01);          //01H：清屏命令字，将光标设置为第 1 行第 1 列
    write_com(0x06);          //06H：写一个字符后地址指针自动加 1
}
//**********************************************
void lcd_mang()               //判断忙子函数
{
    rs=0;
    rw=1;
    en=1;
    _nop_();  _nop_();  _nop_();  _nop_();
    while(P2&0x80);
    en=0;
}
//**********************************************
void write_com(uchar com)  //写命令子函数
{
    lcd_mang();               //LCD 忙，继续查询，否则向下执行
    rs=0;
    rw=0;                     //rw=0，rs=0，写 LCD 命令字
    P2=com;                   //将 com 中的命令字写入 LCD 数据口
    delay(5);                 //稍做延时以待数据稳定
    en=1;                     //使能端给一高脉冲，因为初始化函数中已经将 en 置为 0
    delay(5);                 //稍做延时
    en=0;                     //将使能端置 0 以完成高脉冲
}
//**********************************************
void write_data(uchar dat)  //写数据子函数
{
    lcd_mang();
    rs=1;
    rw=0;                     //rw=0，rs=1，向 LCD 写数据
    P2=dat;                   //将 dat 中的显示数据写入 LCD 数据口
    delay(5);
    en=1;
    delay(5);
    en=0;
}
```

```
//**********************************************************************
void main()
{
   uchar i;
   init();
   while(1)
   {
        write_com(0x80);     //指定在第 1 行第 1 个位置显示数据
        for(i=0;i<=13;i++)
             write_data(tab1[i]);
        write_com(0xC0);     //指定在第 2 行第 1 个位置显示数据
        for(i=0;i<13;i++)
             write_data(tab2[i]);
   }
}
```

程序代码分析如下：

本例的代码中，除主函数循环显示定义的字符串外，其他部分程序和实例 8-1 基本一样。因此，主要对主函数中 while(1)大循环内的代码进行分析。各语句说明如下。

```
write_com(0x80);                         //指定在第 1 行第 1 个位置显示数据
for(i=0;i<=13;i++)write_data(tab1[i]);   /*根据数组 tab1 中的元素个数设定循环次数，即从第 1 行
                                         第 1 个位置逐一写完 tab1 中的元素，循环结束*/
write_com(0xC0);                         //指定在第 2 行第 1 个位置显示数据
for(i=0;i<=13;i++)write_data(tab2[i]);   /*根据数组 tab2 中的元素个数设定循环次数，即从第 2 行
                                         第 1 个位置逐一写完 tab2 中的元素，循环结束*/
```

程序运行结果如图 8-4 所示。

图 8-4　显示 2 行字符串

实例 8-3　编程在 LCD1602 上实现第 1 行从右向左循环移入字符“xingming”，同时第 2 行向左循环移入字符“class:1”，移入速度自己定义，然后停止在屏幕上。

程序代码如下：

```
#include<reg51.h>
#define uchar unsigned char
#define uint unsigned int
sbit lcdrs=P3^0;
sbit lcdrw=P3^1;
sbit lcden=P3^2;
uchar tab0[]="xing ming";          //在中间显示需要在前后加空格
uchar tab1[]="class:1";
//*********************************************
void delay(uint z)                 //延时子函数
{
     uint x,y;
     for(x=z;x>0;x- -)
          for(y=110;y>0;y- -);
}
//*********************************************
void init()                        //初始化子函数
```

```
{
    lcden=0;
    write_com(0x38);            //38H：数据位为 8 位，2 行显示，5×7 点阵字符
    write_com(0x0C);            //0CH：打开 LCD 显示，光标不显示，光标位字符不闪烁
    write_com(0x01);            //01H：清屏命令字，将光标设置为第 1 行第 1 列
    write_com(0x06);            //06H：写一个字符后地址指针自动加 1，显示字符不移动
}
//*********************************************
void lcd_mang()                 //判断忙子函数
{
    rs=0;
    rw=1;
    en=1;
    _nop_();    _nop_();   _nop_();   _nop_();
    while(P2&0x80);             //查看 P2 口最高位是否为 1
    en=0;
}
//*********************************************
void write_com(uchar com)       //写命令子函数
{
    lcd_mang();
    rs=0;
    rw=0;                       //rw=0，rs=0，写 LCD 命令字
    P2=com;                     //将 com 中的命令字写入 LCD 数据口
    delay(5);
    en=1;
    delay(5);
    en=0;
}
//*********************************************
void write_data(uchar dat)      //写数据子函数
{
    lcd_mang();
    rs=1;
    rw=0;                       //rw=0，rs=1，向 LCD 写数据
    P2=dat;                     //将 dat 中的显示数据写入 LCD 数据口
    delay(5);
    en=1;
    delay(5);
    en=0;
}
//****************************************************************
void main()
{
    uchar i;
    init();
    write_com(0x80+0x10);       //从第 1 行第 17 列非显示区域地址处开始写入显示数据
    for(i=0;i<9;i++)            //数组元素有 9 字符，所以循环 9 次
```

```
        {
            write_data (tab0[i]);     // tab0[i]中的 i 从 0 开始逐一显示 tab0 中的数据
            delay(20);
        }
        write_com(0xC0+0x10);     //第 2 行非显示区域地址处
        for(i=0;i<6;i++)          //数组元素有 6 个字符，所以循环 6 次
        {
            write_data (tab1[i]);
            delay(20);
        }
        for(i=0;i<16;i++)         //左移动次数，写数据时在 17 列向左移动 16，此时到达第 1 个
                                  //字符的位置
        {
            write_ com(0x18);     //设置命令字 0001S/L R/L * * =0x18H，即设定画面左移 1 个字符
            delay(200);
        }
        while(1);                 //循环后静止在屏幕上
    }
```

程序代码分析如下：

主函数中语句“write_com(0x80+0x10);”的作用是在写第 1 行数据前先定位数据指针，通过该语句把显示的数据写在液晶第 1 行非显示区域（缓冲区）地址处。同理，写第 2 行时用“write_com(0xC0+0x10);”定位数据指针，这样写的目的是在接下来要使用移屏命令将液晶整屏向左移动。

然后通过命令控制语句“write_com(0x18);”设定整屏左移一个字符（画面、光标设置中0001S/C R/L * * =0001 1000B=0x18H，即 S/C=1 显示屏上的画面平移一个字符位；R/L=0 画面左移）。由于字符串首字符写到了第 17 列，每间隔一定时间移动 1 个地址，再通过 for(i=0;i<16;i++)控制循环次数共移动了 16 个地址，所以刚好将要显示的数据全部移入液晶可显示区域。

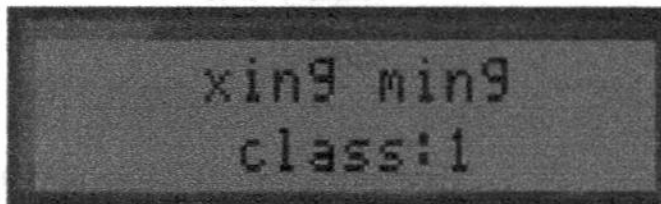

图 8-5　左移显示姓名和班级

其余部分程序与前面例子相同，在此不再解释。运行结果如图 8-5 所示。

实例 8-4　编程在 LCD1602 上实现第 1 行从左向右循环移入字符“XM:yangyurui”，同时第 2 行向右循环移入字符“Tel:152****9620”，移入速度自己定义，然后停止在屏幕上。

程序代码如下：

```
#include<reg52.h>
#define uchar unsigned char
#define uint unsigned int
sbit rs=P3^0;
sbit rw=P3^1;
sbit en=P3^2;
uchar tab0[]="XM:yangyurui";
uchar tab1[]="Tel:152****9620";
//*********************************************
void delay(uint z)                 //延时子函数
{
    uint x,y;
```

```
    for(x=z;x>0;x--)
        for(y=110;y>0;y--);
}
//*******************************************
void init()
{
    en=0;
    write_com(0x38);          //38H：数据位为 8 位，2 行显示，5×7 点阵字符
    write_com(0x0C);          //0CH：打开 LCD 显示，光标不显示，光标位字符不闪烁
    write_com(0x01);          //01H：清屏命令字，将光标设置为第 1 行第 1 列
    write_com(0x06);          //06H：写一个字符后地址指针自动加 1，显示字符不移动
}
//*******************************************
void lcd_mang()               //判断忙子函数
{
    rs=0;
    rw=1;
    en=1;
    _nop_();    _nop_();   _nop_();   _nop_();
    while(P2&0x80);           //判断 P2 口的最高位是否为 1
    en=0;
}
//*******************************************
void write_com(uchar com)     //写命令子函数
{
    lcd_mang();
    rs=0;
    rw=0;                     //rw=0，rs=0，写 LCD 命令字
    P2=com;                   //将 com 中的命令字写入 LCD 数据口
    delay(5);
    en=1;
    delay(5);
    en=0;
}
//*******************************************
void write_data(uchar date)   //写数据子函数
{
    lcd_mang();
    rs=1;
    rw=0;                     //rw=0，rs=1，向 LCD 写数据
    P2=date;                  //将 date 中的显示数据写入 LCD 数据口
    delay(5);
    en=1;
    delay(5);
    en=0;
}
//************************************************************
void main()
```

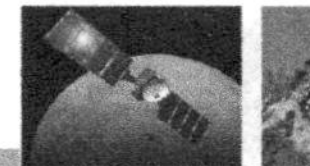

```
    {
        uchar i;
        init();
        write_com(0x80+0x10);         //从第 1 行第 17 列非显示区域地址处开始写入显示数据
        for(i=0;i<12;i++)             //数组元素有 12 字符，所以循环 12 次
        {
            write_data(tab0[i]);
            delay(20);
        }
        write_com(0xc0+0x10);         //从第 2 行第 17 列非显示区域地址处开始写入显示数据
        for(i=0;i<15;i++)             //数组元素有 15 字符，所以循环 15 次
        {
            write_data(tab1[i]);
            delay(20);
        }
        for(i=0;i<24;i++)             //设定循环次数
        {
            write_com(0x1C);          //设置命令字 0001S/C R/L * * =0x1CH，即设定整个屏幕画面右
                                      //移 1 个字符
            delay(200);
        }
        while(1);
    }
```

参考实例 8-3 中的程序代码说明，请读者自行分析。程序运行效果如图 8-6 所示。

XM:yangyurui
Tel:152****9629

图 8-6　右移显示姓名和电话

知识链接：液晶显示器的基础知识

1）相关概念

液晶（Liquid Crystal）是一种高分子材料，因为具有特殊的物理、化学与光电特性，于 20 世纪中叶开始被广泛应用在轻薄型的显示技术上。

液晶显示器，或称 LCD（Liquid Crystal Display），为平面超薄的显示设备，它由一定数量的彩色或黑白像素组成，放置于光源或反射面前方。它的主要原理是以电流刺激液晶分子产生点、线、面并配合背部灯管构成画面。通常把各种液晶显示器都直接叫做液晶。

液晶显示模块（LCD Module），简称“LCM”，指将液晶显示器件、连接件、集成电路、电路板、背光源、结构件装配在一起的组件。实际上它是一种商品化的部件，也称为液晶显示组件，人们惯称其为“模块”。LCM 分为段码型、点阵型两种，点阵型又分为字符型和图形型。本教材主要介绍点阵型的 LCM。

各种型号的液晶通常是以显示字符的行数或液晶点阵的行数、列数来命名的。例如，1602 的意思是指每行显示 16 个字符，一共可以显示两行，即 2 行 16 列；类似的命名还有 0802、1601 等，这类液晶通常都是字符型液晶，即只能显示 ASCII 码字符，如数字、大小写英文字母、各种符号等。另外还有一类图形型液晶，如 12864。它的意思是指液晶由 128 列、64 行组成，即共有 128×64 个点来显示各种图形，可以通过程序控制这 128×64 个点中的任意一个点显示或不显示。类似的命名还有 12232、320240 等。根据客户的需求，厂家可以设计出任意数组合的点阵液晶。

2）液晶显示器的特点

在单片机系统中应用液晶显示器作为输出器件有以下几个特点：

（1）显示质量高。由于液晶显示器每一个点在收到信号后就一直保持那种色彩和亮度，恒定发光，而不像阴极射线管显示器（CRT）那样需要不断刷新亮点，因此液晶显示器画质高且不会闪烁。

（2）数字式接口。液晶显示器都是数字式的，和单片机系统的接口更加简单可靠，操作更加方便。

（3）体积小、质量轻。液晶显示器通过显示屏上的电极控制液晶分子状态来达到显示的目的，在质量上比相同显示面积的传统显示器要轻得多。

（4）功耗低。相对而言，液晶显示器的功耗主要消耗在其内部的电极和驱动 IC 上，因而耗电量比其他显示器要少得多。

（5）温度范围受限。液晶显示器有一个致命的弱点，其使用的温度范围很窄，通用型液晶正常工作的温度范围为 0～+55℃，存储温度范围为-20～+60℃。即使是宽温度级液晶，其正常工作的温度范围也仅为-20～+70℃，存储温度范围为-30～+80℃。因此，在设计相应产品时，务必要考虑周全，选择合适的液晶。

3）液晶显示器各种图形的显示原理

（1）线段的显示。点阵图形式液晶由 M×N 个显示单元组成，假设 LCD 显示屏有 64 行，每行有 128 列，每 8 列对应 1 字节的 8 位，即每行由 16 字节，共由 16×8=128 个点组成，屏上 64×16 个显示单元与显示 RAM 区的 1024 字节相对应，每字节的内容和显示屏上相应位置的亮暗对应。例如，屏的第一行的亮暗由 RAM 区的 000H～00FH 的 16 字节的内容决定，当（000H）=FFH 时，屏幕的左上角显示一条短亮线，长度为 8 个点；当（3FFH）=FFH 时，屏幕的右下角显示一条短亮线；当（000H）=FFH，（001H）=00H，（002H）=00H，…，（00EH）=00H，（00FH）=00H 时，在屏幕的顶部显示一条由 8 段亮线和 8 条暗线组成的虚线。这就是 LCD 显示的基本原理。

（2）字符的显示。用 LCD 显示一个字符时比较复杂，因为一个字符由 6×8 或 8×8 点阵组成，既要找到和显示屏幕上某几个位置对应的显示 RAM 区的 8 字节，还要使每字节的不同位为“1”，其他的为“0”，为“1”的点亮，为“0”的不亮，这样一来就组成某个字符。对于内带字符发生器的控制器来说，显示字符就比较简单了，可以让控制器工作在文本方式，根据在 LCD 上开始显示的行号、列号及每行的列数找出显示 RAM 对应的地址，设立光标，然后在此送上该字符对应的代码即可。

（3）汉字的显示。汉字的显示一般采用图形的方式，事先从微机中提取要显示的汉字的点阵码（一般用字模提取软件），每个汉字占 32B，分左右两半，各占 16B，左边为 1，3，5，…右边为 2，4，6，…根据在 LCD 上开始显示的行号、列号及每行的列数可找出显示 RAM 对应的地址，设立光标，送上要显示的汉字的第一个字节，光标位置加 1，送第二个字节，换行、按列对齐，送第三个字节……直到 32B 显示完就可以在 LCD 上得到一个完整的汉字。

4）1602 字符型液晶显示模块介绍

字符型液晶显示模块是一种专门用于显示字母、数字、符号等信息的点阵式 LCD，目前常用 16×1、16×2、20×2 和 40×2 等的模块。LCD1602 液晶点阵字符显示器用 5×7 点阵图形来显示西文字符，可显示 2 行×16 列个西文字符。液晶显示模块 LCD 大都采用 HD44780

驱动器与控制芯片，单片机通过写控制方式访问驱动控制器来实现对显示屏的控制。

液晶显示模块主要由 3 个部分组成：LCD 控制器、LCD 驱动器、LCD 显示装置，如图 8-7 所示。其中控制器主要由指令寄存器 IR，数据寄存器 DR，忙标志 BF，地址计数器 AC、CGROM、DDRAM、CGRAM 及时序发生电路组成。

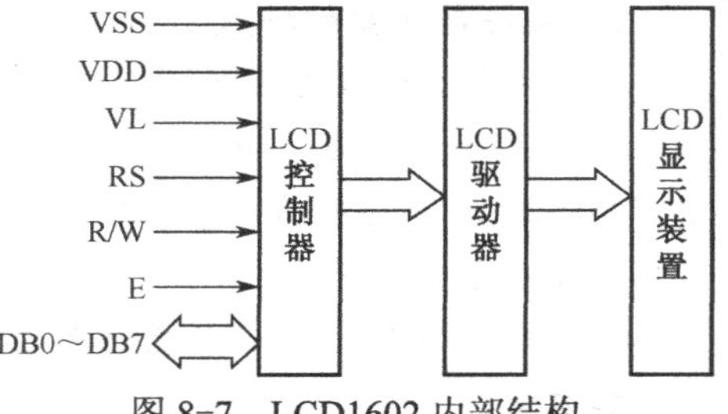

图 8-7　LCD1602 内部结构

小提示：组成控制器的主要部分说明如下所述。

（1）忙标志 BF（Busy Flag）。忙标志 BF=1 时，表明模块正在进行内部操作，此时不接收任何外部指令和数据。当 RS=0、R/W=1 且 E 为高电平时，BF 输出到 DB7。每次操作之前最好先进行状态字检测，只有在确认 BF=0 之后，MCU 才能访问模块。

（2）地址计数器 AC（Address Counter）。地址计数器 AC 是 DDRAM 或 CGRAM 的地址指针。随着 IR 中指令码的写入，指令码中携带的地址信息自动送入 AC 中，并做出 AC 作为 DDRAM 的地址指针还是 CGRAM 的地址指针的选择。AC 具有自动加 1 或减 1 的功能。当 DR 与 DDRAM 或 CGRAM 之间完成一次数据传送后，AC 会自动加 1 或减 1。在 RS=0、R/W=1 且 E 为高电平时，AC 的内容送到 DB6～DB0。

（3）字符发生器 CGROM（CharacterGenerator ROM）。在 CGROM 中，模块已经以 8 位二进制数的形式生成了 5×8 点阵的字符字模组型字符字模（一个字符对应一组字模）。字符字模是与显示字符点阵相对应的 8×8 矩阵位图数据（与点阵行相对应的矩阵行的高三位为“0”），同时每一组字符字模都有一个由其在 CGROM 中存放地址的高 8 位数据组成的字符码对应。字符码地址范围为 00H～FFH，其中 00H～07H 字符码与用户在 CGRAM 中生成的自定义图形字符的字模组相对应。

（4）数据显示寄存器 DDRAM（Data Display RAM）。液晶显示模块显示字符时要先输入显示字符地址，也就是告诉模块在哪里显示字符。只要标准的 ASCII 码放入 DDRAM，内部控制线路就会自动将数据传送到显示器上，并显示出该 ASCII 码对应的字符。

（5）字符产生器 CGRAM（CharacterGenerator RAM）。HD44780 的显示缓冲区设有用户自定义的字符发生器 CGRAM，内置在芯片内。因此在 CGRAM 中，可供使用者存储特殊造型的造型码，用户可以生成自定义图形字符的字模组，最多可以生成 5×8 点阵的字符字模 8 个造型组，相对应的字符码从 CGROM 的 00H～0FFH 范围内选择。

字符代码 0x00～0x0F 为用户自定义的字符图形 RAM（对于 5×8 点阵的字符，可以存放 8 组；5×10 点阵的字符，存放 4 组），也就是 CGRAM；0x20～0x7FH 为标准的；ASCII 码；0xA0～0xFFH 为日文字符和希腊文字符；其余字符码（0x10～0x1FH 及 0x80～0x9FH）没有定义。

目前，市场上的 LCD1602 液晶种类繁多，其中以使用并行接口操作方式的 LCD1602 居多，但也有并、串行接口同时具有的，用户可以选择用并行接口或串行接口操作。本教材中使用的 LCD1602 只有并行接口操作方式，以+5 V 电压驱动，带背光，可显示两行，每行 16 个字符，内置 128 个字符的 ASCII 字符集字库。其实物图如图 8-8 所示，引脚结构图如图 8-9 所示。各个引脚的功能如表 8.2 所示。

图 8-8　LCD1602 的实物图

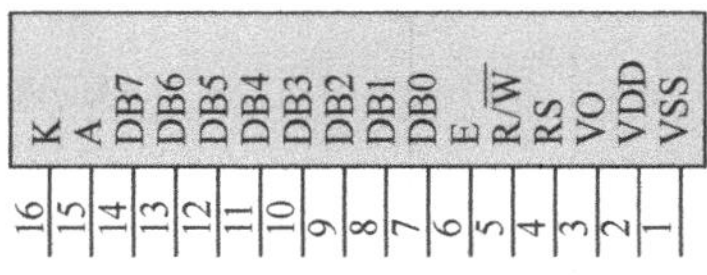

图 8-9　LCD1602 的引脚结构图

5）LCD1602 指令工作说明

使用单片机来控制 LCD1602，方法十分简单。LCD1602 内部具有两个 8 位寄存器：指令寄存器（IR）和数据寄存器（DR），由 RS 引脚来控制。所有对指令寄存器或数据寄存器的存取均需要检查 LCD 内部的忙标志 BF 的状态，由此标志来告知 LCD1602 内部是否正在工作，并不允许接收任何控制命令。而此位的检查可以令 RS=0，用读取 DB7 来加以判断。当 DB7 为 0 时，才可以写入指令寄存器或数据寄存器。

表 8.2　LCD1602 各引脚功能说明

引脚	名称	功 能 说 明
1	VSS	地引脚（电源地）
2	VDD	5 V 电源引脚（电源正极）
3	VO:	液晶显示驱动电源（0～5 V），也称为对比度调节端，可接电位器
4	RS	数据和命令选择控制端，RS=0，命令/状态；RS=1，数据
5	R/$\overline{W}$	读写选择控制线，R/$\overline{W}$ =0，写操作；R/$\overline{W}$ =1，读操作
6	E	使能信号，E 线向 LCD 模块发送一个脉冲，LCD 模块与单片机之间将进行一次数据交换
7～14	DB0～DB7	数据线，可以用 8 位连接，也可以为节约单片机资源而只用高 4 位连接
15	A	背光电源正极
16	K	背光电源负极

LCD1602 液晶模块内部的控制器共有 11 条控制指令，如表 8.3 所示。

表 8.3　LCD1602 控制命令表

序号	指令	RS	R/W	DB7	DB6	DB5	DB4	DB3	DB2	DB1	DB0
1	清除显示屏	0	0	0	0	0	0	0	0	0	1
2	光标回到原点	0	0	0	0	0	0	0	0	1	*
3	进入模式设定	0	0	0	0	0	0	0	1	I/D	S

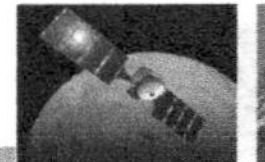

续表

序号	指令	RS	R/W	DB7	DB6	DB5	DB4	DB3	DB2	DB1	DB0
4	显示屏开关 ON/OFF	0	0	0	0	0	0	1	D	C	B
5	光标/字符移位	0	0	0	0	0	1	S/C	R/L	*	*
6	功能设定	0	0	0	0	1	DL	N	F	*	*
7	设定字符发生器（CGRAM）地址	0	0	0	1	字符发生存储器地址 A5～A0					
8	设定显示 RAM（DDRAM）地址	0	0	1	显示数据存储器地址 A6～A0						
9	读取忙标志/地址计数器	0	1	BF	计数器地址 A6～A0						
10	写入数据寄存器	1	0	要写的数据内容 DB7～DB0							
11	读取数据寄存器	1	1	读出的数据内容 DB7～DB0							

注：LCD1602 液晶模块的读写操作、屏幕和光标的操作都是通过指令编程来实现的（表中，1 为高电平，0 为低电平；“*”表示该位可以为 0 或 1，一般默认为 0）。

（1）清除显示屏（Clear Display）。指令代码 01H，将 DDRAM 数据全部填入“空格”的 ASCII 代码 20H，执行指令将清除显示屏的内容，同时光标移到左上角。

（2）光标回到原点（左上角）。指令代码 02H，地址计数器 AC 被清 0，但 DDRAM 内容保持不变，光标回到原点（左上角），“*”表示该位可以为 0 或 1。

（3）进入模式设定。I/D(INC/DEC)：I/D=1，表示当读完或写完一个数据操作后，地址指针 AC 加 1，且光标加 1（光标右移一格）；I/D=0，表示当读完或写完一个数据操作后，地址指针 AC 减 1，且光标减 1（光标左移一格）。

S(Shift)：S=1，表示当写入一个数据操作时，整屏显示左移（I/D=1）或右移（I/D=0），以得到光标不移动而屏幕移动的效果；S=0，表示当写入一个数据操作时，整屏显示不移动。

（4）显示屏开关（Display ON/OFF）。

D(Display)：显示屏开启/关闭控制位。当 D=1 时，显示屏开启；当 D=1 时，显示屏关闭，但 DDRAM 内的显示数据仍保留。

C(Cursor)：光标显示/关闭控制位。当 C=1 时，表示在显示屏上显示光标；当 C=0 时，表示光标不显示。

B(Blink)：光标闪烁控制位。当 B=1 时，表示光标出现后会闪烁；当 B=0 时，表示光标不闪烁。

（5）光标/字符移位。

S/C(Display/Cursor)：S/C=1，表示显示屏上的画面平移一个字符位；S/C=0，表示光标平移一个字符位。

R/L(Right/Left)：R/L=1，表示右移；R/L=0，表示左移。

（6）功能设定（Function Set）。

“*”表示该位可以为 0 或 1。

DL(Data Length)：数据长度选择位。DL=1，为 8 位（DB0～DB7）数据接口；DL=0，

为4位数据接口，使用DB7～DB4位，分两次送入一个完整的字符数据。

N(Number of Display)：显示屏为单行或双行选择。N=1，为双行显示；N=0，为单行显示。

F(Font)：字符显示选择。F=1，为5×10点阵字符；F=0，为5×7点阵字符。

（7）设定字符发生器（CGRAM）地址。设定下一个要读/写数据的CGRAM地址，地址由A5～A0给出，可设定00H～3FH共64个地址。

（8）设定显示RAM（DDRAM）地址。设定下一个要读/写数据的DDRAM地址，地址由A6～A0给出，可设定00H～7FH共128个地址。在功能设定中N=0，一行显示，A6～A0=00H～4FH；N=1，两行显示，首行A6～A0=00H～2FH，次行A6～A0=40H～67H。

（9）读取忙标志/地址计数器（Busy Flag/Address Counter）。LCD的忙标志BF用于指示LCD目前的工作情况。当BF=1时，表示正在做内部数据的处理，不接收单片机送来的指令或数据；当BF=0时，则表示已准备接收命令或数据。当程序读取此数据的内容时，DB7表示忙标志，而DB6～DB0的值表示CGRAM或DDRAM中的地址。至于指向哪一地址，则根据最后写入的地址设定指令决定。

（10）写入数据寄存器。先设定CGRAM或DDRAM的地址，然后再将数据写入DB7～DB0中，以使LCD显示出字形，也可使用户创建的图形存入CGRAM中。

（11）读取数据寄存器。先设定好CGRAM或DDRAM的地址，然后再读取其中的数据。

6）LCD控制器接口时序说明

LCD1602芯片的基本操作时序表如表8.4所示。

表8.4 LCD1602芯片的基本操作时序表

读 状 态	输入	RS=0，R/W=1，E=1	输出	DB0～DB7=状态字
写 指 令	输入	RS=0，R/W=0，DB0～DB7=指令码，E=高脉冲	输出	DB0～DB7=数据
读 数 据	输入	RS=1，R/W=1，E=1	输出	无
写 数 据	输入	RS=1，R/W=0，DB0～DB7=数据，E=高脉冲	输出	无

（1）写操作时序（单片机至LCD），如图8-10所示。

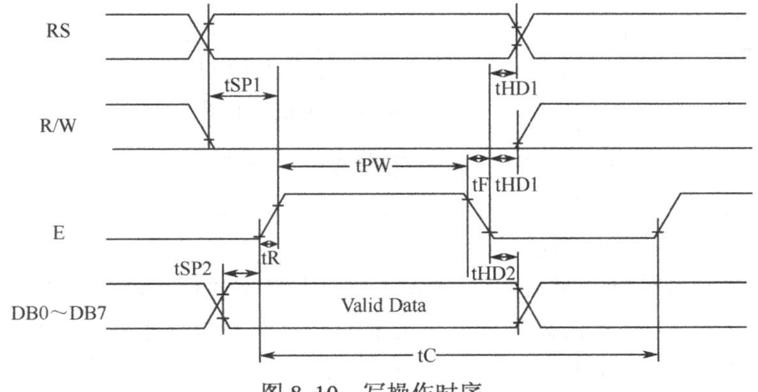

图8-10 写操作时序

（2）读操作时序（LCD至单片机），如图8-11所示。

时序图中的各个延时时间如表8.5所示。

7）LCD中DDRAM地址映射图说明

LCD控制器中自带80B的RAM缓冲区，对应关系如图8-12所示。

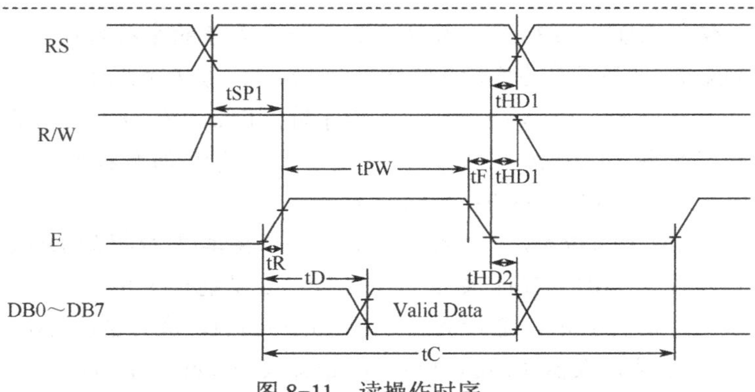

图 8-11　读操作时序

表 8.5　时序图中各个延时时间

时序参数	符号	极限值			单位	测试引脚
		最小值	典型值	最大值		
E 信号周期	tC	400	—	—	ns	引脚 E
E 脉冲宽度	tPW	150	—	—	ns	
E 上升/下降沿时间	tR ,tF	—	—	25	ns	
地址建立时间	tSP1	30	—	—	ns	引脚 E、RS、R/$\overline{W}$
地址保持时间	tHD1	10	—	—	ns	
数据建立时间（读操作）	tD	—	—	100	ns	引脚 DB0～DB7
数据保持时间（读操作）	tHD2	20	—	—	ns	
数据建立时间（写操作）	tSP2	40	—	—	ns	
数据保持时间（写操作）	tHD2	10	—	—	ns	

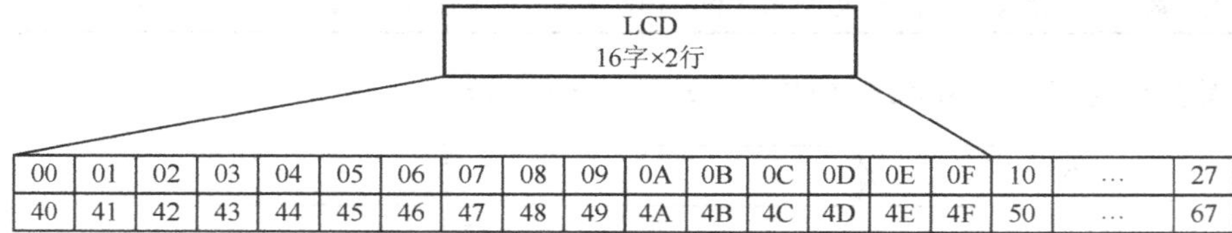

图 8-12　LCD1602 内部地址映射图

当向地址空间 00H～0FH、40H～4FH 范围内任意一处写入显示数据时，液晶都可以显示出来；当数据写入 10H～27H、50H～67H 地址时，必须通过移屏指令将它们移入可显示的区域。详情见实例 8-4 中右移的使用方法。

当执行显示移位操作时，对应的 DDRAM 地址也发生移位。以每行 16 个字符的显示为例（如 RT1602 系列），移位前的地址对应关系如表 8.6 所示，左移一位后的地址对应关系如表 8.7 所示，右移一位后的地址对应关系如表 8.8 所示。

表 8.6　移位前的地址对应关系

字符列地址		1	2	3	…	14	15	16
DDRAM 地址	第 1 行	00H	01H	02H	…	0DH	0EH	0FH
	第 2 行	40H	41H	42H	…	4DH	4EH	4FH

表 8.7　左移一位后的地址对应关系

字符列地址		1	2	3	…	14	15	16
DDRAM 地址	第 1 行	01H	02H	03H	…	0EH	0FH	10H
	第 2 行	41H	42H	43H	…	4EH	4FH	50H

表 8.8　右移一位后的地址对应关系

字符列地址		1	2	3	……	14	15	16
DDRAM 地址	第 1 行	27H	00H	01H	……	0CH	0DH	0EH
	第 2 行	67H	40H	41H	……	4CH	4DH	4EH

任务小结

本任务中，通过 4 个具体实例给大家详细讲解了 LCD1602 与单片机的通信接口及编程应用。本任务重点内容如下：

（1）LCD1602 液晶显示器的结构、引脚功能、指令码操作、读/写控制时序；

（2）详细介绍了 LCD1602 液晶显示器的 8 位数据显示模式的硬件电路设计、软件程序调试；

（3）LCD1602 液晶显示器显示所需字符的详细步骤。

任务 8.2　LCD12864 的操作实例设计

8.2.1　任务要求

利用 STC89C52 单片机的 P0 口、P2 口与 LCD12864 的接口相连，编程实现字符的显示，掌握 LCD12864 的初始化方式及串、并行数据传输显示方式等内容。要求如下：

（1）单个字符在 LCD12864 上指定的位置显示；

（2）在 LCD12864 上显示两行字符串。

8.2.2　任务实现

1. 硬件电路的设计

1）电路组成

在单片机和 LCD12864 之间进行数据通信时可采用串行的方式也可以采用并行的方式，对于初学者来说，采用并行的方式比较容易，而一般工程中为节省单片机的硬件资源常常采用串行的方式。本电路绘制了串/并行都可以使用的电路图（如图 8-13 所示），读者可采用任何一种方式进行程序设计。当采用串行方式传输数据时，只应用三根线（CS、SID、SCLK）就可以完成数据传输，即单片机的 P0.5、P0.6、P0.7 分别与 LCD12864 的 CS、SID、SCLK 端相连，同时把 LCD12864 的 PSB 端置 0；当使用并行方式传输数据时，需要将单片机的 P2.0～P2.7 分别与 LCD12864 的 DB0～DB7 端相连，单片机的 P0.5、P0.6、P0.7 分别与 LCD12864 的 RS、$R/\overline{W}$、E 端相连。

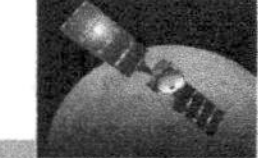

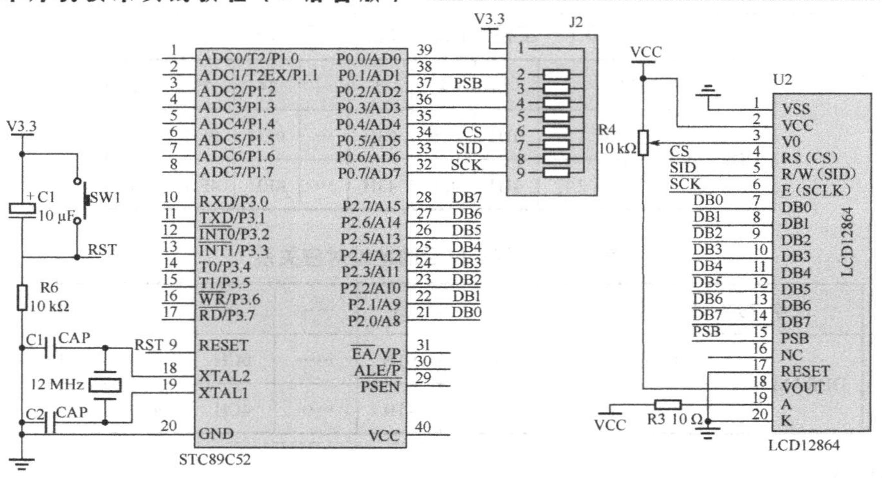

图 8-13　单片机与液晶 LCD12864 电路连接图

2）电路分析

（1）LCD12864 的第 1 引脚为电源地，第 2 引脚为电源正极。

（2）LCD12864 的第 3 引脚为液晶对比度调节端，通过外接的 10 kΩ滑动变阻器接地来给内部驱动器提供电源，以此调节液晶显示对比度。第 18 引脚为 LCD 驱动电压输出端。

（3）LCD12864 的第 4 引脚是向液晶控制器发送写数据/写命令的选择端。当 RS=0 时，表示命令；当 RS=1 时，表示数据，接单片机的 P0.5 引脚。

（4）LCD12864 的第 5 引脚接单片机的 P0.6 引脚。当采用并行方式传输数据时为读/写选择端，当 $R/\overline{W}$=1 时，表示读操作；当 $R/\overline{W}$=0 时，表示写操作。当采用串行方式传输数据时此引脚为 SID，是数据传输接口。

（5）LCD12864 的第 6 引脚为使能信号，是操作时必需的信号，接单片机的 P0.7 引脚。

（6）LCD12864 的第 7～14 引脚为数据线，可以连接 8 位数据线，单片机的 P2 口与 LCD12864 的 DB0～DB7 进行数据的传输，以此达到对液晶的控制与显示的要求。也可以为节约单片机资源而不用此数据线。本任务分别采用并行和串行传输方式进行程序设计。

（7）LCD12864 的第 15 引脚为串/并行数据传输方式的选择端。当 PSB=1 时，表示为 8 位或 4 位并行方式；当 PSB=1 时，表示为串行数据传输方式。如果在实际应用中仅使用串行通信模式，可将 PSB 接固定的低电平，也可以将模块上的 PSB 和 GND 用焊锡短接。

（8）LCD12864 的第 16 引脚空脚；第 17 引脚为复位端，低电平有效，可以直接接地。

（9）LCD12864 的第 19、20 引脚为背光电源，为防止直接加+5V 电压烧坏背光灯，在第 19 引脚串接了一个 10Ω的电阻用于限流。

2．软件程序的设计

LCD12864 的程序初始化是液晶显示的重要基础，一般包括 4 个函数：写命令函数、写数据函数、读状态函数、读数据函数。

小提示： 这 4 个函数并不是必须全部都要编写的，具体要看实现的功能，如果只是单纯的显示汉字和字符，只需要写命令、写数据、读状态这 3 个函数。如果还需要进行一些绘图的操作，则必须编写读数据函数。

下面分别介绍如何具体设计程序。

1）初始化功能设置

常用到 LCD12864 的初始化程序包括的内容如下：

```
void LCD12864_init()
{
    PSB=0/1;                          //设置为 8bit 串行工作模式/并行模式传输数据
    LCD12864_write_com(0x01);         //清除显示，并且设定地址指针为 00H
    delay_ms(1);
    LCD12864_write_com(0x30);         //同并行模式一样，首先写基本指令、指针归位、清
                                      //屏、字符移动的方式
    delay_ms(1);
    LCD12864_write_com(0x06);         //读/写时，设定光标的移动方向及指定显示的移位
    delay_ms(1);
    LCD12864_write_com(0x0c);         //开显示（无光标、不反白）
    delay_ms(1);
}
```

2）写 1 字节子程序

在 LCD12864 的串行模式下写 1 字节，先写高位再写低位，8 次传完 1 字节，具体程序如下所示：

```
void LCD12864_write_byte(uchar date)
{
    uchar i;
    LCD12864_CS=1;                    //串行模式下写 1 字节，先将 CS=1，再写数据
    for(i=0;i<8;i++)
    {
        LCD12864_SID=(bit)(date&0x80); //取最高位后送到数据接口进行传输
        LCD12864_SCK=0;
        LCD12864_SCK=1;
        date<<=1;
    }
}
```

3）写命令子程序

串行模式下写命令的控制字为 0xf8，先写命令 com 的高 4 位，再写 com 的低 4 位，其中每次传输只是读取相应数据的高 4 位，低 4 位为 0。具体程序如下所示：

```
void LCD12864_write_com(uchar com)
{
    LCD12864_write_byte(0xf8);        //写命令的控制字
    LCD12864_write_byte(com&0xf0);
    com&=0x0f;                        //取出第 4 位后再左移 4 位
    com<<=4;
    LCD12864_write_byte(com&0xf0);
    LCD12864_CS=0;
    LCD12864_SID=1;
    LCD12864_SCK=0;
}
```

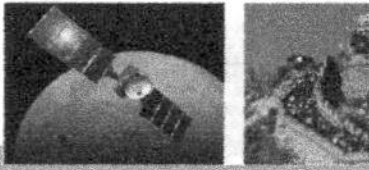

4）写数据子程序

串行模式下写数据的控制字为 0xfa，先写数据 date 的高 4 位，再写 date 的低 4 位，其中每次传输只是读取相应数据的高 4 位，低 4 位为 0。具体程序如下所示：

```
void LCD12864_write_data(uchar date)
{
    LCD12864_write_byte(0xfa);          //写命令的控制字
    LCD12864_write_byte(date&0xf0);
    date&=0x0f;                         //取出第 4 位后再左移 4 位
    date<<=4;
    LCD12864_write_byte(date&0xf0);
    LCD12864_CS=0;
    LCD12864_SID=1;
    LCD12864_SCK=0;
}
```

3．串行数据传输显示方式举例

实例 8-5 编程实现在 LCD12864 上指定的位置显示单个指定的字符。要求如下：采用带字库的 LCD12864，工作在串行数据传输方式，即 PSB=0，在 LCD12864 显示屏的第一行第 5 个位置显示一个“信”字（串行数据传输方式只采用一根数据线进行数据的传输，如果传送 1 字节则需要传送 8 次）。

程序代码如下：

```
#include <reg52.h>
#define uchar unsigned char
#define uint unsigned int
#define DataPort P2                         //单片机 P2 口与液晶 DB0～DB7 相连
sbit LCD12864_CS = P0^5;
sbit LCD12864_SID= P0^6;
sbit LCD12864_SCK= P0^7;
sbit PSB = P0^2;
uchar code tab0[]={"信"};
//*********************************************
void delay_ms(unsigned char t)
{
    uchar i,j=0;
    for(i=0;i<t;i++)
        for(j=0;j<125;j++);
}
//*********************************************
void LCD12864_write_byte(uchar date)        //写 1 字节
{
    uchar i;
    LCD12864_CS=1;                          //串行模式下写 1 字节，先将 CS 置 1，再写数据
    for(i=0;i<8;i++)                        //循环 8 次写完 1 字节
    {
        LCD12864_SID=(bit)(date&0x80); //取最高位
        LCD12864_SCK=0;                     //时钟需要一个上升沿进行数据传输
```

```
        LCD12864_SCK=1;
        date<<=1;                          //写完一位后移位，为下一次做准备
    }
}
//********************************************
void LCD12864_write_com(uchar com)         //LCD12864 写命令
{
    LCD12864_write_byte(0xf8);             //串行写命令控制字 0xf8
    LCD12864_write_byte(com&0xf0);         //先写高 4 位
    com&=0x0f;
    com<<=4;                               //移位后写低 4 位
    LCD12864_write_byte(com&0xf0);
    LCD12864_CS=0;
    LCD12864_SID=1;
    LCD12864_SCK=0;
}
//********************************************
void LCD12864_write_data(uchar date)       //LCD12864 写数据
{
    LCD12864_write_byte(0xfa);             //串行写数据控制字 0xfa
    LCD12864_write_byte(date&0xf0);        //先写高 4 位
    date&=0x0f;
    date<<=4;                              //移位后写低 4 位
    LCD12864_write_byte(date&0xf0);
    LCD12864_CS=0;
    LCD12864_SID=1;
    LCD12864_SCK=0;
}
//********************************************
void LCD12864_init()                       //LCD12864 初始化
{
    PSB=0;                                 //设置为 8 bit 串行工作模式
    LCD12864_write_com(0x01);              //清除显示，并且设定地址指针为 00H
    delay_ms(1);
    LCD12864_write_com(0x30);              //同并行模式一样，首先写基本指令、指针归位、清
                                           //屏、字符移动的方式
    delay_ms(1);
    LCD12864_write_com(0x06);              //读/写时，设定光标的移动方向及指定显示的移位
    delay_ms(1);
    LCD12864_write_com(0x0c);              //开显示（无光标、不反白）
    delay_ms(1);
}
//************************************************************************
void main()
{
    uchar i=0;
    LCD12864_init();
    LCD12864_write_com(0x84);              //设置显示字符的位置
```

```
        for(i=0;i<2;i++)                        //1 个字符占 2 字节
        {
            LCD12864_write_data(tab0[i]);
        }
        while(1);
    }
```

程序代码分析如下：

（1）设置数据传输方式。先定义了数据传输方式的接口“sbit PSB = P0^2;”，然后设置“PSB=0;”，采用 8bit 串行工作模式。

（2）写 1 字节子函数 void LCD12864_write_byte(uchar date)。LCD12864 在串行模式下写 1 字节，先写高位再低位。先屏蔽低 7 位把最高位输出到数据接口，此时给 SCLK 一个高电平把数据传输到液晶，再左移一位将要传输的数据，为下一次传送最高位做准备。通过 for(i=0;i<8;i++)控制传送次数，传送 8 次后传完 1 字节。

（3）写命令子函数 void LCD12864_write_com(uchar com)。LCD12864 在串行模式下写命令的控制字为 0xf8，先写命令 com 的高 4 位，再写 com 的低 4 位，其中每次传输只是读取相应数据的高 4 位，低 4 位为 0。

（4）写数据子函数 void LCD12864_write_data(uchar date)。LCD12864 在串行模式下写数据的命令控制字为 0xfa，先写数据 date 的高 4 位，再写 date 的低 4 位，其中每次传输只是读取相应数据的高 4 位，低 4 位为 0。

（5）主函数。语句“LCD12864_write_com(0x84);”的作用是设定显示字符的位置为第一行第五个字符。在设置显示字符的时候按照第一行 80H～87H，第二行 90H～97H，第三行 88H～8FH，第四行 98H～9FH 进行。

图 8-14　指定位置显示字符

程序运行结果如图 8-14 所示。

实例 8-6　编程实现在 LCD12864 上指定的某一行显示字符串。要求如下：LCD12864 采用串行传输数据方式，在其第一行位置显示 8 个字符“信息工程职业学院”。

程序代码如下：

```
#include <reg52.h>
#define uchar unsigned char
#define uint unsigned int
#define DataPort P2                         //单片机 P2 口与液晶 DB0～DB7 相连
sbit LCD12864_CS = P0^5;
sbit LCD12864_SID= P0^6;
sbit LCD12864_SCK= P0^7;
sbit PSB = P0^2;
uchar code tab0[]={"信息工程职业学院"};
//**************************************************************************
void delay_ms(unsigned char t)
{
    uchar i,j=0;
    for(i=0;i<t;i++)
        for(j=0;j<125;j++);
}
```

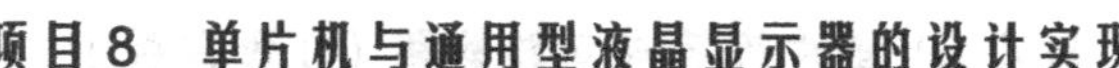


```
//*************************************************************************
void LCD12864_write_byte(uchar date)          //写 1 字节
{
    uchar i;
    LCD12864_CS=1;                            //串行模式下写 1 字节，先将 CS 置 1，再写数据
    for(i=0;i<8;i++)                          //循环 8 次写完 1 字节
    {
        LCD12864_SID=(bit)(date&0x80);   //取最高位
        LCD12864_SCK=0;
        LCD12864_SCK=1;
        date<<=1;                             //写完 1 后移位，为下一次做准备
    }
}
//*************************************************************************
void LCD12864_write_com(uchar com)            //LCD12864 写命令
{
    LCD12864_write_byte(0xf8);                //串行写命令控制字 0xf8
    LCD12864_write_byte(com&0xf0);            //先写高 4 位
    com&=0x0f;
    com<<=4;                                  //移位后写低 4 位
    LCD12864_write_byte(com&0xf0);
    LCD12864_CS=0;
    LCD12864_SID=1;
    LCD12864_SCK=0;
}
//*************************************************************************
void LCD12864_write_data(uchar date)          //LCD12864 写数据
{
    LCD12864_write_byte(0xfa);                //串行写数据控制字 0xfa
    LCD12864_write_byte(date&0xf0);           //先写高 4 位
    date&=0x0f;
    date<<=4;                                 //移位后写低 4 位
    LCD12864_write_byte(date&0xf0);
    LCD12864_CS=0;
    LCD12864_SID=1;
    LCD12864_SCK=0;
}
//*************************************************************************
void LCD12864_init()                          //LCD12864 初始化
{
    PSB=0;                                    //设置为 8 bit 串行工作模式
    LCD12864_write_com(0x01);                 //清除显示，并且设定地址指针为 00H
    delay_ms(1);
    LCD12864_write_com(0x30);                 //同并行模式一样，首先写基本指令、指针归位、清
                                              //屏、字符移动的方式
    delay_ms(1);
    LCD12864_write_com(0x06);                 //读/写时，设定光标的移动方向及指定显示的移位
    delay_ms(1);
```

```
        LCD12864_write_com(0x0c);                    //开显示（无光标、不反白）
        delay_ms(1);
    }
    //************************************************************************
    void main()
    {
        uchar i=0;
        LCD12864_init();
        LCD12864_write_com(0x80);
        for(i=0;i<16;i++)                            //8 个字符占 16 字节
        {
            LCD12864_write_data(tab0[i]);
        }
        while(1);
    }
```

程序代码分析如下：

程序及代码分析参考实例 8-5，本例只修改主函数中部分程序。

在主函数中语句“LCD12864_write_com(0x80);”设定显示字符的位置从 0x80H 开始显示 8 个字符，由于第一行显示地址为 80H～87H 共 8 个字符，所以第一行已经显示满。

程序运行结果如图 8-15 所示。

图 8-15　指定位置显示一行字符

4．并行数据传输显示方式举例

实例 8-7　编程实现在 LCD12864 上指定的某一行显示字符串。要求如下：LCD12864 采用并行传输数据方式，在其第一行显示 8 个字符“信息工程职业学院”。

程序代码如下：

```
    #include <reg52.h>
    #define uchar unsigned char
    #define uint unsigned int
    #define DataPort P2                              //单片机 P2 口与液晶 DB0～DB7 相连
    sbit RS = P0^5;
    sbit RW = P0^6;
    sbit E = P0^7;
    sbit PSB = P0^2;
    uchar code tab0[]={"信息工程职业学院"};
    //************************************************************************
    void delay_ms(unsigned char t)
    {
        uchar i,j=0;
        for(i=0;i<t;i++)
            for(j=0;j<125;j++);
    }
    //************************************************************************
    void Check_Busy()                                //检测忙位
    {
        RS=0;                                        //RS=0、RW=1，读取忙标志（BF）的状态
```

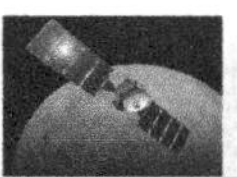

```
        RW=1;
        E=1;                                    //E 的下降沿有效
        DataPort=0xff;                          //如果想读取接口的数据，需要先把接口置位
        while((DataPort&0x80)= =0x80);          //判断 LCD12864 是否忙？忙则等待
        E=0;
    }
    //*****************************************************************************
    void Write_Cmd(unsigned char Cmd)           //写命令
    {
        Check_Busy();
        RS=0;                                   //RS=0、RW=0 写命令
        RW=0;
        E=1;                                    //E 的下降沿有效
        DataPort=Cmd;                           //把命令写入接口
        E=0;
    }
    //*****************************************************************************
    void Write_Data(unsigned char Data)         //写数据
    {
        Check_Busy();
        RS=1;                                   //RS=1、RW=0 写数据
        RW=0;
        E=1;                                    //E 的下降沿有效
        DataPort=Data;                          //把数据写入接口
        E=0;
    }
    //*****************************************************************************
    void LCD12864_init()                        //液晶屏初始化
    {
        PSB=1;                                  //设置为 8bit 并行工作模式
        Write_Cmd(0x01);                        //清除显示，并且设定地址指针为 00H
        delay_ms(1);
        Write_Cmd(0x30);                        //选择基本指令集、8bit 数据流
        delay_ms(1);
        Write_Cmd(0x06);                        //读/写时，设定光标的移动方向及指定显示的移位
        delay_ms(1);
        Write_Cmd(0x0c);                        //开显示（无光标、不反白）
        delay_ms(1);
    }
    //*****************************************************************************
    void main()
    {
        unsigned char i=0;
        LCD12864_init();                        //LCD12864 初始化
        Write_Cmd(0x90);                        //显示位置设定，即在第二行显示
        while(tab0[i]!='\0')                    //数组元素逐一显示
        {
            Write_Data(tab0[i]);
```

```
            delay_ms(2);
            i++;                                    //为显示下一个字符变量自增
        }
        while(1);
    }
```

程序代码分析：

（1）设置数据传输方式。先定义了数据传输方式的接口“sbit PSB = P0^2;”，然后“PSB=1;”设置为8 bit并行工作模式。

（2）“Write_Cmd(0x90);”指定到相应位置，根据基本控制命令设置DDRAM地址，设定显示位址第一行80H～87H、第二行90H～97H、第三行88H～8FH、第四行98H～9FH。本程序设定在第二行显示。

（3）读忙子函数。本例中与前面实例8-5和实例8-6的不同之处是增加了void Check_Busy()，由于12MHz单片机运行速度较慢，所以在单片机控制系统中可以不考虑此问题。

（4）写命令、数据子函数。在写命令子函数中需要设定“RS=0;RW=0;”，在写数据子函数中需要设定“RS=1;RW=0;”。本设置方式和LCD1602基本相同。

（5）主函数中的while(tab0[i]!='\0')，由于字符串在存储时在存储空间的最后一个字符自动存储为'\0'，所以可判断最后字符为'\0'时结束循环。

程序运行后的显示效果和实例8-6的相同，这里不再演示，请读者自行尝试。

实例8-8 编程实现在LCD12864上指定的某两行显示字符串。要求如下：采用并行传输数据方式，在液晶LCD12864显示屏的第二行显示“单片机控制系统”，第四行显示“LCD12864”。

程序代码如下：

```
#include <reg52.h>
#define uchar unsigned char
#define uint unsigned int
#define DataPort P2                         //单片机P2口与液晶DB0～DB7相连
sbit RS = P0^5;
sbit RW = P0^6;
sbit E   = P0^7;
sbit PSB = P0^2;
uchar code tab0[]={"单片机控制系统"};
uchar code tab1[]={"LCD12864"};
//*****************************************************************************
void delay_ms(unsigned char t)
{
    uchar i,j=0;
    for(i=0;i<t;i++)
        for(j=0;j<125;j++);
}
//*****************************************************************************
void Check_Busy()                           //检测忙位
{
    RS=0;                                   //RS=0、RW=1，读取忙标志（BF）的状态
    RW=1;
```

```
        E=1;                                    //E 的下降沿有效
        DataPort=0xff;                          //如果想读取接口的数据，需要先把接口置位
        while((DataPort&0x80)= =0x80);          //忙则等待
        E=0;
    }
    //*****************************************************************************
    void Write_Cmd(unsigned char Cmd)           //写命令
    {
        Check_Busy();
        RS=0;                                   //RS=0、RW=0，写命令
        RW=0;
        E=1;                                    //E 的下降沿有效
        DataPort=Cmd;                           //写命令到接口
        E=0;
    }
    //*****************************************************************************
    void Write_Data(unsigned char Data)         //写数据
    {
        Check_Busy();
        RS=1;                                   //RS=1、RW=0，写数据
        RW=0;
        E=1;                                    //E 的下降沿有效
        DataPort=Data;                          //写数据到接口
        E=0;
    }
    //*****************************************************************************
    void LCD12864_init()                        //液晶屏初始化
    {
        PSB=1;                                  //设置为 8bit 并行工作模式
        Write_Cmd(0x01);                        //清除显示，并且设定地址指针为 00H
        delay_ms(1);
        Write_Cmd(0x30);                        //选择基本指令集、8bit 数据流
        delay_ms(1);
        Write_Cmd(0x06);                        //读/写时，设定光标的移动方向及指定显示的移位
        delay_ms(1);
        Write_Cmd(0x0c);                        //开显示（无光标、不反白）
        delay_ms(1);
    }
    //*****************************************************************************
    void main()
    {
        unsigned char i;
        LCD12864_init();                        //LCD12864 初始化
        Write_Cmd(0x90);                        //设置显示地址位置，即在第二行显示
        i=0;                                    //初始化变量，防止显示乱码
        while(tab0[i]!='\0')                    //字符串在存储的时候最后一个字符为'\0',
        {
            Write_Data(tab0[i]);                //显示变量 i 对应的数组元素
```

```
            delay_ms(2);
            i++;                                  //为显示下一个字符变量自增
        }
        Write_Cmd(0x98);                          //设置显示地址位置，即在第四行显示
        i=0;                                      //初始化变量，防止显示乱码
        while(tab1[i]!='\0')
        {
            Write_Data(tab1[i]);                  //显示变量 i 对应的数组元素
            delay_ms(2);
            i++;                                  //为显示下一个字符变量自增
        }
        while(1);
    }
```

程序代码分析如下：

程序及代码分析参考实例 8-7。本例只修改主函数中部分程序，请读者自行分析。程序运行结果如图 8-16 所示。

图 8-16　指定位置显示两行字符

知识链接：液晶 LCD12864 的相关知识

1）12864 点阵型 LCD

LCD12864 是一种图形点阵液晶显示器，它主要由行驱动器、列驱动器及 128×64 全点阵液晶显示器组成。可以完成图形显示，也可以显示 8 个×4 行的 16×16 点阵汉字。液晶 LCD12864 实物图如图 8-17 所示，其引脚结构图如图 8-18 所示。

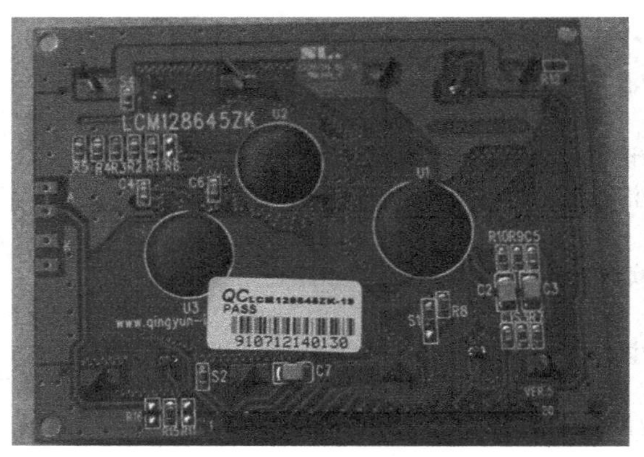

图 8-17　LCD12864 的实物图

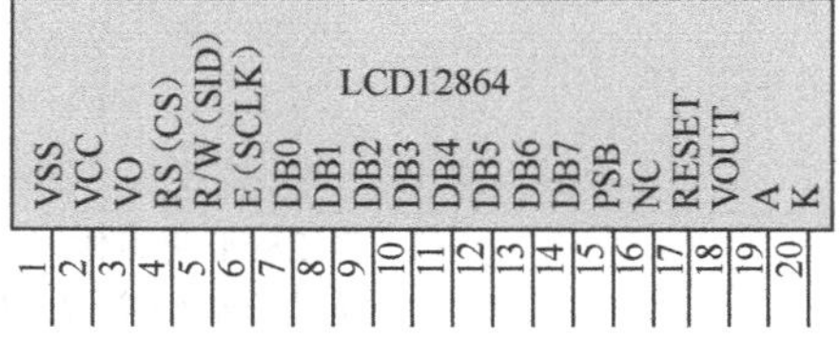

图 8-18　LCD12864 的引脚结构图

液晶模块 LCD12864 共 20 个引脚，其引脚功能及说明如表 8.9 所示。

表 8.9　LCD12864 引脚功能及说明

引　脚　号	引 脚 名 称	电　平	引脚功能描述
1	VSS	0V	电源地
2	VCC	3.0+5V	电源正
3	VO	—	对比度（亮度）调整
4	RS(CS)	H/L	并行模式的数据/指令片选、串行模式的片选信号
5	R/W(SID)	H/L	并行读写选择控制线，R/W=0，写操作；R/W=1，读操作；串行模式下 SID 为数据接口
6	E(SCLK)	H/L	并行模式下 E 为使能信号，串行模式下是 SCLK 的同步时钟
7～14	DB0～DB7	H/L	数据线，用于并行模式下传送数据
15	PSB	H/L	H，8 位或 4 位并行方式；L，串行方式（见小提示（3））
16	NC	—	空脚
17	RESET	H/L	复位端，低电平有效（见小提示（4））
18	VOUT	—	LCD 驱动电压输出端
19	A	VDD	背光源正端（+5V）（见小提示（5））
20	K	VSS	背光源负端（见小提示（5））

小提示：（1）并行模式下 RS=1，表示 DB7～DB0 为显示数据；RS=0，表示 DB7～DB0 为显示指令数据。

（2）并行模式下 R/W=1,E=1，数据被读到 DB7～DB0；R/W=0,E=1→0，DB7～DB0 的数据被写到 IR 或 DR。

（3）如果在实际应用中仅使用串行通信模式，则可将 PSB 接固定低电平，也可以将模块上的 PSB 和 GND 用焊锡短接。

（4）模块内部接有上电复位电路，因此在不需要经常复位的场合可将该端悬空。

（5）如果背光和模块共用一个电源，则可以将模块上的 JA、JK 用焊锡短接。

2）点阵 LCD 的显示原理

对于显示英文操作，由于英文字母种类很少，只需要 8 位（1 字节）即可。而对于中文，常用的却有 6000 个以上，所以将 ASCII 表的高 128 个很少用到的数值以两个为一组来表示汉字，即汉字的内码，而剩下的低 128 位则留给英文字符使用，即英文的内码。

那么，得到了汉字的内码后还仅是一组数字，又如何在屏幕上显示呢？这就涉及文字的字模，虽然字模也是一组数字，但它是用数字的各位信息来记载英文或汉字的形状的，如英文的“A”在字模中记载的是 8×16 的点阵方式，如图 8-19 所示。

而中文的“你”字在字模中记载的是 16×16 的点阵，如图 8-20 所示。

3）控制器接口信号说明

在使用 LCD12864 之前必须先了解以下功能器件才能进行编程。

（1）指令寄存器 IR（Instruction Register）。IR 用于寄存指令码，与数据寄存器寄存数据相对应。当 D/I=0 时，在 E 信号下降沿的作用下，指令码写入 IR。

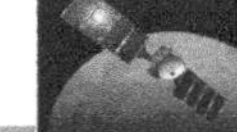
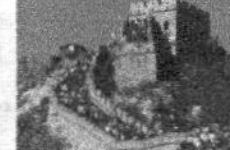

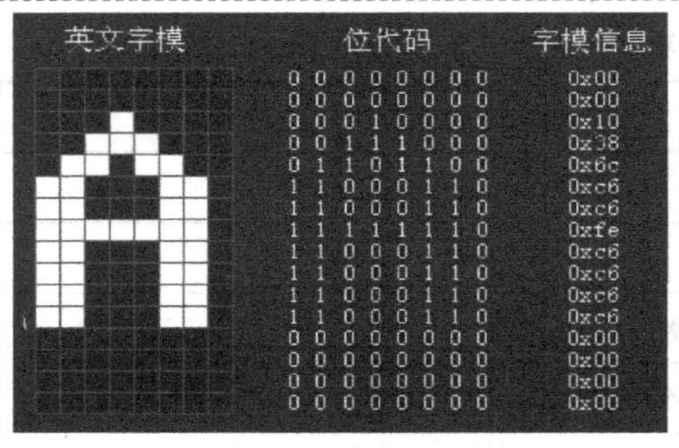

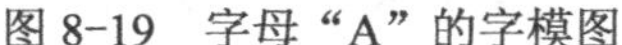
图 8-19　字母“A”的字模图

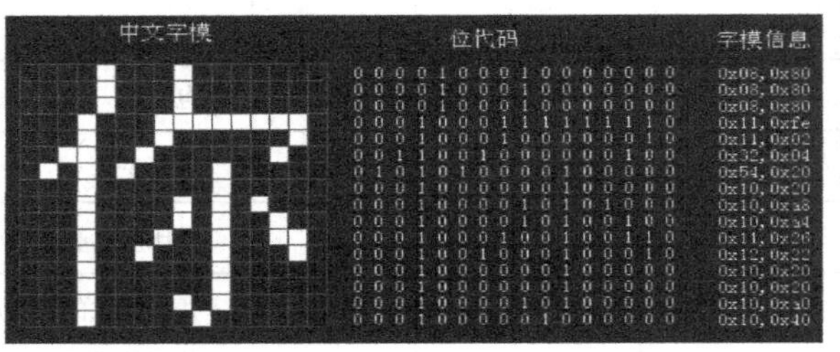

图 8-20　中文“你”字的字模图

（2）数据寄存器 DR（Date Register）。DR 用于寄存数据，与指令寄存器寄存指令相对应。当 D/I=1 时，在 E 信号下降沿的作用下，图形显示数据写入 DR，或在 E 信号高电平作用下由 DR 读到 DB7～DB0 数据总线。DR 和 DDRAM 之间的数据传输是在模块内部自动执行的。

（3）忙标志 BF（Busy Flag）。BF 标志提供内部工作情况。当 BF=1 时，表示模块在内部操作，此时模块不接收外部指令和数据。当 BF=0 时，模块为准备状态，随时可接收外部指令和数据。利用 STATUS READ 指令，可以将 BF 读到 DB7 总线，从而检验模块的工作状态。

（4）显示控制触发器 DFF。该触发器适用于模块屏幕显示开和关的控制。DFF=1 为开显示，DDRAM 的内容显示在屏幕上；DFF=0 为关显示。DDF 的状态是由指令 DISPLAY ON/OFF 和 RST 信号控制的。

（5）XY 地址计数器。XY 地址计数器是一个 9 位计数器。高 3 位是 X 地址计数器，低 6 位为 Y 地址计数器，XY 地址计数器实际上作为 DDRAM 的地址指针，X 地址计数器为 DDRAM 的页指针，Y 地址计数器为 DDRAM 的 Y 地址指针。X 地址计数器是没有计数功能的，只能用指令设置；Y 地址计数器具有循环计数功能，各显示数据写入后，Y 地址自动加 1，Y 地址指针从 0 到 63。

（6）显示数据 RAM（DDRAM）。DDRAM 用于存储图形显示数据。数据为 1 表示显示选择，数据为 0 表示显示非选择。DDRAM 与地址和显示位置的关系见 DDRAM 地址表。

4）控制指令说明

模块控制芯片提供两套控制命令，即基本指令和扩充指令。当 RE=0 时，表示为基本指令。如表 8.10 所示为基本指令表。

表 8.10　LCD12864 液晶基本指令表

指令	基本指令码										功　能
	RS	R/W	D7	D6	D5	D4	D3	D2	D1	D0	
清除显示	0	0	0	0	0	0	0	0	0	1	将 DDRAM 填满“20H”，并且设定 DDRAM 的地址计数器（AC）为“00H”
地址归位	0	0	0	0	0	0	0	0	1	X	设定 DDRAM 的地址计数器（AC）为“00H”，并且将光标移到原点位置；这个指令不改变 DDRAM 的内容
进入点设定	0	0	0	0	0	0	0	1	I/D	S	指定在数据的读取与写入时设定光标的移动方向，并指定显示的移位

续表

指令	基本指令码										功　能
	RS	R/W	D7	D6	D5	D4	D3	D2	D1	D0	
显示状态开/关	0	0	0	0	0	0	1	D	C	B	D=1：整体显示，ON C=1：光标，ON B=1：光标位置，反白允许
光标或显示移位控制	0	0	0	0	0	1	S/C	R/L	X	X	设定光标的移动与显示的移位控制位；这个指令不改变 DDRAM 的内容
功能设定	0	0	0	0	1	DL	X	RE	X	X	DL=0/1：4/8 位数据 RE=1：扩充指令操作 RE=0：基本指令操作
设定 CGRAM 地址	0	0	0	1	AC5	AC4	AC3	AC2	AC1	AC0	设定 CGRAM 地址
设定 DDRAM 地址	0	0	1	0	AC5	AC4	AC3	AC2	AC1	AC0	设定 DDRAM 地址（显示位址） 第一行：80H～87H 第二行：90H～97H 第三行：88H～8FH 第四行：98H～9FH
读取忙标志和地址	0	1	BF	AC6	AC5	AC4	AC3	AC2	AC1	AC0	读取忙标志（BF）可以确认内部动作是否完成，同时可以读出地址计数器（AC）的值
写数据到 RAM	1	0	数据								将数据 D7～D0 写入内部的 RAM（DDRAM/CGRAM/IRAM/GRAM）
读出 RAM 的值	1	1	数据								从内部 RAM 读取数据 D7～D0（DDRAM/CGRAM/IRAM/GRAM）

另外，当 RE=1 时，还有一些扩充指令可设定液晶功能，如待命模式、卷动地址开关开启、反白选择、睡眠模式、扩充功能设定、设定绘图 RAM 地址等。如表 8.11 所示为扩充指令表。

表 8.11　LCD12864 液晶扩充指令表

指令	扩充指令码										功　能
	RS	R/W	D7	D6	D5	D4	D3	D2	D1	D0	
待命模式	0	0	0	0	0	0	0	0	0	1	进入待命模式，执行其他指令时都可以终止待命模式
卷动地址开关开启	0	0	0	0	0	0	0	0	1	SR	SR=1：允许输入垂直卷动地址 SR=0：允许输入 IRAM 和 CGRAM 地址
反白选择	0	0	0	0	0	0	0	1	R1	R0	选择两行中的任意一行做反白显示，并可决定反白与否。 初始值 R1R0＝00，第一次设定为反白显示，再次设定变回正常
睡眠模式	0	0	0	0	0	0	1	SL	X	X	SL=0：进入睡眠模式 SL=1：脱离睡眠模式

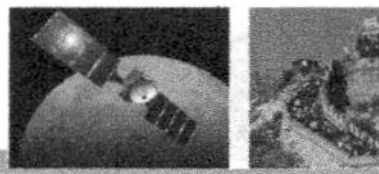

续表

<table>
<tr><th rowspan="2">指令</th><th colspan="10">扩充指令码</th><th rowspan="2">功　能</th></tr>
<tr><th>RS</th><th>R/W</th><th>D7</th><th>D6</th><th>D5</th><th>D4</th><th>D3</th><th>D2</th><th>D1</th><th>D0</th></tr>
<tr><td>扩充功能设定</td><td>0</td><td>0</td><td>0</td><td>0</td><td>1</td><td>CL</td><td>X</td><td>RE</td><td>G</td><td>0</td><td>CL=0/1：4/8 位数据
RE=1：扩充指令操作
RE=0：基本指令操作
G=1/0：绘图开关</td></tr>
<tr><td rowspan="2">设定绘图 RAM 地址</td><td rowspan="2">0</td><td rowspan="2">0</td><td rowspan="2">1</td><td>0</td><td>0</td><td>0</td><td>AC3</td><td>AC2</td><td>AC1</td><td>AC0</td><td rowspan="2">设定绘图 RAM 地址
先设定垂直（列）地址：AC6 AC5 … AC0
再设定水平（行）地址 AC3 AC2 AC1 AC0
将以上 16 位地址连续写入即可</td></tr>
<tr><td>A6</td><td>A5</td><td>A4</td><td>AC3</td><td>AC2</td><td>AC1</td><td>AC0</td></tr>
</table>

5）不同显示类型的操作

（1）字符显示。

字符显示是通过将字符显示编码写入该字符显示 RAM 实现的。根据写入内容的不同，可分别在液晶屏上显示 CGROM（中文字库）、HCGROM（半宽 ASCII 码字库）及 CGRAM（自定义字形）的内容。

三种不同字符/字形的选择及编码范围如下所述。

① 显示半宽字形（ASCII 码字符）：将 1 字节的编码写入 DDRAM 中，范围是 02H～7FH。

② 显示 CGRAM 字形（自定义字形）：将 2 字节的编码写入 DDRAM 中，共有 0000H、0002H、0004H 及 0006H 四种编码。

③ 显示中文字形（8192 种 GB2312 中文字库）：将 2 字节的编码写入 DDRAM 中，先写高 8 位，后写低 8 位，范围是 A140H～D75FH(BIG5)，A1A0H～F7FFH(GB)。

字符显示 RAM 在液晶模块中的地址是 80H～9FH。字符显示 RAM 的地址与 32 个字符显示区域有着一一对应的关系，其对应关系如表 8.12 所示。

表 8.12　汉字显示坐标

行	X 坐 标							
1	80H	81H	82H	83H	84H	85H	86H	87H
2	90H	91H	92H	93H	94H	95H	96H	97H
3	88H	89H	8AH	8BH	8CH	8DH	8EH	8FH
4	98H	99H	9AH	9BH	9CH	9DH	9EH	9FH

（2）图形显示。

绘图显示 RAM 提供 128×8 字节的记忆空间，在更改绘图 RAM 时，先连续写入水平与垂直的坐标值，再将 2 字节的数据写入绘图显示 RAM。而地址计数器会对水平地址（X 轴）自动加 1，当水平地址为 0FH 时会重新设为 00H，但并不会对垂直地址做进位自动加 1。整个写入绘图显示 RAM 的步骤如下：

① 开扩展指令，关闭绘图显示功能。

② 设定绘图指令，先将垂直的坐标（Y）写入绘图显示 RAM 地址，垂直地址范围是 1AC6H～AC0H；再将水平的坐标（X）写入绘图显示 RAM 地址，水平地址范围是 1000AC3H～AC0H（连续写入 2 字节的数据来完成垂直与水平的坐标地址）。

③ 写显示数据，连续送入 2 字节。先将 D15～D8 写入 RAM 中，再将 D7～D0 写入 RAM 中。

④ 打开绘图显示功能。绘图显示的缓冲区对应分布如图 8-21 所示。

		水平坐标				
		00	01	～	06	07
		D15～D0	D15～D0	～	D15～D0	D16～D0
垂直坐标	00					
	01					
	⋮					
	1E					
	1F			128×64点		
	00					
	01					
	⋮					
	1E					
	1F					
		D15～D0	D15～D0	～	D15～D0	D15～D0
		08	09	～	0E	0F

图 8-21　LCD12864 液晶绘图显示地址坐标

绘图显示 RAM 的液晶屏分为上、下两屏，上、下两屏的 Y 地址相同，即 0x00～0x1F，其实际地址是 0x80+Y。但它们的 X 地址不同，上屏的 X 地址为 0x00～0x07，其实际地址为（0x80+0x00）～（0x80+0x07）；而下屏的 X 地址为 0x08～0x0F，其实际地址为（0x80+0x08）～（0x80+0x0F）。

由图 8-21 可以看到，水平坐标一个单位是 2 字节（即 16 位，D15～D0），X 地址会自动加 1，是直接加 1 个单位（即 2 字节 16 位），如 00～01（也即 0x80+00～0x80+01），从第 1 行第 1 列跳到第 1 行第 2 列。例如，显示上屏内容设置为

```
void disppicture(uchar code *adder)
{
    uint i,j;
    for(i=0;i<32;i++)
    {
        write_com(0x80 + i);  //垂直地址
        write_com(0x80);      //水平地址
        for(j=0;j<16;j++)     /*X 坐标方向以 2 字节为单位，Y 坐标方向以 1 位为单位，先
                              连续写入垂直坐标与水平坐标，再写入 2 字节数据到
                              GDRAM*/
        {   write_data(*adder);
            adder++;
        }
    }
}
```

小提示：用带中文字库的 LCD12864 显示模块时应注意以下几点。

（1）要在某一个位置显示中文字符时，应先设定显示字符位置，即先设定显示地址，再写入中文字符编码。

（2）显示 ASCII 字符过程与显示中文字符过程相同。但在显示连续字符时只须设定一次显示地址，由模块自动对地址加 1 指向下一个字符位置；否则，显示的字符中将会有一个空 ASCII 字符位置。

（3）模块在接收指令前，微处理器必须先确认模块内部处于非忙状态，即读取 BF 标志时 BF 应为 0，方可接收新的指令。如果在送出一个指令前不检查 BF 标志，则在前一个指令和这个指令中间必须延迟一段较长的时间，即等待前一个指令确实执行完成。指令执行的时间请参考指令表中的指令执行时间说明。

（4）"RE" 为基本指令集与扩充指令集的选择控制位。当变更 "RE" 位，以后的指令集将维持在最后的状态，除非再次变更 "RE" 位，否则使用相同指令集时，不用每次都重设 "RE" 位。

任务小结

本任务中，通过具体实例给大家详细讲解了单片机与常用液晶之间的接口及编程应用。本任务重点内容如下：

（1）单片机与通用型液晶的硬件接口；

（2）液晶的初始化与读、写子函数程序；

（3）单片机与液晶之间数据发送的两种基本方法（串行方式和并行方式）编程的原理。

习题 8

8-1 简述 LCD1602 典型的接口电路，以及 LCD1602 的具体控制过程。

8-2 编程实现利用 LCD1602 显示自己的年级和专业。

8-3 简述 LCD12864 典型的接口电路，以及串行和并行数据传输显示的设置方式。

8-4 编写程序采用并行传输方式利用 LCD12864 实现自己的班级、学号、姓名等信息。

实践篇

项目9 模拟电梯运行系统的设计与实现

项目目标

电梯作为现代高层建筑的垂直交通工具，在人们日常生活中已必不可少。其实，很多单片机开发系统都具有模拟电梯运行的功能。本项目利用 ZXSX-102 型实验板设计一个模拟电梯运行的控制系统。

通过该系统的设计与实现，将前面学到的单片机中断资源、I/O 接口、键盘、LED 数码管和 LED 点阵等知识融会贯通，锻炼大家独立设计、调试应用系统的能力，使读者深入领会单片机应用系统的硬件设计、模块化程序设计及软/硬件调试方法等内容，并掌握单片机应用系统的开发过程。

项目要求

本项目以 51 系列单片机为核心芯片，通过 4×4 矩阵式键盘、8×8LED 点阵、8 位 LED 数码管和蜂鸣器等外围设备设计一个模拟电梯运行的单片机控制系统。

1. 项目的基本功能

在模拟电梯运行系统的基本功能中，假设楼层为 8 层，用矩阵式键盘的数字键 S1～S8 来表示指定楼层 1～8 层；用 8×8 的 LED 点阵来指示电梯当前所处的状态是上升还是下降；用数码管显示电梯所处楼层的层数。要求电梯能够按照以下功能运行。

（1）上电后，电梯停在 1 楼，此时若按键盘上的 S1 键，则电梯不发生任何动作；若按键盘上的 S2～S8 键，则相应楼层的数码管点亮，此时电梯开始上升，并在 LED 点阵中用向上的箭头动态显示电梯的运行效果，而且在运行过程中利用数码管显示出各个楼层的变化，直到到达指定的楼层。此时数码管显示该楼层，相应的蜂鸣器发声表示电梯门打开。例如，电梯要从 1 层向上运行至 6 层，当按下 S6 键后，电梯开始运行，LED 点阵中动态显示向上的箭头，此时数码管开始逐次显示数字 2、3、4、5、6。到达 6 层后，数码管处于常亮状态，始终显示数字 6，对应的蜂鸣器发声表示已到达指定的楼层。

（2）假设当前电梯正在由 a 层上升至 b 层的过程中（此时数码管显示楼层的变化），此时若按下新的指定楼层数字（相应的数码管亮），设为 x，则系统会自动判断 x、a、b 的大小。若 $a<x<b$，则电梯将会先停至 x 层，然后再上升停至 b 层；若 $x>b$，则电梯将会先停至 b 层，然后再上升停至 x 层；若 $x<a$，则电梯将会先停至 b 层，然后再下降停至 x 层。例如：

① 设电梯当前在 2 层，向上运行，数码管显示希望在 6 层停，若此时按下 4，则电梯将在 4 层停，然后再继续上升运行至 6 层停。

② 与上面情况相同，若按下的不是 4 而是 8，则电梯将先停在 6 层，然后再上升运行至 8 层停。

③ 与上面情况相同，若按下的不是 4（或 8）而是 1，则电梯先停在 6 层，然后再下降运行至 1 层停。

（3）假设当前电梯正在由 a 层下降至 b 层的过程中，此时若按下新的指定楼层 x，若 $b<x<a$，则电梯将会先停至 x 层，然后再下降停至 b 层；若 $x<b$，则电梯将会先停至 b 层，然后再下降停至 x 层；若 $x>a$，则电梯将会先停至 b 层，然后再上升停至 x 层。例如：

① 设电梯当前在 7 层，向下运行，数码管显示希望在 2 层停，若此时按下 4，则电梯将在 4 层停，然后再继续下降运行至 2 层停。

② 与上面情况相同，若按下的不是 4 而是 1，则电梯将先停在 2 层，然后再下降运行至 1 层停。

③ 与上面情况相同，若按下的不是 4（或 1）而是 8，则电梯先停在 2 层，然后再上升运行至 8 层停。

综上所述，便实现了整个电梯的模拟运行过程。

2. 项目的扩展功能

除满足上述基本的功能外，还要求电梯具有直达的功能，以满足特殊情况的需要。即在直达模式下，即使沿途按下了相应的按钮，电梯也不会停止。这个功能在医院等场所的紧急情况下经常使用。在模拟电梯系统的直达功能中，假设楼层也设为 8 层，用矩阵式键盘的数字键 S9～S16 来表示指定楼层 1～8 层，其余的方面和基本功能一样，不再赘述。

项目实施

1. 系统方案的论证与选择

1）单片机的机型选择

选用目前市场上 MCS-51 系列单片机的主流芯片 STC89C52RC，内部带有 8KB 的 Flash

ROM，无须外扩程序存储器。由于模拟电梯程序中的运算和暂存数据不是很多，因此该单片机片内的 512B 的 RAM 可以满足设计要求，无须外扩片外 RAM。关于 STC89C52RC 单片机的相关技术参数，详见附录 C。

2）按键的管理及选择

方案一：若直接采用矩阵式键盘，通过一个 I/O 接口来控制，其中 4 条 I/O 接口线控制行线，另外 4 条 I/O 接口线控制列线，这样比较浪费单片机的 I/O 接口资源。

方案二：若采用具有 SPI 串行接口功能的 ZLG7289 芯片管理键盘。只占用 4 条 I/O 接口线来控制 ZLG7289 芯片即可，用 ZLG7289 芯片同时驱动数码管和 16 个按键，节省了一些 I/O 接口资源。

所以，本项目选择了方案二。

2. 系统硬件的设计方案

本项目中用到的硬件部分电路原理图由以下 4 部分组成。

1）单片机最小系统电路图

单片机最小系统电路图如图 9-1 所示。

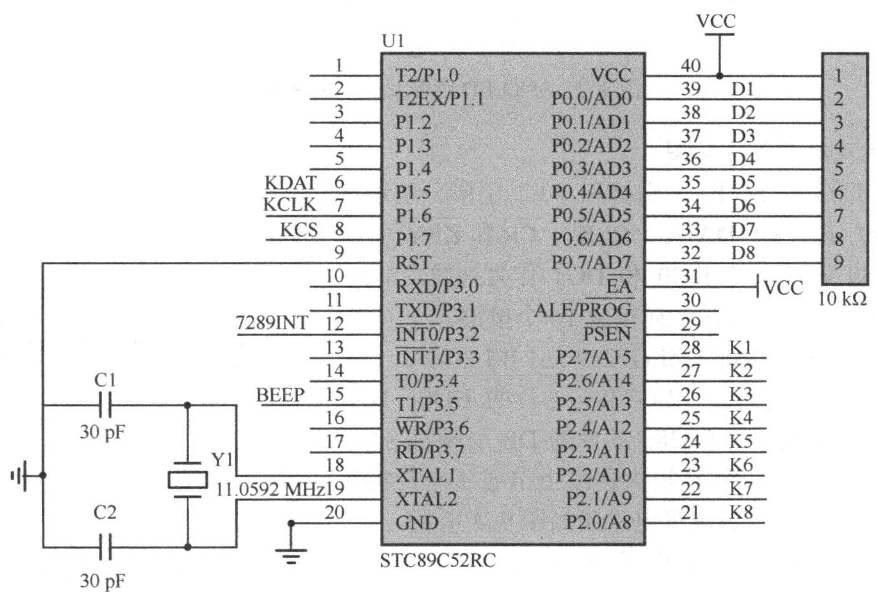

图 9-1　单片机最小系统电路图

2）8×8 LED 点阵电路图

8×8 LED 点阵模块中用 74HC573 缓冲器分别驱动点阵的行线和列线，即用单片机的 P0 口连接一片 74HC573 来驱动行线，用单片机的 P2 口连接另一片 74HC573 来驱动列线。8×8 LED 点阵及驱动电路图如图 9-2 所示。

3）蜂鸣器电路图

用单片机的 P3.5 引脚接三极管 8550 的基极。由于 8550 是 PNP 型的三极管，所以把蜂鸣器的一端接在三极管的集电极上，另一端接地。蜂鸣器电路如图 9-3 所示。

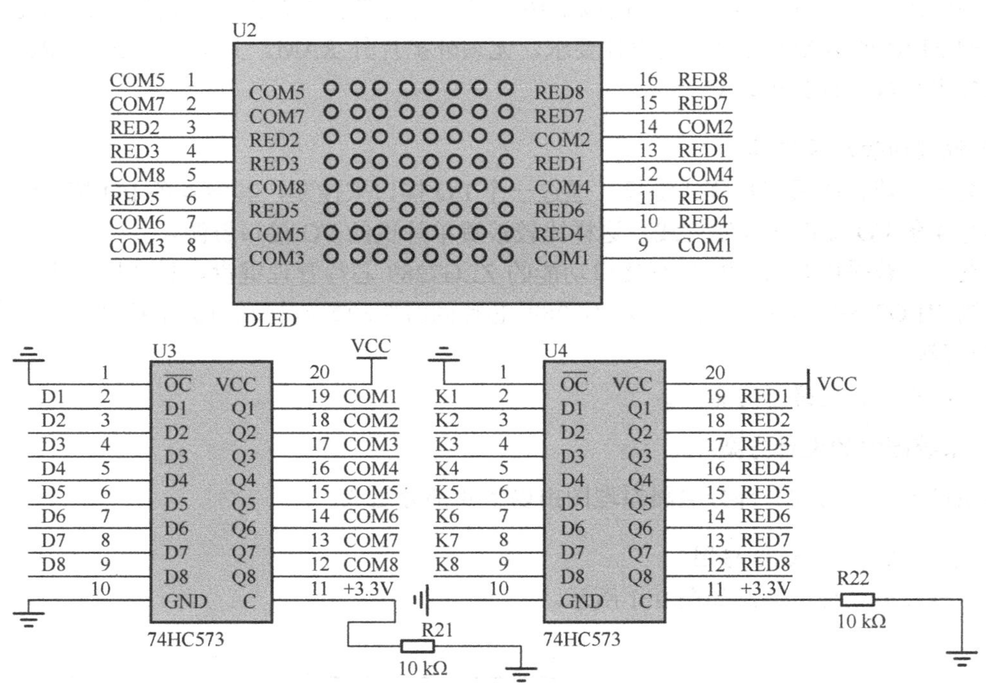

图 9-2　8×8 LED 点阵及驱动电路图

4）按键及数码管电路图

将单片机的 P1.5～P1.7 引脚和 P3.2 引脚分别连接在 ZLG7289 芯片的 DATA、CLK、$\overline{\text{CS}}$ 和 $\overline{\text{KEY}}$ 引脚上。ZLG7289 芯片上的 DG0 和 DG1 作为列线，SA～SG 和 DP 作为按键的行线，连接成 16 个按键。

除了控制 16 个按键，ZLG7289 还同时驱动 8 个数码管，数码管的位选端由 ZLG7289 芯片的 DG0～DG7 引脚控制，段选端由 ZLG7289 芯片的 DP 引脚及 SA～SG 引脚控制。这样，便在很大程度上节省了单片机的 I/O 接口资源。按键及数码管电路图如图 9-4 所示。

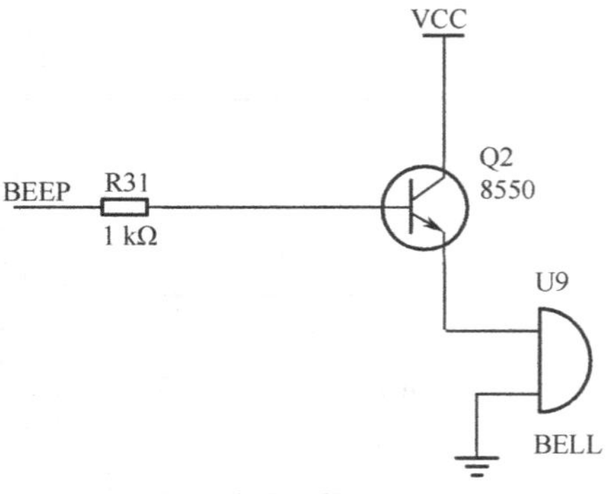

图 9-3　蜂鸣器电路图

由于在该部分电路中使用了 ZLG7289 芯片，所以下面进行简单介绍。

ZLG7289 是具有 SPI 串行接口功能的可同时驱动 8 位共阴极数码管（或 64 个独立 LED）的智能显示驱动芯片。该芯片还可同时连接多达 64 键的矩阵式键盘。单片 ZLG7289 芯片即可完成 LED 显示、键盘接口的全部功能。

ZLG7289 芯片还具有片选信号，可方便地实现多于 8 位的显示或多于 64 键的键盘接口。其实物图和引脚分布图分别如图 9-5 和图 9-6 所示。各引脚功能说明如表 9.1 所示。

如图 9-4 所示电路的说明如下。

（1）ZLG7289 芯片连接的数码管应为共阴极，应用中用不到的数码管和键盘可以不连接，省去数码管和对数码管设置消隐属性均不会影响键盘的使用。但由于连接了数码管，因此串入的 DP 及 SA～SG 的 8 个电阻 R33～R40 就不能省略。

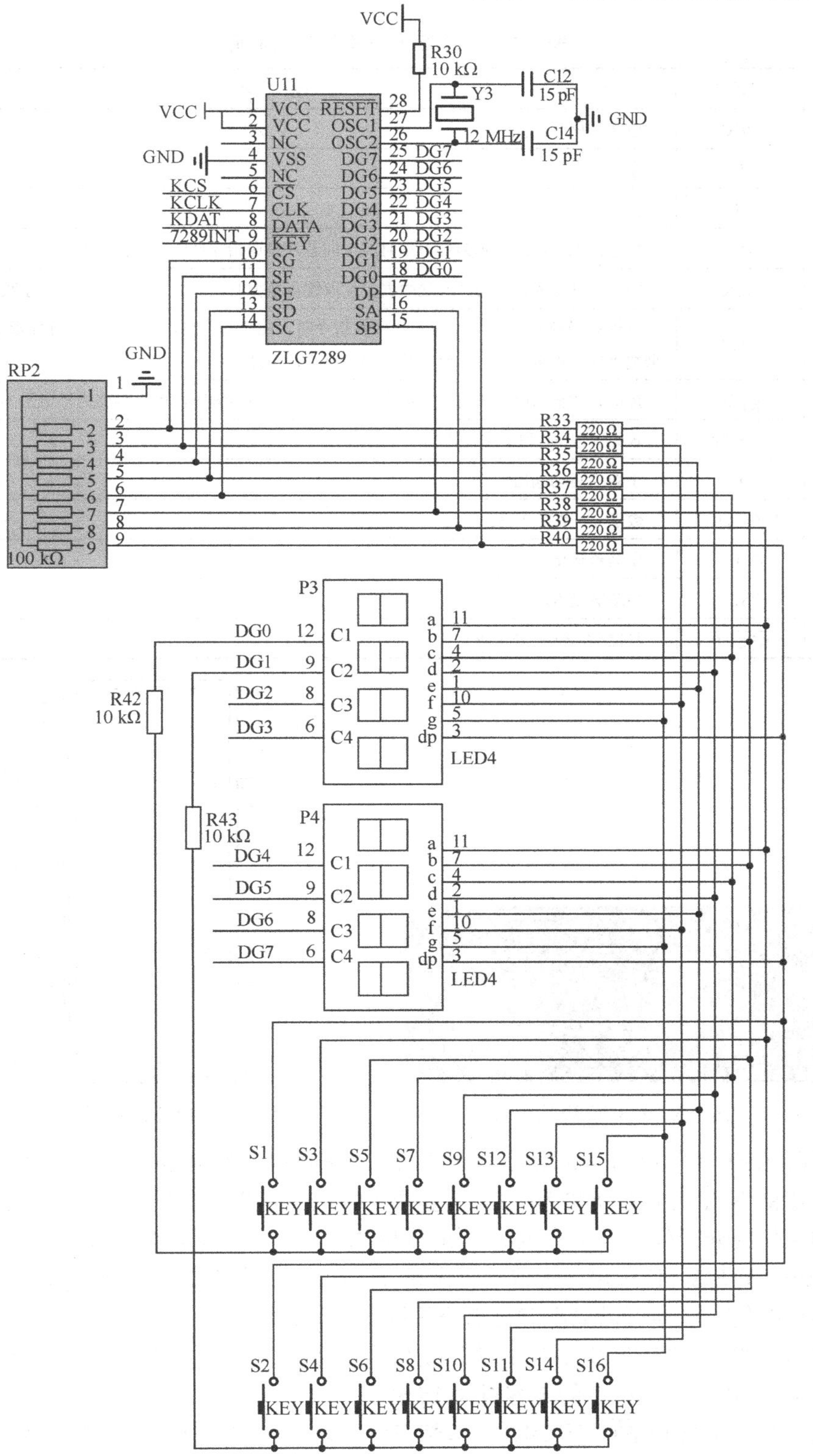

图9-4 按键及数码管电路图

表 9.1　ZLG7289 各引脚功能说明

引脚	名称	功 能 说 明
1，2	VCC	电源正极
3，5	NC	悬空
4	VSS	接地
6	$\overline{CS}$	片选输入端，此引脚为低电平时，可向芯片发送指令并读取键盘数据
7	CLK	同步时钟输入端，芯片发送数据及读取键盘数据时，此引脚电平上升沿表示数据有效
8	DATA	串行数据输入/输出端，当芯片接收指令时，此引脚为输入端；当读取键盘数据时，此引脚在“读”指令最后一个时钟的下降沿变为输出端
9	$\overline{KEY}$	按键有效输出端，平时为高电平，当检测到有效按键时，此引脚变为低电平
10～16	SG～SA	数码管段 g～段 a 驱动输出
17	DP	小数点驱动输出
18～25	DG0～DG7	数字 0～数字 7 驱动输出
26	OSC2	振荡器输出端
27	OSC1	振荡器输入端
28	$\overline{RESET}$	复位端，低电平有效

图 9-5　ZLG7289 实物图

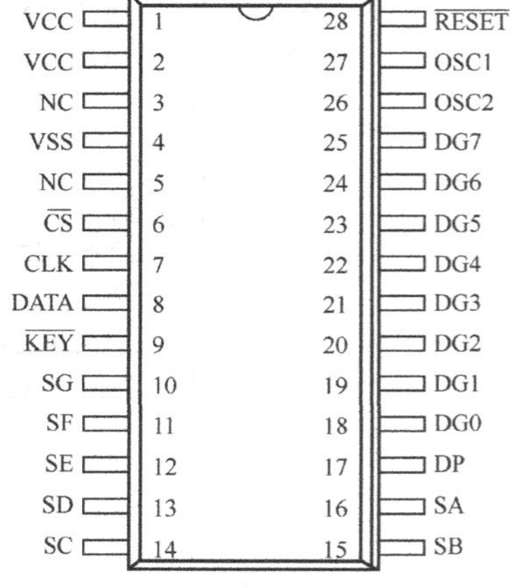

图 9-6　ZLG7289 引脚分布图

（2）排阻 RP2 是阻值为 100 kΩ的下拉电阻；电阻 R42 和 R43 是阻值为 10 kΩ的位选电阻，用来连接键盘的位选线 DG0 和 DG1。要求下拉电阻和位选电阻应遵从一定的比例关系，下拉电阻的阻值应介于位选电阻的阻值的 5 倍与 50 倍之间，典型值为 10 倍。下拉电阻的取值范围是 10～100 kΩ，位选电阻的取值范围是 1～10 kΩ。在不影响显示的前提下，下拉电阻应尽量取较小的值，这样可以提高键盘部分的抗干扰能力。

（3）ZLG7289 的 OSC2 和 OSC1 端外接晶体振荡电路供系统工作。典型值为：晶振频率为 12 MHz 或 16 MHz，电容 C 的电容量为 15 pF。

（4）ZLG7289 的 $\overline{RESET}$ 复位端在一般情况下，可以直接通过一个电阻和 VCC 相连（如本例）。若在需要较高可靠性的情况下，可以连接一外部复位电路，或直接由 MCU 控制。在上电或 $\overline{RESET}$ 端由低电平变为高电平后，ZLG7289 大概要经过 18～25 ms 的时间才会进入

正常的工作状态。

有关 ZLG7289 芯片的更详细信息，读者可以查阅相关资料，这里不再过多介绍。

3．系统硬件电路板的制作

在确保设备、人身安全的前提下，大家按计划分工进行单片机系统的制作和生产工作。首先进行 PCB 制板，如果学过制板课程，可自行制板；如果没有学过，可向教师索要提前准备好的板子或 ZXSX-102 型学习板。列出模拟电梯系统所需的元器件清单，如表 9.2 所示。准备好所需元器件及焊接工具（电烙铁、焊锡丝、斜口钳、镊子、万用表、吹风机等），开始制作系统硬件电路板。

表 9.2　实现模拟电梯功能的单片机系统所需的元器件清单

<table>
<tr><th>元器件名称</th><th>参　数</th><th>数　量</th><th>元器件名称</th><th>参　数</th><th>数　量</th></tr>
<tr><td>单片机</td><td>STC89C52RC</td><td>1</td><td>驱动芯片</td><td>ZLG7289</td><td>1</td></tr>
<tr><td rowspan="3">电阻</td><td>10 kΩ</td><td>5</td><td rowspan="3">三极管</td><td rowspan="3">8550</td><td rowspan="3">1</td></tr>
<tr><td>220 Ω</td><td>8</td></tr>
<tr><td>1 kΩ</td><td>1</td></tr>
<tr><td rowspan="2">晶体振荡器</td><td>12 MHz</td><td>1</td><td rowspan="2">蜂鸣器</td><td rowspan="2">有源电磁式</td><td rowspan="2">1</td></tr>
<tr><td>11.0592 MHz</td><td>1</td></tr>
<tr><td rowspan="2">瓷片电容</td><td>30 pF</td><td>2</td><td rowspan="2">LED 点阵</td><td rowspan="2">8×8</td><td rowspan="2">1</td></tr>
<tr><td>15 pF</td><td>2</td></tr>
<tr><td rowspan="2">排阻</td><td>100 kΩ</td><td>1</td><td rowspan="2">锁存器</td><td rowspan="2">74HC573</td><td rowspan="2">2</td></tr>
<tr><td>10 kΩ</td><td>1</td></tr>
<tr><td>按键</td><td>机械式弹性</td><td>16</td><td>8 段数码管</td><td>4 位一体</td><td>2</td></tr>
</table>

4．系统软件设计

根据项目要求及需求分析，完成方案设计和硬件电路的制作后，进入系统软件设计阶段。采用自上向下、逐步细化的模块化设计方案。

小提示：

自上向下的模块化设计是指从整体到局部，再到细节的设计过程。该方法必须先对整体项目进行透彻的分析和了解，明确项目需求后再设计细节。该方法可以避免因项目分析不到位而导致的修改返工。采用模块化程序设计的开发过程如下。

（1）明确设计任务，根据现有的硬件确定软件的整体功能，将整个任务合理划分成小的模块，确定各个模块的输入/输出参数及模块之间的函数调用关系。

（2）分别编写各个模块的程序，编写专用测试主程序进行各个模块的编译调试。

（3）把所有模块进行链接调试，反复测试成功后，就可以将代码固化到应用系统中。然后，再次测试，直到完成任务。

模块化程序设计结构层次清晰，便于编制、阅读、扩充和修改，利用模块共享可在很大程度上节省内存空间。

1）模块划分

首先把软件设计划分为相对独立的功能模块。模拟电梯运行程序模块框图如图 9-7 所示，包括检测按键函数模块、数码管显示模块、电梯正常模块、电梯直达模块 4 个模块，每

个模块包含若干相关的函数。

（1）主程序：包括初始化、循环调用检测按键函数及电梯运行的模式选择。主程序流程图如图 9-8 所示。

（2）检测按键函数模块：包括 ZLG7289 写 1 字节、ZLG7289 读取按键值、外部中断 0 初始化。执行时键盘上的 S1～S8 这 8 个键为普通按键，S9～S16 这 8 个按键为直达按键。开机后电梯进入一层等待按键。检测按键函数模块流程图如图 9-9 所示。

（3）数码管显示模块：包括 ZLG7289 控制的数码管显示函数。通过函数 Led_display（uchar dat1，uchar dat2）指定按下的键在哪一位显示和显示的按键数据。

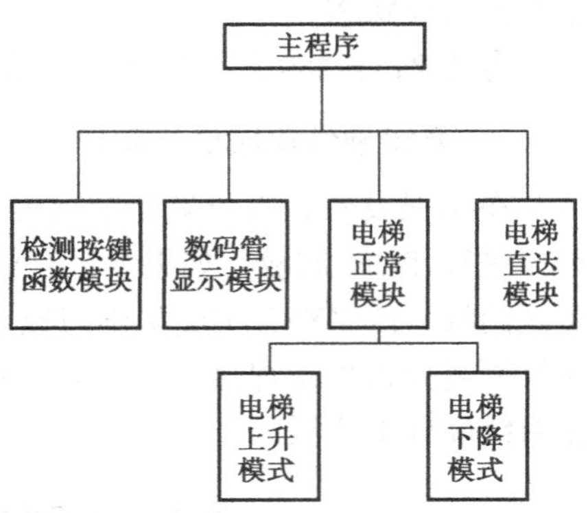

图 9-7　模拟电梯运行程序模块框图

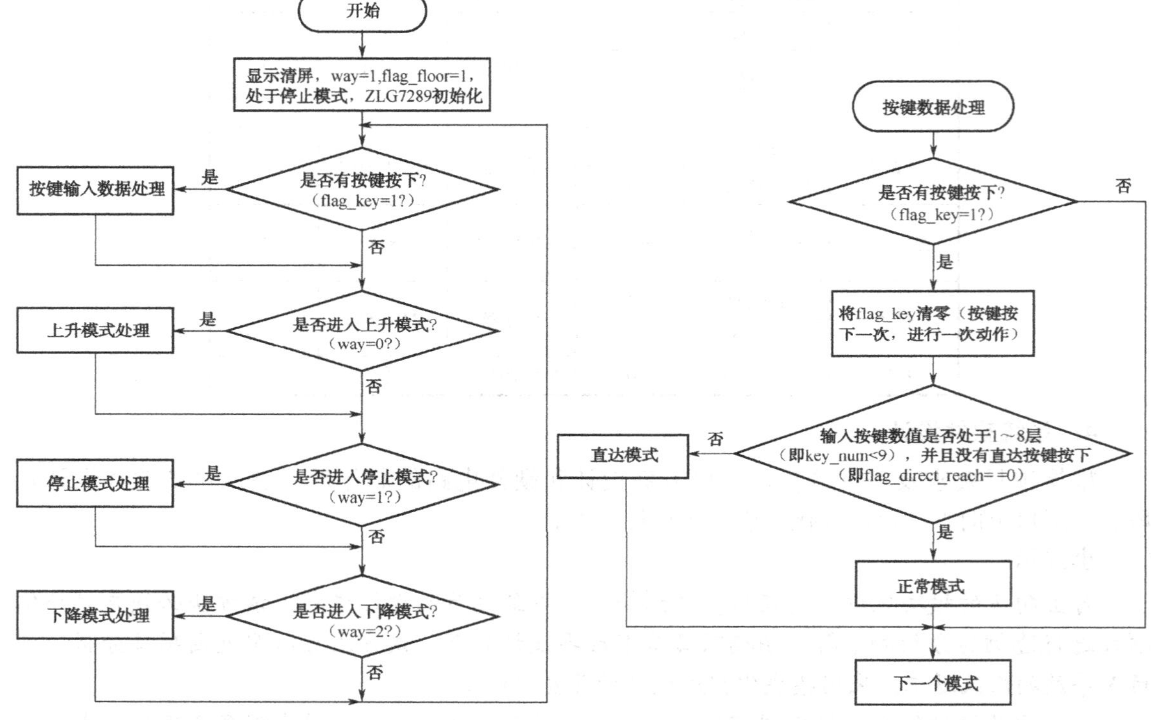

图 9-8　主程序流程图　　　　图 9-9　检测按键函数模块流程图

（4）电梯正常模块：电梯正常模块流程图如图 9-10 所示，该模块包括电梯上升模式和电梯下降模式。通过在 LED 点阵上显示上、下箭头来表示当前处于上升还是下降模式。当电梯上升时，若按下的按键数比当前层数小，则电梯首先上升，上升结束后再下降；当电梯下降时，若按下的按键数比当前的层数大，则电梯首先下降，下降结束后再上升。通过蜂鸣器的响声来模拟到达相应楼层后的控制开关。电梯上升模式流程图如图 9-11 所示，电梯下降模式流程图如图 9-12 所示。

（5）电梯直达模块：通过判断直达按键标志位 flag_direct_reach 来决定是否选择电梯直达。当直达按键按下的时候，直接到达相应的楼层，屏蔽所有的按键。电梯直达模块流程图如图 9-13 所示。

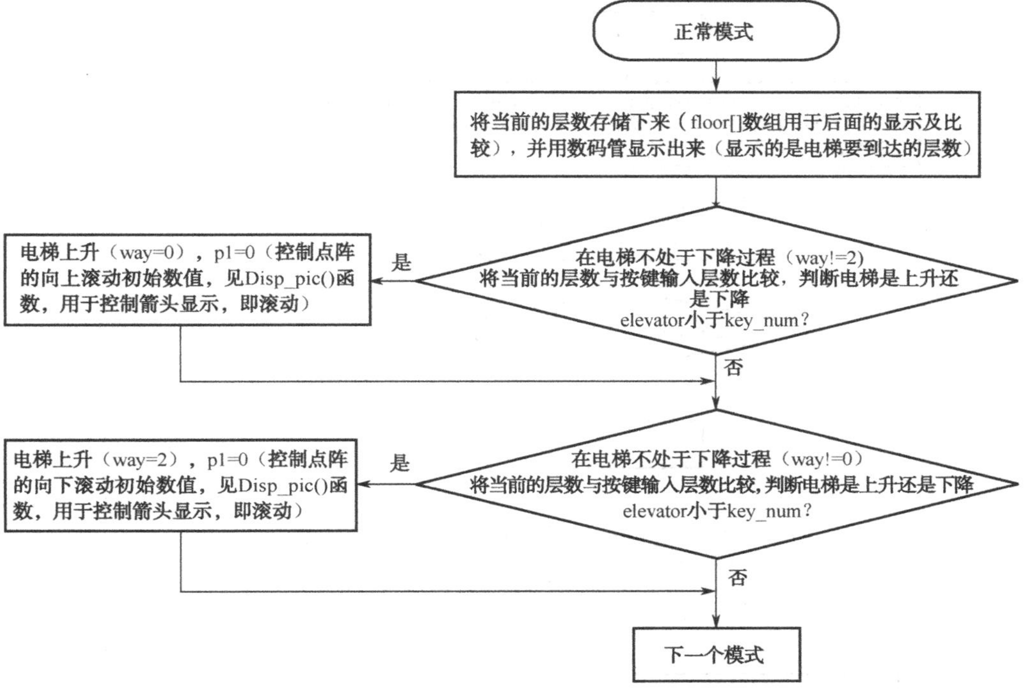

图9-10 电梯正常模块流程图

2）参考源程序代码

（1）检测按键函数模块程序如下。

```
sbit KCS=P1^7;
sbit KCLK=P1^6;
sbit KDAT=P1^5;
sbit KINT=P3^2;                         //ZLG7289 的 KINT 接到 INT0 的 P3^2

#define reset_7289 0xa4                 //复位指令
#define     test_7289 0xbf              //测试指令
#define movl_7289 0xa1                  //向左移动显示一位
#define movr_7289                       //向右移动显示一位
#define lmovr_7289 0xa3                 //向左循环移动显示一位
#define lmovl_7289 0xa2                 //向右循环移动显示一位

#define disp0_7289    0x80              //译码方式 0
#define disp1_7289    0xc8              //译码方式 1

#define flash_7289 0x88                 //闪烁显示
#define cancel_7289 0x98                //消隐显示
#define disappear_7289 0x90             //关闭某一位显示
#define digon_7289 0xe0                 //段点亮
#define digoff_7289 0xc0                //段关闭
#define getkey_7289 0x15                //取键盘值指令

bit flag_key=0;
```

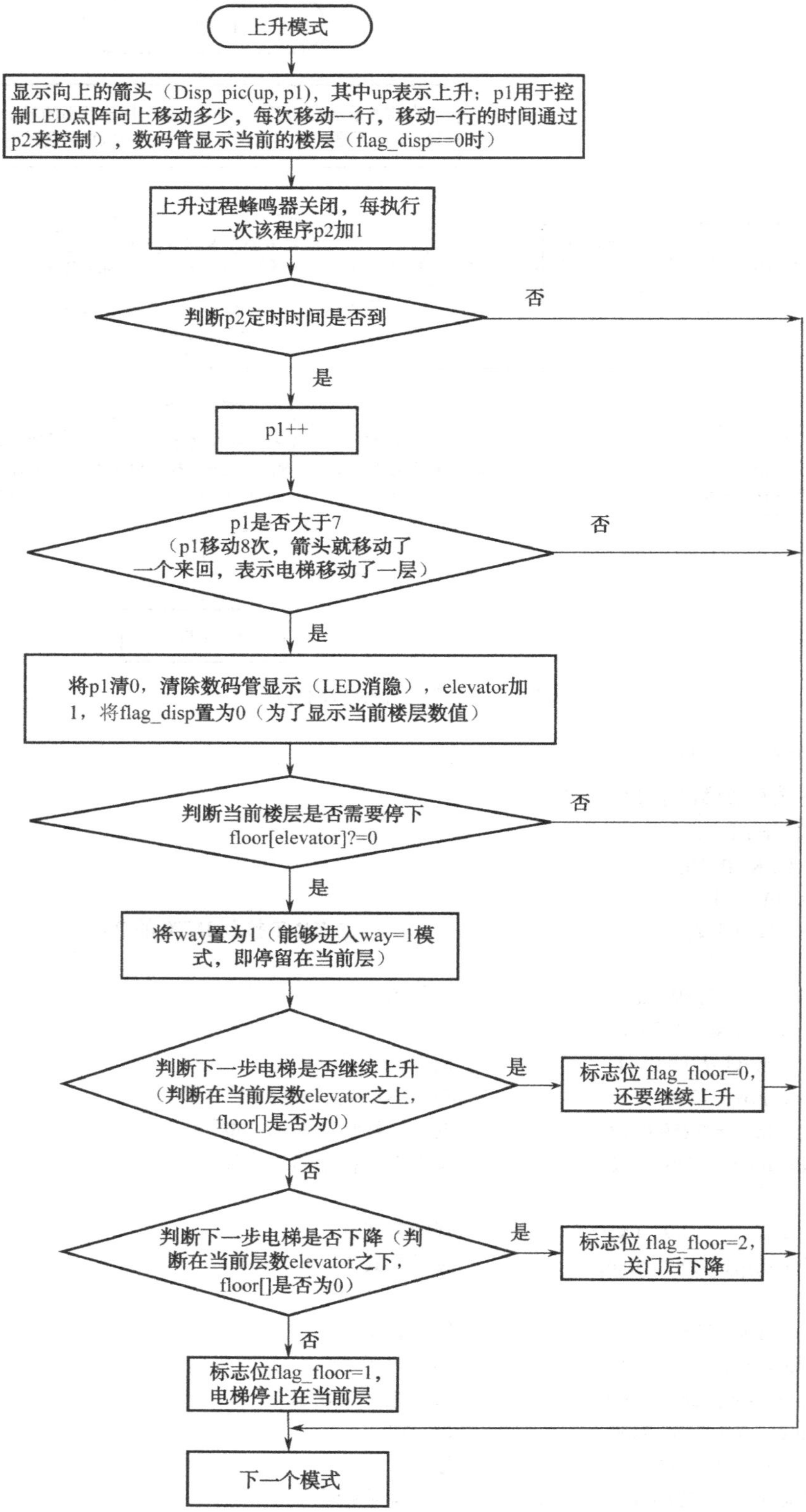

上升模式

显示向上的箭头（Disp_pic(up, p1)，其中up表示上升；p1用于控制LED点阵向上移动多少，每次移动一行，移动一行的时间通过p2来控制），数码管显示当前的楼层（flag_disp==0时）

上升过程蜂鸣器关闭，每执行一次该程序p2加1

判断p2定时时间是否到（否 → 下一个模式）

是

p1++

p1是否大于7（p1移动8次，箭头就移动了一个来回，表示电梯移动了一层）（否 → 下一个模式）

是

将p1清0，清除数码管显示（LED消隐），elevator加1，将flag_disp置为0（为了显示当前楼层数值）

判断当前楼层是否需要停下 floor[elevator]?=0（否 → 下一个模式）

是

将way置为1（能够进入way=1模式，即停留在当前层）

判断下一步电梯是否继续上升（判断在当前层数elevator之上，floor[]是否为0）

是 → 标志位 flag_floor=0，还要继续上升 → 下一个模式

否

判断下一步电梯是否下降（判断在当前层数elevator之下，floor[]是否为0）

是 → 标志位 flag_floor=2，关门后下降 → 下一个模式

否

标志位flag_floor=1，电梯停止在当前层

下一个模式

图 9-11　电梯上升模式流程图

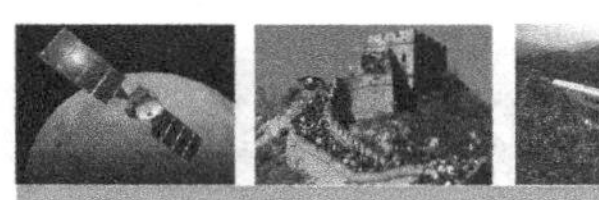

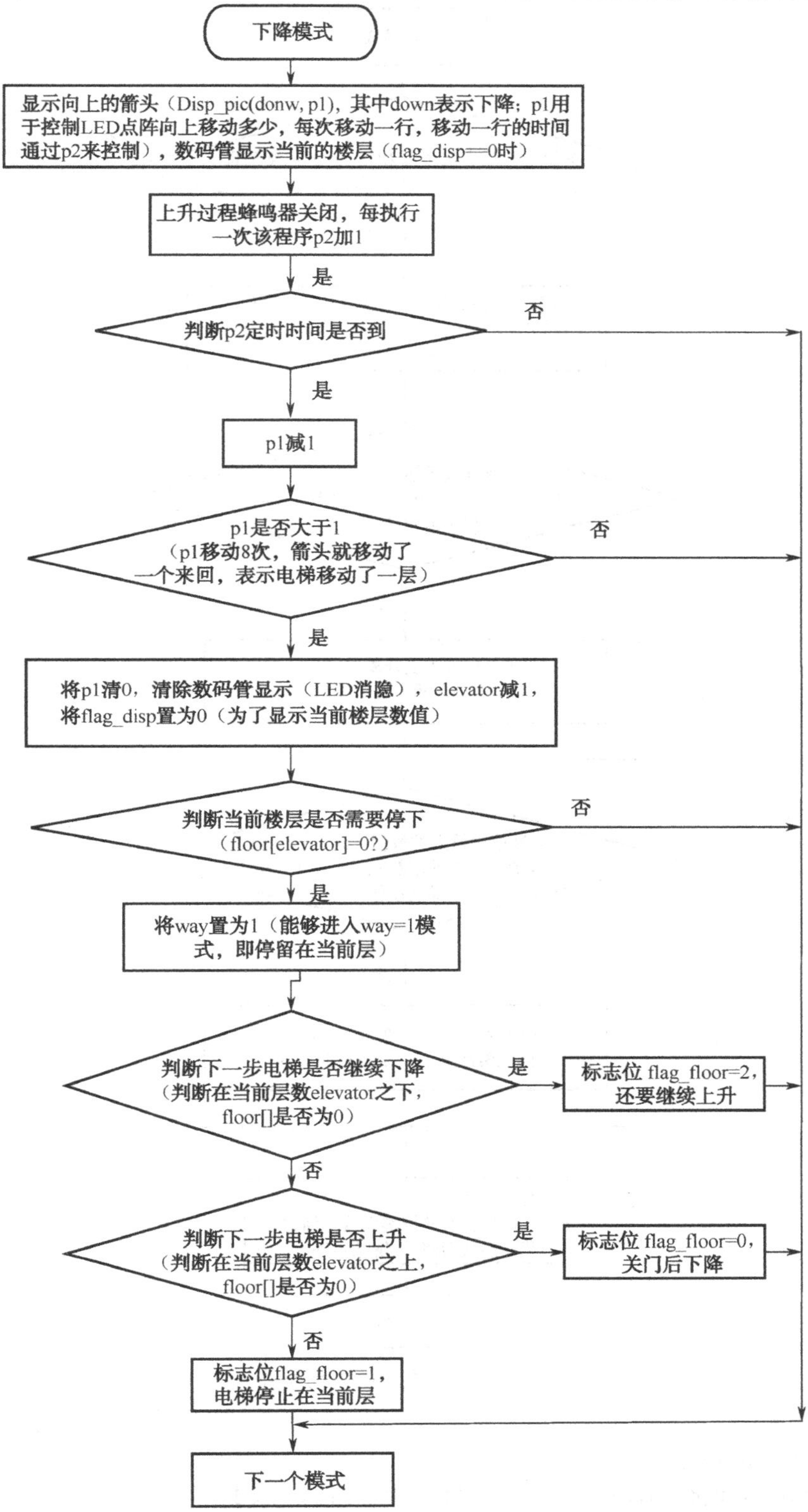

下降模式

显示向上的箭头（Disp_pic(donw, p1)，其中down表示下降；p1用于控制LED点阵向上移动多少，每次移动一行，移动一行的时间通过p2来控制），数码管显示当前的楼层（flag_disp==0时）

上升过程蜂鸣器关闭，每执行一次该程序p2加1

是

判断p2定时时间是否到

否

是

p1减1

p1是否大于1（p1移动8次，箭头就移动了一个来回，表示电梯移动了一层）

否

是

将p1清0，清除数码管显示（LED消隐），elevator减1，将flag_disp置为0（为了显示当前楼层数值）

判断当前楼层是否需要停下（floor[elevator]=0?）

否

是

将way置为1（能够进入way=1模式，即停留在当前层）

判断下一步电梯是否继续下降（判断在当前层数elevator之下，floor[]是否为0）

是

标志位 flag_floor=2，还要继续上升

否

判断下一步电梯是否上升（判断在当前层数elevator之上，floor[]是否为0）

是

标志位 flag_floor=0，关门后下降

否

标志位flag_floor=1，电梯停止在当前层

下一个模式

图 9-12　电梯下降模式流程图

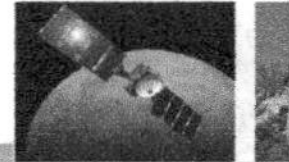

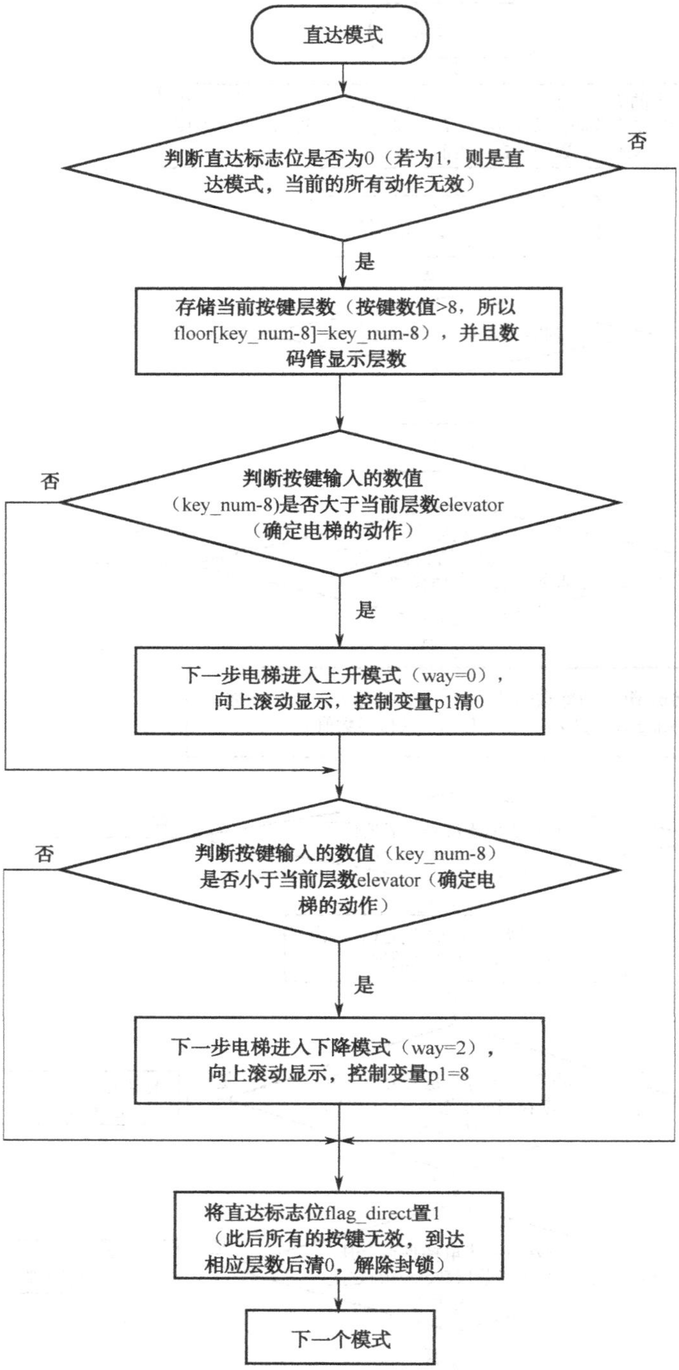

直达模式

判断直达标志位是否为0（若为1，则是直达模式，当前的所有动作无效）

是

否

存储当前按键层数（按键数值>8，所以floor[key_num-8]=key_num-8），并且数码管显示层数

判断按键输入的数值（key_num-8)是否大于当前层数elevator（确定电梯的动作）

是

否

下一步电梯进入上升模式（way=0），向上滚动显示，控制变量p1清0

判断按键输入的数值（key_num-8）是否小于当前层数elevator（确定电梯的动作）

是

否

下一步电梯进入下降模式（way=2），向上滚动显示，控制变量p1=8

将直达标志位flag_direct置1（此后所有的按键无效，到达相应层数后清0，解除封锁）

下一个模式

图 9-13　电梯直达模块流程图

```
    uchar key_num=0;
    uchar disp_data[8]={1,2,3,4,5,6,7,8};     /*数码管显示的 8 个数据*/
/************************************外部中断 0 初始化***************************************/
    void INT0_init(void)                       //外部中断 0 初始化
    {
```

```
        EA=1;
        EX0=1;
        IT0=1;
    }
/*************************************ZLG7289 写 1 字节*************************************/
    void ZLG7289_write_byte(uchar date)              //ZLG7289 写 1 字节，由高到低，上升沿
     {
        uchar i=0;
        KCLK=0;
        delay_us(5);
        for(i=0;i<8;i++)
        {
            KDAT=(bit)(date&0x80);
            delay_us(5);
            KCLK=1;
            delay_us(5);
            date<<=1;
            KCLK=0;
            delay_us(5);
        }
     }
/*************************************ZLG7289 写单个指令*************************************/
    void ZLG7289_write_com(uchar com)
    {
        KCS=0;
        delay_us(15);
        ZLG7289_write_byte(com);
        delay_us(15);
        KCS=1;
    }
/*************************************ZLG7289 写数据*************************************/
    void ZLG7289_write_data(uchar com,uchar dat)     //ZLG7289 写数据（先写命令，再写数据）
    {
        KCS=0;
        delay_us(5);
        ZLG7289_write_byte(com);
        delay_us(5);
        ZLG7289_write_byte(dat);
        delay_us(5);
        KCS=1;
        delay_us(5);
    }
/*******************************************数码管显示*******************************************/
    void Led_display(uchar dat1,uchar dat2)          //共写两个数据，①哪一位显示；②显示的数据
    {
        dat1=dat1-1;                                 //主要用于电梯程序
        ZLG7289_write_data(disp1_7289|dat1,dat2);
    }
```

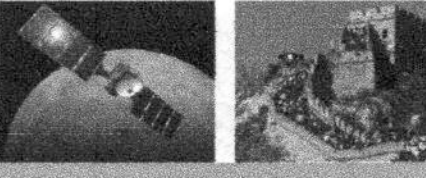

```
    void Led_disappear(uchar dat)                    //让数码管的某一位消隐
    {
        dat=dat-1;
        ZLG7289_write_data(disappear_7289|dat,0);
    }
/*************************************ZLG7289 读取按键的数值*********************************/
    uchar ZLG7289_read_key(void)                     //ZLG7289 读取按键的数值，首先发送命令（0x15），
                                                     //然后读取数据值（先高位后低位）
    {
        uchar num=0,i;
        KCS=0;
        delay_us(5);
        ZLG7289_write_byte(getkey_7289);             /*发送读取按键数值命令*/
        delay_us(5);
        KCLK=0;
        delay_us(5);
        for(i=0;i<8;i++)
        {
            num<<=1;
            KCLK=1;
            delay_us(5);
            if(KDAT)
                num|=0x01;
            else
                num&=0xfe;
            delay_us(5);
            KCLK=0;
            delay_us(5);
        }
        KCS=1;
        return num;
    }
/***************************************外部中断 0 响应函数************************************/
    void INT(void)interrupt 0
    {
        key_num=ZLG7289_read_key();
        flag_key=1;
        switch(key_num)
        {
            case 7:key_num=1;
            break;
            case 15:key_num=2;
            break;
            case 6:key_num=3;
            break;
            case 14:key_num=4;
            break;
            case 5:key_num=5;
```

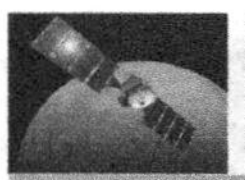

```
                break;
                case 13:key_num=6;
                break;
                case 4:key_num=7;
                break;
                case 12:key_num=8;
                break;
                case 3:key_num=9;
                break;
                case 11:key_num=10;
                break;
                case 10:key_num=11;
                break;
                case 2:key_num=12;
                break;
                case 1:key_num=13;
                break;
                case 9:key_num=14;
                break;
                case 0:key_num=15;
                break;
                case 8:key_num=16;
                break;
                default:
                break;
            }
        }
/************************************ZLG7289上电后，软件复位****************************/
    void ZLG7289_init(void)
    {
        ZLG7289_write_com(reset_7289);        //ZLG7289接口复位
        INT0_init();                          //INT0外部中断0初始化
    }
```

（2）电梯直达模块及主函数程序如下。

```
/**************************************************************************************
键盘的上8个键为普通按键，键盘的下8个按键为直达按键。开机后电梯进入一层，按下普通键的按键，数码管显示当前的按键数值，8×8LED点阵显示电梯运行的方向和电梯到了固定楼层后的数值。
**************************************************************************************/
    #include<reg52.h>
    #include<intrins.h>
    #include"delay_time.h"
    #include"read_key.h"
    #define up     0
    sbit BEEP=P3^5 ;                            //蜂鸣器指示电梯门的开关，低电平有效
    uchar code tab1[]={        0x00,0x08,0x18,0x08,0x08,0x08,0x1C,0x00,        //1
                               0x00,0x18,0x24,0x04,0x18,0x20,0x3C,0x00,        //2
                               0x00,0x18,0x24,0x04,0x18,0x04,0x24,0x18,        //3
```

```
                    0x00,0x08,0x18,0x28,0x7E,0x08,0x08,0x00,      //4
                    0x00,0x1E,0x10,0x1C,0x02,0x02,0x1C,0x00,      //5
                    0x00,0x18,0x20,0x38,0x24,0x24,0x18,0x00,      //6
                    0x00,0x3E,0x02,0x04,0x08,0x08,0x08,0x00,      //7
                    0x00,0x18,0x24,0x24,0x18,0x24,0x24,0x18,      //8
               };
    uchar code tab2[]={0xfe,0xfd,0xfb,0xf7,0xef,0xdf,0xbf,0x7f};
    uchar  code  up_data[]={0x00,0x18,0x3C,0x7E,0x18,0x18,0x18,0x18,0x00,0x18,0x3C,0x7E,0x18,0x18,
0x18,0x18};
    uchar code down_data[]={0x00,0x18,0x18,0x18,0x18,0x7E,0x3C,0x18,0x00,0x18,0x18,0x18,0x18,0x7E,
0x3C,0x18};
    bit flag_disp=0;                  /*数码管显示防止反复写入标志位，由于 ZLG7289 是静态显示，
                                      反复写 ZLG7289 会造成数码管的闪烁*/
    void Disp_num(uchar num)
    {
        uchar i;
        for(i=0;i<8;i++)
        {
            P0=tab2[i];
            P2=tab1[i+8*(num-1)];
            delay_us(10);
            P2=0x00;
            P0=0x00;                   //消隐
        }
    }
/************************************LED 点阵显示向上或向下箭头*************************/
    void Disp_pic(uchar com,uchar j1)
    {
        uchar i=0;
        if(com= =up)
        {
            for(i=0;i<8;i++)
            {
                P0=tab2[i];
                P2=up_data[i+j1];
                delay_us(10);
                P2=0x00;
                P0=0x00;           //消隐
            }
        }
        else
        {
            for(i=8;i>0;i--)
            {
                P0=tab2[i-1];
                P2=down_data[i+j1-1];
                delay_us(10);
                P2=0x00;
```

```
                P0=0x00;                        //消隐
            }
        }
    }
/****************************************数码管显示初始化****************************************/
    void LED_init(void)
    {
        Led_display(1,1);                       //显示所有数据
        Led_display(2,2);                       //显示所有数据
        Led_display(3,3);                       //显示所有数据
        Led_display(4,4);                       //显示所有数据
        Led_display(5,5);                       //显示所有数据
        Led_display(6,6);                       //显示所有数据
        Led_display(7,7);                       //显示所有数据
        Led_display(8,8);                       //显示所有数据
        delay_ms(300);
        Led_disappear(8);
        delay_ms(300);
        Led_disappear(7);
        delay_ms(300);
        Led_disappear(6);
        delay_ms(300);
        Led_disappear(5);
        delay_ms(300);
        Led_disappear(4);
        delay_ms(300);
        Led_disappear(3);
        delay_ms(300);
        Led_disappear(2);
        delay_ms(200);
    }
/**************************************************主函数**************************************************/
    void main(void)
    {
        uchar floor[10]={0,0,0,0,0,0,0,0,0,0};  //存储各层按键的信息，当各层有按键按下时，
                                                //将数值存入 floor[9]中
        uchar p1=0,elevator=1,way=1,class=0;    //elevator 为电梯将要移动的楼层；way 为电梯移动的
                                                //方式：向上（0）、停止（1）、向下（2）
        uint p2=0;                              //p2 控制移动速度变量，调整电梯（箭头）移动的
                                                //速度；p1 调整滚动效果（每经过一段时间加 1）
        uchar flag_elevator=1;                  //进行上下移动的标志位
        uchar ip=0,im1=0,im2=0;                 //im1、im2 用于检验是否有按键按下
        bit flag_direct_reach=0;                //直达按键标志位，当直达按键按下时，直接到达
                                                //相应的楼层，屏蔽所有的按键
        bit flag_disp=0;                        //数码管显示防止反复写入标志位，由于 ZLG7289 是
                                                //静态显示的，反复写 ZLG7289 会造成数码管的闪烁
        P0=0xff;
        P2=0X00;
```

```
        ZLG7289_init();                       //ZLG7289上电后，软件复位key_num为返回的数值，
                                              //flag_key=1表示有按键按下
        BEEP=1;
        LED_init();
        while(1)
        {
            if(flag_key)
            {
                flag_key=0;
                if((key_num<9)&&(flag_direct_reach= =0))       //1～8层进行电梯控制
                {
                    floor[key_num]=key_num;                    //存储各层的数值
                    Led_display(key_num,key_num);              //显示有按键按下的电梯的层数
                    if((elevator<key_num)&&(way!=2))           //如果当前的层数elevator大于
//key_num，则电梯下降（way=2）；如果当前的层数elevator小于key_num，则电梯上升。当电梯
//上升时，若按下的按键数比当前层数小，则电梯首先上升，上升结束后再下降
                    {
                        way=0;          //way=0为向上移动
                        p1=0;           //点阵向上滚动的初始值
                    }
                    if((elevator>key_num)&&(way!=0))           //当电梯下降时，若按下的按键数
                                                               //比当前的层数大，则电梯首先下
                                                               //降，下降结束后再上升
                    {
                        way=2;          //way=2为向下移动
                        p1=8;           //点阵向下滚动的初始值
                    }
                }
                else
                {
                    if(flag_direct_reach= =0)
                    {
                        floor[key_num-8]=key_num-8;            //存入当前的信息
                        Led_display(key_num-8,key_num-8);      //显示有按键按下的电梯的层数
                    }
                    if((elevator<(key_num-8))&&(flag_direct_reach= =0))
                    {
                        way=0;          //way=0为向上移动
                        p1=0;           //点阵向上滚动的初始值
                    }
                    if((elevator>(key_num-8))&&(flag_direct_reach= =0))
                    {
                        way=2;          //way=2为向下移动
                        p1=8;           //点阵向下滚动的初始值
                    }
                    flag_direct_reach=1;    //到达后自己清0
                }
            }
```

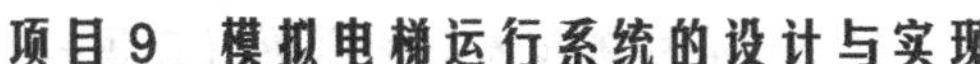


```
if(way= =0)                          //电梯向上移动（箭头向上滚动）
{
    Disp_pic(up,p1);                 //显示箭头
    BEEP=1;                          //上升过程中电梯处于关门状态，即蜂鸣器不发出响声
    if(flag_disp= =0)                //保证每次只是单次写入 ZLG7289
    {
        flag_disp=1;
        Led_display(elevator,elevator);  //显示当前电梯的层数
    }
    p2++;                            //控制箭头滚动的速度
    if(p2>150)
    {
        p2=0;
        p1++;
        if(p1>7)
        {
            p1=0;
            Led_disappear(elevator);     //关闭当前的显示
            flag_disp=0;                 //清除数码管显示的标志位
            elevator++;                  //增加一层
            if((floor[elevator]!=0))
            {
                way=1;                   //停在当前层，开门
                im1=0;                   //判断下一步是停留、上升，还是下降
                for(ip=(elevator+1);ip<9;ip++)
                {
                    if(floor[ip]!=0)
                    im1++;
                }
                if(im1!=0)
                {
                    flag_elevator=0; //还要继续上升
                }
                else
                {
                    im2=0;
                    for(ip=0;ip<elevator;ip++)
                    {
                        if(floor[ip]!=0)
                            im2++;
                    }
                    if(im2!=0)
                        flag_elevator=2;         //再下一层进入下降
                    else
                        flag_elevator=1;         //只是停留在当前层
                }
            }
        }
```

```
            }
        }
        if(way= =1)
        {
            if(flag_elevator= =1)
            {
                Disp_num(elevator);

                if(flag_disp= =0)            //保证了每次只是单次写入ZLG7289，否则
                                             //反复调用数码管指令会造成数码管的闪烁
                {
                    flag_disp=1;
                    Led_display(elevator,elevator);//显示当前电梯的层数
                }

                floor[elevator]=0;           //清除层数的标志位
                flag_direct_reach=0;         //清除直达标志位

                if(p2<850)                   //主要控制开、关门（即蜂鸣器的响声），
                                             //调节p2的大小可以调节开、关门的时间
                {
                    p2++;
                    BEEP=0;//开门
                }
                if(p2= =850)
                {
                    p2=900;
                    BEEP=1;                  //关门，关闭当前的蜂鸣器
                }
            }
            if(flag_elevator= =0)            //电梯还要继续上升
            {
                Disp_num(elevator);          //电梯开门，调节p2可以调节开门的
                                             //时间，也就是显示的时间
                if(flag_disp= =0)
                {
                    flag_disp=1;
                    Led_display(elevator,elevator);    //显示当前的电梯的层数
                }
                floor[elevator]=0;           //清除层数标志位
                p2++;
                BEEP=0;                      //开门
                if(p2>550)
                {
                    p2=0;
                    BEEP=1;                  //关门
```

```
                way=0;                  //继续上升
            }
        }
        if(flag_elevator= =2)           //电梯还要继续下降
        {
            Disp_num(elevator);         //电梯开门，调节 p2 可以调节开门的
                                        //时间，也就是显示的时间
            if(flag_disp= =0)           //保证了每次只是单次写入 ZLG7289，
                                        //否则反复调用数码管指令会造成数码管的闪烁
            {
                flag_disp=1;
                Led_display(elevator,elevator);     //显示当前电梯的层数
            }
            floor[elevator]=0;          //清除层数标志位
            p2++;
            BEEP=0;//开门
            if(p2>550)
            {
                p2=0;
                BEEP=1;                 //关门
                way=2;                  //继续下降
            }
        }
    }
    if(way= =2)                         //向下移动
    {
        Disp_pic(down,p1);
        BEEP=1;                     //下降过程中梯处于关门状态，即蜂鸣器不发出响声
        if(flag_disp= =0)           //保证了每次只是单次写入 ZLG7289，
                                    //否则反复调用数码管指令会造成数码管的闪烁
        {
            flag_disp=1;
            Led_display(elevator,elevator);         //显示当前的电梯的层数
        }
        p2++;
        if(p2>150)
        {
            p2=0;
            if(p1<1)
            {
                p1=8;
                Led_disappear(elevator);            //关闭当前的显示
                flag_disp=0;                        //清除数码管显示的标志位
                elevator--;                         //减少一层，最小停留在第二层
```

```
                    if((floor[elevator]!=0))
                    {
                        way=1;                          //停在当前层，开门
                        im1=0;                          //判断下一步是停留、上升，还是下降
                        for(ip=1;ip<elevator;ip++)      //查找是否有按键按下
                        {
                            if(floor[ip]!=0)            //如果有按键按下
                            im1++;
                        }
                        if(im1!=0)
                        {
                            flag_elevator=2;            //继续下降
                        }
                        else                            //判断是否有上升请求
                        {
                            im2=0;
                            for(ip=(elevator+1);ip<9;ip++)      //检查是否在此楼层有以上
                                                                //的按键按下
                            {
                                if(floor[ip]!=0)
                                    im2++;
                            }
                            if(im2!=0)
                                flag_elevator=0;
                            else
                                flag_elevator=1;
                        }
                    }
                }
                p1--;
            }
        }
    }
}
```

5．软/硬件联调

由于本项目涉及多个接口芯片模块的调试，所以一定要先逐一对模块进行调试，然后再进行整体联调。模块测试过程中同步检测硬件电路和软件编码的问题。

1）硬件调试

硬件调试分单元电路调试和联机调试两个阶段。单元电路试验在硬件电路设计时已经进行，这里的调试只是将其制成印制电路板后试验电路是否正确，并排除一些加工工艺错误（如错线、开路、短路等）。这种调试可单独模拟，也可通过开发装置由软件配合进行。硬件联机调试必须在系统软件的配合下进行。

硬件调试的主要任务是排除硬件故障，包括设计错误和工艺性故障。首先脱机检查，用

万用表按照电路原理图，检查印制电路板上所有器件的引脚，尤其是电源的连接是否正确，同时检测各开关是否连接正确，确定无误后再插入芯片调试。

2）软件调试

软件调试一般包括分块调试和联机调试两个阶段。程序分块调试一般是在单片机开发装置上进行，可根据所调程序功能模块的入口参量初值预编一个特殊的程序段，并连同被调程序功能模块一起在开发装置上运行；也可配合对应硬件电路单独运行某程序功能模块，然后检查是否正确。如果执行结果与预想的不一致，可以通过单步运行或设置断点的方法查出原因并加以改正，直到运行结果正确为止。

知识链接：项目工程文件的模块化编程

由于系统中包含的功能模块较多且相对独立，因此在开发环境中最好先建立一个项目工程，在项目工程下再包含若干模块文件，这样避免大量函数代码都堆积在主函数模块中，使程序的结构清晰、模块性强，提高程序的可读性和可移植性。如图 9-14 所示，项目工程中包含的工程文件中的主函数模块（calender.c）包含有 delay_time.h、disp_lcd12864.h、read_key.h 和 ds1302.h、ds18b20.h 等函数。

下面通过一个简单的例子来看一下，如何在 Keil 软件中实现多文件的管理。例如，名为“多文件说明”的项目由主程序模块和延时模块组成。先编写延时模块，然后在主程序模块中调用延时模块。具体步骤如下。

（1）新建项目：在 Keil 软件中“新建”项目工程，命名为“多文件说明”，然后选用芯片型号“AT89C52”。

图 9-14　项目文件的层次结构

（2）延时模块：在 Keil 软件中“新建”文件，保存为“delay.h”，保存路径一定放在“多文件说明”的目录下。然后编写函数的实现部分，如图 9-15 所示。

（3）主程序模块：在 Keil 软件中“新建”文件，保存为“main.c”，然后在项目中添加 main.c 文件。在书写 main 函数时，头文件中一定要写上#include"delay.h"才能调用延时函数。同时 delay.h 会出现在 main 函数的树状目录下，如图 9-16 所示。至此，就完成了在主程序模块中调用外部延时模块的操作，然后编译、链接产生目标代码，即可产生相应任务的功能。

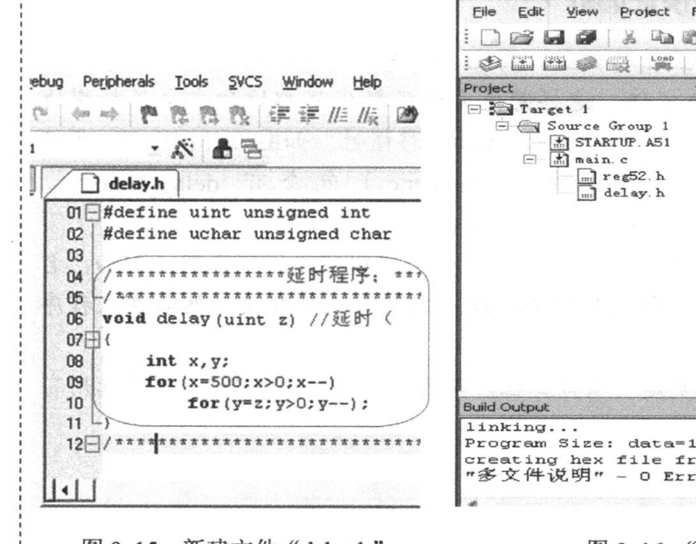

图 9-15　新建文件“delay.h”

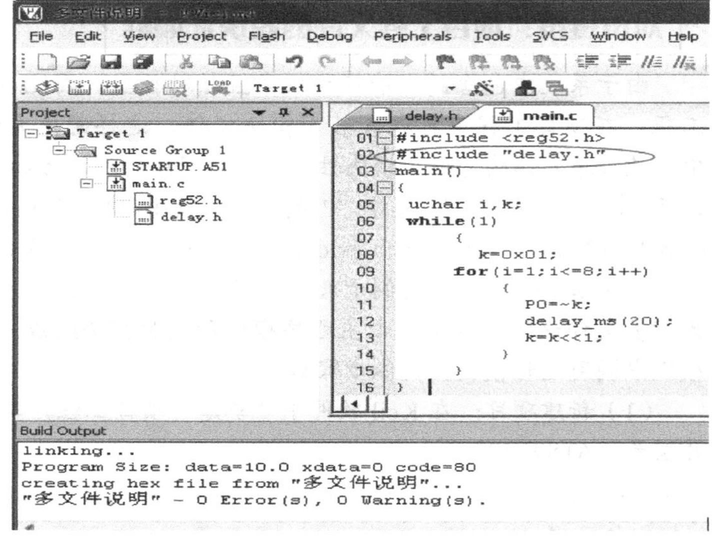

图 9-16　“多文件说明”项目工程文件

项目评价

学生通过查阅与项目相关的资料，如教材、参考书、网络资源等，收集模拟电梯系统的信息；教师采用多媒体课件带领学生讲述、复习该项目的理论知识及相关内容，为学生制作模拟电梯系统奠定理论基础；教师带领学生走访、观察实际电梯的运行状态，通过观看、提问获取实际应用的知识；学生通过与指导教师的交流确定总体设计方案和各个模块的设计方案，解决该项目设计、硬件电路制作、系统调试的疑难问题，最终完成学生工作页的填写。学生工作页具体内容如表 9.3 所示。

以教师为主，通过教师评价、学生自评、学生互评、成果评定四个方面对学生的项目完成情况进行综合评价。同时，对项目报告进行评价，按项目的技术指标进行评价，对实施记录和实训报告进行评价，以及对学生的学习态度、工作态度、团结协作精神、出勤率、爱岗敬业和职业道德进行评价。按以上几个方面对学生完成项目的整个过程进行评价，项目考核评价表如表 9.4 所示。

表 9.3　学生工作页

<table>
<tr><th colspan="5">学生工作页</th></tr>
<tr><td colspan="3">项目名称：</td><td colspan="2">专业班级：</td></tr>
<tr><td colspan="3">组别：</td><td colspan="2">姓名学号：</td></tr>
<tr><td>计划学时</td><td colspan="2"></td><td>实际学时</td><td></td></tr>
<tr><td>项目描述</td><td colspan="4"></td></tr>
<tr><td>工作内容</td><td colspan="4"></td></tr>
<tr><td rowspan="4">项目实施</td><td colspan="2">1. 理论知识的获取</td><td colspan="2"></td></tr>
<tr><td colspan="2">2. 系统设计</td><td colspan="2"></td></tr>
<tr><td colspan="2">3. 系统制作与调试</td><td colspan="2"></td></tr>
<tr><td colspan="2">4. 教师指导要点记录</td><td colspan="2"></td></tr>
<tr><td>学习心得体会</td><td colspan="4"></td></tr>
<tr><td rowspan="2">评价</td><td>考评成绩</td><td colspan="3"></td></tr>
<tr><td>教师签字</td><td colspan="3">年　月　日</td></tr>
</table>

表9.4　项目考核评价表

<table>
<tr><th colspan="6">项目考核评价表</th></tr>
<tr><td colspan="3">项目名称：</td><td colspan="3">专业班级：</td></tr>
<tr><td colspan="3">组别：</td><td colspan="3">姓名学号：</td></tr>
<tr><td>考核内容</td><td colspan="2">考核标准</td><td>标准分值</td><td colspan="2">得分</td></tr>
<tr><td>学生自评</td><td colspan="2">根据自己在项目实施过程中的工作任务的轻重和多少、角色的重要性及学习态度、工作态度、团结协作能力等表现，给出自评成绩</td><td>15</td><td colspan="2"></td></tr>
<tr><td>学生互评</td><td colspan="2">根据该同学在项目实施过程中的工作任务的轻重和多少、角色的重要性及学习态度、工作态度、团结协作能力等表现，给出互评成绩</td><td>15</td><td>评价人</td><td></td></tr>
<tr><td rowspan="6">项目成果评价</td><td>总体设计</td><td>1．任务是否明确；
2．方案设计是否合理，是否有新意；
3．软件和硬件功能划分是否合理</td><td>5</td><td></td><td rowspan="6"></td></tr>
<tr><td>硬件设计</td><td>1．片内器件分配是否正确、合理；
2．电路原理图设计是否正确；
3．电路板制作、布线是否正确、整齐、合理</td><td>5</td><td></td></tr>
<tr><td>软件设计</td><td>1．算法和数据结构设计是否正确、合理；
2．流程图设计是否正确、合理；
3．编程是否正确、有新意</td><td>5</td><td></td></tr>
<tr><td>系统调试</td><td>1．调试顺序是否正确；
2．能否熟练排除错误；
3．调试后运行是否正确</td><td>5</td><td></td></tr>
<tr><td>学生工作页</td><td>1．书写是否规范整齐；
2．内容是否翔实具体；
3．图形绘制是否正确、完整、全面；
4．能否正确分析实验结果</td><td>5</td><td></td></tr>
<tr><td>答辩情况</td><td>根据该同学在项目答辩过程中，回答问题是否准确，思路是否清晰，对该项目成果了解是否深入等表现，给出答辩成绩</td><td>15</td><td></td></tr>
<tr><td>教师评价</td><td colspan="2">该同学在该项目实施过程中的学习态度、工作态度、团结协作精神、出勤率、敬业爱岗精神及职业道德等</td><td>30</td><td colspan="2"></td></tr>
<tr><td>项目成绩</td><td colspan="5"></td></tr>
<tr><td>考评教师</td><td colspan="5"></td></tr>
<tr><td>考评日期</td><td colspan="5"></td></tr>
</table>

项目总结

本项目中，设计了一款以 STC89C52RC 单片机为核心的电梯控制系统。将现实生活中真实的电梯控制过程通过单片机应用系统进行了模拟。通过该项目的学习，使大家对单片机系统的开发有了更清楚的认识。

如前所述，单片机开发包含两个部分：硬件和软件。只有当单片机和其他电子器件及设备组成一个硬件系统，并配置适当的工作程序后，才能构成一个单片机应用系统。单片机本身没有自我开发能力，必须借助开发工具来生成目标程序，排除目标系统中的软/硬件故障，并需要借助软件开发工具把目标程序固化到单片机内部或外部 ROM 芯片中。

通过本项目的设计实现，了解了单片机开发系统一般应包含以下四个方面的功能。

（1）系统硬件电路的诊断与检查;

（2）用户程序的输入修改;

（3）程序运行调试;

（4）程序固化。

项目10　校园IC卡消费系统的设计与实现

项目目标

目前，智能IC卡系统在社会各行各业，如学校、电信、交通、医疗等部门都已广泛使用。由于其具有良好的机器读写能力、共同认可的安全防范技术和相对较大的数据存储能力，它已成为人们日常生活中必不可少的使用工具。本项目利用ZXSX-102型实验板设计一个校园IC卡消费系统。

通过该系统的设计与实现，使大家学习单片机与外围接口芯片的软/硬件设计，系统地掌握单片机I/O接口、IC卡接口电路、键盘电路、LCD液晶显示电路等知识的应用方法，为今后在工程实践中灵活应用各种接口芯片奠定基础。

项目要求

系统选用STC89C52RC单片机作为主控制器，选用SLE4442型接触式逻辑加密存储卡作为IC卡芯片，选用矩阵式键盘和128×64汉字库LCD液晶显示模块（型号为DM12864M）作为人机交互接口，设计一个校园IC卡消费系统。要求具有如下的功能：

（1）插入IC卡，通过LCD可显示该卡持卡人的姓名、学号及金额等信息；

（2）通过矩阵式键盘可模拟对IC卡进行充值；

（3）消费后可利用按键扣除消费金额，并在LCD上显示出剩余金额。

项目实施

1. 系统方案的论证与选择

1）显示模块的选择

方案一：若采用 LED 数码管动态扫描，由于本设计中要显示该卡持卡人的姓名、学号及金额，用到的数码管较多，需要的 I/O 接口线较多，比较浪费单片机资源，所以本项目不采用该方案。

方案二：采用液晶显示屏。液晶显示屏的显示功能强大，可显示大量文字、图形，显示多样，清晰可见，需要的接口线较少，同时考虑到显示内容多，如果用 LCD1602 液晶，则需要翻屏显示，十分不方便。所以，此项目中采用 LCD12864 液晶显示屏。

所以，本项目选择了方案二。

2）键盘输入方案的选择

由于本设计中要求系统有手动输入金额的功能，所以要通过按键来实现，提出以下三种方案。

方案一：采用独立式按键，直接在单片机的 I/O 接口线上接上按键开关。此方案在设计时需要考虑单片机的外围电路的精简，并且用到的 I/O 接口的资源数较多。

方案二：采用 8155 扩展 I/O 接口及键盘、显示等。该方案的优点是使用灵活可编程，并且有 RAM 及计数器。若用该方案可提供更多的 I/O 接口资源，但操作起来比较复杂。

方案三：采用具有 SPI 串行接口功能的 ZLG7289 芯片管理键盘，占用 4 条 I/O 接口线控制 ZLG7289 芯片即可，用 ZLG7289 芯片同时驱动数码管和 16 个按键，节省了一些 I/O 接口资源。

所以，从占用资源、电路和程序的复杂程度考虑选择方案三比较恰当。

3）IC 卡的选择

本项目中选用的是 SLE4442 型接触式 IC 卡，该卡片是德国西门子公司设计的逻辑加密存储卡。它具有 2KB 的存储容量和完全独立的可编程代码存储器（PSC）。内部电压提升电路保证了芯片能够以+5V 电压供电，较大的存储容量能够满足日常应用领域的各种需要。因此，它是目前国内应用较多的一种 IC 卡芯片。而且该芯片采用多存储器结构，2 线连接协议（串行接口满足 ISO7816 同步传送协议），NMOS 工艺技术，每字节的擦除/写入编程时间为 2.5 ms，存储器具有至少 10 000 次的擦写周期，数据保持时间至少 10 年。

综上，利用该卡片实现单片机对其进行的读和写操作，即读写器插槽与 IC 卡芯片进行通信，由 51 单片机控制数据传输过程，实现读卡和写卡的操作，是十分适合的。

2. 系统硬件的设计方案

系统的硬件包括单片机 MCU 主控部分、IC 卡控制部分和人机接口部分（LCD 和按键）三个主要的模块电路，下面分别介绍。

1）单片机 MCU 主控部分

MCU 主控部分主要由单片机最小系统组成，电路如图 10-1 所示。

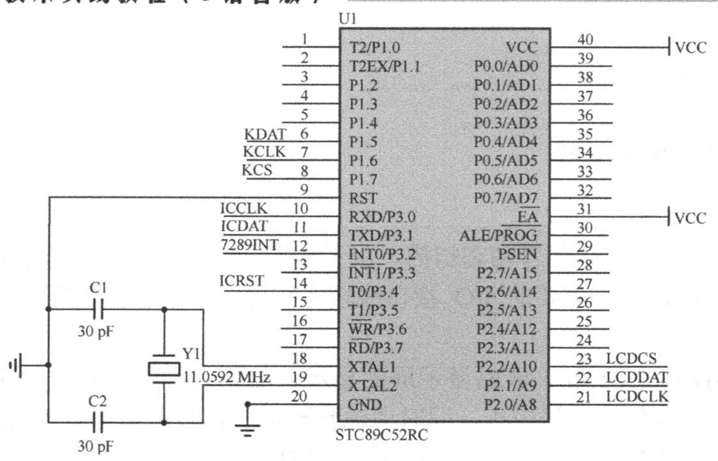

图 10-1 单片机 MCU 主控部分电路图

本系统中，STC89C52RC 单片机采用外部时钟方式，系统的工作频率为 11.0592MHz。

2）IC 卡连接电路图

SLE4442 型 IC 卡的 CLK 引脚接在单片机的 P3.0 引脚上，I/O 引脚接在单片机的 P3.1 引脚上，RST 引脚接在单片机的 P3.4 引脚上。IC 卡连接电路图如图 10-2 所示。

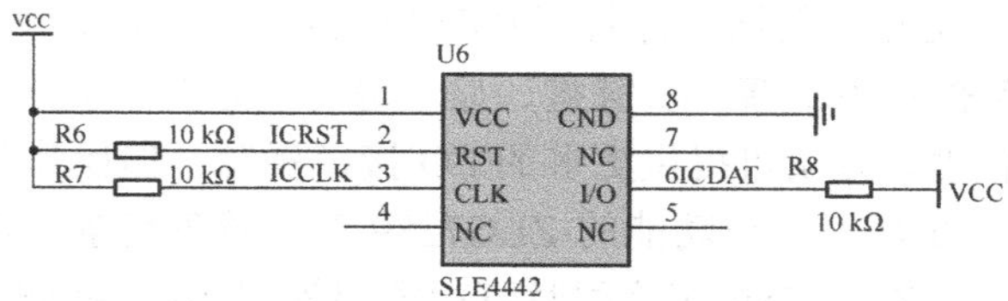

图 10-2 IC 卡连接电路图

3）LCD12864 液晶连接电路图

LCD12864 液晶连接电路图如图 10-3 所示。单片机与 LCD12864 液晶之间采用串行方式进行数据的传输，即单片机的 P2.1 引脚接至液晶的读写控制线 R/W 端；液晶的第 1 脚接地，第 2 脚接电源（+5 V），第 3 脚接 10 kΩ的电位器来调节显示的亮度；液晶的数据和指令选择控制端 RS 接单片机的 P2.2 引脚；液晶的数据读写操作控制端 E 接单片机的 P2.0 引脚；背光源正极 A 接+5V，背光源负极 K 接地。通过控制 LCD 液晶显示器可以实现对 IC 卡内相关信息的显示。

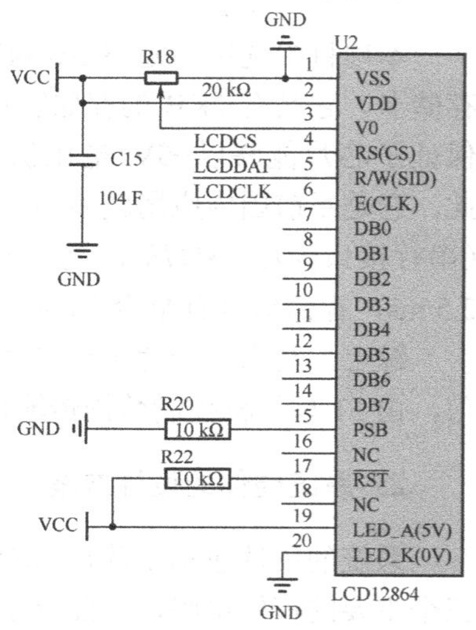

图 10-3 LCD12864 液晶连接电路图

4）矩阵式键盘连接电路图

本项目采用的是 4×4 矩阵式键盘。按键通过 ZLG7289 芯片来控制。单片机的 P1.5～P1.7 引脚分别连接在 ZLG7289 芯片的 DATA、CLK 和 $\overline{\mathrm{CS}}$ 引脚上。同时 P3.2（$\overline{\mathrm{INT0}}$）引脚连接 ZLG7289 的 $\overline{\mathrm{KEY}}$ 引脚。ZLG7289 的 DP、SA～SG 及 DG0、DG1 构成了 16 个按键，通过控制按键可以实现对消费金额的增加和减少。矩阵式键盘连接电路图如图 10-4 所示。

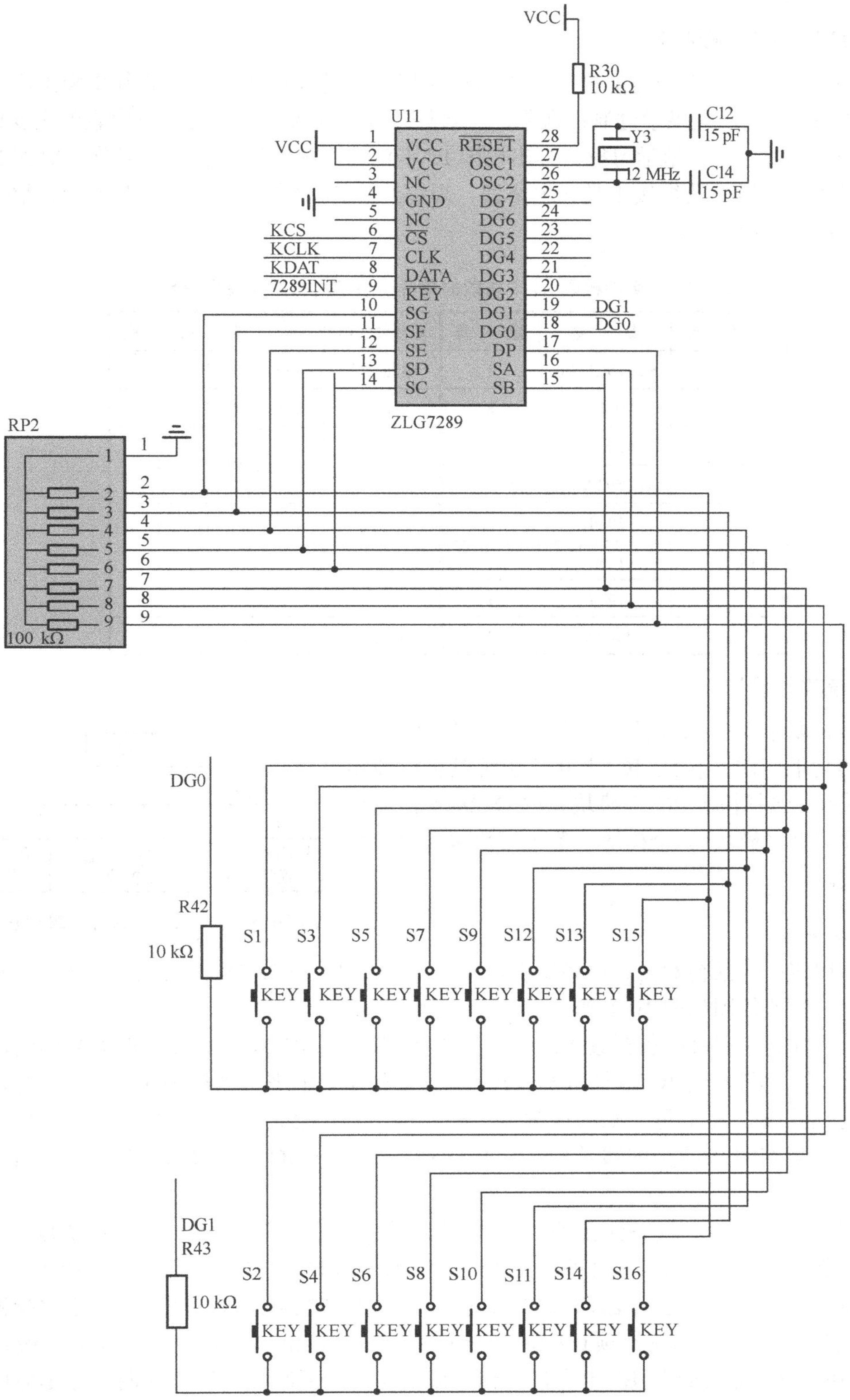

图10-4　矩阵式键盘连接电路图

3. 系统硬件电路板的制作

在确保设备、人身安全的前提下，大家按计划分工进行单片机系统的制作和生产工作。首先进行 PCB 制板，如果学过制板课程，可自行制板；如果没有学过，可向教师索要提前准备好的板子或 ZXSX-102 型学习板。列出校园 IC 卡消费系统所需的元器件清单，如表 10.1 所示。准备好所需元器件及焊接工具（电烙铁、焊锡丝、斜口钳、镊子、万用表、吹风机等），开始制作系统硬件电路板。

表 10.1 实现校园 IC 卡功能的单片机系统所需的元器件清单

元器件名称	参 数	数 量	元器件名称	参 数	数 量
单片机	STC89C52RC	1	驱动芯片	ZLG7289	1
电阻	10 kΩ	8	按键	机械式弹性	16
晶体振荡器	12 MHz	1	液晶	LCD12864	1
	11.0592 MHz	1			
瓷片电容	30 pF	2	IC 卡	SLE4442	1
	15 pF	2			
	104 F	1			
排阻	100 kΩ	1	滑动变阻器	20 kΩ	1

4. 系统软件设计

根据项目要求及需求分析，首先把软件设计划分为相对独立的功能模块。校园 IC 卡软件系统模块框图如图 10-5 所示，包括检测 IC 卡模块、LCD12864 液晶显示模块、检测键盘模块 3 个模块，每个模块包含若干个相关的函数。

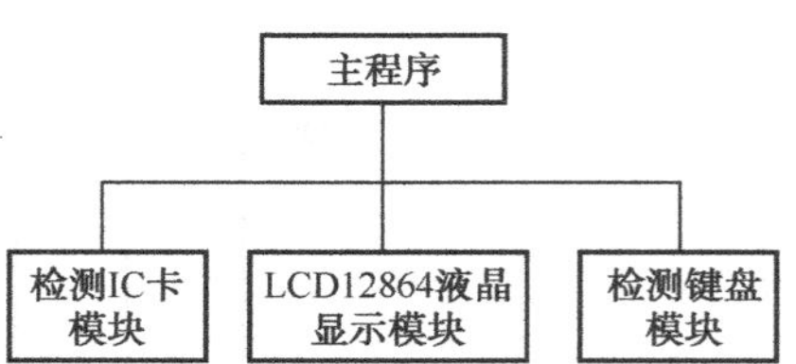

图 10-5 校园 IC 卡软件系统模块框图

1）模块划分

（1）主程序：包括初始化、循环调用检测 IC 卡模块、LCD12864 液晶显示模块和检测键盘模块。主程序流程图如图 10-6 所示。

（2）检测 IC 卡模块：包括读 IC 卡、检验 IC 卡和写 IC 卡。外部中断 1 初始化，主要用于 IC 插入的检测，当 IC 卡插入时，P3^3 引脚置为低电平。当检测 IC 卡存在时，判断按键是否为加法键，如果是，则等待键盘上输入的钱数，然后按 S15 键确认。同样，如果是减法键，则等待输入减少的钱数，然后按 S15 键确认。IC 卡钱数处理流程图如图 10-7 所示。

（3）LCD12864 液晶显示模块：包括串行模式下如何写 1 字节函数、写数据函数，以及写数据是两位数和三位数时如何处理的函数等。用液晶显示 IC 卡信息流程图如图 10-8 所示。

（4）检测键盘模块：包括 ZLG7289 写 1 字节、ZLG7289 读取按键值。由于实验板上的按键值排列的原因，所以在本项目中通过 switch（key_num）函数重新修改了按键值。另外，键盘中的 S12 键代表向 IC 卡充值，S13 键代表消费后减钱，通过这两个按键完成对当前钱数的操作；S14 键是取消键，取消当前的加减操作；S15 键是确认键，对当前的操作进行计算。

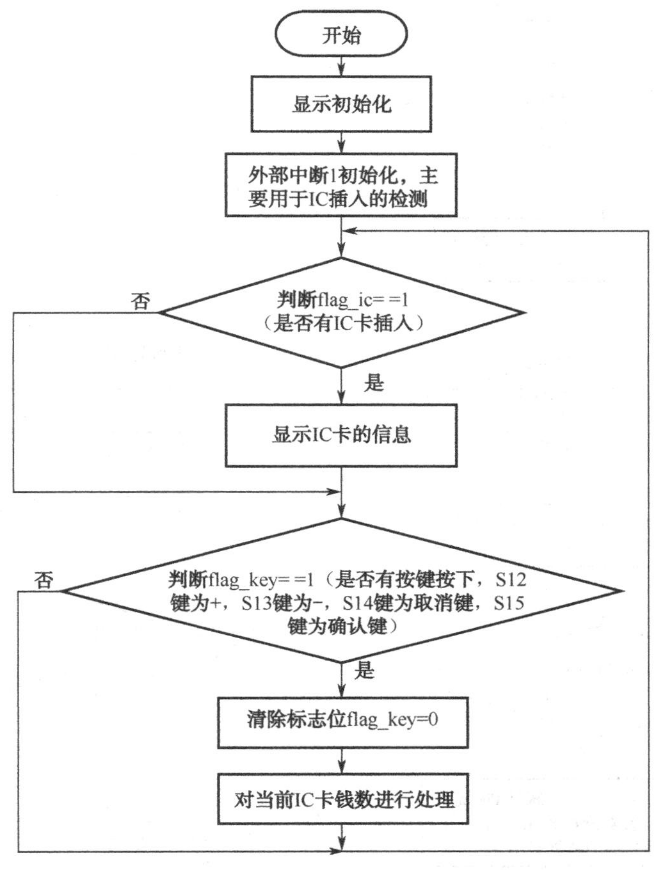

图 10-6　主程序流程图

2）参考源程序代码

（1）延时模块程序如下。

```
#define uint unsigned int
#define uchar unsigned char
void delay_ms(uint z)                    //延时毫秒，由晶振频率而定
{
      int x,y;
      for(x=114;x>0;x--)
            for(y=z;y>0;y--);
}
void delay_us(uint z)                    //延时微秒
{
      uint i;
      for(i=0;i<z;i++)
      _nop_();
}
```

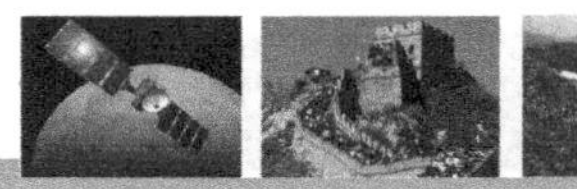

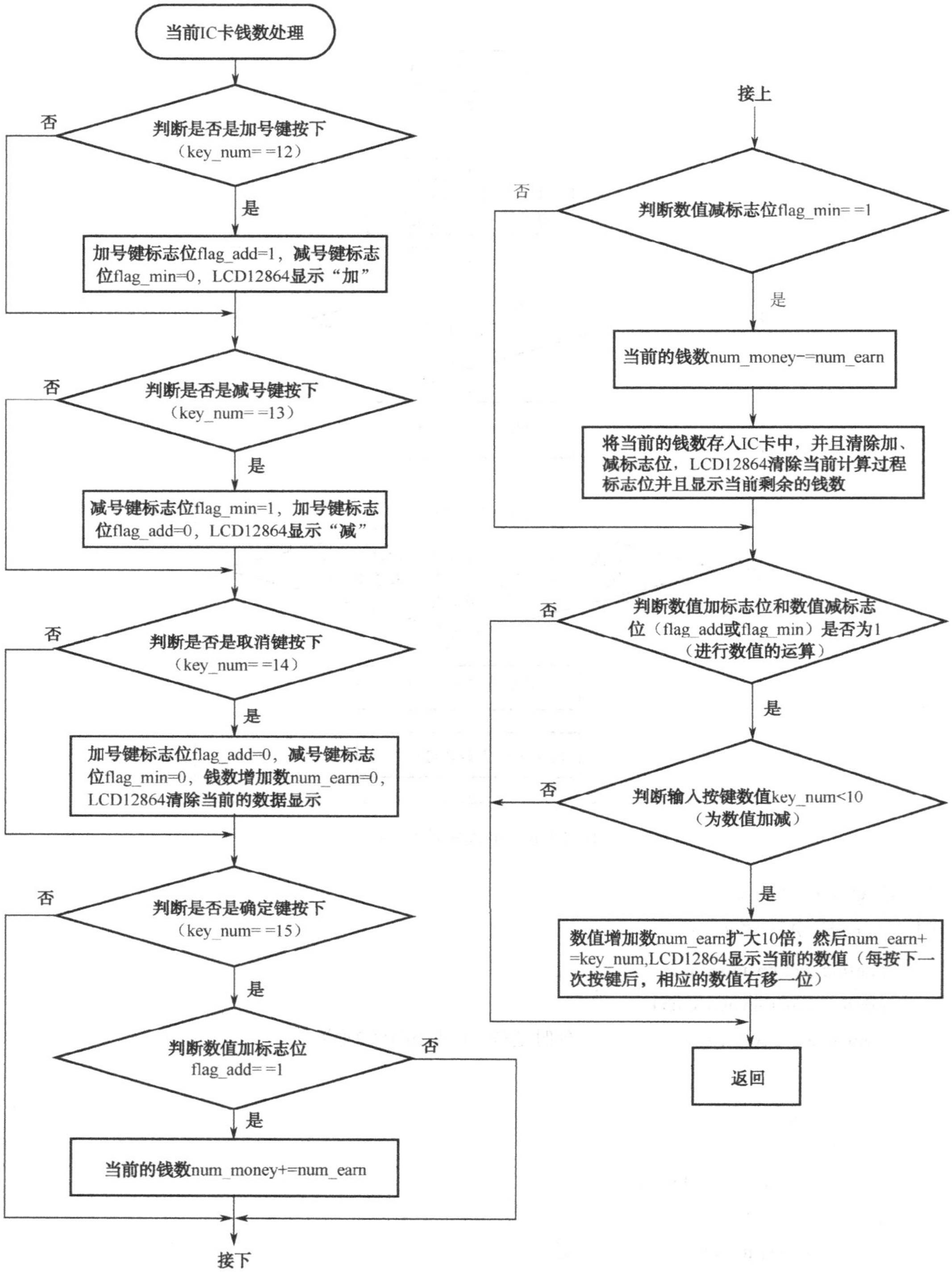

当前IC卡钱数处理

判断是否是加号键按下（key_num= =12）

否

是

加号键标志位flag_add=1，减号键标志位flag_min=0，LCD12864显示“加”

判断是否是减号键按下（key_num= =13）

否

是

减号键标志位flag_min=1，加号键标志位flag_add=0，LCD12864显示“减”

判断是否是取消键按下（key_num= =14）

否

是

加号键标志位flag_add=0，减号键标志位flag_min=0，钱数增加数num_earn=0，LCD12864清除当前的数据显示

判断是否是确定键按下（key_num= =15）

否

是

判断数值加标志位flag_add= =1

否

是

当前的钱数num_money+=num_earn

接下

接上

判断数值减标志位flag_min= =1

否

是

当前的钱数num_money-=num_earn

将当前的钱数存入IC卡中，并且清除加、减标志位，LCD12864清除当前计算过程标志位并且显示当前剩余的钱数

判断数值加标志位和数值减标志位（flag_add或flag_min）是否为1（进行数值的运算）

否

是

判断输入按键数值key_num<10（为数值加减）

否

是

数值增加数num_earn扩大10倍，然后num_earn+=key_num,LCD12864显示当前的数值（每按下一次按键后，相应的数值右移一位）

返回

图 10-7　IC卡钱数处理流程图

（2）液晶显示模块程序如下。

```
sbit LCD12864_CS=P2^2;                    //串行模式的三个接口
sbit LCD12864_SID=P2^1;
sbit LCD12864_SCK=P2^0;
```

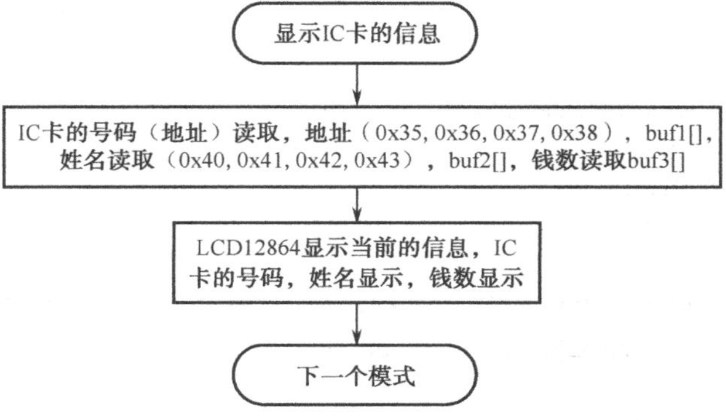

图 10-8　液晶显示 IC 卡信息流程图

```
/***********************************LCD12864 写 1 字节******************************/
void LCD12864_write_byte(uchar date)        //LCD12864 在串行模式下，写 1 字节，先写高
                                            //位，一共传送 8 次，传完 1 字节
{
    uchar i;
    LCD12864_CS=1;                          //串行模式下，写 1 字节先将 CS 置 1，再写数据
    for(i=0;i<8;i++)
    {
        LCD12864_SID=(bit)(date&0x80);//取最高位
        LCD12864_SCK=0;
        LCD12864_SCK=1;
        date<<=1;
    }
}
/*************************************LCD12864 写命令*******************************/
void LCD12864_write_com(uchar com)          //串行模式，写命令的控制字为 0xf8，先写命令（com）的
                                            //高 4 位，再写 com 的低 4 位，其中每次传输只是
                                            //读取相应数据的高 4 位，低 4 位为 0
{
    LCD12864_write_byte(0xf8);
    LCD12864_write_byte(com&0xf0);
    com&=0x0f;
    com<<=4;
    LCD12864_write_byte(com&0xf0);
    LCD12864_CS=0;
    LCD12864_SID=1;
    LCD12864_SCK=0;
}
/***********************************LCD12864 写数据*********************************/
void LCD12864_write_data(uchar date)        //串行模式，写数据的控制字为 0xfa，先写数据（date）的
                                            //高 4 位，再写 date 的低 4 位，其中每次传输只是
                                            //读取相应数据的高 4 位，低 4 位为 0
{
    LCD12864_write_byte(0xfa);
    LCD12864_write_byte(date&0xf0);
```

```
        date&=0x0f;
        date<<=4;
        LCD12864_write_byte(date&0xf0);
        LCD12864_CS=0;
        LCD12864_SID=1;
        LCD12864_SCK=0;
    }
    /***********************************LCD12864 写数字，写两位数************************/
    void LCD12864_write_num2(uchar address,uint num)
    {
        uchar num1,num2;
        num1=num/10;
        num2=num%10;
        LCD12864_write_com(address);
        LCD12864_write_data(0x30+num1);
        LCD12864_write_data(0x30+num2);
    }
    /***********************************LCD12864 写数字，写三位数************************/
    void LCD12864_write_num3(uchar address,uint num)
    {
        uchar num1,num2,num3;
        num1=num/100;
        num2=num%100/10;
        num3=num%10;
        LCD12864_write_com(address);
        LCD12864_write_data(0x30+num1);
        LCD12864_write_data(0x30+num2);
        LCD12864_write_data(0x30+num3);
    }
    /*******************************写一个字符（汉字或者符号）**************************/
    void LCD12864_write_char(uchar address,uchar data1,uchar data2)        //写一个字符 character
    {
        LCD12864_write_com(address);
        LCD12864_write_data(data1);
        LCD12864_write_data(data2);
    }
    /***********************************LCD12864 初始化**********************************/
    void LCD12864_init()
    {
        LCD12864_write_com(0x30);     //首先写基本指令、指针归位、清屏、字符移动的方式
        delay_ms(4);
        LCD12864_write_com(0x02);
        delay_ms(1);
        LCD12864_write_com(0x01);
        delay_ms(1);
        LCD12864_write_com(0x06);
        delay_ms(1);
    }
```

（3）检测键盘模块程序如下。

```
sbit KCS=P1^7;
sbit KCLK=P1^6;
sbit KDAT=P1^5;
sbit KINT=P3^2;                          //ZLG7289 的 KINT 接到 INT0 的 P3^2
uchar key_num=0;
bit flag_key=0;                          //按键标志位，当没有按键按下的时候，其值为 0，否则为 1
/************************************外部中断 0 初始化*********************************/
void INT0_init(void)
{
    EA=1;
    EX0=1;
    IT0=1;
}
/************************************ ZLG7289 写 1 字节********************************
该函数与项目 9 中“ZLG7289 写 1 字节”的函数内容相同，这里不再赘述，读者可参考项目 9 中
该部分具体代码
***********************************ZLG7289 读取按键的数值*******************************
读者可参考项目 9 中该部分具体代码
************************************外部中断 0 响应函数*********************************/
void INT(void)interrupt 0
{
    key_num=ZLG7289_read_key();
    flag_key=1;
}
/******************************** ZLG7289 上电后，软件复位******************************/
void ZLG7289_init(void)
{
    KCS=0;
    delay_us(5);
    ZLG7289_write_byte(0xa4);            //复位
    delay_us(5);
    KCS=1;
    INT0_init();                         //INT0 外部中断 0 初始化
}
/***********************************实验板按键对应数值**********************************
                    7     15     6     14
                    5     13     4     12
                    3     11     10    2
                    1     9      0     8
***************************************************************************************/
```

（4）SLE4442 程序如下。

```
/****************************************IC 卡****************************************/
sbit ICCLK=P3^0;
sbit ICDAT=P3^1;
sbit ICRST=P3^4;
#define _Nop() _nop_()                   /*定义空指令*/
```

```
#define MAM 0                                  /*定义主存储器代号*/
#define SCM 1                                  /*定义加密存储器代号*/
#define PRM 2                                  /*定义保护存储器代号*/
/************************************数组定义*************************************/
uchar a[3]={0xff,0xff,0xff};                   //密码
uchar b[4]={0,9,1,4};                          //待写入数据
uchar buf[8]={0};                              //8位寄存器
uchar buf1[4]={0};
uchar buf2[4]={0};
uchar buf3[2]={0};
/*****************************************************************************
函数名：Read_pro32()
参数：i，4字节；j，8位；k，数据
功能：读保护区前32位数据
*****************************************************************************/
void Read_pro32()
{
     uchar i,j,k;
     for(i=0;i<4;i++)
          for(j=0;j<8;j++)
          {
               k=ICDAT;
               k<<=j;
               buf[i]|=k;
/*******波段********/
               ICCLK=1;
               delay_us(2);
               ICCLK=0;
               delay_us(2);
          }
     ICCLK=0;
}
/*****************************************************************************
函数名：AnRst()
参数：调用Read_pro32();
功能：复位并读保护区32位数据
*****************************************************************************/
void AnRst()
{
     ICRST=0;
     ICCLK=0;
     ICRST=1;
     delay_us(2);
     ICCLK=1;
     delay_us(2);
     ICCLK=0;
     delay_us(2);
     ICRST=0;
```

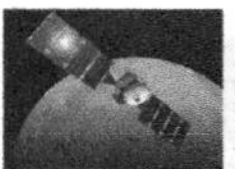

```
        Read_pro32();
        ICCLK=0;
}
/*************************************************************************************
函数名：breakN()
参数：无
功能：中止
*************************************************************************************/
void breakN()
{
        ICCLK=0;
        delay_us(2);
        ICRST=1;
        delay_us(2);
        ICRST=0;
}
/*************************************************************************************
函数名：Start_Com()
参数：无
功能：开始发送数据
*************************************************************************************/
void Start_Com()
{
        ICCLK=0;
        ICDAT=1;
        _Nop();
        ICCLK=1;
        delay_us(2);
        ICDAT=0;
        delay_us(2);
        ICCLK=0;
        _Nop();
        _Nop();
}
/*************************************************************************************
函数名：Stop_Com()
参数：无
功能：停止发送数据
*************************************************************************************/
void Stop_Com()
{
        ICCLK=0;
        ICDAT=0;
        _Nop();
        ICCLK=1;
        delay_us(2);
        ICDAT=1;
        _Nop();
```

```
        _Nop();
        ICCLK=0;
}
/*******************************************************************************************
函数名：SendByte(uchar c)
参数：c，1 字节数据；BitCnt，循环数&1 位
功能：按位发送 1 字节数据
*******************************************************************************************/
void SendByte(uchar c)
{
        uchar BitCnt;
        for(BitCnt=0;BitCnt<8;BitCnt++)
        {
                if((c>>BitCnt)&0x01) ICDAT=1;
                else ICDAT=0;
        _Nop();
        _Nop();
        ICCLK=1;
        delay_us(2);
        ICCLK=0;
        }
        ICCLK=0;
}
/*******************************************************************************************
函数名：SendAll(uchar x,uchar y,uchar z)
参数：调用 SendByte(uchar c)，x：控制，y：地址，z：数据
功能：发送指令
*******************************************************************************************/
void SendAll(uchar x,uchar y,uchar z)
{
        Start_Com();
        SendByte(x);
        SendByte(y);
        SendByte(z);
        Stop_Com();
}
/*******************************************************************************************
函数名：ic_opr(uchar x)
参数：x，处理的字节数
功能：处理数据
*******************************************************************************************/
void ic_opr(uchar x)
{
        ICCLK=0;
        delay_us(2);
        ICDAT=0;
        for(;x>0;x--)
        {
```

```
            ICCLK=1;
            delay_us(2);
            ICCLK=0;
            delay_us(2);
        }
        ICCLK=0;
        ICDAT=1;
}
/*******************************************************************************
函数名：Read_4442(uchar area,uchar addr,uchar num)
参数：调用 AnRst();SendAll(uchar x,uchar y,uchar z);breakN();
      i，循环位数；j，数据寄存器；k，一位数据；h，读的字节数；g，清理 buf 位数
      area，区域；addr，地址；num，数量
功能：读取函数
*******************************************************************************/
void Read_4442(uchar area,uchar addr,uchar num)
{
        uchar i,j,k,h,g;
        for(g=0;g<4;g++)
        buf[g]=0;
        j=0;

        switch(area)
        {
        case MAM:      AnRst();
                       SendAll(0x30,addr,0x00);
                       for(h=0;h<num;h++)
                       {
                            for(i=0;i<8;i++)
                            {
                                 ICCLK=0;
                                 ICDAT=1;
                                 delay_us(2);
                                 ICCLK=1;
                                 k=ICDAT;
                                 k<<=i;
                                 j=k;
                                 delay_us(2);
                            }
                       ICCLK=0;
                       buf[h]=j;
                       j=0;
                       }
                       breakN();
                       break;

        case SCM: AnRst();
                       SendAll(0x31,0x00,0x00);
```

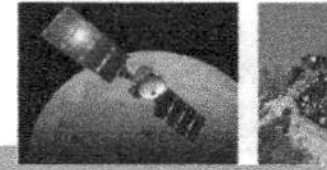

```
                for(h=0;h<num;h++)
                {
                for(i=0;i<8;i++)
                {
                    ICCLK=0;
                    ICDAT=1;
                    delay_us(1);
                    ICCLK=1;
                    k=ICDAT;
                    k<<=i;
                    j=k;
                    delay_us(1);
                }
                buf[h]=j;
                j=0;
                }
                breakN();
                break;

    case PRM: AnRst();
                SendAll(0x34,0x00,0x00);
                for(h=0;h<num;h++)
                {
                for(i=0;i<8;i++)
                {
                    ICCLK=0;
                    ICDAT=1;
                    delay_us(1);
                    ICCLK=1;
                    k=ICDAT;
                    k<<=i;
                    j=k;
                    delay_us(1);
                }
                buf[h]=j;
                j=0;
                }
                breakN();
                break;
        }
}
/*****************************************************************************************
函数名：Ic_Check()
参数：调用 Read_4442(uchar area,uchar addr,uchar num)；Ic_show()；
      SendAll(uchar x,uchar y,uchar z)；ic_opr(uchar x)；Senddat_key(uchar x,uchar y,uchar z)
       x，密码错误数；y，ce
功能：密码验证
*****************************************************************************************/
```

```
void Ic_Check()
{
uchar x,y;
    Read_4442(SCM,0x00,4);
    x=(buf[0]&0x01)+((buf[0]>>1)&0x01)+((buf[0]>>2)&0x01);
    if(x>1)
    {
        if(buf[0]&0x04)y=0xfb;
        else if(buf[0]&0x02)y=0xfd;
        else if(buf[0]&0x01)y=0xfe;
        else y=0xff;
        SendAll(0x39,0x00,y);
        ic_opr(255);
        SendAll(0x33,0x01,a[0]);              //比较第一位
        ic_opr(3);                            //校验处理
        SendAll(0x33,0x02,a[1]);              //比较第二位
        ic_opr(3);                            //校验处理
        SendAll(0x33,0x03,a[2]);              //比较第三位
        ic_opr(3);                            //校验处理
        SendAll(0x39,0x00,0xff);
        ic_opr(255);
        SendAll(0x31,0x00,1);                 //读 ce
        /*if(buf[0]&0x07= =0x07)
        Senddat_key(1,6,0);
        else
        Ic_show();*/
    }
}
/*******************************************************************************
函数名：Ic_write(uchar mem,uchar addr,uchar num,uchar *p)
参数：调用 AnRst()；SendAll(uchar x,uchar y,uchar z)；ic_opr(uchar x)；breakN()；
      mem，寄存器；addr，首地址；num，字节数；*p，首地址
功能：写函数
*******************************************************************************/
void Ic_write(uchar mem,uchar addr,uchar num,uchar *p)
{
    uchar i;
    AnRst();
    for(i=0;i<num;i++)
    { SendAll(mem,addr+i,*p);                 //memory: 0x38 写主存,0x3c 写保护存储，0x39
                                              //写密码存储区
        p++;
        ic_opr(255);
    }
    breakN();
}
void IC_read(void)//IC 卡读取数值
{
```

```
    uchar i;
    AnRst();
    Read_4442(MAM,0x35,4);          //读取 IC 卡的地址，将当前的地址存储在 0x35、0x36、0x37、
                                    //0x38 中，0x44、0x45 存放钱数的低位和高位 buf[0～4]
    for(i=0;i<4;i++)
    {
        buf1[i]=buf[i];
    }
    delay_ms(100);
    AnRst();
    Read_4442(MAM,0x40,4);          //读取 IC 卡的姓名，将当前的地址存储在 0x40、0x41、
                                    //0x42、0x43 中，0x44、0x45 存放钱数的低位和高位 buf[0～4]
    for(i=0;i<4;i++)
    {
        buf2[i]=buf[i];
    }
    AnRst();
    Read_4442(MAM,0x44,2);          //读取存放的钱数
    for(i=0;i<2;i++)
    {
        buf3[i]=buf[i];
    }
}
void Money_store(uchar num_h,uchar num_l)
{
    uchar num[2]={0};
    num[0]=num_h;
    num[1]=num_l;
    AnRst();
    Ic_Check();                     //校验加密寄存器
    Ic_write(0x38,0x44,2,&num);     //0 位存放钱的低位，1 位存放钱的高位
}
```

（5）主程序如下。

```
#include<reg52.h>
#include<intrins.h>
#include"delay_time.h"
#include"disp_lcd12864.h"
#include"read_key.h"
#include"SLE4442.h"
uchar code disp_c0[]={"IC 卡操作"};
uchar code disp_c1[]={"卡号："};
uchar code disp_c2[]={"姓名："};
uchar code disp_c3[]={"钱数："};
bit flag_ic=0;                      //当有 IC 卡插入的时候，改为 1
/**********************************液晶显示初始化界面**********************************/
void DISP_init(void)
{
```

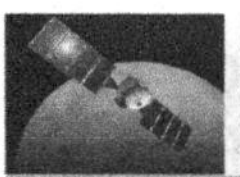

```
        uchar i=0;
        LCD12864_init();
        LCD12864_write_com(0x82);
        for(i=0;i<8;i++)
        {
              LCD12864_write_data(disp_c0[i]);
        }
        LCD12864_write_com(0x90);
        for(i=0;i<6;i++)
        {
              LCD12864_write_data(disp_c1[i]);
        }
        LCD12864_write_com(0x88);
        for(i=0;i<6;i++)
        {
              LCD12864_write_data(disp_c2[i]);
        }
        LCD12864_write_com(0x98);
        for(i=0;i<6;i++)
        {
              LCD12864_write_data(disp_c3[i]);
        }
        LCD12864_write_com(0x0c);
        LCD12864_write_char(0x99,0xca,0xfd);
        LCD12864_write_char(0x9a,0xa3,0xba);
}
/*************************************外部中断 0 初始化*********************************/
void INT1_init(void)
{
        EA=1;
        EX1=1;
        IT1=1;
}
/*************************************外部中断 1 响应函数******************************/
void int1(void)interrupt 2
{
        flag_ic=1;
}
/*********************************************主函数*************************************/
void main(void)
{
        uint num_money=0;
        uint num_earn=0;
        bit flag_add=0;                    //加标志位，当加法按键按下的时候，该标志置 1
        bit flag_min=0;                    //减标志位，当减法按键按下的时候，该标志位置 1
        ZLG7289_init();                    //ZLG7289 按键初始化
        DISP_init();                       //显示初始化
        INT1_init();                       //外部中断 1 初始化，主要用于 IC 卡插入的检测，当 IC 卡
```

```
                                            //插入时，P3.3 引脚置为低电平
        while(1)
        {
            if(flag_ic)
            {  IC_read();                   //IC 卡的号码（地址）读取，地址（0x35,0x36,0x37,0x38),
                                            //姓名读取（0x40,0x41,0x42,0x43）
                flag_ic=0;
                num_money=buf3[0]; //读取 IC 卡存放的钱数
                num_money<<=8;
                num_money+=buf3[1];
                LCD12864_write_com(0x93);//显示 IC 卡号，姓名，卡上的钱数
                LCD12864_write_data(0x30+buf1[0]);
                LCD12864_write_data(0x30+buf1[1]);
                LCD12864_write_data(0x30+buf1[2]);
                LCD12864_write_data(0x30+buf1[3]);
                LCD12864_write_com(0x8b);
                LCD12864_write_data(buf2[0]);
                LCD12864_write_data(buf2[1]);
                LCD12864_write_data(buf2[2]);
                LCD12864_write_data(buf2[3]);
                LCD12864_write_com(0x9b);
                LCD12864_write_data(0x30+num_money/10000);
                LCD12864_write_data(0x30+num_money%10000/1000);
                LCD12864_write_data(0x30+num_money%1000/100);
                LCD12864_write_data(0x30+num_money%100/10);
                LCD12864_write_data(0x30+num_money%10);
                }
                if(flag_key)        //如果有按键按下，S12 为数字加键，S13 为数字减键，S14 为
                                    //取消键，S15 为确定键（计算键）
                {
                    flag_key=0;
                    if(key_num= =12)
                    {
                        flag_add=1;
                        flag_min=0;
                        LCD12864_write_char(0x8e,0xbc,0xd3);
                        //加 LCD12864_write_char(0x8f,0xc9,0xcf);
                }
                if(key_num= =13)
                {
                  flag_min=1;
                  flag_add=0;
                  LCD12864_write_char(0x8e,0xbc,0xf5);     //减去
                  LCD12864_write_char(0x8f,0xc8,0xa5);
                }
                if(key_num= =14)                            //清除所有数据
                {
                    flag_add=0;
```

```
                flag_min=0;
                num_earn=0;
                LCD12864_write_char(0x8e,0x20,0x20);
                LCD12864_write_char(0x8f,0x20,0x20);
                LCD12864_write_char(0x9e,0x20,0x20);
                LCD12864_write_char(0x9f,0x20,0x20);
            }
            if(key_num= =15)                          //确认键
            {
                if(flag_add)
                num_money+=num_earn;
                if(flag_min)
                {
                    if(num_money<num_earn)
                    num_money=0;
                    else
                    num_money-=num_earn;
                }
        Money_store(num_money/256,num_money%256); //将当前的钱数存放在 IC 卡中
                flag_add=0;
                flag_min=0;
                num_earn=0;
                LCD12864_write_char(0x8e,0x20,0x20);
                LCD12864_write_char(0x8f,0x20,0x20);
                LCD12864_write_char(0x9e,0x20,0x20);
                LCD12864_write_char(0x9f,0x20,0x20);
                LCD12864_write_com(0x9b);

    LCD12864_write_data(0x30+num_money/10000);
    LCD12864_write_data(0x30+num_money%10000/1000);
    LCD12864_write_data(0x30+num_money%1000/100);
    LCD12864_write_data(0x30+num_money%100/10);
    LCD12864_write_data(0x30+num_money%10);
            }
            if(flag_add||flag_min)
            {
                if(key_num<10)
                {
                    num_earn*=10;
                    num_earn+=key_num;
                    LCD12864_write_com(0x9e);
                    LCD12864_write_data(0x30+num_earn/1000);
                    LCD12864_write_data(0x30+num_earn%1000/100);
                    LCD12864_write_data(0x30+num_earn%100/10);
                    LCD12864_write_data(0x30+num_earn%10);
                }
            }
        }
```

```
        }
    }
```

5．软/硬件联调

硬件电路板焊接完成后，要进行硬件电路的测试，包括测试单片机的电源和地是否正确连接，时钟电路和复位电路是否正常，EA 引脚是否与电源相连，液晶 LCD12864 显示电路是否正确，IC 卡接口是否正确等。

软件方面由于本项目涉及多个接口芯片模块，所以一定要先逐一对模块进行调试，然后再进行整体联调。在每个模块完成后，编写一个专用于测试的主函数，测试调用模块函数是否运行成功，并在模块测试过程中同步检测硬件电路和软件编码问题。将程序代码下载到单片机中，上电后可以看到以下运行效果。

（1）由于 SLE4442 卡是接触式 IC 卡，在电路中没有插入 IC 卡时，先用 LCD12864 液晶显示初始界面，如图 10-9 所示。此时显示的内容只有“卡号”、“姓名”、“钱数”这三项信息，并没有具体的内容。

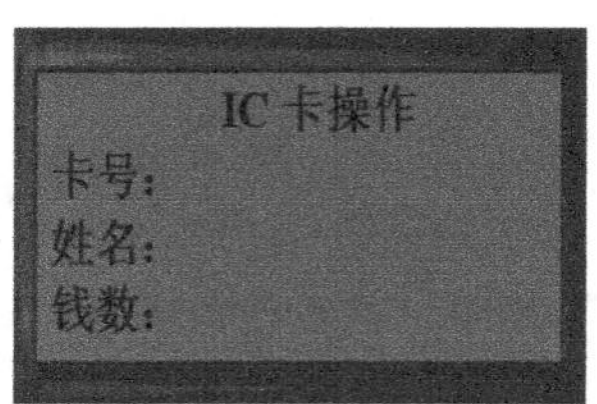

图 10-9　没有插入 IC 卡时的显示界面

（2）当插入 IC 卡时，就会显示 IC 卡持卡人的具体信息，如卡号、姓名、钱数，这些信息是 IC 卡初始化时写入的，显示界面如图 10-10 所示。所有的 IC 卡初始化信息后，都可以实现加、减操作来模拟校园 IC 卡的充值和消费过程，下面分别进行介绍。

① 充值过程：当持卡人的具体信息在液晶显示屏上显示完毕后就可以通过键盘上的 S12 键来给 IC 卡加钱。按下 S12 键，然后通过数字键 S0～S9 输入要充值的钱数，如图 10-11 所示。输入完毕后按 S15 键确认，显示充值后的钱数，如图 10-12 所示。

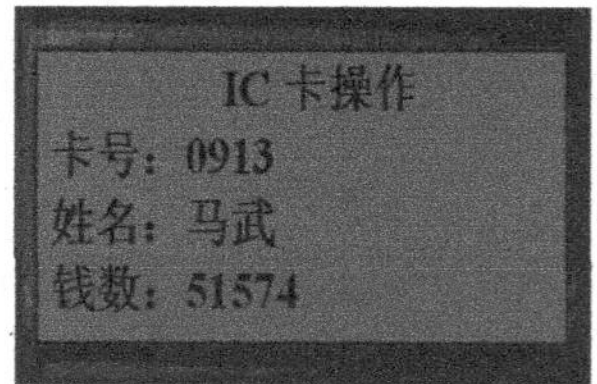

图 10-10　插入 IC 卡时的显示信息界面

图 10-11　给 IC 卡充值界面

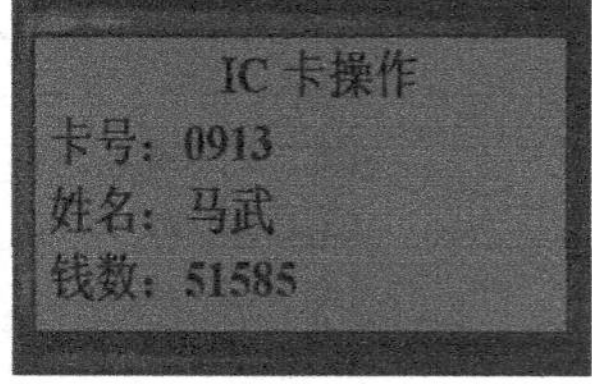

图 10-12　给 IC 卡充值后结果显示界面

② 消费过程：假设消费前初始值如图 10-13 所示，当持卡人购买商品消费后，商家可以通过按下矩阵式键盘上的 S13 键来从卡上减钱，具体减去的钱数同样可以通过数字键 S0～S9 来实现，如图 10-14 所示。消费后 IC 卡内剩余的钱数界面如图 10-15 所示。

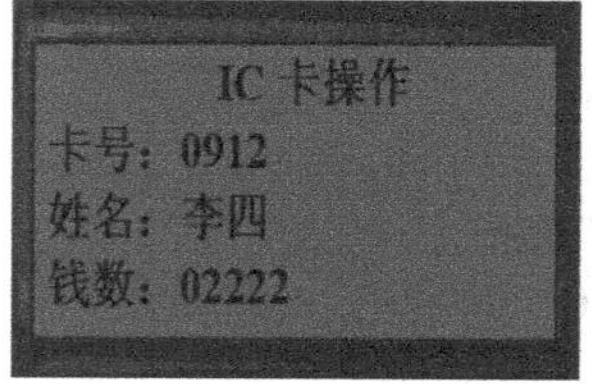

图 10-13　IC 卡消费前的显示界面

图 10-14　IC 卡消费后减钱的显示界面

图 10-15　IC 卡消费后剩余钱数显示界面

知识链接：智能 IC 卡 SLE4442

1）概述

SLE4442 是一种逻辑加密存储卡，其引脚排列如图 10-16 所示，各引脚的定义和功能说明如表 10.2 所示。

表 10.2　SLE4442 的各引脚的定义和功能说明

引脚编号	符　号	功　能	引脚编号	符　号	功　能
C1	VCC	电源电压	C5	GND	地线
C2	RST	复位信号	C6	NC	编程电压
C3	CLK	时钟	C7	I/O	数据输入/输出端
C4	NC	保留使用	C8	NC	保留使用

VCC	C1	C5	GND
RST	C2	C6	NC
CLK	C3	C7	I/O
NC	C4	C8	NC

图 10-16　SLE4442 的引脚排列图

SLE4442 型 IC 卡主要包括三个存储器：

（1）256×8 位 EEPROM 型主存储器。地址 0～31 为保护数据区，该区数据读出不受限制，写入受保护存储器内部数据状态的限制。当保护存储器中第 N 位（N=0～31）为 1 时，对应主存储器中第 N 字节允许进行擦除和写入操作。地址 32～255 后 244 字节为应用数据区，数据读出不受限制，擦除和写入受加密存储器数据校验结果的影响。这种加密校验的控制是对整个主存储器实施的（即包括保护数据区和应用数据区）。

（2）32×1 位 PROM 型保护存储器。一次性编程以保护主存储器保护数据区，防止一些固定的标志参数被改动。保护存储器同样受加密存储器数据校验结果的影响。

（3）4×8 位 EEPROM 型加密存储器。第 0 字节为密码输入错误计数器（EC）。EC 的有效位是低 3 位，芯片初始化时设置成“111”，这 1 字节是可读的。EC 的 1、2、3 字节为参照字存储区，这 3 字节的内容作为一个整体被称为可编程加密代码（PSC），其读出、写入和擦除均受自身比较操作结果的控制。

2）传输协议

（1）复位和复位响应。复位和复位响应是根据 ISO7816-3 标准来进行的。在操作期间的任意时刻都可以复位。开始时，地址计数器随一个时钟脉冲而被设置为零。当 RST 线从高状态 H 置到低状态 L 时，第一个数据位（LSB）的内容被送到 I/O 接口上。若连续输入 32 个时钟脉冲，主存储器中的前 4 字节地址单元中的内容被读出。在第 33 个始终脉冲的下降沿，I/O 接口线被置成高状态而关闭。复位和复位响应示意图如图 10-17 所示。

（2）命令模式。复位响应以后，芯片等待命令。每条命令都以一个“启动状态”开始，整个命令包括 3 字节。随后紧跟着一个附加脉冲并用一个“停止状态”来结束操作。

启动状态：在 CLK 为高状态（H 状态）期间，I/O 接口线的下降沿为启动状态。

停止状态：在 CLK 为高状态（H 状态）期间，I/O 接口线的上升沿为停止状态。

在接收一个命令后，有两种可能的模式：输出数据模式（即读数据）和处理数据模式。如图 10-18 所示为命令模式的时序关系图。

（3）输出数据模式。这种模式是将 IC 卡芯片中的数据传送给外部设备接口（IFD）的一种操作。输出数据模式的时序关系图如图 10-19 所示。

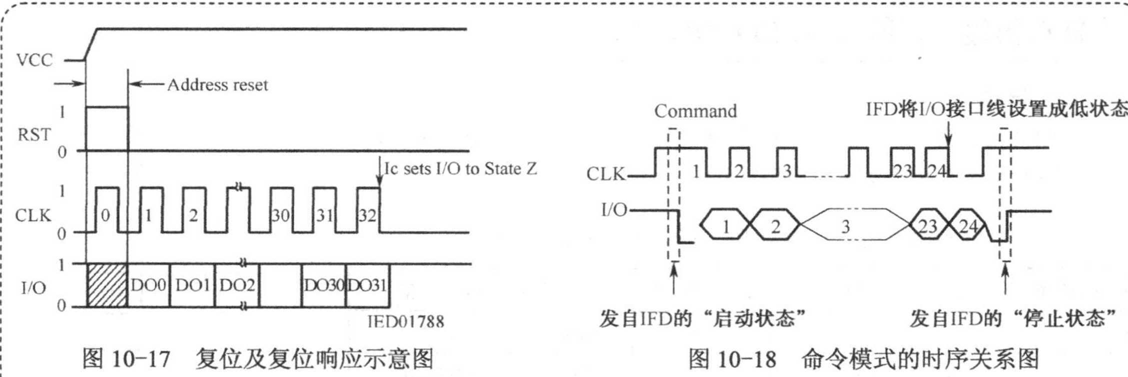

图 10-17　复位及复位响应示意图　　　　图 10-18　命令模式的时序关系图

在第一个 CLK 脉冲的下降沿之后，I/O 接口线上的第一位数据变为有效的。随后每增加一个时钟脉冲，芯片内部的一位数据被送到 I/O 接口线上。数据的发送从每字节的最低位 LSB 开始。当所需要的最后一个数据送出后，需要附加一个时钟脉冲将 I/O 接口线设置成高状态，以便接收新的命令。

在输出数据期间，任何“启动状态”和“停止状态”均被屏蔽。

（4）处理数据模式。这种模式用于对 IC 芯片进行内部处理。处理数据模式的时序关系图如图 10-20 所示。

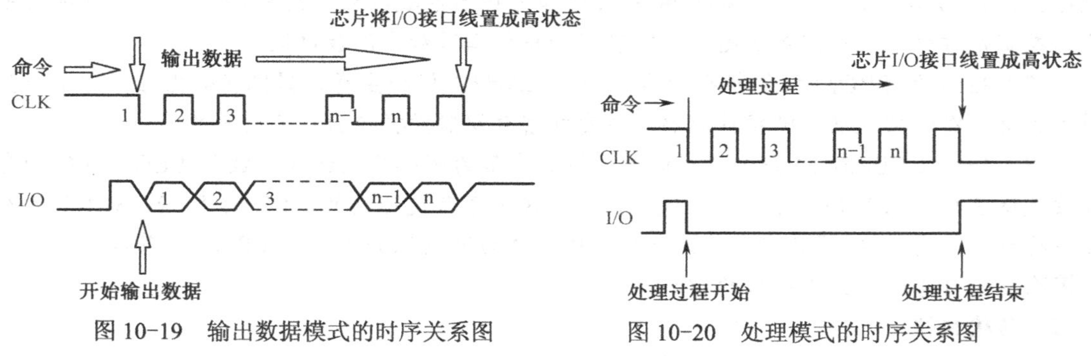

图 10-19　输出数据模式的时序关系图　　　　图 10-20　处理模式的时序关系图

芯片在第一个时钟脉冲的下降沿，将 I/O 接口线从高状态拉到低状态并开始处理。此后芯片在内部连续计时，直到第 n 个时钟脉冲之后附加的一个时钟脉冲的下降沿，I/O 接口线再次置为高状态，完成芯片的处理过程。在整个处理过程中 I/O 接口线被锁定成低状态。

3）命令字

（1）命令格式。每条命令包含 3 字节，其排列顺序如表 10.3 所示。

表 10.3　命令格式

控制字	MSB　　　　LSB	地址字	MSB　　　　LSB	数据字	MSB　　　　LSB
	B7 B6 B5 B4 B3 B2 B1 B0		A7 A6 A5 A4 A3 A2 A1 A0		D7 D6 D5 D4 D3 D2 D1 D0

（2）SLE4442 芯片具有 7 种命令，其格式和功能表 10.4 所示。

表10.4　7种命令格式和功能

字节1（控制）B7～B0	字节2（地址）A7～A0	字节3（数据）D7～D0	功　能	命令模式
30H	地址数	无效	读主存储器	输出数据模式
38H	地址数	输入数据	修改主存储器	处理模式
34H	无效	无效	读保护存储器	输出数据模式
3CH	地址数	输入数据	写保护存储器	处理模式
31H	无效	无效	读加密存储器	输出数据模式
39H	地址数	输入数据	修改加密存储器	处理模式
33H	地址数	输入数据	比较校验数据	处理模式

注意：对于每字节来说总是从最低位LSB开始读取。写入时首先传送的也是字节的最低位LSB。对保护存储器进行修改时，输入数据必须与原有数据相等，才能正确保护。比较校验数据流程图如图10-21所示。

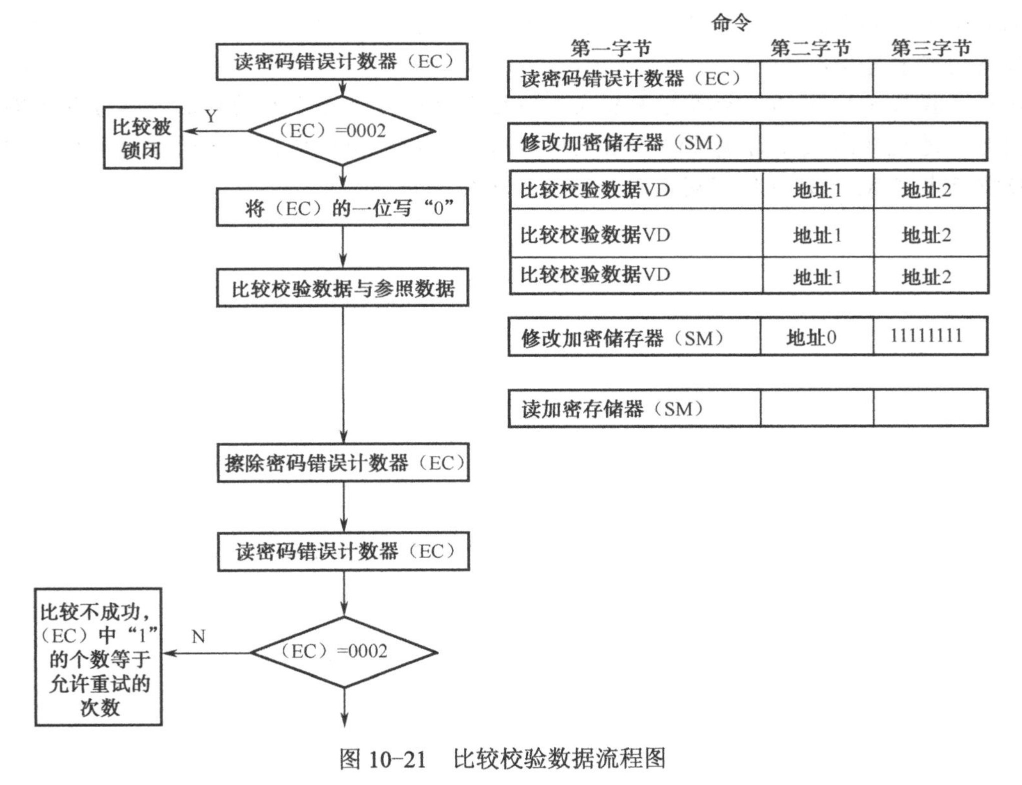

图10-21　比较校验数据流程图

项目评价

学生通过查阅与项目相关的资料，如教材、参考书、网络资源等，收集校园IC卡消费系统的信息，包括IC卡系统的应用场合、发展状况及应用技术要求等；教师采用多媒体课件带

领学生讲述、复习该项目的理论知识及相关内容，为学生制作校园 IC 卡消费系统奠定理论基础；教师带领学生走访、参观单片机工作现场，通过观看、提问获取单片机实际应用的知识；学生通过与指导教师的交流确定总体设计方案和各个模块的设计方案，解决该项目设计、硬件电路制作、系统调试的疑难问题，最终完成学生工作页的填写。学生工作页表参见表 9.3。

以教师为主，通过教师评价、学生自评、学生互评、成果评定四个方面对学生的项目完成情况进行综合评价。同时，对项目报告进行评价，按项目的技术指标进行评价，对实施记录和实训报告进行评价，以及对学生的学习态度、工作态度、团结协作精神、出勤率、爱岗敬业和职业道德进行评价。按以上几个方面对学生完成项目的整个过程进行评价，项目考核评价表参见表 9.4。

项目总结

通过完成校园 IC 卡消费系统的设计与制作，使大家进一步熟练掌握单片机应用系统设计、分析与调试的一般方法。针对复杂项目的模块一般都是以独立文件的形式包含多个函数的，因此需要掌握如何管理工程项目，尽可能简化主函数，增强系统的可读性，同时也可增强各模块的可重复使用性。

本项目模拟了校园 IC 卡的消费系统，即插卡后可显示持卡人的姓名、学号及金额等信息；同时，通过矩阵式键盘模拟向卡里充值和消费购物后扣除金额，显示最新余额等操作。大家应重点掌握 IC 卡是如何实现读、写和校验等功能的。

项目 11 电子密码锁系统的设计与实现

项目目标

电子密码锁是一种通过输入密码来控制电路或使芯片工作，从而控制机械开关的闭合，完成开锁、闭锁任务的电子产品。电子密码锁具有安全性能高、成本低、功耗低、操作简单等优点，使其作为防盗卫士的角色越来越重要。现在国内市场上的电子密码锁种类很多，有的是通过购买一些产品模块再开发，不具备自主知识产权；有的是自主研发的，但其功耗与成本都比较高，不具备广泛的应用价值；还有些是简易的电路产品，以及基于芯片的性价比较高的产品等。现在应用较广的电子密码锁是以芯片为核心，通过编程来实现的。

因此，从经济实用角度出发，本书采用 STC89C52RC 单片机与低功耗 CMOS 型 EEPROM AT24C01 作为主控器件与数据存储器单元，设计一款可更改密码，具有报警功能的电子密码锁。该电子密码锁体积小，易于开发、成本较低，安全性高。

通过该系统的设计与实现，将前面学到的单片机中断资源、I/O 接口、键盘、LED 数码管和 LED 点阵等知识融会贯通，锻炼大家独立设计、调试应用系统的能力，深入领会单片机应用系统的硬件设计、模块化程序设计及软/硬件调试方法等内容，并掌握单片机应用系统的开发过程。

项目要求

利用 ZXSX-102 型实验板设计一个基于 51 系列单片机的电子密码锁。利用 4×4 矩阵式键盘作为输入，12864 液晶作为显示部件，当输入密码和设定的密码一致时，系统利用继电器输出解锁信号。具体要求如下：

（1）密码通过 AT24C01 芯片存储；

（2）用户通过矩阵式键盘输入 6 位密码，若输入正确，则继电器动作，表示解锁；

（3）如果密码输入正确，可以修改密码，输入新密码时需要二次确认以防止误操作；

（4）报警、键盘功能。当连续 3 次输入错误密码，系统通过液晶显示报警。

项目实施

1. 系统方案的论证与选择

目前常见的密码锁设计主要有两种方案，一种是中规模集成电路控制方案，另一种是单片机控制方案。

方案一：采用数字电路控制。其原理图如图 11-1 所示。

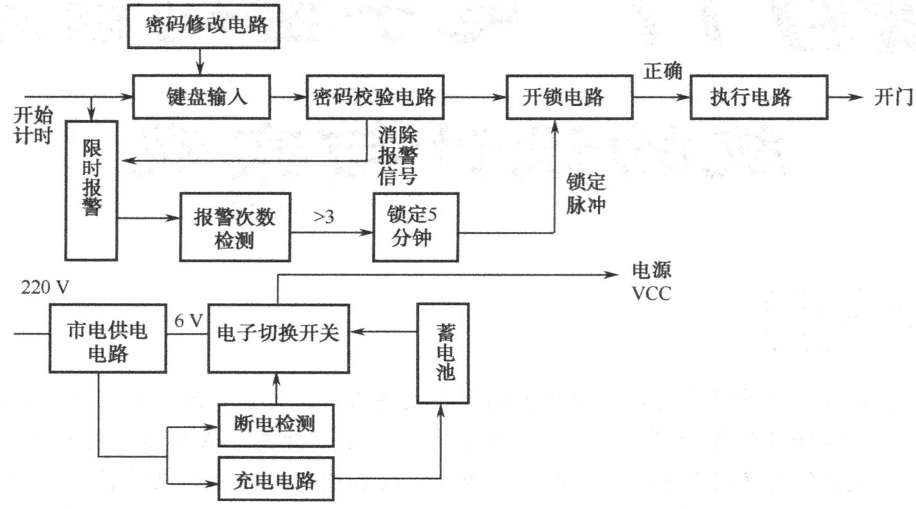

图 11-1　数字电路控制原理图

此种方案的物理实现结构较为复杂且重新设置密码、输入密码的操作过程也会给用户带来一定的不便。

方案二：采用以 STC89C52RC 为核心的单片机控制方案。其原理图如图 11-2 所示。

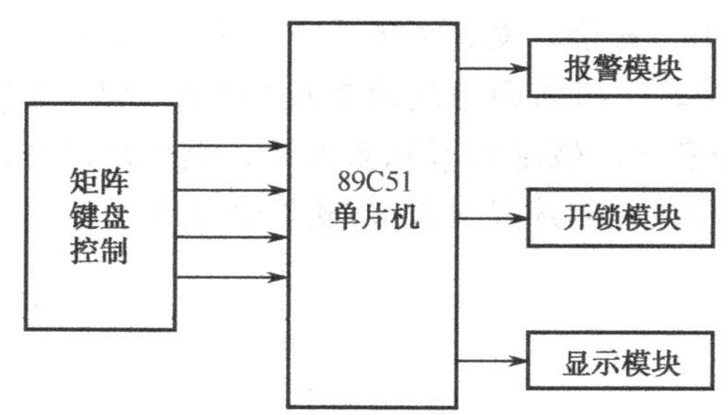

图 11-2　单片机控制原理图

通过比较以上两种方案，单片机方案有较大的活动空间，不但能实现所要求的功能而且能在很大程度上扩展功能，还可以方便地对系统进行升级，所以本项目采用后一种方案。

1）显示模块的选择

方案一：采用 LED 数码管动态扫描，由于本设计中显示的内容较多，用到的数码管较

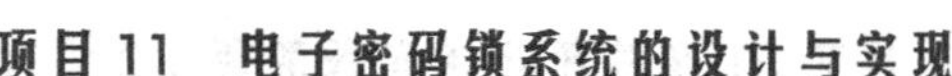

多，需要的I/O接口线也较多，比较浪费单片机资源，所以不采用该方案。

方案二：采用LCD液晶显示器。LCD有明显的优点：微功耗、尺寸小，超薄轻巧、显示信息量大、字迹清晰、显示稳定美观。LCD是以点阵模式显示的，在中文显示上很方便，但在各种符号的显示上因为需要利用控制芯片创建字符库，所以工作量大，占用资源较多，其成本也较高。

由于本项目中要提示输入密码和提醒用户输入正确与否，这些要显示的信息都是中文，所以本项目采用第二种方案。

2）键盘输入方案的选择

由于本项目中要求系统具有手动输入密码的功能，所以要通过按键来实现，同样提出以下三种方案。

方案一：采用独立式按键，直接在单片机的I/O接口线上接上按键开关。此方案在设计时需要考虑单片机的外围电路的精简，并且用到的I/O接口的资源数较多。

方案二：采用8155扩展I/O接口及键盘、显示等。该方案的优点是使用灵活可编程，并且有RAM及计数器。若用该方案可提供更多的I/O接口资源，但操作起来比较复杂。

方案三：采用具有SPI串行接口功能的ZLG7289芯片管理键盘，占用4条I/O接口线控制ZLG7289芯片即可，用ZLG7289芯片同时驱动数码管和16个按键，节省了一些I/O接口资源。

所以，从占用资源、电路和程序的复杂程度考虑选择方案三比较恰当。

2．系统硬件的设计方案

1）单片机主控制模块

单片机主控制模块电路图如图11-3所示。

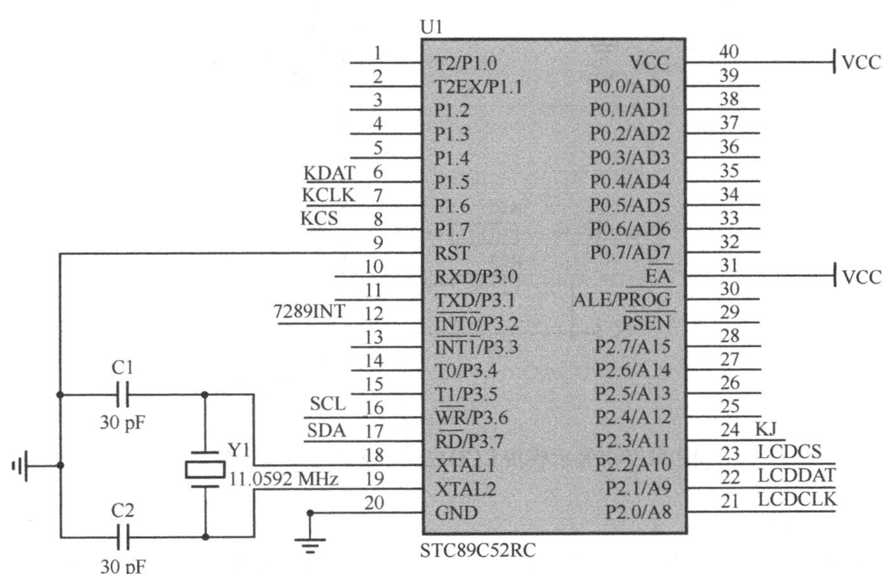

图11-3　单片机最小系统电路图

2）密码数据存储模块

输入的密码通过AT24C01芯片存储，AT24C01芯片的连接电路图如图11-4所示。单片

机的 P3.6、P3.7 引脚连接在 AT24C01 芯片的 SCL、SDA 引脚上。

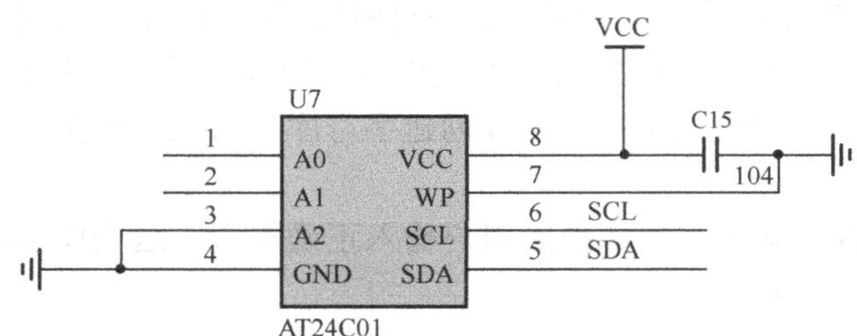

图 11-4 密码存储芯片 AT24C01 连接电路图

3）LCD12864 液晶显示模块

此设计中，使用了液晶显示设备 LCD12864 作为系统的显示模块。将系统中的所有字符数据等信息通过 LCD12864 显示出来（包括开锁显示部分和报警显示部分）。LCD12864 液晶连接电路图如图 11-5 所示。单片机与 LCD12864 液晶之间采用串行方式进行数据的传输，即单片机的 P2.1 引脚接至液晶的读写控制线 R/W 端；液晶的第 1 脚接地，第 2 脚接电源（+5V），第 3 脚接 10kΩ的电位器来调节显示的亮度；液晶的数据和指令选择控制端 RS 接单片机的 P2.2 引脚；液晶的数据读写操作控制端 E 接单片机的 P2.0 引脚；背光源正极 A 接 +5V，背光源负极 K 接地。

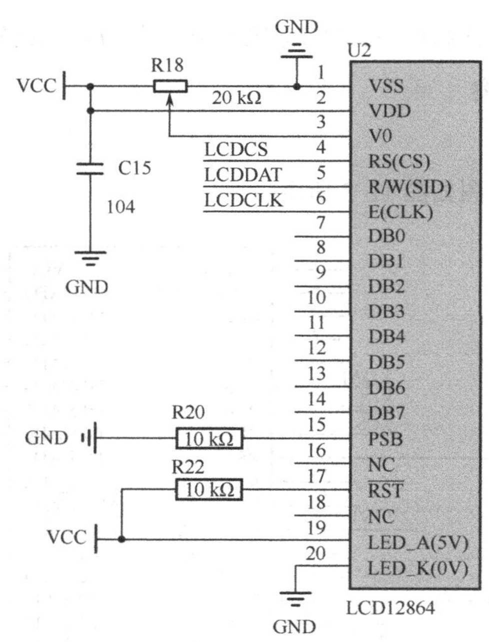

图 11-5 显示模块 LCD12864 液晶连接电路图

4）键盘输入模块

本设计中采用 4×4 矩阵式键盘，通过 ZLG7289 芯片来控制与单片机相连。单片机的 P1.5～P1.7 引脚分别连接在 ZLG7289 芯片的 DATA、CLK 和 $\overline{\text{CS}}$ 引脚上，同时 P3.2（$\overline{\text{INT0}}$）引脚连接 ZLG7289 的 $\overline{\text{KEY}}$ 引脚。ZLG7289 的 DP、SA～SG 及 DG0、DG1 构成了 16 个按键。键盘输入模块电路图如图 11-6 所示。键盘中相关按键的功能如表 11.1 所示。

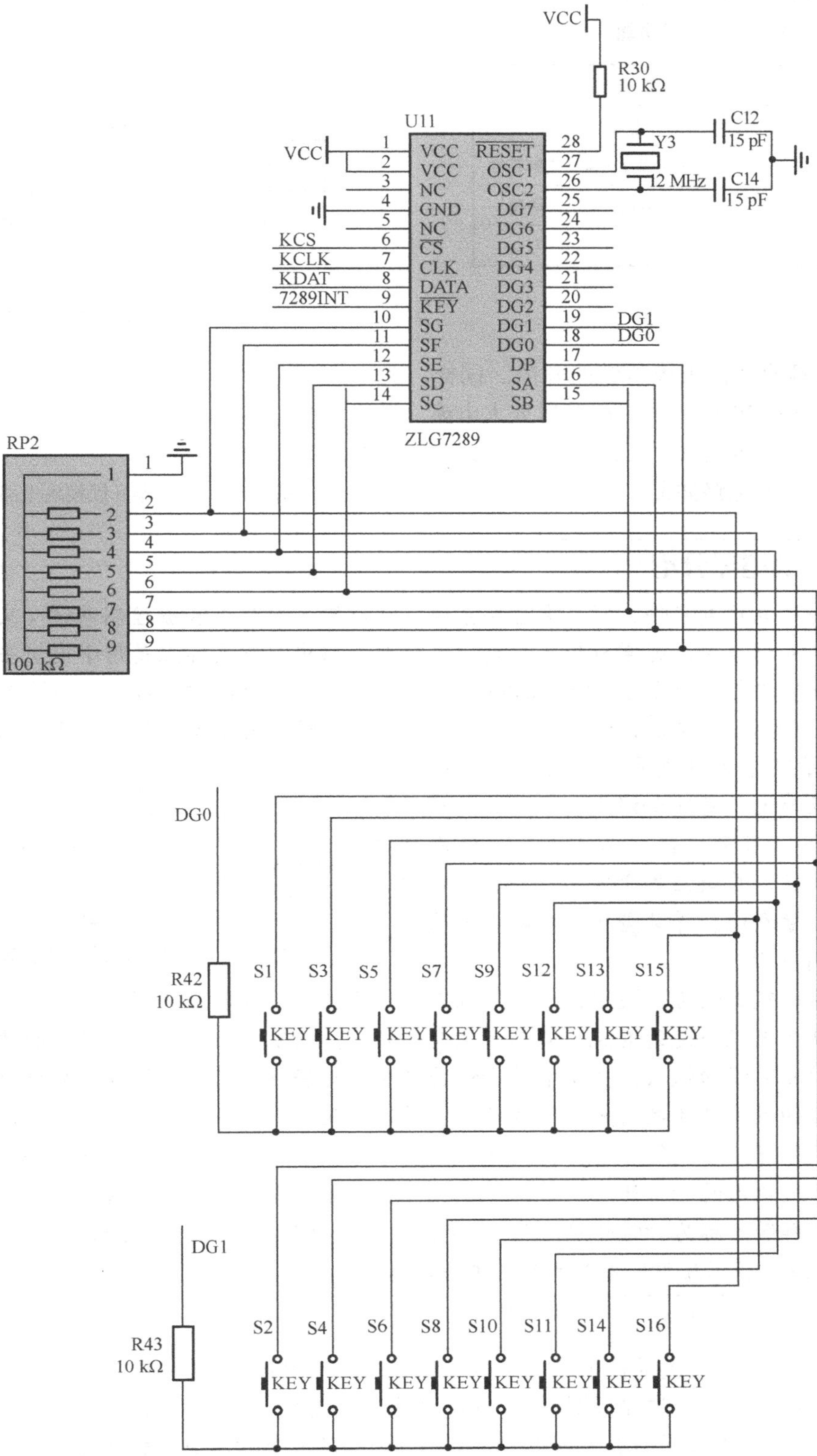

图11-6　键盘输入模块电路图

表 11.1　按键功能

按　键	键　名	功能说明
0～9 键	数字键	输入密码
12 键	解锁键	输入错误超过三次锁定解锁键
14 键	清除键	数字错误输入时的清除键
15 键	确认键	确认密码输入完毕

5）开锁模块

此处以继电器的动作来模拟锁的开闭。同样，为了增强驱动能力添加了 PNP 型的三极管以放大电流。当单片机的 P2.3 引脚为低电平时，三极管导通，此时继电器动作（开锁）。继电器电路如图 11-7 所示。

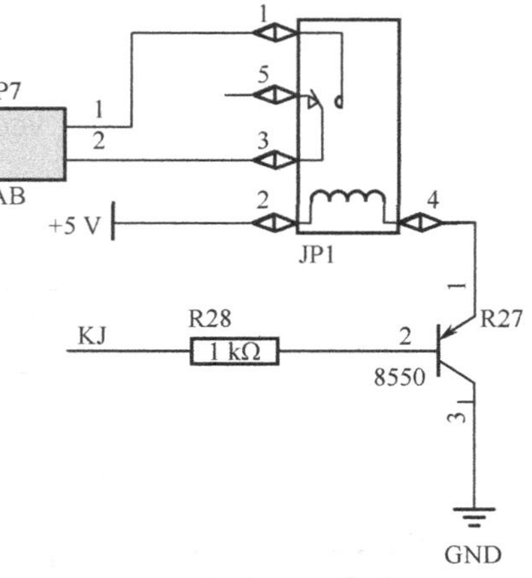

图 11-7　继电器开锁模块电路图

知识链接：继电器介绍

继电器是一种电控制器件。它具有控制系统（又称输入回路）和被控制系统（又称输出回路）之间的互动关系，通常应用于自动化的控制电路中。它实际上是用小电流去控制大电流运作的一种“自动开关”。故在电路中起着自动调节、安全保护、转换电路等作用。

当输入量（如电压、电流、温度等）达到规定值时，继电器被所控制的输出电路导通或断开。输入量可分为电气量（如电流、电压、频率、功率等）及非电气量（如温度、压力、速度等）两大类。继电器具有动作快、工作稳定、使用寿命长、体积小等优点，广泛应用于电力保护、自动化、运动、遥控、测量和通信等装置中。电磁继电器的工作原理图如图 11-8 所示。

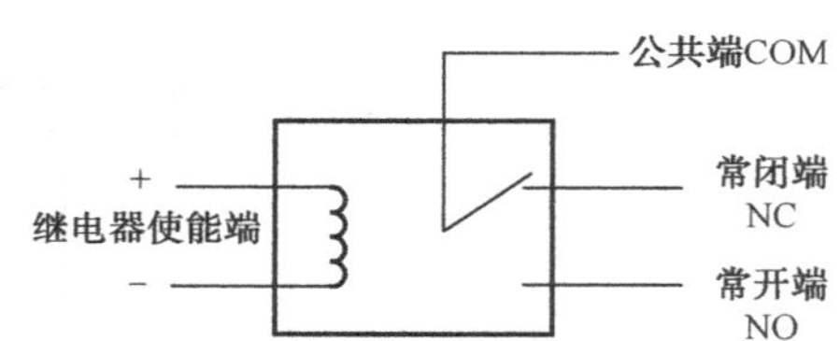

图 11-8　电磁继电器的工作原理图

电磁继电器一般由铁芯、线圈、衔铁、触点簧片等组成。只要在线圈两端加上一定的电压，线圈中就会流过一定的电流，从而产生电磁效应，衔铁就会在电磁力吸引的作用下克服返回弹簧的拉力吸向铁芯，从而带动衔铁的动触点与静触点（常开触点）吸合。当线圈断电后，电磁的吸力也随之消失，衔铁就会在弹簧的反作用力下返回原来的位置，使动触点与原来的静触点（常闭触点）释放。这样吸合、释放，从而达到了在电路中导通、断开的目的。对于继电器的“常开”、“常闭”触点，可以这样来区分：继电器线圈未通电时处于断开状态的静触点称为“常开触点”，处于接通状态的静触点称为“常闭触点”。继电器一般有两股电路，为低压控制电路和高压工作电路。

3. 系统硬件电路板的制作

在确保设备、人身安全的前提下，大家按计划分工进行单片机系统的制作和生产工作。首先进行 PCB 制板，如果学过制板课程，可自行制板；如果没有学过，可向教师索要提前准备好的板子或 ZXSX-102 型学习板。列出电子密码锁所需的元器件清单，如表 11.2 所示。准备好所需元器件及焊接工具（电烙铁、焊锡丝、斜口钳、镊子、万用表、吹风机等），开始制作系统硬件电路板。

4. 系统软件设计

根据项目要求分析，同样采用模块化的软件设计思路，把软件设计划分为相对独立的功能模块。电子密码锁软件系统模块框图如图 11-9 所示。

表 11.2　实现电子密码锁功能的单片机系统元器件清单

元器件名称	参数	数量	元器件名称	参数	数量
单片机	STC89C52RC	1	滑动变阻器	20 kΩ	1
瓷片电容	30 pF	2	电阻	1 kΩ	1
	15 pF	2		10 kΩ	5
	104 F	2			
晶体振荡器	12 MHz	1	瓷片电容	104 F	2
	11.0592 MHz	1			
EEPROM	AT24C01	1	驱动芯片	ZLG7289	1
接线端子	两个引脚	1	液晶	LCD12864	1
按键	机械式弹性	16	三极管	8550	1
排阻	100 kΩ	1	继电器	——	1

图 11-9　电子密码锁软件系统模块框图

1）模块划分

（1）主程序：主要完成系统初始化，包括液晶显示初始化和 ZLG7289 初始化等。此外，还循环判断是否有键按下，如果没有键按下，则正常显示，执行显示程序；如果有键按下，则执行密码校验程序。主程序流程图如图 11-10 所示。

（2）按键识别模块：包括 ZLG7289 写 1 字节、ZLG7289 读取按键的数值等。其中矩阵式键盘中的 0～9 数字键为输入数字；12 键为输入错误超过三次锁定的解锁键；14 键为光标的清除键，15 键为确定键。

（3）LCD12864 液晶显示模块：包括 LCD12864 液晶的初始化、写命令、写数据和显示函数。不同显示模式的流程图如图 11-11 所示。

（4）校验密码模块：输入密码时可通过主菜单进行调节，选择不同的模式。调节模式流程图如图 11-12 所示。如果密码输入正确，则继电器动作，表示解锁，解锁程序流程图如图 11-13 所示。同样，还可以修改密码，修改密码时，对新密码的输入需要二次确认，以防止误操作，修改密码程序流程图 11-14 所示。当连续 3 次输入错误密码，系统报警，通过 LCD12864 液晶将报警信息显示出来。

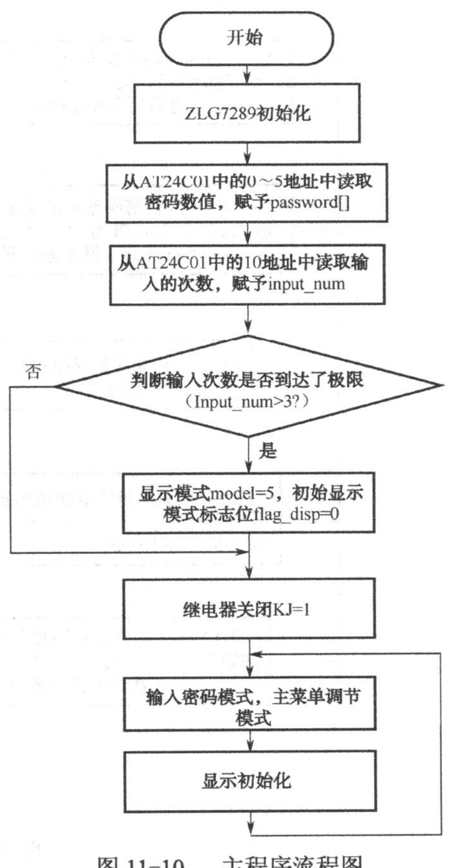

图 11-10　主程序流程图

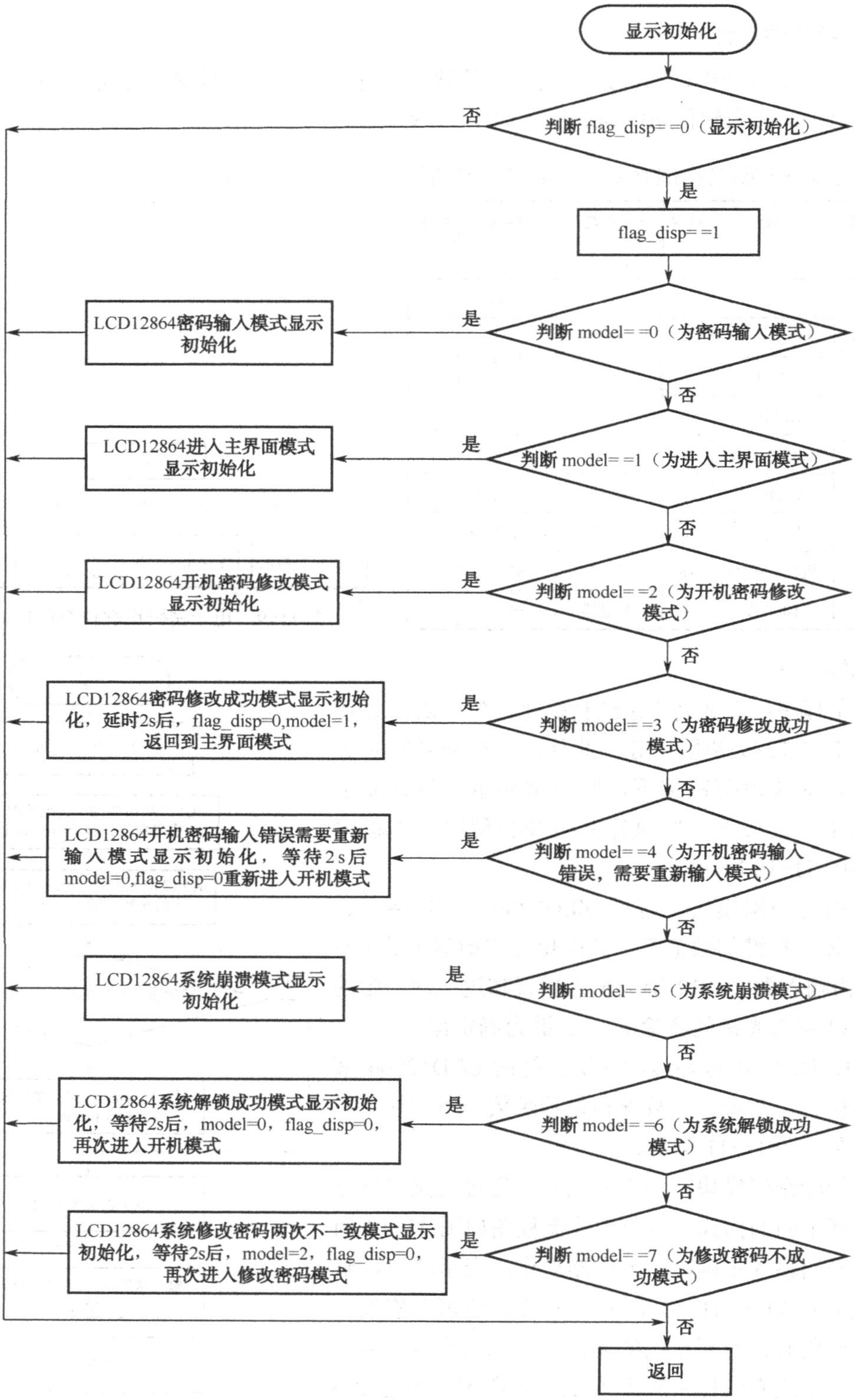

显示初始化

判断 flag_disp= =0（显示初始化）——否 → 返回

是 → flag_disp= =1

判断 model= =0（为密码输入模式）——是 → LCD12864密码输入模式显示初始化

否 → 判断 model= =1（为进入主界面模式）——是 → LCD12864进入主界面模式显示初始化

否 → 判断 model= =2（为开机密码修改模式）——是 → LCD12864开机密码修改模式显示初始化

否 → 判断 model= =3（为密码修改成功模式）——是 → LCD12864密码修改成功模式显示初始化，延时2s后，flag_disp=0,model=1，返回到主界面模式

否 → 判断 model= =4（为开机密码输入错误，需要重新输入模式）——是 → LCD12864开机密码输入错误需要重新输入模式显示初始化，等待2 s后 model=0,flag_disp=0重新进入开机模式

否 → 判断 model= =5（为系统崩溃模式）——是 → LCD12864系统崩溃模式显示初始化

否 → 判断 model= =6（为系统解锁成功模式）——是 → LCD12864系统解锁成功模式显示初始化，等待2s后，model=0，flag_disp=0，再次进入开机模式

否 → 判断 model= =7（为修改密码不成功模式）——是 → LCD12864系统修改密码两次不一致模式显示初始化，等待2s后，model=2，flag_disp=0，再次进入修改密码模式

否 → 返回

图 11-11　不同显示模式的流程图

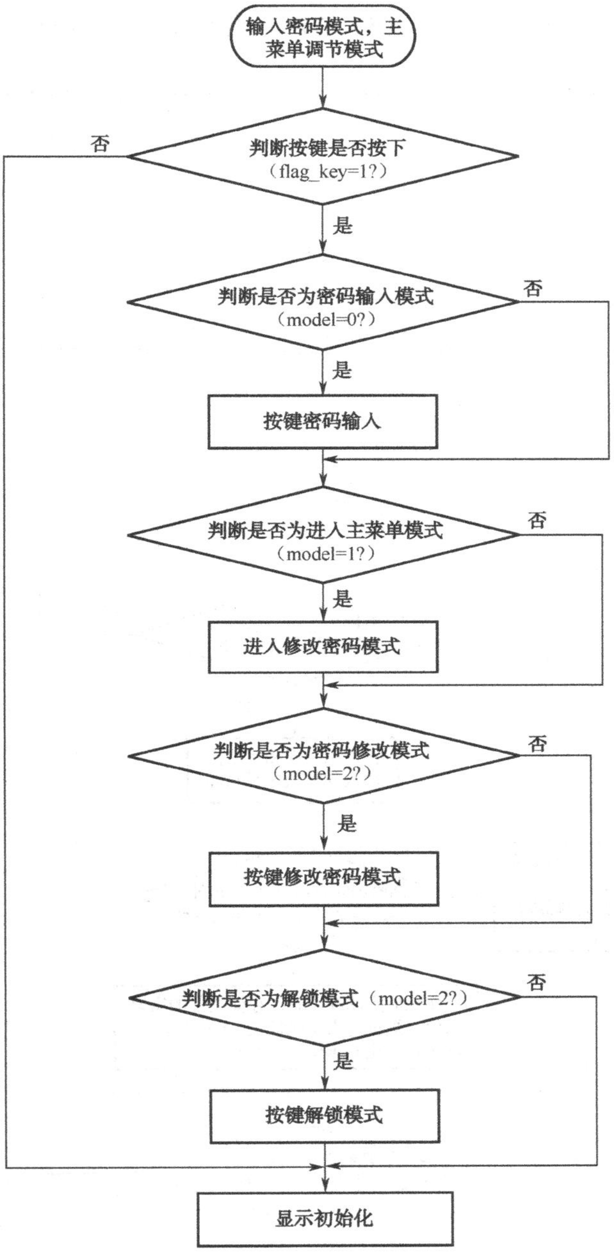

输入密码模式，主菜单调节模式

判断按键是否按下（flag_key=1?）

是 / 否

判断是否为密码输入模式（model=0?）

按键密码输入

判断是否为进入主菜单模式（model=1?）

进入修改密码模式

判断是否为密码修改模式（model=2?）

按键修改密码模式

判断是否为解锁模式（model=2?）

按键解锁模式

显示初始化

图 11-12　输入密码时主菜单调节模式流程图

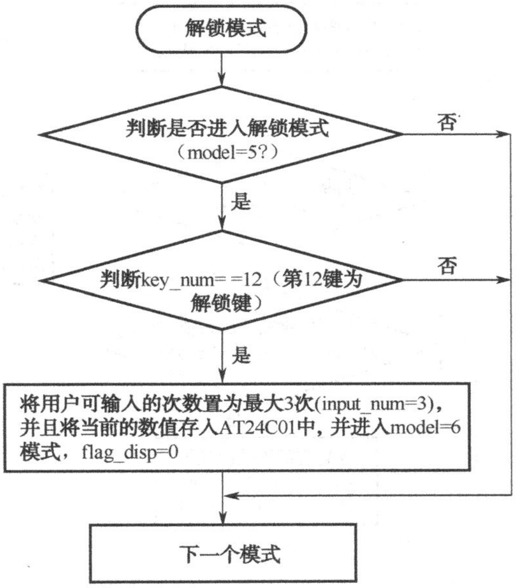

解锁模式

判断是否进入解锁模式（model=5?）

判断key_num= =12（第12键为解锁键）

将用户可输入的次数置为最大3次(input_num=3)，并且将当前的数值存入AT24C01中，并进入model=6模式，flag_disp=0

下一个模式

图 11-13　解锁程序流程图

2）参考源程序代码

（1）延时模块程序如下。

```
/******************************************************************************
该函数与项目 10 中的延时模块程序内容相同，这里不再赘述，读者可参考项目 10 中该部分具体代码。
******************************************************************************/
```

（2）液晶显示模块程序如下。

```
/**********************************************************************************************
该函数与项目10中液晶显示模块程序内容相同，这里不再赘述，读者可参考项目10中该部分具体代码。
**********************************************************************************************/
```

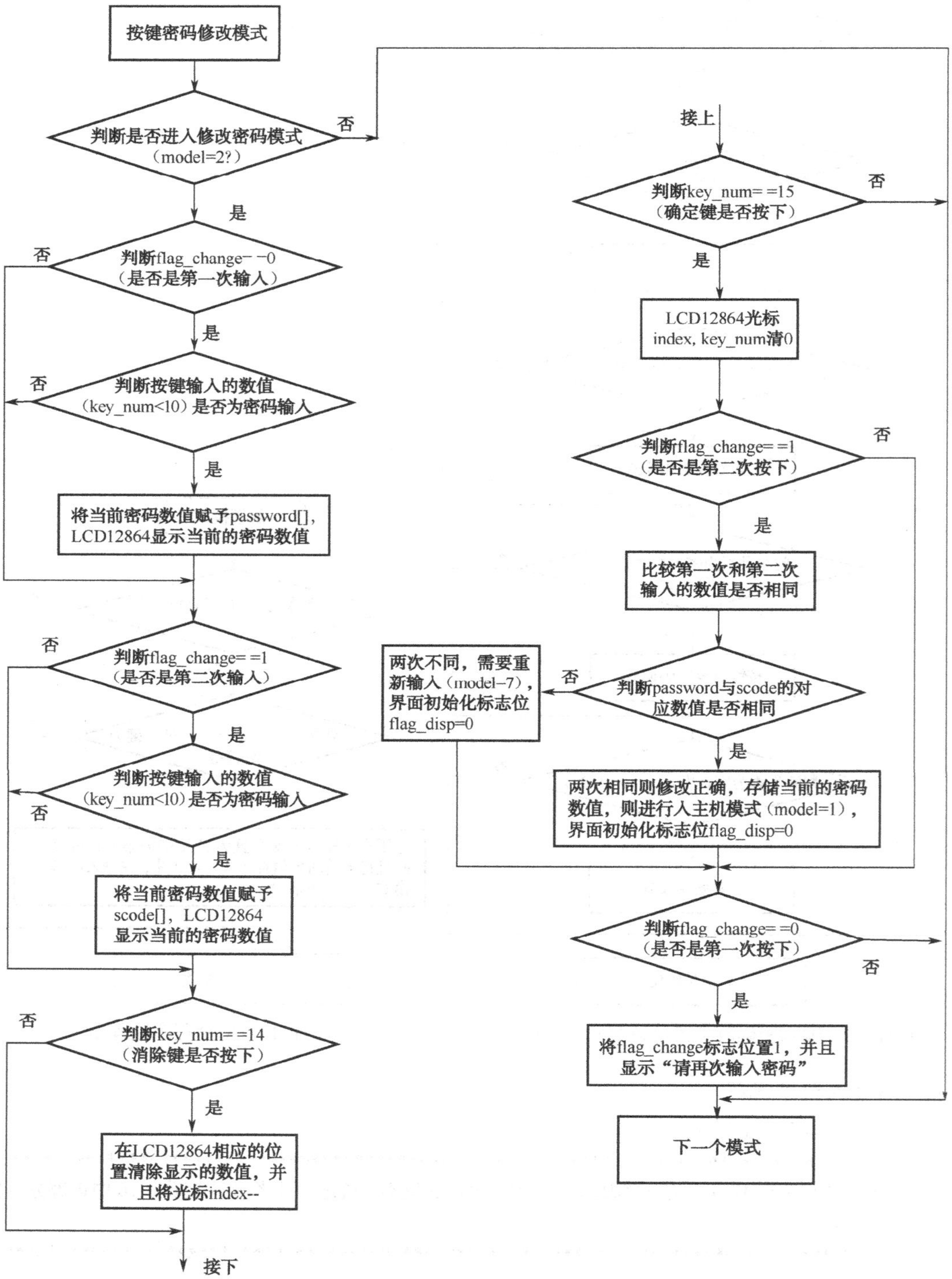

图11-14　修改密码程序流程图

（3）检测键盘模块程序如下。

```
sbit KCS=P1^7;
sbit KCLK=P1^6;
sbit KDAT=P1^5;
sbit KINT=P3^2;                         //ZLG7289 的 KINT 接到 INT0 的 P3^2
bit flag_key=0;
uchar key_num=0;
/***************************************外部中断 0 初始化*********************************/
void INT0_init(void)
{
    EA=1;
    EX0=1;
    IT0=1;
}
/****************************ZLG7289 写 1 字节，由高到低，上升沿*********************
参考项目 9 中该部分具体代码。
************************************ ZLG7289 读取按键的数值*****************************
参考项目 9 中该部分具体代码。
***************************************外部中断 0 响应函数*******************************/
void INT(void)interrupt 0
{
    key_num=ZLG7289_read_key();
    flag_key=1;
    switch(key_num)
    {
        case 7:key_num=1;
        break;
        case 15:key_num=2;
        break;
        case 6:key_num=3;
        break;
        case 14:key_num=4;
        break;
        case 5:key_num=5;
        break;
        case 13:key_num=6;
        break;
        case 4:key_num=7;
        break;
        case 12:key_num=8;
        break;
        case 3:key_num=9;
        break;
        case 11:key_num=10;
        break;
        case 10:key_num=11;
        break;
```

```
            case 2:key_num=12;    break;
            case 1:key_num=13;
            break;
            case 9:key_num=14;
            break;
            case 0:key_num=15;
            break;
            case 8:key_num=16;
            break;
            default:
            break;
        }
        key_num-=1;                        //0～15
}
/********************************** ZLG7289 上电后，软件复位*************************/
void ZLG7289_init(void)
{
        KCS=0;
        delay_us(5);
        ZLG7289_write_byte(0xa4);      //复位
        delay_us(5);
        KCS=1;
        INT0_init();                       //INT0 外部中断 0 初始化
}
/*************************************实验板按键数值************************************
            7       15      6       14
            5       13      4       12
            3       11      10      2
            1       9       0       8
*****************************************************************************************
经过 void INT(void)interrupt 0 函数后，改变按键值得到
**************************************实际按键数值*************************************
            1       2       3       4
            5       6       7       8
            9       10      11      12
            13      14      15      16
*****************************************************************************************/
```

（4）密码存储模块程序如下。

```
sbit SCLK_at=P3^6;
sbit SDA_at=P3^7;
/***************************************延时函数***************************************/
void delayus()
{
        ;;;
}
void delay(int z)
{
```

```
    int x,y;
    for(x=110;x>0;x--)
        for(y=z;y>0;y--);
}
/*****************************AT24C01 初始化*****************************/
void init_at24c01()
{
    SCLK_at=1;
    delayus();
    SDA_at=1;
    delay(1);
}
/*****************************开始信号*****************************/
void start()
{
    SDA_at=1;
    delayus();
    SCLK_at=1;
    delayus();
    SDA_at=0;
    delayus();
    SCLK_at=0;
}
/*****************************终止信号*****************************/
void stop()
{
    SDA_at=0;
    delayus();
    SCLK_at=1;
    delayus();
    SDA_at=1;
    delayus();
    SCLK_at=0;
    delayus();
}
/*****************************响应信号*****************************/
void responce()
{
    uchar i;
    SCLK_at=1;
    delayus();
    while(SDA_at= =1&&i<250)
    i++;
    SCLK_at=0;
    delayus();
}
/*****************************写字节*****************************/
void write_byte_at(uchar date)
```

```
{
      uchar i;
      for(i=0;i<8;i++)
      {
            SCLK_at=0;
            delayus();
            SDA_at=(bit)(date&0x80);
            delayus();
            date<<=1;
            SCLK_at=1;
            delayus();
      }
      SCLK_at=0;                          //需注意
      delayus();
      SDA_at=1;
      delayus();
}
/*****************************************读字节*************************************/
uchar read_byte_at()
{
      uchar i,j;
      for(i=0;i<8;i++)
      {
            SCLK_at=1;
            delayus();
            j<<=1;
            j|=SDA_at;
            SCLK_at=0;
            delayus();
      }
      SCLK_at=1;
      SDA_at=1;
      delayus();
      return j;
}
/****************************************写 AT24C01*********************************/
void AT24C01_write(uchar address,uchar i)
{
      init_at24c01();
      start();
      write_byte_at(0xa0);
      responce();
      write_byte_at(address);
      responce();
      write_byte_at(i);
      responce();
      stop();
}
```

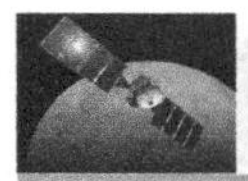

```
/****************************************读 AT24C01***************************************/
uchar AT24C01_read(uchar address)
{
        uchar i;
        init_at24c01();
        start();
        write_byte_at(0xa0);
        responce();
        write_byte_at(address);
        responce();
        start();
        write_byte_at(0xa1);
        responce();
        i=read_byte_at();
        responce();
        stop();
        return i;
}
```

（5）校验密码模块程序如下。

```
/**********************************************************************************************
                0～9 的数字键为输入数字
                12 键为输入错误超过三次锁定的解锁键
                14 键为光标的清除键，15 键为确定键
**********************************************************************************************/
#include<reg52.h>
#include<intrins.h>
#include"delay_time.h"
#include"disp_lcd12864.h"
#include"read_key.h"
#include"AT24C02.H"
sbit KJ=P2^3;                          //继电器控制，低电平有效
uchar code disp_c0[]={"密码锁"};
uchar code disp_c1[]={"请输入您的密码："};
uchar code disp_c2[]={"进入系统成功！"};
uchar code disp_c3[]={"修改密码"};
uchar code disp_c4[]={"请输入新密码："};
uchar code disp_c5[]={"请再次输入："};
uchar code disp_c6[]={"请再次输入新密码"};
uchar code disp_c7[]={"两次输入密码不一"};
uchar code disp_c8[]={"致，请重新输入！"};
uchar code disp_c9[]={"你的输入超过  次"};
uchar code disp_c10[]={"系统崩溃!!! "};
uchar code disp_c11[]={"系统解锁成功！"};
uchar code disp_c12[]={"修改成功！"};
uchar code disp_c13[]={"输入密码错误！"};
uchar code disp_c14[]={"进入系统失败！"};
uchar code disp_c15[]={"输入剩余次数："};
```

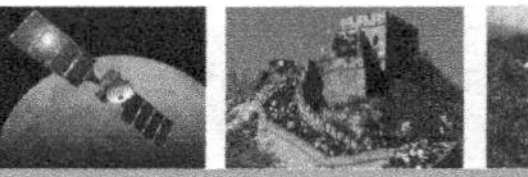

```
uchar model=0;                          //model=0 为开机输入密码，model=1 为进入系统，model= 2
                                        //为修改密码，model=3 为修改成功，model=4 为输入密码
                                        //错误需要重新输，model=5 为系统崩溃，model=6 为系统
                                        //解锁成功，model=7 为两次修改密码错误
uchar password[6]={1,2,3,4,5,6};        //本机密码
uchar scode[6]={0,0,0,0,0,0};           //输入的密码
uchar input_num=0;                      //密码输入次数标志位，当密码输入错误超过三次，则自动锁定
/************************************请输入您的密码函数********************************/
void DISP_input(void)
{
    uchar i=0;
    LCD12864_init();
    LCD12864_write_com(0x82);
    for(i=0;i<6;i++)
    {
        LCD12864_write_data(disp_c0[i]);
    }
    LCD12864_write_com(0x90);
    for(i=0;i<16;i++)
    {
        LCD12864_write_data(disp_c1[i]);
    }
    LCD12864_write_com(0x98);
    for(i=0;i<10;i++)
    {
        LCD12864_write_data(disp_c15[i]);
    }
    LCD12864_write_char(0x9d,0xca,0xfd);
    LCD12864_write_char(0x9e,0xa3,0xba);
    LCD12864_write_com(0x0c);
    LCD12864_write_char(0x9f,0xa3,0xb0+(3-input_num));        //输入剩余次数
}
/************************************进入系统成功函数**********************************/
void DISP_enter(void)
{
    uchar i=0;
    LCD12864_init();
    LCD12864_write_com(0x90);
    for(i=0;i<14;i++)
    {
        LCD12864_write_data(disp_c2[i]);
    }
    LCD12864_write_com(0x98);
    for(i=0;i<8;i++)
    {
        LCD12864_write_data(disp_c3[i]);
    }
    LCD12864_write_com(0x0c);
```

```
}
/********************************输入密码错误，进入系统失败函数************************/
void DISP_enter_fail(void)
{
	uchar i=0;
	LCD12864_init();
	LCD12864_write_com(0x90);
	for(i=0;i<16;i++)
	{
		LCD12864_write_data(disp_c13[i]);
	}
	LCD12864_write_com(0x88);
	for(i=0;i<14;i++)
	{
		LCD12864_write_data(disp_c14[i]);
	}
	LCD12864_write_com(0x0c);
}
/***************************************修改密码函数************************************/
void DISP_amend(void)
{
	uchar i=0;
	LCD12864_init();
	LCD12864_write_com(0x80);
	for(i=0;i<14;i++)
	{
		LCD12864_write_data(disp_c4[i]);
	}
	LCD12864_write_com(0x0c);
	LCD12864_write_com(0x90);
	LCD12864_write_com(0x0f);
}
void DISP_renew_input(void)
{
	uchar i=0;
	LCD12864_init();
	LCD12864_write_com(0x90);
		for(i=0;i<16;i++)
	{
		LCD12864_write_data(disp_c7[i]);
	}
	LCD12864_write_com(0x88);
	for(i=0;i<16;i++)
	{
		LCD12864_write_data(disp_c8[i]);
	}
	LCD12864_write_com(0x0c);
}
```

```
/***************************************系统崩溃函数***************************************/
void DISP_break(void)
{
        uchar i=0;
        LCD12864_init();
        LCD12864_write_com(0x90);
        for(i=0;i<16;i++)
        {
                LCD12864_write_data(disp_c9[i]);
        }
        LCD12864_write_com(0x88);
        for(i=0;i<14;i++)
        {
                LCD12864_write_data(disp_c10[i]);
        }
        LCD12864_write_com(0x0c);
        LCD12864_write_char(0x95,0xb9,0xfd);                    //过
        LCD12864_write_char(0x96,0xc8,0xfd);                    //三
        LCD12864_write_char(0x97,0xb4,0xce);                    //次
}
/*****************************************解除锁定*****************************************/
void DISP_unlock(void)
{
        uchar i=0;
        LCD12864_init();
        LCD12864_write_com(0x90);
        for(i=0;i<14;i++)
        {
                LCD12864_write_data(disp_c11[i]);
        }
       LCD12864_write_com(0x0c);
}
/****************************************修改成功*****************************************/
void DISP_amend_success(void)
{
        uchar i=0;
        LCD12864_init();
        LCD12864_write_com(0x90);
        for(i=0;i<8;i++)
        {
                LCD12864_write_data(disp_c12[i]);
        }
        LCD12864_write_com(0x0c);
}
```

（6）主程序如下。

```
/*****************************************主函数*****************************************/
void main(void)
```

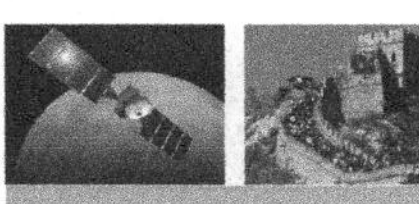

```
{
    uchar flag_disp=0,index=0,i=0,ip=0;   //flag_disp 用于显示初始化，index 用于光标显示变量，
    bit flag_open=0;                      //当光标显示正确标志位
    bit flag_amend=0;                     //修改密码标志位
    bit flag_change=0;                    //改变密码标志位
    ZLG7289_init();
    AT24C01_write(10,0);                  //AT24C01 的地址 10 中存入 input_num 输入次数，即输
                                          //入次数大于三次，这个次数是累计的，如果输入错误，
                                          //则不能开机。首次写入 AT24C01 时必须将此位置 0
    for(i=0;i<6;i++)                      //从 AT24C01 中读取密码
    {
        password[i]=AT24C01_read(i);
    }
    input_num=AT24C01_read(10);
    if(input_num>3)
     {
         model=5;
          flag_disp=0;
       }
     KJ=1;                                //继电器关闭
    while(1)
    {
        if(flag_key)                      //如果有按键按下
        {
            flag_key=0;                   //清除按键操作，进行按键处理
            if(model= =0)                 //如果处于开机输入密码模式
            {
                if(key_num<10)            //输入 0～9 的密码
                {
                    scode[index]=key_num;       //存储当前的密码数值
                    LCD12864_write_char(0x88+index,0xa3,0xaa);        //****
                    index++;
                    if(index>5)           //输入数据大于 6 个后，一直停留在最后一个
                    {
                      index=5;
                      LCD12864_write_com(0x0c);
                    }
                }
                if(key_num= =14)          //清除键，若当前输入的数据出现错误，那么每当按下
                                          //一次按键后，当前的光标数减 1
                {
                    LCD12864_write_char(0x88+index,0x20,0x20);//清除，将当前的数据清除
                    if(index<1)
                    index=1;                                  //光标锁定
                    index-=1;
                    LCD12864_write_com(0x88+index);           //光标归位并闪烁
                    LCD12864_write_com(0x0f);
                }
```

```
            if(key_num= =15)                                   //确定键
            {
                index=0;                                       //光标清 0
                key_num=0;
                ip=0;
                for(i=0;i<6;i++)
                {
                    if(scode[i]!=password[i])
                    ip++;
                }
                if(ip= =0)               //全部密码相同，则输入成功，进入下一个模式
                {
                    model=1;             //输入密码正确，进入系统成功
                    KJ=0;                //继电器吸合，密码输入正确
                    flag_disp=0;
                    input_num=0;
                    AT24C01_write(10,input_num);           //只要正确进入，则以前的
                                                           //错误都会消除

                }
                else
                {
                    input_num++;
                    AT24C01_write(10,input_num); //将输入次数存入 AT24C01 的地址 10 中
                    if(input_num>3)
                    {
                        model=5;         //输入密码错误超过三次，显示系统崩溃
                        flag_disp=0;
                    }
                    else
                    {
                        model=4;         //输入密码错误，需要重新输入
                        flag_disp=0;
                    }
                }
            }
        }
        if(model= =1)                    //处在进入系统成功模式
        {
            if(key_num= =14)             //如果 14 键按下，出现对号，此后 15 键按下，进
                                         //入修改密码模式
            {
                LCD12864_write_char(0x9c,0xa1,0xcc);        //对号“ √”
                flag_amend=1;
            }
            if((flag_amend)&&(key_num= =15))
            {
                key_num=0;
                flag_amend=0;
```

```
            model=2;
            flag_disp=0;
        }
    }
    if(model= =2)
    {
        if(flag_change= =0)
        {
            if(key_num<10)
            {
                password[index]=key_num;            //存储当前的密码数值
                LCD12864_write_char(0x90+index,0xa3,0xb0+password[index]);//****
                index++;
                if(index>5)            //输入数据大于 6 个后，一直停留在最后一个
                {
                    index=5;
                    LCD12864_write_com(0x0c);
                }
            }
        }
        if(flag_change= =1)
        {
            if(key_num<10)
            {
                scode[index]=key_num; //存储当前的密码数值，主要用于比较
                LCD12864_write_char(0x98+index,0xa3,0xb0+scode[index]);    //****
                index++;
                if(index>5)            //输入数据大于 6 个后，一直停留在最后一个
                {
                    index=5;
                    LCD12864_write_com(0x0c);
                }
            }
        }
        if(key_num= =14)               //清除键，若当前输入的数据出现错误，那么每当
                                       //按下一次按键后，当前的光标数减 1
        {
            if(flag_change= =0)
            {
                LCD12864_write_char(0x90+index,0x20,0x20);
                                       //清除，将当前的数据清除
            }
            if(flag_change= =1)
            {
                LCD12864_write_char(0x98+index,0x20,0x20);
                                       //清除，将当前的数据清除
            }
            LCD12864_write_com(0x0f);
```

```
                if(index<1)
                index=1;                        //光标锁定
                index-=1;
                if(flag_change= =0)
                {
                    LCD12864_write_com(0x90+index);
                }
                if(flag_change= =1)
                {
                    LCD12864_write_com(0x98+index);
                }
            }
            if(key_num= =15)
            {
                index=0;                        //光标清 0
                key_num=0;                      //清除当前的按键数值
                if(flag_change= =1)
                {
                    flag_change=0;
                    key_num=0;                  //清除当前的按键值
                    index=0;                    //光标清 0
                    ip=0;
                    for(i=0;i<6;i++)
                    {
                        if(scode[i]!=password[i])
                        ip++;
                    }
                    if(ip= =0)                  //两次输入的密码，全部相同，则输
                                                //入成功，进入下一个模式
                    {
                        model=3;                //修改密码成功，返回主菜单
                        flag_disp=0;
                        for(i=0;i<6;i++)        //将更改的数据值存入 AT24C01 的 0～5
                                                //地址中
                        {
                            AT24C01_write(i,password[i]);
                        }
                    }
                    else
                    {
                        model=7;                //两次输入的密码不正确，需要重新输入
                        flag_disp=0;
                    }
                }
                if(flag_change= =0)
                {
                    flag_change=1;
                    key_num=0;          //清除当前的按键数值
```

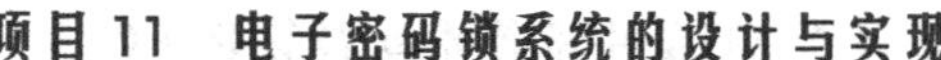


```
                    LCD12864_write_com(0x88);
                    for(i=0;i<14;i++)
                    {
                        LCD12864_write_data(disp_c5[i]);    //请再次输入密码
                    }
                    LCD12864_write_com(0x98);
                    LCD12864_write_com(0x0f);
                }
            }
        }
        if(model= =5)
        {
            if(key_num= =12)                    //如果当前处于模式 5，即系统崩溃界面，
                                                //12 号键为解锁键，清除所有数据，直接
                                                //进入开机界面
            {
                input_num=0;                    //将输入错误次数清除
                AT24C01_write(10,input_num);
                model=6;
                flag_disp=0;
            }
        }
    }
    if(flag_disp= =0)
    {
        flag_disp=1;
        switch(model)
        {
            case 0:                             //如果处于开机输入密码模式
            {
                DISP_input();
                LCD12864_write_com(0x88);//光标处理
                LCD12864_write_com(0x0f);
                index=0;
            }
            break;
            case 1:
            {
                DISP_enter();                   //进入系统成功
                index=0;
            }
            break;
            case 2:
            {
                DISP_amend();                   //进入密码修改模式
                index=0;
                flag_change=0;
                LCD12864_write_com(0x90);
```

```
                    LCD12864_write_com(0x0f);
                }
                break;
                case 3:
                {
                    DISP_amend_success();     //修改密码成功
                    delay_ms(1000);
                    model=1;
                    flag_disp=0;
                }
                break;
                case 4:
                {
                    DISP_enter_fail();        //输入密码错误，需要重新输入
                    delay_ms(1000);
                    flag_disp=0;
                    model=0;                  //进入重新输入密码界面
                }
                break;
                case 5:
                {
                    DISP_break();             //输入密码错误超过三次，系统崩溃
                }
                break;
                case 6:
                {
                    DISP_unlock();            //系统解锁成功
                    delay_ms(1000);
                    flag_disp=0;
                    model=0;                  //进入开机界面，重新输入密码
                }
                break;
                case 7:
                {
                    DISP_renew_input();       //两次输入的密码错误，需要重新输入
                    delay_ms(1000);
                    flag_disp=0;
                    model=2;                  //重新输入密码
                }
                break;
                default:
                break;
            }
        }
    }
}
```

5. 软/硬件联调

1）硬件方面

硬件电路板焊接完成后，要进行硬件电路的测试，包括测试单片机的电源和地是否正确连接；时钟电路和复位电路是否正常；EA 引脚是否与电源相连；下载口接线是否正确等。

本项目在焊接调试时遇到的问题如下：

（1）LCD12864 焊接方面：接通电源后 LCD 无反应，各个引脚均正常。推断可能是初始化程序出现问题。经查找得知是 LCD 显示器的第 19 引脚和第 20 引脚控制背光功能出现问题，连接好之后能显示字符。

（2）PCB 的问题：在 PCB 原理图上进行了烦琐的压缩、布线，一些连接线布置得非常细，最后腐蚀出现失误，导致几根线断裂，而且这些线非常细不好弥补。解决方法：用焊锡仔细弥补。

2）软件方面

软件调试是利用开发工具进行在线仿真调试，发现和纠正程序错误，一般先分别测试程序模块，然后再进行模块联调。

由于电子密码锁要实现的功能很多，所以它的程序也较为复杂，在编写程序和调试时出现了相对较多的问题。经过多次模块子程序的修改，一步一步完成，最终解决了软件方面的问题。

完成调试后将程序代码下载至单片机中。电子密码锁初始化界面如图 11-15 所示。

然后开始输入密码，如果密码正确则进入如图 11-16 所示的界面，显示进入系统成功，同时可以修改密码。如果要在此界面下修改密码，则按下矩阵式键盘上的第 15 键，然后进入如图 11-17 所示界面。输入一次密码后，要求再次输入新密码，如图 11-18 所示。如果两次输入的密码一致，则修改密码成功；否则重新进入如图 11-17 所示界面，要求输入新密码，直到修改成功为止。

如果进入初始化界面后，输入的密码不正确，则系统有三次机会，如图 11-19、图 11-20 所示，如果三次输入都不正确，则显示进入系统失败，如图 11-21 所示。然后系统显示崩溃界面，如图 11-22 所示。

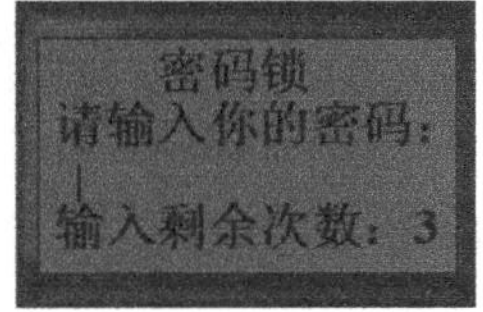

图 11-15　电子密码锁初始化界面

图 11-16　输入密码正确显示进入系统界面

图 11-17　进入系统后可修改密码界面

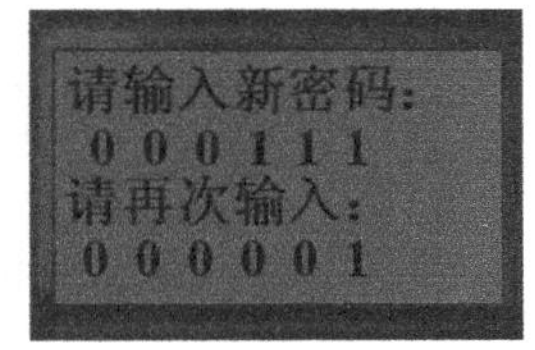

图 11-18　修改密码时两次确认界面

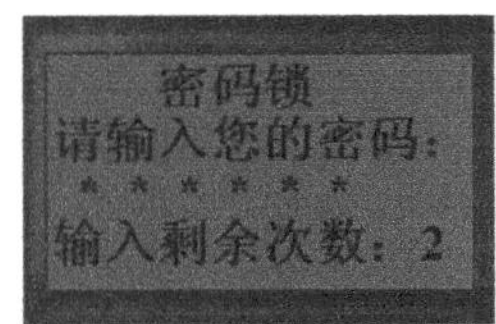

图 11-19　输入密码错误时的界面

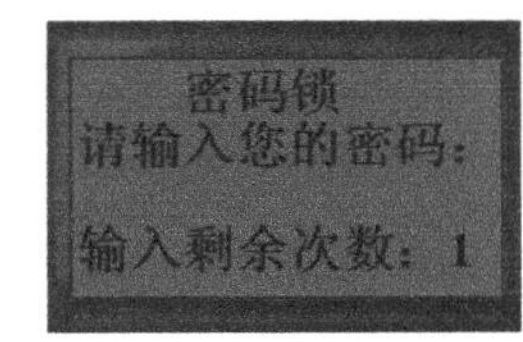

图 11-20　输入密码错误统计次数界面

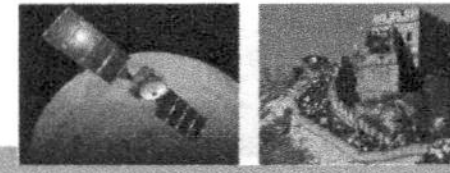

图 11-21　进入系统失败界面

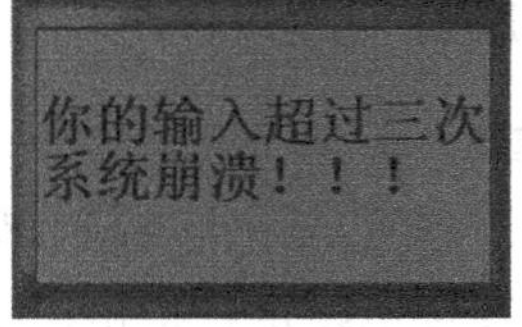

图 11-22　三次输入密码错误后系统崩溃界面

项目评价

学生通过查阅与项目相关的资料，如教材、参考书、网络资源等，收集电子密码锁系统的信息，包括电子密码锁的应用场合、发展现状和应用技术要求等；教师采用多媒体课件带领学生讲述、复习该项目的理论知识及相关内容，为学生制作电子密码锁系统奠定理论基础；学生通过参观单片机工作现场，与指导教师交流确定总体设计方案和各个模块的设计方案，解决该项目设计、硬件电路制作、系统调试的疑难问题，最终完成学生工作页的填写。学生工作页表参见表 9.3。

以教师为主，通过教师评价、学生自评、学生互评、成果评定四个方面对学生的项目完成情况进行综合评价。同时，对项目报告进行评价，按项目的技术指标进行评价，对实施记录和实训报告进行评价，以及对学生的学习态度、工作态度、团结协作精神、出勤率、爱岗敬业和职业道德进行评价。按以上几个方面对学生完成项目的整个过程进行评价，项目考核评价表参见表 9.4。

项目总结

使用单片机制作的电子密码锁系统具有软/硬件设计简单、易于开发、成本较低、安全可靠、操作方便等特点。本项目在设计之初认真探讨分析了几种方案的优、缺点，正是由于单片机的众多优良特性，最终从经济实用的角度出发，采用 STC89C52RC 单片机作为主控芯片，结合外围的键盘输入、显示、报警、开锁等电路，用 C 语言编写主控芯片的控制程序，设计了一款可以多次更改密码且具有报警功能的电子密码锁系统。该系统能实现如下的功能：

（1）密码通过键盘输入，若密码正确，则将锁打开；

（2）密码输入错误，系统将进行报警提示，并在 LCD12864 上显示报警信息；

（3）用户可以自由设定密码。

本项目中设计的系统功能实用，成本低廉，具有一定的实用价值。

附录 A　ZXDP-1 型开发实验板简介

ZXDP-1 是一款入门级的单片机学习开发板，主要帮助初学者学习单片机的开发流程，了解单片机的基本功能。51 系列单片机是目前市场上使用比较多的单片机，ZXDP-1 型单片机实验板完全支持 51 系列单片机。对于 S 系列的 51 单片机可进行在线下载，用 ISP 并行接口（或 USB 转串行接口）下载线将开发板与计算机并行接口相连，使用 ISP 下载软件可以直接下载 bin 或 hex 文件。ZXDP-1 型实验板实物图如图 A-1 所示。

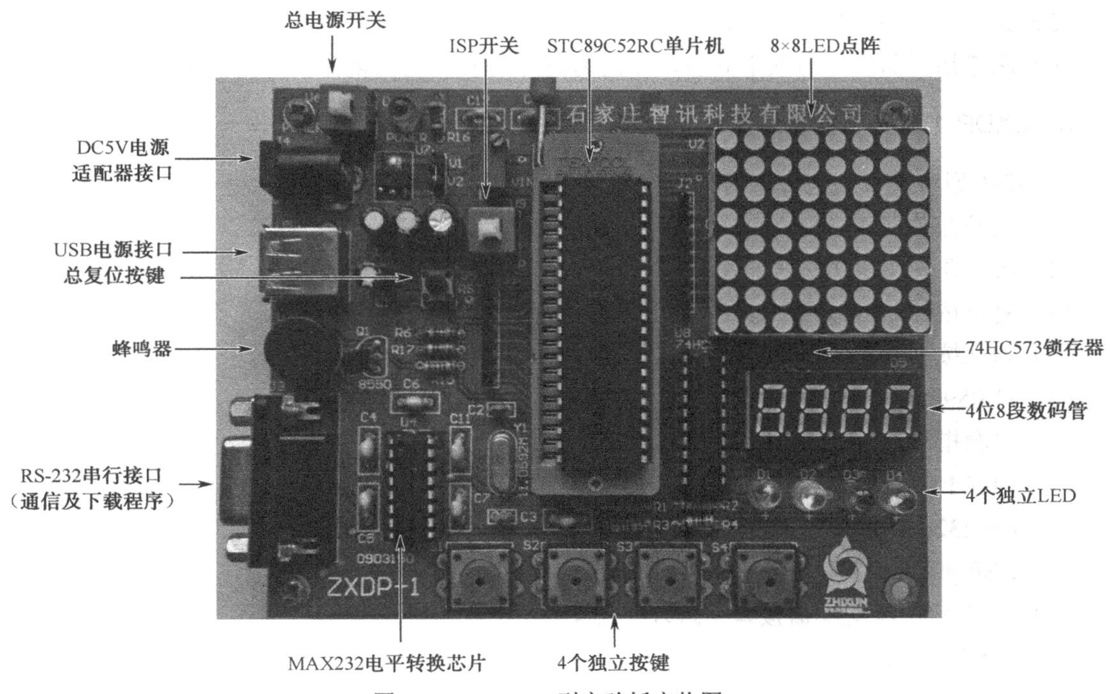

图 A-1　ZXDP-1 型实验板实物图

1. ZXDP-1 型实验板的工艺

全部采用工业级芯片、优质 PCB 板材、器件，焊接完成后，经过多层测试。主芯片采用 STC 公司生产的 STC89C52RC 单片机，它是一款性价比非常高的单片机，它完全兼容 Atmel 公司的 51 单片机。除此之外，它自身还有很多特点，如无法解密、低功耗、高速、高可靠、强抗静电、强抗干扰等。

STC 公司的单片机内部资源比 Atmel 公司的单片机要丰富得多，它内部有 1280B 的 SRAM、8～64KB 的内部程序存储器、2～8KB 的 ISP 引导码，除 P0～P3 口外还多了一个 P4 口（PLCC 封装），片内自带 8 路 8 位 AD（AD 系列），片内自带 EEPROM，单片机自带看门狗、双数据指针等。目前 STC 公司生产的单片机在国内市场上的占有率与日俱增，有关 STC 单片机详情请查看“www.stcmcu.com”。

ZXDP-1 系列单片机开发板完全可以作为各种 51 单片机的实验板，用汇编语言或 C 语言对其进行编程。当使用 STC 公司的单片机时，直接用产品套件附带的串行接口线将开发板与计算机的串行接口相连，按照 STC 单片机下载操作教程便可下载程序，而且下载速度比起其他下载工具要快得多。

2. ZXDP-1 型实验板的特点

（1）采用 C51 内核设计，支持多种 51 系列内核芯片。
（2）编程器、实验板、ISP 下载三合一。
（3）支持仿真功能。
（4）PC 串行接口 ISP 在线编程、支持串行接口 ISP 的 51 系列内核芯片。
（5）详尽、通俗的配套资料让用户轻松掌握本学习板的全部功能。
（6）涵盖知识面广，与教学同步，专门为高等院校职业化教育设计实验平台。

3. ZXDP-1 型实验板器件资源

ZXDP-1 型实验板上包含丰富的电子器件资源，具体如下所述。
（1）电源开关（U6），1 个。
（2）ISP 开关（U9），1 个。
（3）复位按键（S5），1 个。
（4）独立按键（S1、S2、S3、S4），4 个。
（5）11.0592MHz 晶振，1 个。
（6）电源指示（D6），1 个。
（7）独立 LED（D1、D2、D3、D4），4 个。
（8）RS-232 串行接口（J3），1 个。
（9）USB 接口（U5），1 个。
（10）DC5V 电源适配器接口（J4），1 个。
（11）蜂鸣器（U3），1 个。
（12）8×8LED 点阵（U2），1 个。
（13）4 位 8 段数码管（D5），1 个。
（14）3.3V 稳压 IC（U7），1 个。
（15）电位器（VIN），1 个。
（16）MAX232，1 个。
（17）74HC573，1 个。

4. 实验板原理图

ZXDP-1 型实验板原理图如图 A-2 所示。

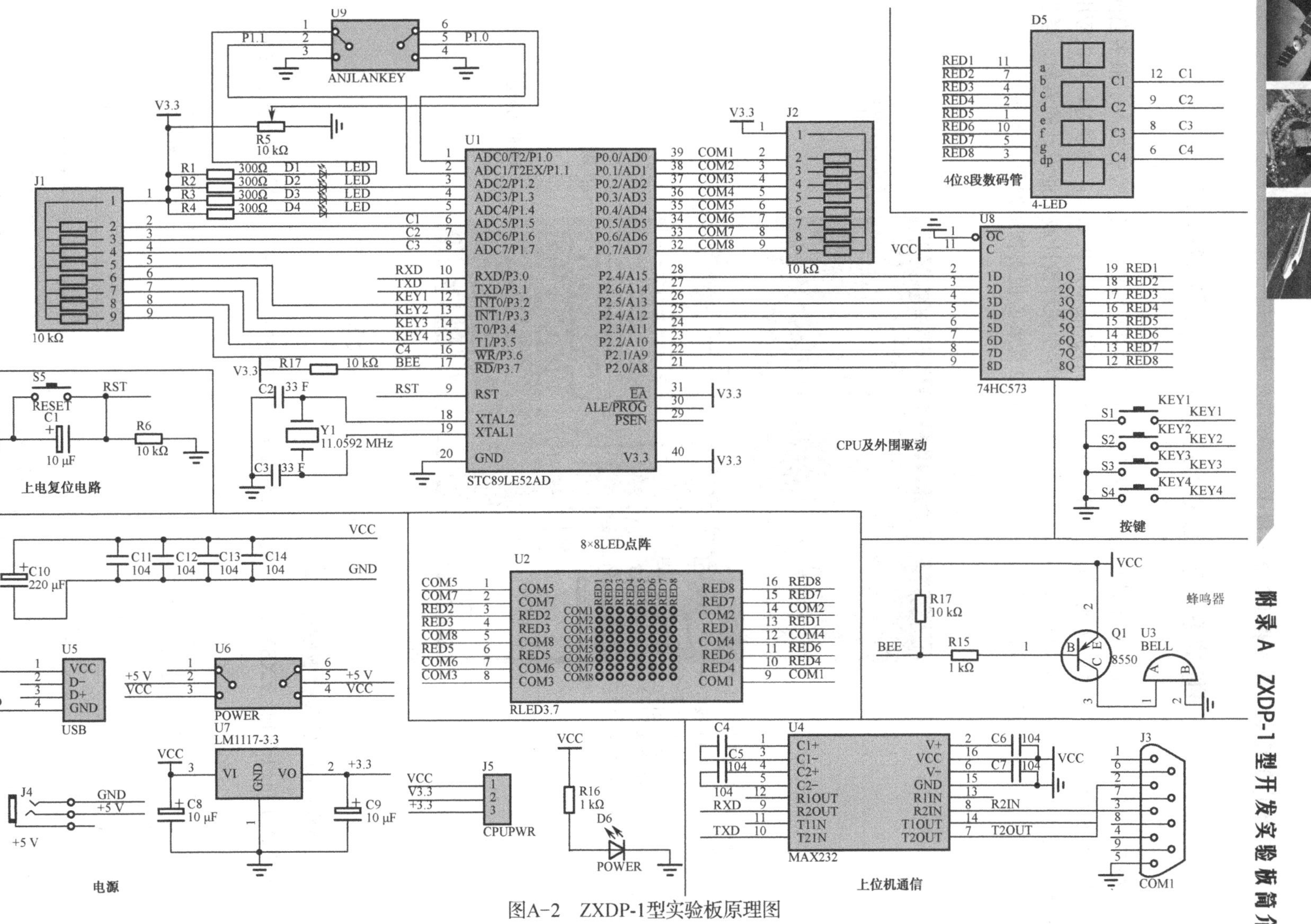

图A-2 ZXDP-1型实验板原理图

附录 B　ZXSX-102 型开发实验板简介

ZXSX-102 型实验板是针对单片机教学开发的综合型学习开发板。该实验板加入了很多当前电子行业流行的芯片，是专门为有一定经验的单片机学习者扩展单片机知识，增强对单片机应用和开发提供的一个提高平台。同时，该实验板也可以作为学生课程设计或毕业设计的素材，学生可以利用它方便地构建自己设计的产品或系统。ZXSX-102 型实验板实物图如图 B-1 所示。

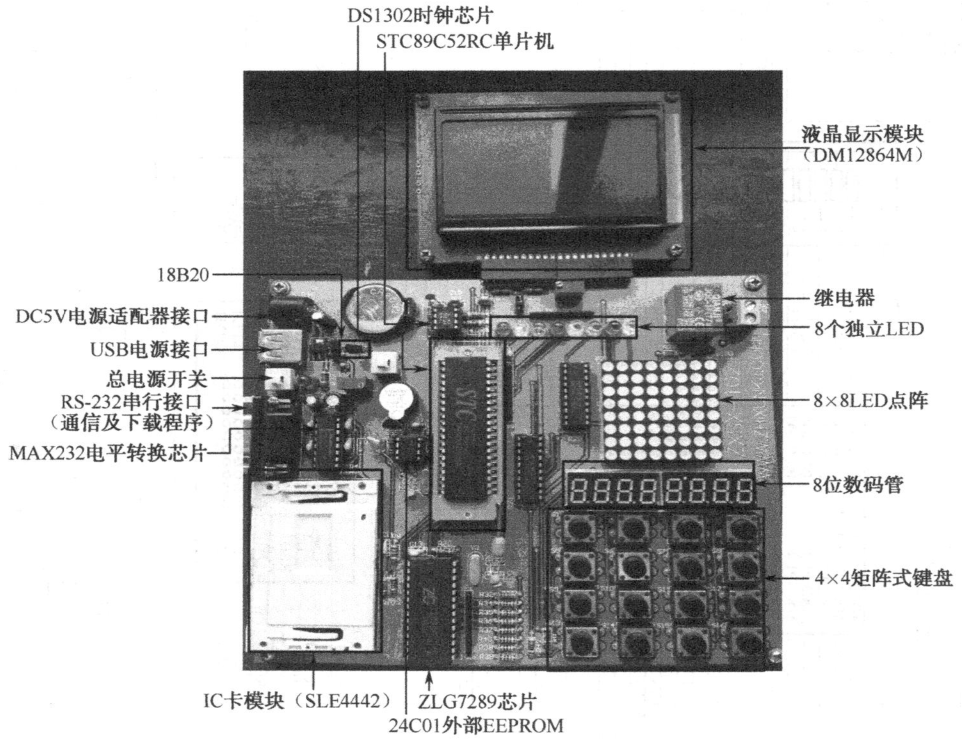

图 B-1　ZXSX-102 型实验板实物图

1. ZXSX-102 型实验板硬件配置

从图 B-1 可以看到，ZXSX-102 型实验板有着丰富的硬件配置资源，具体清单详见表 B.1。

表 B.1　器件清单

元器件名称	数量	元器件名称	数量
STC89C52RC 单片机	1	控制 8 位数码管及 4×4 键盘的驱动芯片 ZLG7289	1
独立 LED 发光二极管	8	USB 供电接口（带 USB 电源线）	1
继电器	1	IC 卡模块 SLE4442（带 IC 卡一张）	1
振动传感器	1	24C01 芯片（EEPROM）	1
蜂鸣器	1	18B20 温度传感器模块	1
8×8 点阵显示模块	1	RS-232 串行接口通信（带下载线）	1
电源开关和电源指示灯	1	128×64 汉字库 LCD 液晶显示模块（DM12864M）	1
DS1302 时钟芯片	1	机械式按键（构成 4×4 矩阵式键盘）	16

2. ZXSX-102 型实验板的特点

（1）编程器、实验板、开发、ISP 下载四合一。

（2）支持在线仿真调试功能。

（3）PC 串行接口 ISP 在线编程，支持串行接口 ISP 的 51 系列内核芯片。

（4）功能强大，使用简单方便，帮助单片机学习者快速入门。

（5）涵盖知识面广，与教学同步，专门为高等院校职业化教育设计的配套实验平台。

3. 实验板原理图

ZXSX-102 型实验板各个功能模块的原理图如图 B-2～图 B-12 所示。

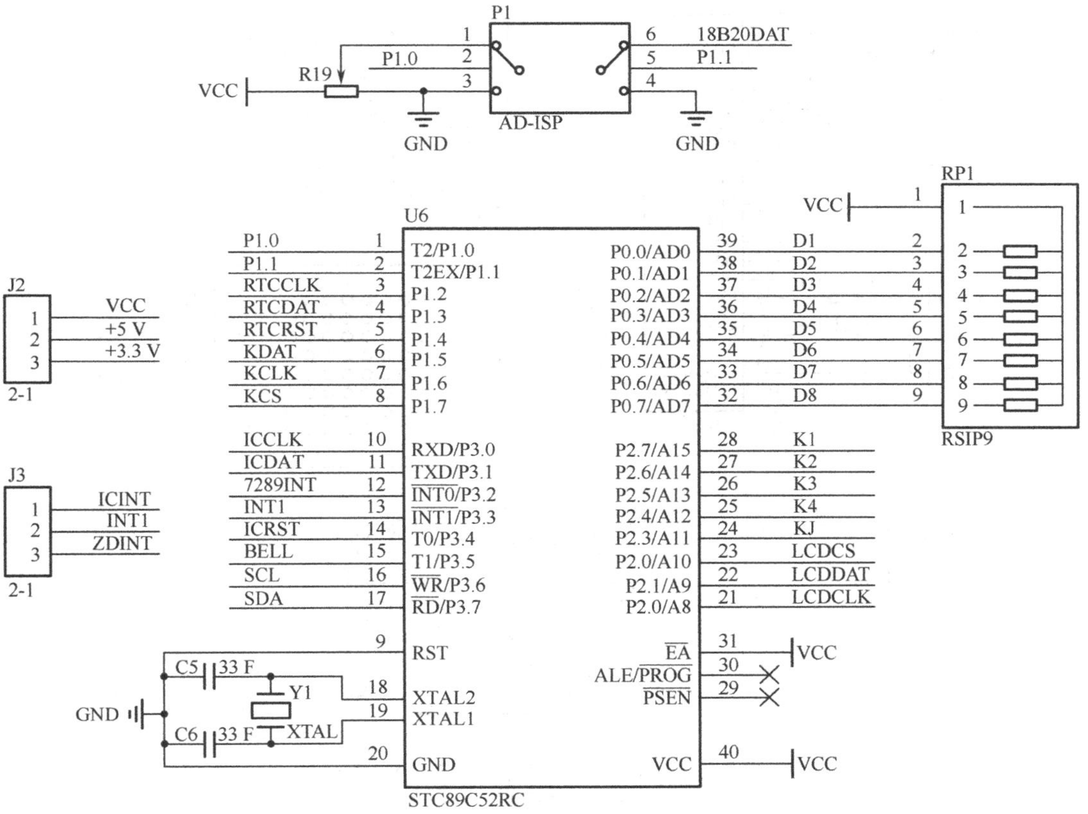

图 B-2　CPU 模块原理图

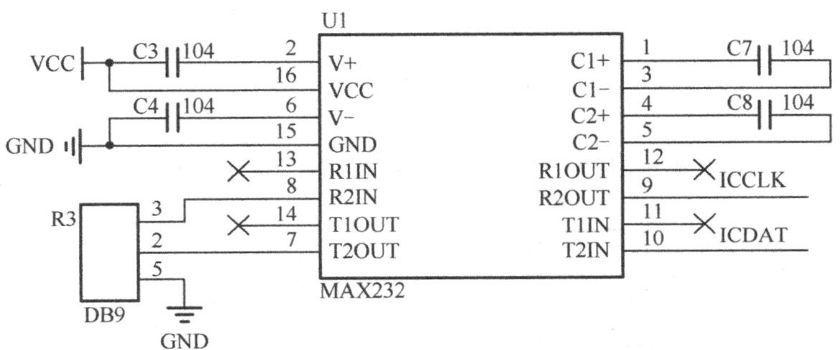

图 B-3　串行通信模块原理图

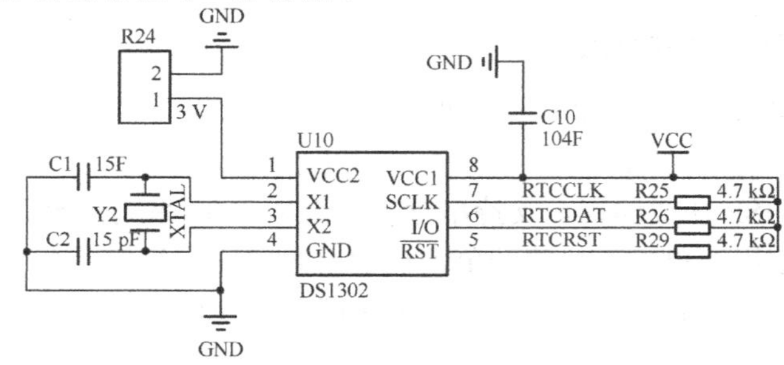

图 B-4　DS1302 时钟模块原理图

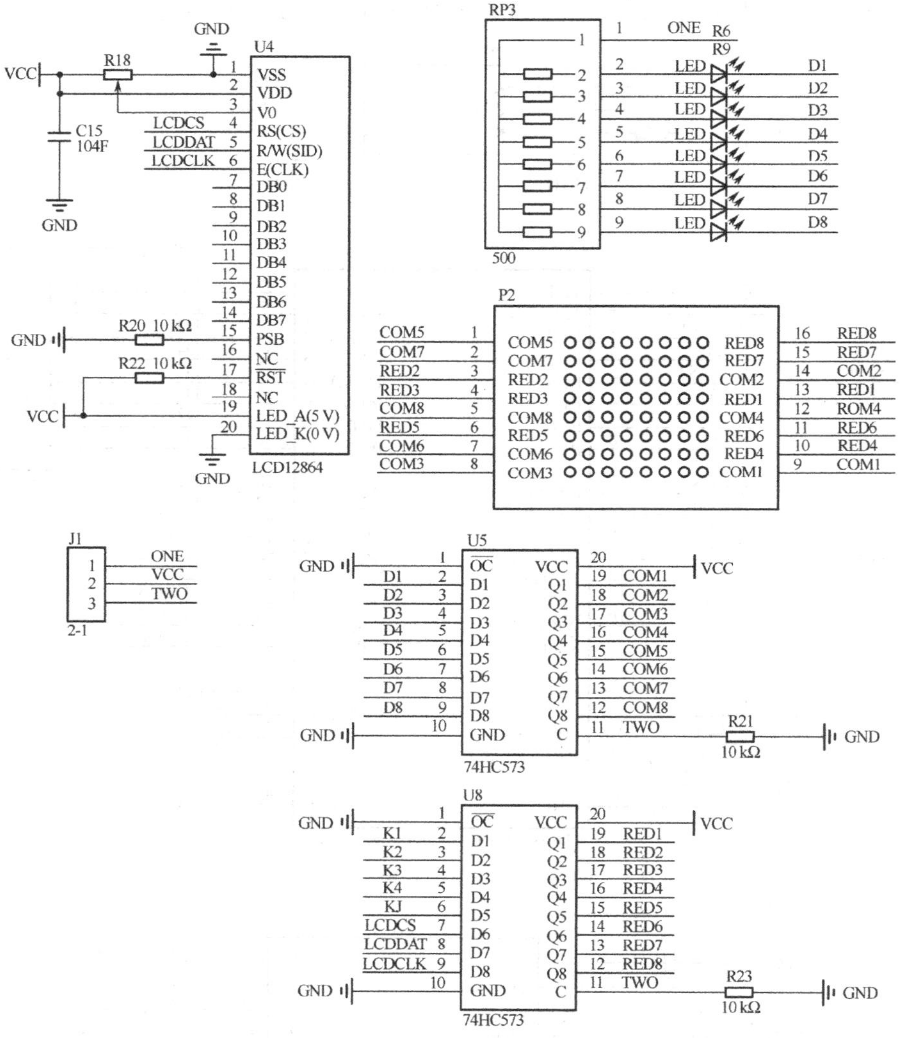

图 B-5　LED、点阵、LCD12864 显示模块原理图

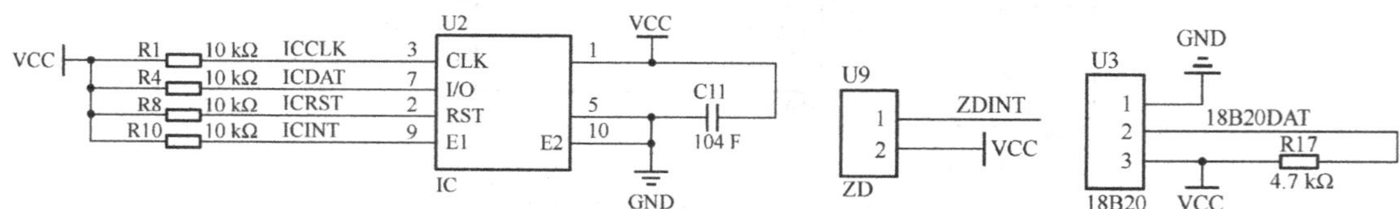

图 B-6　IC 卡模块原理图

图 B-7　温度传感器模块原理图

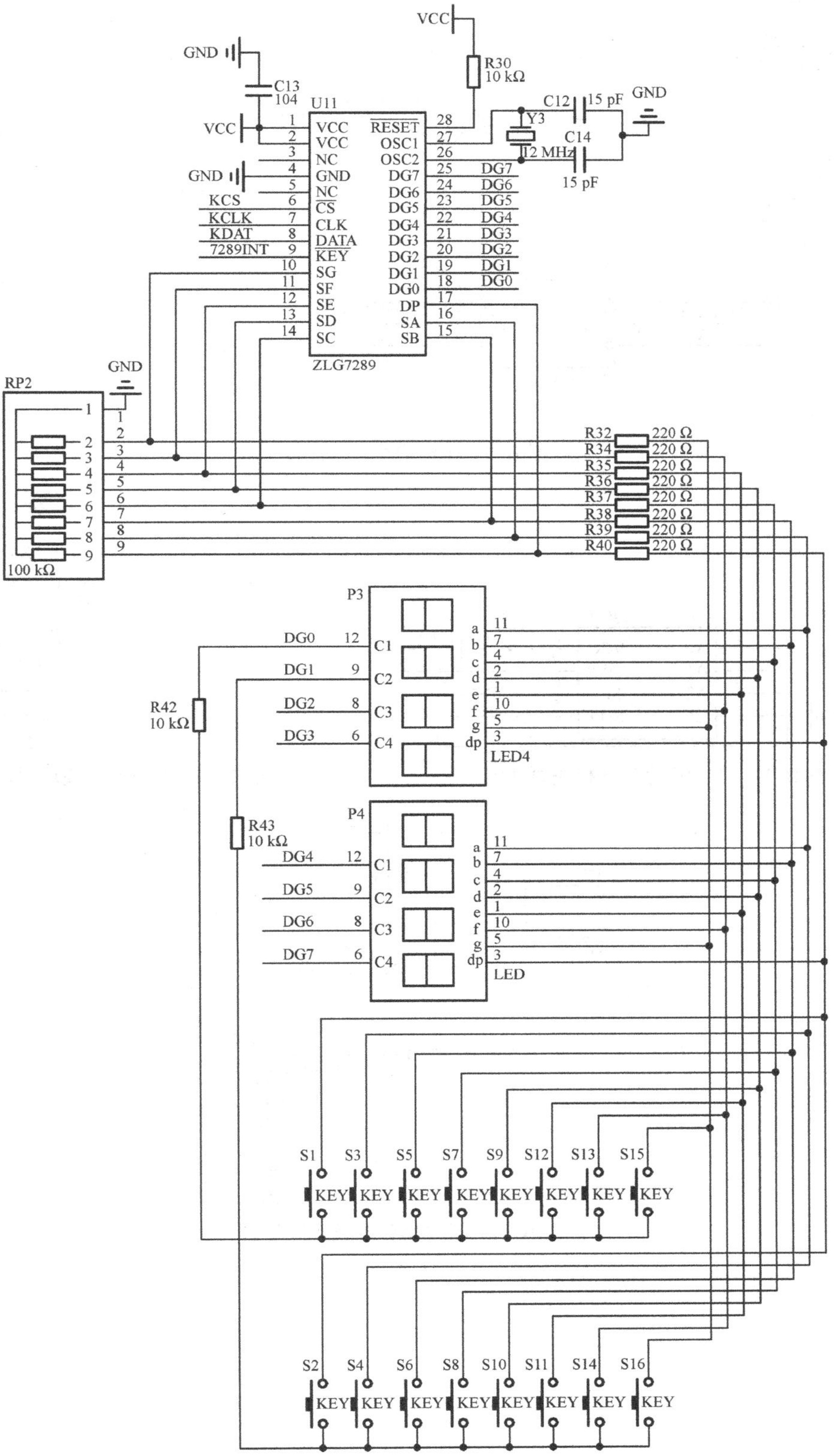

图 B-8　ZLG7289 控制 8 位数码管及 4×4 键盘原理图

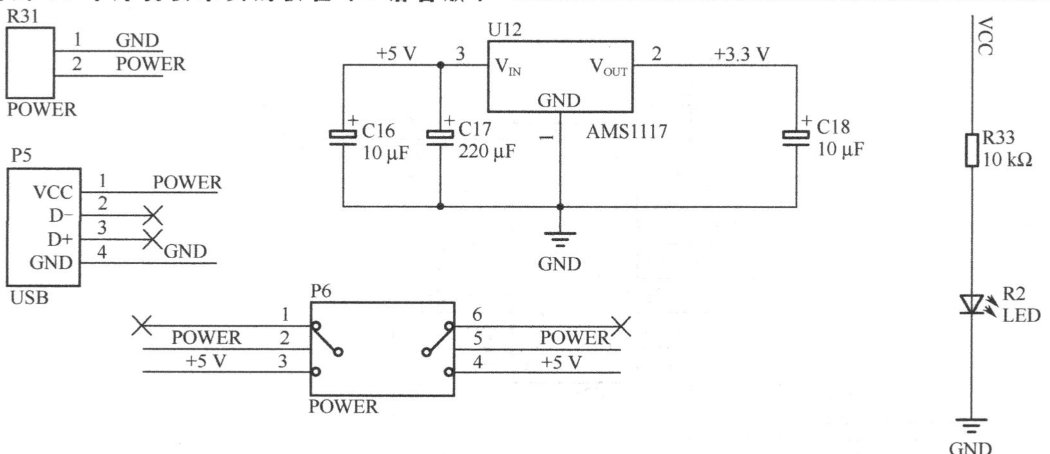

图 B-9　电源模块原理图

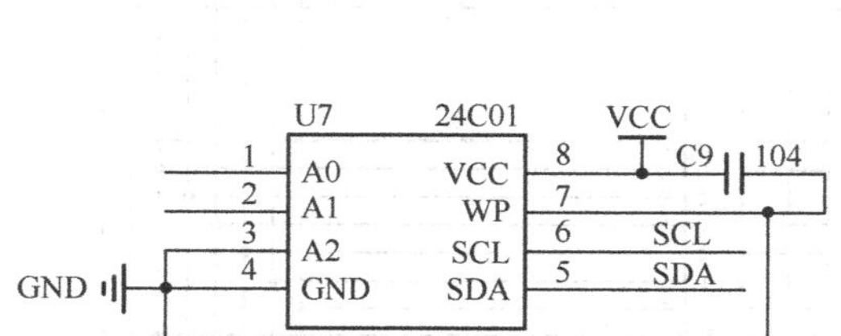

图 B-10　24C01 存储器模块原理图

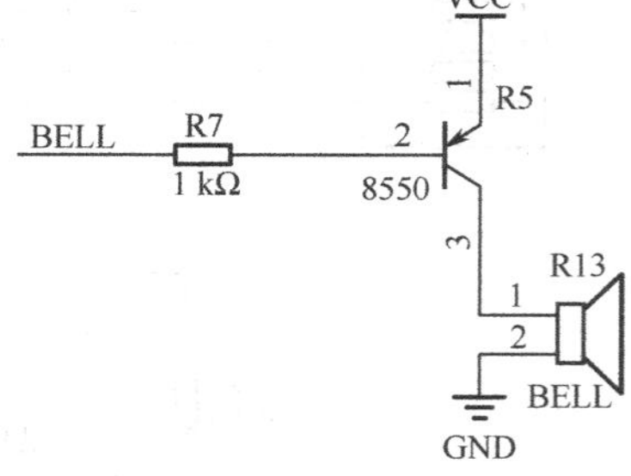

图 B-11　蜂鸣器驱动模块原理图

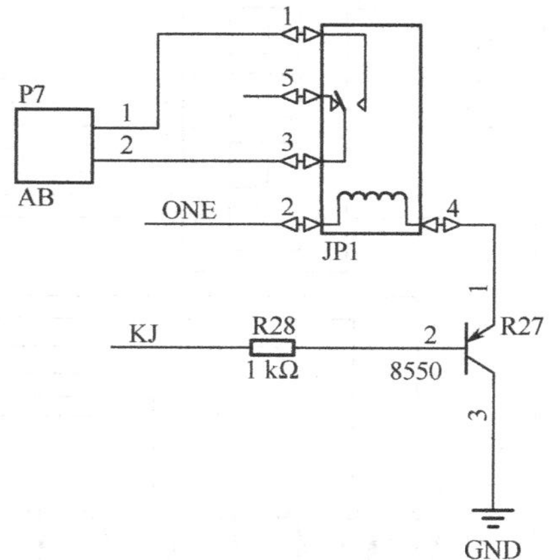

图 B-12　继电器驱动模块原理图

附录 C　STC 系列 51 单片机常用功能

由前面内容了解到，STC 系列 51 单片机也是具有 MCS-51 内核的一种单片机，因此它具备了 51 系列单片机的一般特性。除此之外，STC 系列 51 单片机还具备了一些特殊的性质，下面就对实际工程常用的特殊功能进行说明。

1．“看门狗”（Watch Dog）功能

在由单片机构成的应用系统中，单片机的工作有可能受到来自外界电磁场的干扰，造成程序的跑飞，从而使程序陷入死循环状态，程序的正常运行被打断，被单片机控制的系统便无法继续正常工作，以至于会使整个系统陷入停滞状态，发生无法预料的后果。因此，出于对单片机运行状态进行实时监测的考虑，便出现了一种专门用于监测单片机程序运行状态的芯片，该芯片被大家俗称为“看门狗”。

1）“看门狗”的工作过程

一般情况下，“看门狗”的功能都是以一些具体的电路来实现的。加入“看门狗”电路的目的是使单片机能够在没有人监视的状态下实现连续工作。其工作过程如下：

先将单片机的一个 I/O 接口的引脚与“看门狗”芯片相连接。该 I/O 接口的引脚通过单片机程序来控制，使其定时地往“看门狗”芯片的引脚上送入电平信号（高电平或低电平），该程序语句被分散地放在单片机其他控制语句中间，一旦单片机由于干扰造成程序跑飞而陷入某一程序段进入死循环状态时，给“看门狗”引脚送电平信号的程序便不能被执行，这时“看门狗”电路就会由于得不到单片机送来的信号，便对其与单片机相连的引脚送出一个复位信号，使单片机处于复位状态，从而可以使单片机从程序存储器的起始位置重新开始执行程序，这样便实现了单片机的自动复位。

2）STC 系列单片机“看门狗”的特性

通常情况下，“看门狗”电路是通过将一个专门的“看门狗”芯片连接到单片机来加以实现的，不过这样会给电路的设计带来复杂性。而 STC 系列单片机内部集成了“看门狗”，通过对相应特殊功能寄存器 SFR 的设置就可以实现“看门狗”的应用。STC89 系列单片机内部有一个专门的“看门狗”定时器（Watch Dog Timer）寄存器。下面简要介绍其功能。

STC 系列单片机“看门狗”定时器寄存器在特殊功能寄存器 SFR 中的字节地址为 E1H，因此不能进行位寻址。该寄存器用来管理 STC 单片机的“看门狗”控制部分，包括开始/停止“看门狗”、设置“看门狗”溢出时间等。单片机复位时该寄存器不一定全部被清 0，在 STC 下载程序 STC-ISP 的软件界面上可设置复位关“看门狗”或只有停电关“看门狗”的选项。初学者可根据需要做出适合自己设计系统的选择方式。

由于 STC89C5X 系列单片机采用了“预分频技术”，因此它的溢出时间公式如下：

“看门狗”溢出时间=(32768×预分频数×N)/晶振频率

式中，N 表示 STC 单片机的时钟模式。

STC 单片机有两种时钟模式：

一种是单倍速，也就是常用的 12 时钟模式。在该时钟模式下，STC 单片机与其他公司的 51 单片机具有相同的机器周期，即 12 个振荡周期为一个机器周期。

另一种是双倍速，也称为 6 时钟模式。在该时钟模式下，STC 单片机比其他公司的 51 单片机运行速度快一倍。

预分频数，通过设置“看门狗”控制寄存器可以设置为 2、4、8、16、32、64、128、256。

晶振频率即为当前系统的时钟率。

因此，可以看出“看门狗”溢出时间与预分频数有着直接的关系，而“看门狗”定时器预分频数则可以通过设置“看门狗”定时器寄存器来进行选择。“看门狗”定时器寄存器各位的定义如表 C.1 所示。

表 C.1 “看门狗”定时器寄存器各位的定义

位序号	D7	D6	D5	D4	D3	D2	D1	D0
位名称	—	—	EN_WDT	CLR_WDT	IDLE_WDT	PS2	PS1	PS0

各位含义如下：

EN_WDT——“看门狗”允许位，当其设置为 1 时，启动“看门狗”。

CLR_WDT——“看门狗”清 0 位，当其设置为 1 时，“看门狗”定时器将重新计数。由硬件将此位自动清 0。

IDLE_WDT——“看门狗”空闲（IDLE）模式位，当其设置为 1 时，“看门狗”定时器在单片机的“空闲模式”时计数；当该位清 0 时，“看门狗”定时器在单片机的“空闲模式”时不计数。

PS2，PS1，PS0——“看门狗”定时器预分频数。不同数值对应的预分频数也不相同。单片机的时钟为单倍速时，晶振为 12 MHz 和晶振为 11.0592 MHz 的预分频数如表 C.2 所示。

表 C.2 晶振为 12 MHz 和 11.0592 MHz 时“看门狗”定时器的预分频数

PS2	PS1	PS0	预分频数	“看门狗”溢出时间（晶振 12 MHz）	“看门狗”溢出时间（晶振 11.0592 MHz）
0	0	0	2	65.6 ms	71.1 ms
0	0	1	4	131.0 ms	142.2 ms
0	1	0	8	262.1 ms	284.4 ms
0	1	1	16	524.2 ms	568.8 ms
1	0	0	32	1.0485 s	1.1377 s
1	0	1	64	2.0971 s	2.2755 s
1	1	0	128	4.1943 s	4.5511 s
1	1	1	256	8.3886 s	9.1022 s

用户可在下载程序软件界面上对单倍速与双倍速进行选择设置。预分频数的值由 PS2、PS1 和 PS0 的组合来确定。

对于用户来说，“看门狗”的时间越长越好，这样可以节省更多的单片机资源，尤其是对时间要求精准的系统，如果执行过程中不停地“喂狗”，那么是比较浪费时间的。所以，STC89C5X 系列单片机的“看门狗”更有优势。当然这个也是个人的选择，如果对时间要求的不苛刻，“勤喂几次狗”也没关系。

3）“看门狗”功能举例

由于 STC 单片机具有非常高的抗干扰能力，很难遇到程序跑飞的情况，因此很难人为地制造出使单片机程序跑乱的情况。所以，通过利用“看门狗”的溢出时间来使程序自动复位运行的方式查看 STC 单片机的“看门狗”功能特性。

```
/*******************************************************************************
通过 ZXDP-1 系列单片机开发板观察 STC 单片机的“看门狗”功能。设置“看门狗”的溢出时间为
1s。上电程序启动后，实验板上的第三个 LED 以 1.5s 的频率闪烁，同时单片机通过串行接口输出字符“I
love MCU!”（在串口调试助手可以看到），然后大约 800ms，第四个 LED 点亮，并始终处于点亮状态，程序
进入等待死循环状态，并且在死循环中大约 800ms“喂狗”一次，看程序运行是否正常。
*******************************************************************************/
    #include <reg52.h>
    sfr WDT_CONTR=0xE1;                     //定义 STC 单片机“看门狗”控制寄存器
    #define uchar unsigned char
    #define true 1
    #define false 0
    #define WEIGOU WDT_CONTR=0x34           //“看门狗”启动设置和“喂狗”操作
    sbit LED=P1^3;                          //信号灯在系统正常工作时是一闪一闪的
    sbit LED_busy=P1^4;                     //工作灯，上电灭一会儿（约 800 ms），然后正常工作
                                            //时一直亮着；用于指示系统是否重启
    uchar timer0_ctr,i;
    const uchar str[]="I love MCU!";        //定义一句话，让它从串行接口输出，只有系统重启
                                            //的时候才输出一次，所以也是用于验证“看门狗”
                                            //是否重启系统
/*******************************************************************************
                   延时函数，11.0592 MHz 晶振下延时约为 xms
*******************************************************************************/
    void delay_ms(unsigned xms)
    {
        unsigned x,y;
        for(x=xms; x>0; x--)                // x=xms，即延时约为 xms
            for(y=114; y>0; y--);
    }
/*******************************************************************************
                          主程序初始化函数
*******************************************************************************/
    void InitMain()
    {
    LED=1;
    LED_busy=1;                             //初始化时两盏灯都熄灭
    TMOD=0x21;                              //定时器 0 工作在方式 1，作为 16 位定时器；定时器 1
                                            //工作在方式 2，作为串行接口波特率发生器
    TH0=0x4C;                               //定时器 0 装初值：每隔 50 ms 溢出一次
    TL0=0x00;
    IE=0x82;                                //IE=(1000 0010)B，使能定时器 0 中断
    TR0=1;                                  //启动定时器 0
    }
/*******************************************************************************
```

```
                                  串行口初始化程序
***************************************************************************************/
void InitCOM()
{
SCON=0x50;              //SCON=(0101 0000)B，波特率不加倍，允许接收
TH1=0xFD;               //设置波特率=9600 Baud
TL1=TH1;
TR1=1;                  //启动定时器 1
}
/***************************************************************************************
    定时器 0 中断服务程序，控制信号灯闪烁。如果系统正常运行，信号灯 1.5 s 闪一次
***************************************************************************************/
void Timer0_isr() interrupt 1
{
TH0=0x4C;
TL0=0x00;
timer0_ctr++;
if(timer0_ctr>=30)
    {
        TR0=0;          //定时器 0 暂停，否则再次来中断会冲断程序
        timer0_ctr=0;
        LED=0;
        delay_ms(100);
        LED=1;
        TR0=1;          //定时器 0 重新启动
    }
}
/***************************************************************************************
                                      主函数
***************************************************************************************/
void main()
{
    WEIGOU;             //首先设置“看门狗”定时器，并且启动
    InitMain();
    InitCOM();          //开机通过串行接口发送一次“I love MCU!”，使用串口调试助手可以
                        //查看由于在 while 大循环外边，所以只要系统不重新启动，则上电后
                        //只会发送一次，用于判断系统是否重启
    i=0;
    while(str[i]!='\0')
    {
        SBUF=str[i];
        while(TI==0);
        TI=0;
        i++;
    }
    while(true)         //while 大循环
    {
        delay_ms(800);  //约每隔 800 ms“喂一次狗”，可以通过调整这里的“喂狗”时间来验
```

```
                //证“看门狗”是否有效。设置的“看门狗”约1s。所以可以用800 ms
                //做一次试验，看是否会被“看门狗”复位
    LED_busy=0; //第一次上电约延时800 ms工作灯点亮，如果系统不重启，则它将一
                //直亮着，用于指示系统是否重启
    WEIGOU;
  }
}
```

程序代码分析如下：

（1）语句“sfr WDT_CONTR=0xE1;”：定义 STC 单片机中新加入的“看门狗”控制寄存器（由于 reg52.h 的头文件中没有定义该寄存器）。所以，今后要定义其他新的寄存器时也可以采用类似的方法，当然也可以直接在 reg52.h 的头文件中进行定义。

（2）语句“WDT_CONTR=0x34”：由于实验板上单片机采用 11.0592 MHz 晶振，故设置 WDT_CONTR=(0011 0100)B，使用 32 预分频，单片机使用 12 指令周期模式。所以，计算“看门狗”的溢出时间为

$$12\times32\times32\ 768/11\ 059\ 200\approx1\ \text{s}$$

（3）“喂狗”时使用的语句和设定“看门狗”寄存器的语句相同，只要“看门狗”寄存器中的 CLR_WDT 位被置 1，“看门狗”定时器将重新计数。CLR_WDT 位被置 1 后，由硬件自动清 0。

（4）演示结果表现为信号灯（第三个 LED）在系统正常工作时一闪一闪的；工作灯（第四个 LED）始终处于点亮状态；串口调试助手接收界面只显示一次字符“I love MCU!”。这说明程序没有被复位，始终停止在 while（true）循环中，“看门狗”处于被正常“喂狗”的状态下。

在应用“看门狗”时，需要在整个大程序的不同位置“喂狗”，每两次“喂狗”之间的时间间隔一定不能小于“看门狗”定时器的溢出时间，否则程序将会不停地被复位。

2．STC 单片机不断电程序下载方法

STC 单片机每次上电复位后首先执行 ISP 引导程序，如果串行接口检测到合法的数据流，则进行 ISP 程序下载；若串行接口没有检测到合法的数据流，则跳出 ISP 程序，执行用户程序。

正常情况下，STC 单片机只有在上电复位时才执行 ISP 引导程序，其他复位（“看门狗”复位、RST 引脚复位）则直接执行用户程序。通过阅读 STC 单片机手册发现，在用户程序运行时，利用软件复位方式，可以让 STC 单片机复位后从 ISP 引导程序处运行，利用该特性，可以模拟 STC 单片机上电复位状态，实现不断电程序下载。STC 单片机有热启动和冷启动两种复位方式。两种复位方式的区别如表 C.3 所示。

表 C.3　热启动复位和冷启动复位

	复 位 源	现 象 描 述
热启动复位	内部“看门狗”复位	会使单片机直接从用户程序区 0000H 处开始执行用户程序
	通过控制 RST 引脚产生的硬件复位	会使系统从用户程序区 0000H 处开始直接执行用户程序
	通过对 ISP_CONTR 寄存器送入 20H 产生的软件复位	会使系统从用户程序区 0000H 处开始直接执行用户程序
	通过对 ISP_CONTR 寄存器送入 60H 产生的软件复位	会使系统从 ISP 监控程序区开始执行程序，检测不到合法的 ISP 下载命令流后，会软复位到用户程序区执行用户程序

续表

	复 位 源	现 象 描 述
冷启动复位	系统停电后再上电引起的硬件复位	会使系统从 ISP 监控程序区开始执行程序，检测不到合法的 ISP 下载命令流后，会软复位到用户程序区执行用户程序

用户应用程序在运行过程中，有时会有特殊需求，需要实现单片机系统复位（热启动复位之一）。传统的 8051 单片机由于硬件上未支持此功能，所以用户必须用软件模拟实现，实现起来比较麻烦。STC 单片机增加了相应的硬件功能，内部的 ISP/IAP 控制寄存器（ISP_CONTR）便可以实现此功能。用户只需简单地控制 ISP_CONTR 特殊功能寄存器中的 SWBS 和 SWRST 两位就可以实现系统复位。

STC 单片机 ISP/IAP 控制寄存器（ISP_CONTR）在特殊功能寄存器中的字节地址为 E7H，不能位寻址，该寄存器用来管理和 ISP/IAP 相关的功能设定及是否软件复位等。单片机复位时该寄存器全部被清 0。其各位的定义如表 C.4 所示。

表 C.4　ISP/IAP 控制寄存器（ISP_CONTR）各位定义

位序号	D7	D6	D5	D4	D3	D2	D1	D0
位名称	ISPEN	SWBS	SWRST	—	—	WT2	WT1	WT0

各位含义如下：

ISPEN——ISP/IAP 功能允许位。0 表示禁止 ISP/IAP 编程改变 Flash；1 表示允许编程改变 Flash。

SWBS——软件选择从用户应用程序区启动（0），还是从 ISP 程序区启动（1）。要与 SWRST 直接配合才可以实现。

SWRST——0 表示不操作；1 表示产生软件系统复位，硬件自动清 0。

WT2、WT1、WT0——ISP/IAP 编程时设定 CPU 等待的最长时间。ISP/IAP 编程时可对 Flash 进行读操作、写操作、擦除操作，当进行这些操作时，时钟将被 CPU 锁定只进行这些操作，而不同的操作将会耗费 CPU 不同的时间，这里通过人为设定可以给 CPU 一个最长的等待时间，若在此时间段内相应的操作未完成，则数据将丢失或错误。以下给出芯片厂商推荐的等待时间关系表，如表 C.5 所示。

表 C.5　ISP/IAP 编程 CPU 等待时间参考表

设置等待时间			CPU 等待时间（机器周期）			
WT2	WT1	WT0	读操作	写操作	擦除操作	要求系统时钟
0	1	1	6	30	5741	小于 5 MHz
0	1	0	11	60	10942	小于 10 MHz
0	0	1	22	120	21885	小于 20 MHz
0	0	0	43	240	43769	小于 40 MHz

说明：以上的建议时钟是（WT2、WT1、WT0）取不同值时的标称时钟，用户系统中的时钟不要过高，否则可能使操作不稳定。

SWBS 与 SWRST 组合情况如下。

从用户应用程序区（AP 区）软件复位并切换到用户应用程序区开始执行程序：

ISP_CONTR=00100000B，SWBS=0（选择 AP 区），SWRST=1（软复位）

从系统 ISP 监控程序区软件复位并切换到用户应用程序区开始执行程序：

ISP_CONTR=00100000B，SWBS=0（选择 AP 区），SWRST=1（软复位）

从用户应用程序区软件复位并切换到系统 ISP 监控程序区开始执行程序：

ISP_CONTR=01100000B，SWBS=1（选择 ISP 区），SWRST=1（软复位）

从系统 ISP 监控程序区软件复位并切换到系统 ISP 监控程序区开始执行程序：

ISP_CONTR=01100000B，SWBS=1（选择 ISP 区），SWRST=1（软复位）

本复位是整个系统的复位，所有的特殊功能寄存器都会复位到初始值，I/O 接口也会被初始化。

用户应用程序区指仅是用户自己编写的程序区。

ISP 监控程序区是指芯片出厂时就已经固化在单片机内部的一段程序。STC 单片机可以进行 ISP 串行下载程序，这就是因为芯片在出厂时已经在其内部固化了 ISP 引导码，程序首次上电时会先从 ISP 区开始执行代码。体现在实际实验中，就是在下载程序时，先要单击下载软件界面上的下载，然后再开启单片机电源，当单片机检测到上位机有下载程序的需要时，便启用 ISP 下载功能给单片机下载程序。若经过短暂的时间没有检测到上位机有下载程序的需求，单片机便会从用户应用程序区开始执行代码。

在有些参考资料中，曾利用单片机串行接口收到某个有效数据后，执行从 ISP 引导区软启动的命令（ISP_CONTR=0x60;），实现程序不断电下载。但该方法为实现程序不断电下载，占用了一些单片机资源——串行接口、中断等，实际应用中有一些不方便。下面介绍另一种程序不断电下载的方法：利用单片机的 RST 复位引脚下载程序。

在项目 6 中，介绍了电源及波特率选择寄存器 PCON 中各位的功能，PCON 各位的定义如图 6-7 所示。其中 POF 位为上电复位标志位。单片机停电后，上电复位标志位为 1，可由软件清 0。在实际应用中，若要判断是上电复位（冷启动），还是由外部复位引脚输入的复位信号产生的复位，或是由“看门狗”引起的复位，可通过图 C-1 的方法判断。

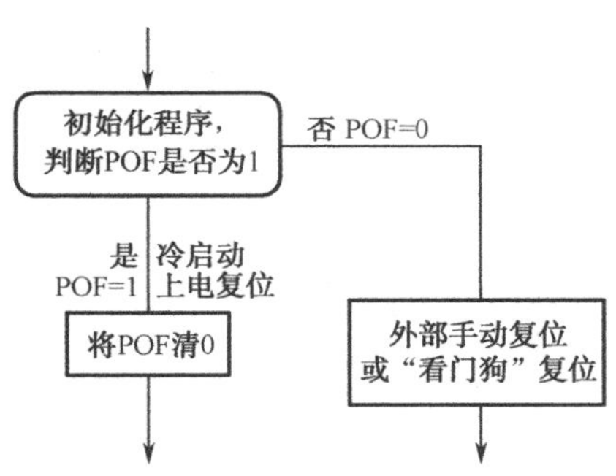

图 C-1　单片机判断复位的方法

从图 C-1 可知，单片机上电复位时，POF=1；单片机手动复位时，POF=0。单片机上电运行时对 POF 位进行判断，如果 POF=0，将 POF 位置 1，让单片机从 ISP 引导区软复位。如果 POF=1，将 POF 位清 0。

将实现以上功能的代码加入到用户自己编写的程序代码中，当需要下载程序时，按下复位按钮，此时 POF=0，单片机再次从 ISP 引导区软复位，从而实现程序下载。该方法只需要在用户程序中嵌入一段判断 POF 标志位的代码就能实现程序不断电下载，无须占用任何单片机内部资源。

例如下面演示程序代码：

```
//**********************************STC 单片机不断电下载程序**********************************
        #include <reg52.h>
            sfr ISP_CONTR=0xe7;                    //软复位寄存器声明
        void main(void)
        {
```

```
    //////////////将这段代码嵌入到程序中///////////////
    if((PCON&0x10)==0)  //如果 POF=0
    {
      PCON=PCON|0x10;     //将 POF 位置 1
      ISP_CONTR=0x60;     //软复位,从 ISP 监控区启动
    }
    else
    {
      PCON=PCON&0xef;     //将 POF 位清 0
    }
    /////////////////////////////////////////////////////////////////
    while(1)
    {
        ...
        用户程序
        ...
    }
}
```

操作说明：

（1）将演示程序中的阴影部分代码复制到用户的程序中，首次使用时应利用断电下载的方式将阴影部分代码的程序下载到单片机中。

（2）将 hex 文件载入 STC 单片机 ISP 软件，单击“下载”按钮。

（3）按下单片机开发板上复位键，单片机进行 ISP 程序下载。

附录 D　C51 的库函数

C51 编译器提供了丰富的库函数，使用库函数可以大大简化用户的程序设计工作从而提高编程效率，基于 MCS-51 系列单片机的特点，某些库函数的参数和调用格式与 ANSIC 标准有所不同。

每个库函数都在相应的头文件中给出了函数原型声明，用户如果需要使用库函数，必须在源程序的开始处采用预处理命令“#include”将有关的头文件包含进来。下面是 C51 中常见的库函数。

1. 寄存器库函数 reg×××.h

在 reg×××.h 的头文件中定义了 MCS-51 的所有特殊功能寄存器和相应的位，定义时都用大写字母。当在程序的头部把寄存器库函数 reg×××.h 包含以后，在程序中就可以直接使用 MCS-51 中的特殊功能寄存器和相应的位了。

2. 字符函数 ctype.h

字符函数 ctype.h 用于检测字符、转换字符（如大、小写转换）等，其功能如表 D.1 所示。

表 D.1　字符函数 ctype.h 功能表

函 数 原 型	再入属性	功　　能
extern bit isalpha (char c)	重入	检查参数字符是否为英文字母，是则返回 1，否则返回 0
extern char toupper (char c)	重入	将小写字母转换成大写字母，如果不是小写字母，则不做转换直接返回相应的内容
extern bit isalnum(char c)	重入	检查参数字符是否为英文字母或数字字符，是则返回 1，否则返回 0
extern bit iscntrl (char c)	重入	检查参数字符是否在 0x00～0x1F 之间或等于 0x7F，是则返回 1，否则返回 0
extern bit isdigit(char c)	重入	检查参数字符是否为数字字符，是则返回 1，否则返回 0
extern bit isgraph (char c)	重入	检查参数字符是否为可打印字符，可打印字符的 ASCII 值为 0x21～0x7E，是则返回 1，否则返回 0
extern bit isprint (char c)	重入	除了与 isgraph 相同之外，还接收空格符(0x20)
extern bit ispunct (char c)	重入	检查参数字符是否为标点、空格和格式字符，是则返回 1，否则返回 0
extern bit islower (char c)	重入	检查参数字符是否为小写英文字母，是则返回 1，否则返回 0
extern bit isupper (char c)	重入	检查参数字符是否为大写英文字母，是则返回 1，否则返回 0
extern bit isspace (char c)	重入	检查参数字符是否为空格、制表符、回车、换行、垂直制表符中的一种，是则返回 1，否则返回 0
extern bit isxdigit (char c)	重入	检查参数字符是否为十六进制数字字符，是则返回 1，否则返回 0
extern char toint (char c)	重入	将 ASCII 字符的 0～9、A～F 转换为十六进制数，返回值为 0～F
extern char tolower (char c)	重入	将大写字母转换成小写字母，如果不是大写字母，则不做转换直接返回相应的内容

3. 一般输入/输出函数 stdio.h

C51 库中包含的输入/输出函数 stdio.h 是通过 MCS-51 的串行接口工作的。在使用输入/输出函数 stdio.h 库中的函数之前，应先对串行接口进行初始化。例如，以 2400 波特率（时钟频率为 12MHz）为例，初始化程序为

```
SCON=0x52;
TMOD=0x20;
TH1=0xf3;
TR1=1;
```

在输入/输出函数 stdio.h 中，库中的所有其他函数都依赖 getkey()和 putchar()函数，如果希望支持其他 I/O 接口，只须修改这两个函数即可。

输入/输出函数 stdio.h 的功能如表 D.2 所示。

表 D.2 输入/输出函数 stdio.h 的功能表

函 数 原 型	再入属性	功 能
extern char _getkey(void)	重入	从串行接口读入一个字符，不显示
extern char getkey(void)	重入	从串行接口读入一个字符，并通过串行接口输出对应的字符
extern char putchar(char c)	重入	从串行接口输出一个字符
extern char *gets(char * string,int len)	非重入	从串行接口读入一个长度为 len 的字符串存入 string 指定的位置。输入以换行符结束。输入成功则返回传入的参数指针，失败则返回 NULL
extern char ungetchar(char c)	重入	将输入的字符送到输入缓冲区并将其值返回给调用者，下次使用 gets 或 getchar 时可得到该字符，但不能返回多个字符
extern char ungetkey(char c)	重入	将输入的字符送到输入缓冲区并将其值返回给调用者，下次使用_getkey 时可得到该字符，但不能返回多个字符
extern int printf(const char * fmtstr[,argument]…)	非重入	以一定的格式通过 MCS-51 的串行接口输出数值或字符串，返回实际输出的字符数
extern int sprintf(char * buffer,const char*fmtstr[,argument])	非重入	sprintf 与 printf 的功能相似，但数据不是输出到串行接口，而是通过一个指针 buffer，送入可寻址的内存缓冲区，并以 ASCII 码的形式存放
extern int puts (const char * string)	重入	将字符串和换行符写入串行接口，错误时返回 EOF，否则返回一个非负数
extern int scanf(const char * fmtstr[,argument]…)	非重入	以一定的格式通过 MCS-51 的串行接口读入数据或字符串，存入指定的存储单元。 注意，每个参数都必须是指针类型。scanf 返回输入的项数，错误时返回 EOF
extern int sscanf(char *buffer,const char * fmtstr[,argument])	非重入	sscanf 与 scanf 功能相似，但字符串的输入不是通过串行接口，而是通过另一个以空结束的指针

4. 内部函数 intrins.h

内部函数 intrins.h 的功能如表 D.3 所示。

表 D.3 内部函数 intrins.h 的功能表

函 数 原 型	再入属性	功 能
unsigned char _crol_(unsigned char var,unsigned char n)	重入	将变量 var 循环左移 n 位，它们与 MCS-51 单片机的 RL A 指令相关。这 3 个函数的不同之处在于变量的类型与返回值的类型不一样
unsigned int _irol_(unsigned int var,unsigned char n)	重入	
unsigned long _irol_(unsigned long var,unsigned char n)	重入	

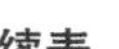

续表

函 数 原 型	再入属性	功　能
unsigned char _cror_(unsigned char var,unsigned char n)	重入	将变量 var 循环右移 n 位，它们与 MCS-51 单片机的 RR A 指令相关。这 3 个函数的不同之处在于变量的类型与返回值的类型不一样
unsigned int _iror_(unsigned int var,unsigned char n)	重入	
unsigned long _iror_(unsigned long var,unsigned char n)	重入	
void _nop_(void)	重入	产生一个 MCS-51 单片机的 NOP 指令
bit _testbit_(bit b)	重入	产生一个 MCS-51 单片机的 JBC 指令。该函数对字节中的一位进行测试。如为 1，则返回 1；如为 0，则返回 0。该函数只能对可寻址位进行测试

5. 标准函数 stdlib.h

标准函数 stdlib.h 的功能如表 D.4 所示。

表 D.4　标准函数 stdlib.h 的功能表

函 数 原 型	再入属性	功　能
float atof(void *string)	非重入	将字符串 string 转换成浮点数值并返回
long atol(void *string)	非重入	将字符串 string 转换成长整型数值并返回
int atoi(void *string)	非重入	将字符串 string 转换成整型数值并返回
void *calloc(unsigned int num,unsigned int len)	非重入	返回 n 个具有 len 长度的内存指针，如果无内存空间可用，则返回 NULL。所分配的内存区域用 0 进行初始化
void *malloc(unsigned int size)	非重入	返回一个具有 size 长度的内存指针，如果无内存空间可用，则返回 NULL。所分配的内存区域不进行初始化
void *realloc (void xdata *p,unsigned int size)	非重入	改变指针 p 所指向的内存单元的大小，原内存单元的内容被复制到新的存储单元中，如果该内存单元的区域较大，多出的部分不做初始化。realloc 函数返回指向新存储区的指针，如果无足够大的内存可用，则返回 NULL
void free(void xdata *p)	非重入	释放指针 p 所指向的存储器区域，如果返回值为 NULL，则该函数无效，p 必须为以前用 callon、malloc 或 realloc 函数分配的存储器区域
void init_mempool(void *data *p,unsigned int size)	非重入	对被 callon、malloc 或 realloc 函数分配的存储器区域进行初始化。指针 p 指向存储器区域的首地址，size 表示存储区域的大小

6. 字符串函数 string.h

字符串函数 string.h 用于字符串操作，如串搜索、串比较、串复制、确定串长度等，其功能如表 D.5 所示。

表 D.5　字符串函数 string.h 的功能表

函 数 原 型	再入属性	功　能
void *memccpy(void *dest,void *src, char val,int len)	非重入	复制字符串 src 中 len 个元素到字符串 dest 中。如果实际复制了 len 个字符，则返回 NULL。复制过程在复制完字符 val 后停止，此时返回指向 dest 中下一个元素的指针
void *memmove (void *dest,void *src,int len)	重入	memmove 的工作方式与 memcpy 相同，只是复制的区域可以交叠

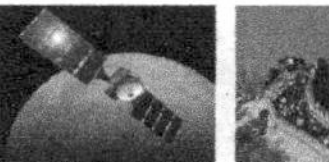

续表

函数原型	再入属性	功能
void *memchr (void *buf,char c,int len)	重入	顺序搜索字符串 buf 的前 len 个字符以找出字符 val，成功后返回 buf 中指向 val 的指针，失败时返回 NULL
char memcmp(void *buf1,void *buf2,int len)	重入	逐个字符比较串 buf1 和 buf2 的前 len 个字符，相等时返回 0；如果 buf1 大于 buf2，则返回一个正数；如果 buf1 小于 buf2，则返回一个负数
void *memcopy (void *dest,void *src,int len)	重入	从 src 所指向的存储器单元复制 len 个字符到 dest 中，返回指向 dest 中最后一个字符的指针
void *memset (void *buf,char c,int len)	重入	用 val 填充指针 buf 中的 len 个字符
char *strcat (char *dest,char *src)	非重入	将字符串 dest 复制到字符串 src 的尾部
char *strncat (char *dest,char *src,int len)	非重入	将字符串 dest 的 len 个字符复制到字符串 src 的尾部
char strcmp (char *string1,char *string2)	重入	比较字符串 string1 和字符串 string2，相等则返回 0；若 string1>string2，则返回一个正数；若 string1<string2，则返回一个负数
char strncmp(char *string1,char *string2,int len)	非重入	比较字符串 string1 与字符串 string2 的前 len 个字符，返回值与 strcmp 相同
char *strcpy (char *dest,char *src)	重入	将字符串 src（包括结束符）复制到字符串 dest 中，返回指向 dest 中第一个字符的指针
char strncpy (char *dest,char *src,int len)	重入	strncpy 与 strcpy 相似，但它只复制 len 个字符。如果 src 的长度小于 len，则 dest 字符串以 0 补齐到长度 len
int strlen (char *src)	重入	返回字符串 src 中的字符个数，包括结束符
char *strchr (const char *string,char c)	重入	strchr 搜索 string 字符串中第一个出现的字符 c，如果找到则返回指向该字符的指针，否则返回 NULL。被搜索的字符可以是字符串结束符，此时返回值是指向字符串结束符的指针。strpos 的功能与 strchr 类似，但返回的是字符 c 在字符串中出现的位置值或-1，string 中首字符的位置值是 0
int strpos (const char *string,char c)	重入	
int strlen (char *src)	重入	返回字符串 src 中的字符个数，包括结束符
char *strrchr (const char *string,char c)	重入	strrchr 搜索 string 字符串中最后一个出现的字符 c，如果找到则返回指向该字符的指针，否则返回 NULL。被搜索的字符可以是字符串结束符，此时返回值是指向字符串结束符的指针。strpos 的功能与 strchr 类似，但返回的是字符 c 在字符串中最后一次出现的位置值或-1
int strrpos (const char *string,char c)	重入	
int strspn(char *string,char *set)	非重入	strspn 搜索 string 字符串中第一个不包括在 set 字符串中的字符，返回值是 string 中包括在 set 里的字符个数。如果 string 中所有的字符都包括在 set 里面，则返回 string 的长度（不包括结束符），如果 set 是空字符串则返回 0。strcspn 与 strspn 相似，但它搜索的是 string 字符串中第一个包含在 set 里的字符。strpbrk 与 strspn 相似，但返回指向搜索到的字符的指针，而不是个数，如果未搜索到，则返回 NULL。strrpbrk 与 strpbrk 相似，但它返回指向搜索到的字符的最后一个的字符指针
int strcspn(char *string,char * set)	非重入	
char *strpbrk (char *string,char *set)	非重入	
char *strrpbrk (char *string,char *set)	非重入	

7. 绝对地址访问函数 absacc.h

绝对地址访问函数 absacc.h 是将不同的存储空间作为字节（或字）的绝对地址访问的，功能如表 D.6 所示。

表 D.6　绝对地址访问函数 absacc.h 的功能表

函数原型	再入属性	功能
#define CBYTE((unsigned char *)0x50000L)	重入	CBYTE 以字节形式对 CODE 区寻址，DBYTE 以字节形式对 DATA 区寻址，PBYTE 以字节形式对 PDATA 区寻址，XBYTE 以字节形式对 XDATA 区寻址，CWORD 以字形式对 CODE 区寻址，DWORD 以字形式对 DATA 区寻址，PWORD 以字形式对 PDATA 区寻址，XWORD 以字形式对 XDATA 区寻址。例如，XBYTE[0x0001]是以字节形式对片外 RAM 的 0001H 单元访问的
#define DBYTE((unsigned char *)0x40000L)	重入	
#define PBYTE((unsigned char *)0x30000L)	重入	
#define XBYTE((unsigned char *)0x20000L)	重入	
#define CWORD((unsigned int *)0x50000L)	重入	
#define DWORD((unsigned int *)0x50000L)	重入	
#define PWORD((unsigned int *)0x50000L)	重入	
#define XWORD((unsigned int *)0x50000L)	重入	

8. 数学函数 math.h

数学函数 math.h 主要完成数学运算（如求绝对值、指数、对数、二次方根、三角函数、双曲函数等），其功能如表 D.7 所示。

表 D.7　数学函数 math.h 的功能表

函数原型	再入属性	功能
extern int abs(int i)	重入	计算并返回 i 的绝对值。这 4 个函数除了变量和返回值类型不同之外，其他功能完全相同
extern char cabs(char i)	重入	
extern float fabs(float i)	重入	
extern long labs(long i)	重入	
extern float exp(float i)	非重入	exp 返回以 e 为底的 i 的幂，log 返回 i 的自然对数(e=2.718282)，log10 返回以 10 为底的 i 的对数
extern float log(float i)	非重入	
extern float log10(float i)	非重入	
extern float sqrt(float i)	非重入	返回 i 的正平方根
extern float cos(float i)	非重入	cos 返回 i 的余弦值，sin 返回 i 的正弦值，tan 返回 i 的正切值。所有函数的变量范围都是−π/2～+π/2，变量的值必须在±65535 之间，否则产生一个 NAN 错误
extern float sin(float i)	非重入	
extern float tan(float i)	非重入	
extern float acos(float i)	非重入	acos 返回 i 的反余弦值，asin 返回 i 的反正弦值，atan 返回 i 的反正切值，所有函数的值域都是−π/2～+π/2。atan2 返回 x/y 的反正切值，其值域为−π～+π
extern float asin(float i)	非重入	
extern float atan(float i)	非重入	
extern float atan2(float i,float j)	非重入	
extern float cosh(float i)	非重入	cosh 返回 i 的双曲余弦值，sinh 返回 i 的双曲正弦值，tanh 返回 i 的双曲正切值
extern float sinh(float i)	非重入	
extern float tanh(float i)	非重入	

参 考 文 献

[1] 李丽蓉，张常全．51 单片机应用设计[M]．北京：北京理工大学出版社，2012.

[2] 王静霞．单片机应用技术（C 语言版）[M]．北京：电子工业出版社，2009.

[3] 求是科技．单片机典型模块设计实例导航[M]．北京：人民邮电出版社，2004.

[4] 詹林．单片机原理与应用[M]．西安：西北工业大学出版社，2008.

[5] 宏晶科技．STC Microcontroller Handbook，2007.

[6] 求是科技．8051 系列单片机 C 程序设计[M]．北京：人民邮电出版社，2006.

[7] 赵佩华．单片机原理及接口技术[M]．北京：机械工业出版社，2008.

[8] 张永格，何乃味．单片机 C 语言应用技术与实践[M]．北京：北京交通大学出版社，2010.

[9] 郭天祥．新概念 51 单片机 C 语言教程——入门、提高、开发、拓展全攻略[M]．北京：电子工业出版社，2010.